개정증보판

**중국 최고의
실용서**

삼십
육계

개정증보판

중국 최고의 실용서

삼십육계

병법과 경영이 만나다

한국사마천학회 김영수 편저

창해

경영사례와
좀 더 심도 있는
활용법을 더 보탰다

중국 역사상 가장 실용적인 병법서로 평가받는 《삼십육계》는 초판에서도 말했듯이 중국 대중들로부터 여전히 큰 인기를 끌고 있다. 28쪽 사진에서 보다시피 필자가 가지고 있는 관련 서적들만 해도 저 정도다. 이 초판이 나온 지 2년이 채 되지 않았음에도 독자들의 꾸준한 관심을 받아 개정증보판을 낼 기회를 얻었다. 읽기가 결코 만만치 않은 병법서가 이런 관심을 받았으니 행운이 아닐 수 없다.

개정증보판을 내면서 《삼십육계》의 특징과 영향을 좀 더 언급하고자 한다. 《삼십육계》는 단적으로 말해 전체를 버리고 부분을 중시하고, 이론을 버리고 실용을 중시하는 큰 특징을 갖고 있다. 이 책은 전투를 염두에 둔 대책으로 군사모략의 풀이이자 운용이다.

그러나 전쟁 이론의 다른 중대한 문제는 한쪽으로 치워둔 채 논의하지 않는, '모략 결정론'의 경향을 보이고 있다. 모략에 대한 《삼십육계》의 논술은 간결하고, 사례를 가지고 사례를 논의한다. 따라서 그 나름의 실용성과 조작 가능성을 갖추고 있다. 그렇다고 해서 일반적인 전쟁 규칙의 기초에 발을 디디고 있지 않다. 표현 형식에서도 희곡, 소설 등에서 흔히 보는 성어 또는 속어를 채용하고, 그 조항에 딸린 계책과 실례에 대한 설명도 통속적인 특징이 뚜렷하다.

　비유하자면, 빨리 성과를 내고자 하는 장수들이 간편하게 활용할 수 있는 '작전수첩'과 비슷하다고 할 수 있다. 어려운 점에 대해서는 그에 맞추어 각각 상응하는 대책과 기교를 제공하고 있다. 36개의 계책을 여섯 개의 큰 부문을 나누어 안배한 것이 바로 그것이다.

　《삼십육계》는 중국 군사학 역사에서 병가의 '궤도(詭道, 기만술)' 예술을 전문적으로 논술한 거의 최초의 책이다. 즉, 군사모략의 병법서로 이전 병가모략을 종합하고 연마했을 뿐만 아니라 《역(易)》의 이치를 결합하여 철학성, 창조성을 발휘하고 있다.

　《삼십육계》에는 앞 시대 병가의 모략사상을 발전시킨 빛나는 견해가 적지 않다. 예를 들어, 제2계인 '위위구조(圍魏救趙)'에 대한 해설로 딸린 "군대를 다스리는 것은 물을 다스리는 것과 같다. 날카로운 것은 그 끝을 피하는 것이 물이 흐르도록 이끄는 것과 같고, 약한 곳은 그 빈 곳을 메우는 것이 제방을 쌓은 것과 같다"는 대목 등이다. 이는 손무(孫武)가 말하는 튼튼한 곳은 피하고 비어 있는 곳을 친다거나, 적의 형세에 맞추어 승리를 움켜쥐라는 사상을 좀 더 발전시킨 것이다.

다음으로 36개의 계책 이름 대부분이 군사 용어가 아닌 민간의 성어가 대부분이다. 일부는 보기에 심지어 독하고 해서는 안 되는 것들이다. 하지만 실제 내용은 그와는 반대로 깎아내리는 뜻이 들어 있다(이는 단어의 역사적 변천과 관련이 있다).

예컨대, 제5계인 '불난 틈을 타서 공격하고 빼앗으라'는 '진화타겁(趁火打劫)'은 적이 내우외환의 위기에 처해 있을 때 공격하라는 것이다. 또 제20계 '물을 흐려 물고기를 잡아라'는 '혼수모어(渾水摸魚)'는 적의 내부에 혼란이 발생한 틈을 타서 이익을 취하고 싸워 승리하라는 것이다. 이 계책들은 살벌한 이름과는 달리 전형적인 군사 계책에 속하는 것으로 《손자병법》을 비롯한 여러 병법서에 그 내용들이 언급되어 있다.

이 밖에 일부 계책들, 이를테면 '대들보를 훔쳐 기둥과 바꾼다'는 '투량환주(偸梁換柱)', '길을 벌려 괵을 친다'는 '가도벌괵(假道伐虢)' 등은 우군과 이웃 나라를 상대로 한 속임수에 속하는 것들이다. 그러나 이는 영원한 우군이란 존재하지 않았던 격렬한 경쟁의 시대를 감안한다면 어쩔 수 없이 사용하는 계책들이라 할 수 있다.

《삼십육계》의 출현은 비교적 늦었고, 주로 민간에서 유행했다. 따라서 군사학에 미친 영향은 미미했다. 이 책이 사회적으로 폭넓은 영향력을 발휘하기 시작한 것은 '문화대혁명' 이후, 특히 1980년 개혁개방을 기점으로 시장경제가 시행된 이후이다. 《삼십육계》가 모략을 중시하고, 실용을 추구하고, 통속적이고 쉬우며, 문학적 색채가 짙은 특징을 갖추고 있을 뿐만 아니라 새로운 시대의 지식문화에 대한 공리성, 오락성, 평민화, 속성화의 필요성과 맞아 떨어졌기 때문에 사회 모든 계층의 관심에 빠른 속도로 불을 붙였다. 이 때문에 '대중병법'이란 별명을 얻게 되고, 각종 주석본, 응용본 등이 봇물 터지듯이 세상에 선을 보였다. 오늘날 사회적 지명도와 관심이란 면에서 보자면 《삼십육계》는 《손자병법》과 막상막하의 인기를 얻고 있다.

이번 개정증보판은 오탈자를 바로잡는 작업은 물론 중국에서 출간된 관련 책들을 참고하여 경영사례나 활용법을 간단하게 더 보탰다. 《삼십육계》의 가장 큰 특징이자 장점은 36개의 모든 계책이 기업경영과 사회생활에 폭넓고 깊게 활용될 수 있다는 것이다. 또 몇 개의 계책을 마치 '연환계(連環計)'처럼 엮어 활용할 수 있는 장점도 있다. 이런 점에 맞추어 이번 개정증보판에서는 경영사례와 몇 개에 대해서는 좀 더 심도 있는 활용법을 보완했다.

죽지 않고 사라지지 않는 책을 흔히 고전(古典)이라 부른다. 《삼십육계》는 사실 고전과는 거리가 멀었다. 하지만 현대에 들어와 그 실용성과 폭넓은 활용성 때문에 폭발적인 관심과 연구가 일었고, 그 결과 '신(新)고전'으로 자리를 잡고 있다. 이 개정증보판도 이런 경향에 맞추어 약간의 단장(丹粧)을 했다. 독자들의 변함없는 관심과 격려를 부탁드린다.

2024년 2월
옮기고 엮은이 김영수

가장 중국다운 실용서에 주목하다

#1

이 책을 엮기 전에 두 권의 책을 선물 받았다. 바로 뒤 서문에서 밝힌 크리펜도프의 《36계학》과 《아웃씽커스(OutThinkers)》였다. 단숨에 읽었다. 《36계》는 익히 알고 읽은 책이고, 《사기》와 역사를 현대 경영과 리더십에 응용하는 책과 강의를 몇 해째 해 오기 때문에 쉽게 읽히고 이해가 빨랐다.

2013년 말부터 한국사마천학회 설립을 준비하면서 2014년 강의 주제를 '사마천의 인간 탐구―때를 기다린 사람들'로 정하고, 사이드 메뉴로 강의 전반부 30분을 할애하여 중국을 심도 있게 이해하기 위한 코너 '좀 알자, 중국'과 '36계'를 선정했다.

36계는 강의 주제와도 상통하는 면이 적지 않았다. 강의의 주제는 조건과 기회를 스스로 창출해서 적기에 결단을 내려 승리를 낚아챔으로써 역사에 결코 작지 않은 이정표를 남긴 사람들 이야기였다. 그런데 의도했든 의도하지 않았든 그들의 삶 전체를 관통하는 전략 전술의 내용과 차원이 36계의 계책들과 흡사했다.

사실 이 강의의 사이드 메뉴로 36계를 선정한 이유는 확실치 않다. 그저 '막연한 직관'이라고 할 수밖에 없지만, 한 가지 분명한 점은 《36계》가 대단히 실용적이고 중국다운 '전략서(戰略書)'이며, 이를 통해 중국(인)을 이해하기 위한 가장 핵심적인 한 단면을 한 걸음 더 분석하는 데 큰 도움을 주리라는 것이었다. 더욱이 《36계》는 종합류로 분류될 만큼 포괄하는 범위가 넓은 병서라 할 수 있다. 그런데 뜻밖에 강의의 주제와도 상통하는 점이 적지 않다는 덤까지 얻을 수 있었다.

24주에 걸친 강의는 36계의 의미와 그 특징에 대해 새삼 숙고하는 기회가 되었고, 새로운 관점으로 간명하게 정리된 36개의 계책이 의미하고 지시하는 바가 무엇일까 많이 생각했다. 그러나 역사를 연구하는 사람으로서 이 36개의 고도로 농축 집약된 전략을 사회·경제·경영·조직과 연계하기에는 역부족이었다. 그래서 가능한 한 역사 사례를 쉽게 많이 전달하는 역할에만 머무르기로 저술방침을 정했다. 부족한 점은 서문에서 언급한 크리펜도프의 책과 부록으로 제시한 표를 참고하는 것으로 면피한다. 다만 역사적 입장에서 사례가 갖는 의미에 대해 나름의 생각을 덧붙이는 선에서 편저자의 주관과 색깔을 보태기로 했다.

'때를 기다린 사람들'은 결과가 아닌 과정에 중점을 두고 강의가 진행되었다. 이는 최근 경영 이론에서 전체 시스템을 효과적으로 공략하기 위해 '주제가 아닌 맥락'에 관심을 두는 것과도 어느 정도 통한다. 강의의 주인공들은 한결같이 '준비된 기다림'이란 과정에서 전체 상황을 맥락으로 통찰하는 능력을 길렀다. 이것이 옳고 정확한 길이었음은 그 후의 결과들이 여실히 입증한다. 주나라 건국에 절대적인 공을 세운 강태공(姜太公)이 조국인 제나라의 경제 기조를 중농(重農)과 중상(重商)으로 설정하고 다양한 정책을 펼쳐서 이를 뒷받침한 맥락에는 그의 다양한 경상(經商) 활동이 경험이란 강력한 힘으로 자리 잡았다. 이는 36계의 모든 계책이 맥락을 중시하는 것과도 상통한다.

홍수처럼 쏟아지는 경영 이론과 살벌한 사례들 속에서 경영인과 일반 독자들은 오히려 스트레스를 받는 경우가 많다고 한다. 내로라하는 이론들 역시 그게 그것 같지 않으면 같은 상황을 두고도 전혀 상반되게 해석하고 분석한 것이 적지 않아 선택과 적용을 망설이게 하거나 아예 마음을 닫게 만든다. 따라서 좀 멀찌감치 떨어진 역사 사례를 적절하게 제기하는 것도 한 방법이다 싶어 스트레스 덜 받는 쪽으로 방향을 잡아 역사 사례를 가능한 한 많이 제시하고 간략하게 촌평을 덧붙이는 선에서 그쳤다. 이후 아래에 밝힌 대로 간략한 경영 사례를 보태서 개정판을 만들었다.

국제적인 중국 전문가인 스위스의 셍어(Harro von Senger)는 "중국이 처음으로 개척한 지혜와 모략의 학문 '36계'는 심오하고도 넓은 천지라 할 수 있다. 이 천지에는 즐거운 지식이 가득 차 있는데, 나 같은 서양 사람은 그중 몇 점만 맛봐도 무궁무진한 맛을 느낄 수 있다. 아무리 그만 먹으려 해도 멈출 수 없다"라는 말로 '36계'의 맛을 극찬했다.

그러나 일반 독자들은 이런 사례에 함축된 의미와 중국인의 특성을 이해하는 것도 만만치 않을 것이다. 각 계책의 마지막에 이미 익숙한 《삼국지》 사례를 들어 다른 사례들과 연계해 볼 수 있도록 배려했다. 또 각 계책의 끝에다 독자 개인의 사례를 메모할 수 있는 '나의 36계'란을 마련했다. 읽으면서 떠오른 개인과 조직의 경험이나 영감 그리고 통찰 등을 메모해 뒀다가 상황에 따라 적절한 '수를 내서' 상황을 주도하고 타개하기 바란다.(사실 '36계'의 서른여섯 개 계책을 한마디로 표현하면 '수를 낸다'가 가장 어울릴 것 같다는 생각이다.)

중국의 존재감은 이제 언급할 필요가 없을 정도다. 이제 중국을 좀 더 깊게 들여다보는 준비와 행동이 시급하다. 이 책을 그 길로 가는 과정과 맥락으로 봐 주길 부탁드린다.

2014년 11월 16일 처음 쓰고 22일 일부 수정
2019년 1월 27일 개정판을 위해 일부 수정
2020년 11월 5일 일부 수정

#2

　　2015년 본서 초판의 최종 편집 단계에서 새로운 정보를 알았다. 2009년 9월 8일자 〈제노만보(齊魯晚報)〉의 보도에 따르면, 2003년 산동성(山東省) 제녕시(濟寧市) 골동품 시장에서 우연히 옥간(玉簡, 옥으로 만든 책) '36계'가 발견되었다. 이 옥간은 모두 66조각이며 각 조각은 길이 24센티미터, 폭 2센티미터, 두께 0.5센티미터로 죽 늘어놓으니 폭 132센티미터에 무게는 4.6킬로그램에 이르렀다. 그 위에 음각 소전체(小篆體)로 모두 919자를 새겨 넣었는데, 첫 번째 조각에 '三十六計' 네 글자가 있고, 마지막 조각에 '開皇十六年十一月, 何震刻'이란 글자가 있다. 이 옥간의 수장자는 북경과 남경의 전문가들에게 감정을 의뢰한 결과 옥의 재질은 유명한 신강성(新疆省) 화전(和田)의 청옥(靑玉) 재질이고 연대는 매우 오래되었다고 밝혔다. 자연스럽게 형성된 탈색과 때가 있고, 일부 옥 조각에는 다른 크기로 자연스럽게 뚫린 구멍들도 보였다. 전문가들은 이 옥간이 새겨진 글자대로 수나라 때 옥서(玉書)이고, 개황 16년은 수 문제(文帝) 양견(楊堅) 시기로 596년에 해당한다고 감정했다. 지금부터 1420년 전이다. 이 옥간이 진품으로 최종 확정된다면 '36계'가 책으로 만들어진 시기는 천 년을 더 거슬러 올라갈 것이다.

본서의 초판은 2015년 한국사마천학회 '중국 비본祕本' 시리즈 첫 권이며 도서출판 사마천이란 이름으로 출간되었다. 그러나 2016년부터 본격화된 사드 사태 때문에 중국 관계가 크게 악화되고, 중국과 이런저런 협력과 교류를 진행하던 학회는 직격탄을 맞았다. 학회가 차린 출판사는 싹도 피우지 못한 채 문을 닫았고, 책은 출간되어 서점에 본격적으로 배포하기 전에 편저자인 김영수가 모두 회수하여 절판시켰다. 독자들을 만나지도 못하고 깊이 숨어 버린 셈이다. 도서관에 일부가 소장되고, 몇몇 관심 있는 주위 분들의 손에 쥐여 드린 것이 전부였다. 그러던 중 휴넷을 통해 36계를 경영과 연계한 동영상을 제작하면서 기존의 판본에다 경영 사례를 간략히 덧붙였다.(이 책의 출간을 계기로 해당 영상을 제공받아 편저자의 유튜브 채널 '김영수의 좀 알자, 중국'에 업로드했다. 휴넷의 조영탁 대표와 관계자들께 감사드린다.)

그 뒤 편저자는 《36계》와 같은 방식으로 병법서 《백전기략》을 옮기고 여러 자료를 찾아 100개 항목 중 40여 개 항목에 경영 사례를 붙였다. 그러면서 군사 투쟁과 기업 경쟁의 공통점에 대해 심사숙고해 보았다. 그 결과 다음 여덟 가지 공통점을 발견할 수 있었고, 이로써 고대 병법과 병법서가 경영에 상당한 정보와 깊은 통찰력을 줄 수 있음을 새삼 확인하기에 이르렀다.

1. 군사와 경영 모두 전투(경쟁)를 전제로 하거나 실제 전투(경쟁)가 벌어진다. 심하면 생사를 건 전쟁(경쟁)도 불사한다.

2. 전투와 경쟁에 따르는 치밀한 전략과 전술 수립은 필수적이다. 경쟁 전략은 전투든 경영이든 궁극적으로 승리와 생존을 위해서 반드시 필요하기 때문이다.

3. 전략과 전술 수립에는 전문가, 즉 인재가 필요하다. 군사에서는 춘추전국 이래 전문 군사가들이 출현했고, 지금 기업 경쟁에서 인재 쟁탈전은 일상화되어 있다. 좋은 인재를 구하려는 경쟁은 물론 자체적으로 인재를 키우기 위한 교육과 지원 또한 보편화되었다.

4. 이상의 모든 것을 지휘할 리더와 리더십이 요구된다.

5. 이런 점에서 기업 경쟁을 위한 세부 전략과 전술을 수립하는 데 병법이 큰 도움을 줄 수 있다.

6. 과거 기업의 경영과 경쟁에 병법을 적용하거나 활용해 온 전례가 남아 있다. 앞에서 언급한 《손자병법》과 《삼국지》가 대표적이고, 최근에는 《36계》를 기업 경영과 경쟁에 적용한 서양의 전문 연구까지 나왔다.

7. 이에 따라 병법과 경영을 좀 더 깊이 있게 접목할 필요성이 대두되었다. 이런 점에서 《36계》와 《백전기략》은 그 문장이 쉬우면서도 깊이를 갖추고 있다. 경쟁에 꼭 필요한 요령들을 간결하게 핵심만 짚어서 기업 경영에 적용하기 편리하다. 여기에 두 병법서가 출현한 이래 수많은 실제 사례가 모이고, 이에 대한 치밀한 분석이 쌓여서 현실에 충분히 적용할 수 있는 보편타당성까지 확보했다.

8. 두 병법서 모두 36과 100이란 숫자로 복잡하고 어려운 전략과 전술의 핵심을 추출하여 경영에 적용하기 쉽다.

이 작업과 함께 편저자는 《36계》도 손을 보기로 했다. 경영 사례를 새로 보태고 서문 일부를 고쳤다. 이렇게 해서 지금의 개정판이 완성되었다. 말이 개정판이지 일반 독자들에게는 초판이나 마찬가지다. 저간의 과정을 간략하게 기록하여 혹 초판을 구입한 독자들의 오해를 미리 풀고자 한다. 모쪼록 많은 독자를 만날 수 있길 바랄 뿐이다. 《백전기략》을 함께 읽으면 좀 더 도움이 될 것이다.

2019년 1월 20일 15:43 처음 쓰고 2월 21일 10:56 보완하다
2020년 8월 2일 21:34 다시 보충하다
2022년 4월 봄을 보내며 마무리하다

차례

三十
六計

서장
序章

1. 《36계》는 어떤 병법서인가?

개관

병법서로서 《36계》는 오랫동안 정통에서 벗어난 기서(奇書)로 취급받아 왔다. 그러나 지금은 엄연히 종합적 성격의 병서로 분류된다. 7천여 자에 불과하지만 최근 《36계》는 '천하제일의 기만술' '출세를 위한 최고의 수단' '세계 제일의 심리서' '최고의 비즈니스 지혜' 같은 별명으로 불릴 만큼 인지도와 활용도 만점의 실용서로 자리 잡고 있다.

《36계》가 이렇게 되기까지는 결코 순탄치 않은 여정을 겪었다. 서른여섯 개 계책 대부분이 기만술인 터라 사도(邪道)을 조장한다는 평가가 많았다. 또 세련되지 못한 체제 때문에 점잔을 빼는 식자층은 짐짓 천시하고 무시했다. 하지만 지금은 바로 그런 점들이 장점으로 인식되고 있다. 파란만장한 역경을 겪은 《36계》의 유래와 기본 정보를 개관해 본다.

지금까지 《36계》는 남조시대 송나라의 무장 단도제(檀道濟, ?~436)와 연계해 왔다. 이와 관련해서는 《남사(南史)》 〈단도제전〉에 다음과 같은 사실이 기록되어 있다. 유송(劉宋)의 정남대장군(征南大將軍) 단도제가 북위(北魏) 정벌에 나섰다. 그런데 먼 길을 행군하느라 병사들은 지치고 식량도 제때 보급되지 않아 상당한 곤경을 치렀다.

역성(歷城, 지금의 산동성 역성현)에 이르
자 마침내 식량이 바닥을 드러내고
말았다. 이런 상황을 적이 눈치 챈
다면 큰일이었다. 단도제는 모래를
가마니에 담아 식량처럼 쌓으면서
병사들에게 '양식 가마니 수를 큰
소리로 세게' 하는 '창주양사(唱籌量
沙)'의 모략으로 적을 속이고 무사히

'36계 줄행랑'의 유래를 만들어 낸
단도제의 초상화.

귀환했다. 단도제의 모략적 재능을 잘 보여 주는 본보기이자 36계
의 '주위상계'를 연상시키는 기록이다.

《남제서(南齊書)》〈왕경칙전〉에 실린 내용을 보자. 남조의 송나라가
망하고 소도성(蕭道成)이 스스로 황제라 칭하니 그가 바로 남조의 제
나라 고조이고, 이로써 남제(南齊) 왕조가 시작되었다. 왕경칙(王敬則)
은 소도성 밑에서 보국장군(輔國將軍)으로 있었다. 글은 몰랐지만 위
인이 교활하고 야심이 컸으며, 명제(明帝) 소란(蕭鸞) 때 드디어 반란을
일으켰다. 명제가 중병을 앓던 차라 금세 위기 상황이 닥쳤다. 명제
의 아들 소보권(蕭寶卷)은 도망갈 준비를 했다. 이 소식을 들은 왕경칙
은 득의만만하여 비꼬았다.

"저들 아비 자식은 지금 자신들이 취하려는 짓이 무슨 방법인지도
모를 것이다. 단공(檀公)의 36책 중 '줄행랑이 상책이다'라는 계책이
지. 암! 일찌감치 달아나는 것이 좋을 게야."

단공이 바로 단도제이며, 단도제의 36책이 함께 언급되어 있다.

원문에는 36계가 아닌 단공의 36책이라 했지만 36계가 단도제와

연관성을 가질 개연성은 충분해 보인다. 다만 단도제가 체계적인 병법서를 남긴 것 같지는 않다. 그리고 '36책'은 계책이 많다는 뜻이지, 계책이 36가지라는 뜻은 아니다. 뒷날 완성된 《36계》도 군사 모략이 36개라는 것이 아니라 음양학설 중 태음(太陰)에 해당하는 수인 6×6=36이란 뜻으로 이루 다 헤아릴 수 없는 모략을 비유했을 뿐이다. 《36계》가 책으로 정리되어 퍼진 것은 명나라 말기에서 청나라 초기 연간으로 추정된다.(자세한 역사는 아래 참고)

《36계》는 내용이 간략하지만 매우 실용적이라 군사 외에 조직이나 경영에서도 바로바로 활용할 수 있다. 또한 역대 병법서를 비롯해 다양한 전적에서 전략 전술의 정수들만 추출하여 승전계(勝戰計)-적전계(敵戰計)-공전계(功戰計)-혼전계(混戰計)-병전계(幷戰計)-패전계(敗戰計)의 여섯 개 카테고리로 분류하고 다양한 상황에 적용하도록 체계를 잡은 것도 큰 특징이다. 여기에 역대로 많은 연구자가 36계 각각에 생생하고 다양한 활용 사례를 보탬으로써 그 분량에 비해 풍부한 실천 이론과 경험을 축적해 온 훌륭한 병법서이자 실용서라 할 수 있다.

《36계》의 역사와 인식

《36계》에 대해 좀 더 알아보자. 이 책은 오랜 세월을 통해 축적된 역대 '도략(韜略)'과 '궤도(詭道)'의 핵심을 간략한 용어로 정리했다. '도략'과 '궤도'는 자신의 의도를 철저하게 숨긴 채 상대를 속이는 모략을 말한다. 따라서 《36계》는 정공법을 내세운 병법서가 아니라 우회술과 기만술을 위주로 한 기서(奇書)라는 평가를 받는다. 그래서인지 특수한 상황에 따른 임기응변의 계책만 다룬다 하여 오랜 세월 푸대접을 받기도 했다. 하지만 병서에서는 엄연히 종합 병서류로 분류할 만큼 그 포괄 영역이 넓다.

실제로 역대 병법가들은 이 병법서를 모략기서(謀略奇書)라고 불렀다. 하지만 전문가들의 평가와 달리 서른여섯 개 계책이 그 이름은 물론 뜻도 간결하고 쉽다 보니 어린아이와 여자들까지 줄줄 외울 정도로 친숙하게 받아들여졌다. 이 책의 끈질긴 생명력은 이해하기 쉽고 외우기 쉬운 이름 덕을 적지 않게 보았으며, 이 책을 엮은 사람도 그 점을 고려한 듯하다.

《36계》가 지금의 모습으로 만들어진 시기는 분명하지 않지만, 17세기 명나라 말에서 청나라 초기에 누군가가 오랜 역사적 고사들을 수집하여 엮은 것이라고 전해진다. '36계'에 대한 언급은 앞에서 인용한 《남제서》 외에 송나라 때의 《자치통감》과 역시 송나라 때 시인이자 승려 혜홍(惠洪)의 《냉재야화(冷齋夜話)》에도 보인다. 특히 《냉재야화》에는 "삼십육계(三十六計), 주위상계(走爲上計)"라는 대목이 처음으로 보인다. 그 후 원나라 때의 희곡작가 관한경(關漢卿)의 《두아원(竇娥冤)》에도 같은 대목이 보인다. (다만 《구당서》 〈예문지〉에 강태공의 병법서와 관련하여 병서 《태공병서요결太公兵書要訣》과 함께 《태공음모삼십육용太公陰謀三十六用》이 언급되어 눈길을 끈다. 강태공의 은밀한 모략 활용이 36개였다고 이해할 수 있는데, 이 책이 남아 있지 않아 지금의 《36계》와 연계 지을 단서는 숫자밖에 없다. 다만 36이란 숫자가 단도제 이후 어떤 형태로든 언급되거나 이어지는 걸 보면 병법서에서 36이란 숫자가 별다른 의미를 갖는 것이 아닌가 하여 참고로 언급해 둔다.)

명나라 때 《36계》에 대해 언급한 것은 지금까지 확인된 바가 없다. 그러다 청나라 초기에 홍화회(紅花會)에서 《36계》를 편찬한 적이 있었다고 하지만 역시 전해 오는 것은 없다. 홍화회는 삼불사(三不社), 천지회(天地會), 가로회(哥老會), 대도회(大刀會) 등과 같이 실제로 반청복명(反靑復明) 운동을 한 단체로 알려져 있다. 그 후 《36계》는 상당 기간 세상을 등지고 있었다.

'36계'(정확하게는 병법서 《36계》가 아닌 '36계'의 계책 중 일부)가 현실에서 활용된 것은 항일전쟁과 국공내전 때였다. 모택동(毛澤東)이 이끄는 공산당이 장개석(蔣介石)에게 쫓겨 대장정에 올랐고, 이때 당 지도자들은 36계의 계책을 언급하거나 직접 활용했다. 특히 모택동은 자신의 군사 저술에서 여러 차례 '36계'를 인용했는데, 주도권은 항상 내가 쥐라는 '36계'의 핵심 기조를 강조했다. 1936년 〈중국 혁명전쟁의 전략 문제〉란 글에서는 '이일대로(以逸待勞, I-4)'와 '성동격서(聲東擊西, I-6)'를 언급했으며, 1938년 〈항일 유격전쟁의 전략 문제〉에서는 '위위구조(圍魏救趙)'의 계책을 운용할 것을 제안했다.

1941년은 《36계》의 역사에서 획기적인 시점이었다. 1941년 섬서성 빈현(彬縣)의 한 서점에서 베껴 쓴 것을 인쇄한 판본이 발견됨으로써 《36계》가 다시 세상에 나타난 것이다. 이 판본의 앞부분은 양생술에 관한 내용이고 그 말미에 부록 형식으로 《36계》가 딸려 있었다. 참으로 극적인 발견이었다. 같은 해 성도(成都) 흥화인쇄창(興華印刷廠)은 이 초록 《36계》를 인쇄하고 책이름을 《36계》라 명명하면서 '비본병법(秘本兵法)'이란 별칭까지 달았다.

1949년 신중국이 들어서고 공산당 정권이 안정을 찾아가면서

1961년 〈광명일보(光明日報)〉가 병서 《36계》를 특집 기사로 소개했고, 1962년 중국 인민해방군 정치학원에서는 《36계》를 내부 자료로 편찬했다. 이후 다양한 판본이 우후죽순처럼 쏟아져 나오기 시작했다.

《36계》는 풍부한 처세 철학을 내포하여 많은 사람이 즐겨 읽었기 때문에 목판 등으로 간행하거나 필사되긴 했지만, 당시 지식인들이 서가에 내놓고 드러내는 일은 꺼려한 것 같다. 체계가 반듯하지 못하고 그 내용 대부분이 얼핏 보면 속임수에 가깝기 때문이기도 했다. 그러나 《36계》가 1941년 세상이 다시 나타나고 학자는 물론 일반인까지 관심을 갖기 시작하면서 《36계》는 시류를 타고 대량으로 출판되었다. 특히 개혁개방 이후 《36계》는 병법서의 범위를 넘어 인간 관계와 처세, 조직과 경영 등 사회 전반에 두루 활용되는 영향력이 막강한 고전으로 자리 잡았다.

이제 《36계》는 병법서로서 세계적인 명성을 떨치는 《손자병법(孫子兵法)》만큼이나 일상생활에서 폭넓게 인용되고 활용된다. 《36계》에 포함된 다양한 고사와 교훈이 현대인의 복잡한 생활과 여기에서 비롯되는 각종 골치 아픈 문제를 푸는 실마리로 인식되기 때문이다.

사실 《36계》의 문장은 덜 다듬어져 계책이나 전술로 보기 힘든 것까지 포함되어 있다. 또 권위를 부여하기 위해 《36계》를 많이 인용하며 해설하지만 모두 적절하거나 좋은 문장이라고 말하기는 어렵다. 6계 6조 각 항목의 배치도 잘 맞지 않는다는 비판까지 있다. 혹자는 이런 단점들 때문에 한동안 파묻혀 있었다고 보기도 한다.

사실 《36계》의 계책은 하나씩 따로 떼어서 보면 다소 황당하고

최근 몇 년 사이 중국에서 출간된 대표적인 《36계》 관련 서적이다.

거칠다. 오랜 시간을 거치며 실제 경험에서 우러나온 풍부한 사례를 제시하지 않았다면 그야말로 무시해도 좋을 책이 되었을 것이다. 하지만 시각을 바꿔 계책을 따로따로 보지 않고 연계해서 보면 그 실용적 가치가 한결 달라진다. 《36계》가 실질적인 마지막 계책으로 '연환계'를 배치한 점도 각 계책의 연계성을 염두에 둔 것이 아닐까 하는 추측을 해 본다.

실제로 경제와 경영에서 《36계》를 활용한 사례를 연구한 결과를 보면 어떤 경우든 단일한 계책 하나만 활용한 경우는 없었다. 이에 대해서는 바로 아래에서 살펴볼 것이다. 요컨대 《36계》는 사회 각계각층에서 응용되고 활용되는 실용서로 거듭나고 있다. 정치, 군사는 물론 경제, 경영, 리더십 등에서 폭넓게 재활용되는 실정이다.

《아웃씽커스》와 《36계학》

두 책의 저자는 비즈니스 전략가이자 투자자로 활동하는 카이한 크리펜도프(Kaihan Krippendorff)다. 그는 중국 특유의 병법서인 《36계》의 전략을 기업 경영과 접목함으로써 개인과 조직의 창의성과 성과를 높이는 방법을 강구하여 애플과 구글, 마이크로소프트, GE 등 세계 유수 기업의 호응을 얻었다.

《36계학》의 원래 제목은 《Hide a Dagger Behind a Smile》, '웃음 속에 칼을 감추다'라는 '소리장도(笑裏藏刀)'의 영문 번역이다. '소리장도'는 36계의 제10계(적전계의 제4계)다.

미국 국방대학교과 공군대학교에서는 중국의 《손자병법》을 정식 커리큘럼으로 채택하여 가르친다. 사진은 교재로 사용하는 영문판 《손자병법》이다. 우리 실정은 어떤가?

크리펜도프는 세계적 기업들의 협상과 M&A 사례를 분석한 다음 이 과정에서 오고 간 전략 전술이 36계의 어떤 계책과 들어맞는지 추출해 냈다. 결론만 말하자면 이 과정에서 36계의 거의 모든 계책이 활용되었다. 단순하게 계책 하나만 활용된 것이 아니라 여러 개의 계책이 복합적으로 구사되었음도 분석해 냈다. 여기서 그 세세한 과정을 설명할 지면도 없고, 또 그럴 필요도 없을 것이다.(두 책 모두 한국어로 출간되었으니 필요한 독자는 참고하기 바란다.) 다만 저자가 분석해 낸 다양한 표 중에서 협상과 기업 인수합병 등에 활용된 《36계》의 계책 중 가장 많은 빈도수를 차지한 열 개를 소개한다.

두 책의 저자는 참고로 36계가 사용된 전략과 사례표, 36계의 뜻과 현대적 해석, 실제 적용을 위한 핵심 질문과 적용 종합 사례표를 첨부했다. 이를 통해 각종 비즈니스에서 36계가 얼마나 유용하게 활용되었으며, 활용되는지 어렵지 않게 확인할 수 있다.(사례표는 《36계학》, 생각정원, 2013년, pp.356~368과 《아웃씽커스》, 2012, 생각정원, pp. 232~240에 첨부했는데 이 책에도 참고로 제시해 두었다.)

전략	전략명	빈도
원교근공(遠交近攻, 23, IV-5)	먼 나라와 연합하고 가까운 나라를 공격하다	21%
이일대로(以逸待勞, 4, I-4)	편안하게 상대가 지치기를 기다리다	21%
부저추신(釜底抽薪, 19, IV-1)	가마솥 밑에서 장작을 빼내다	17%
위위구조(圍魏救趙, 2, I-2)	위나라를 포위하여 조나라를 구하다	16%
무중생유(無中生有, 7, II-1)	무에서 유를 만들어 내다	13%
수상개화(樹上開花, 29, V-5)	나무에 꽃을 피우다	13%
가도벌괵(假道伐虢, 24, IV-6)	길을 빌려 괵을 정벌하다	12%
진화타겁(趁火打劫, 5, I-5)	불난 틈을 타서 공격하고 빼앗다	10%
주위상계(走爲上計, 36, VI-6)	줄행랑이 상책이다	10%
소리장도(笑裏藏刀, 10, II-4)	웃음 속에 칼을 감추다	10%

※표에서 전략명 뒤에 붙은 숫자의 경우 앞의 숫자는 36계 전체의 순서를 나타내고, 뒤의 숫자는 여섯 개의 카테고리 중 해당 카테고리의 순서를 나타낸다. 예컨대 '원교근공'은 전체 36개 중 23번째에 해당하며 네 번째 카테고리(IV)인 혼전계 중 다섯 번째를 말한다.

《주역》과의 관계

《손자병법》 이래 수많은 병법서가 출몰하여 기록에 남은 것은 3천 종이 넘고 지금까지 보존되어 오는 것만 해도 천 종 이상이다. 《36계》는 그중 단연 발군의 위치에 올라서 있다. 몇 차례 언급한 대로 36개에 이르는 모든 계가 군사는 물론 사회 전반과 인생의 각 단면에 널리 응용되는데, 이 점은 《손자병법》도 따르기 어렵다는 평이다.

《36계》는 《역경(易經)》, 즉 《주역(周易)》의 대목을 많이 인용하거나 《주역》을 근거로 삼는다. 《주역》은 중국 고대의 점복서로 소박한 유물론과 변증법 사상이 충만한 철학서다. 《주역》이 손무(孫武)나 한신(韓信) 같은 고대 군사 전문가들에 게 미친 영향은 대단히 심각했다. 뛰 어난 병법가치고 《주역》에 정통하지 않은 사람은 없었다.

《36계》는 바로 이런 앞사람들의 기 초 위에서 한 걸음 더 나아가 《주역》 중의 음양 변화를 연구하여 병법의 강유(剛柔, 강함과 부드러움), 기정(奇正, 변 칙과 정공), 피기(彼己, 상대와 나), 주객(主 客, 주인과 손님), 노일(勞逸, 피로와 편안함) 등과 같이 대립되는 관계의 상호 전 환을 추출해 냄으로써 계책 하나하

《36계》는 《주역》의 영향을 많이 받 았다. 《주역》의 권위를 빌리려 한 측면도 없지 않다. 사진은 왕필(王 弼, 226~249)이 주를 달고 공영달 (孔穎達, 547~648) 등이 해설을 붙 인 《주역정의(周易正義)》 판본이다.

나가 대단히 강력한 변증법적 이치를 구현해 내고 있다.

요컨대 음양의 변화와 조화에 초점을 두고, 음에 내재된 양, 양에 내포된 음의 상호 전환이란 미묘한 요소를 가지고 모든 사물과 일 의 이중성 내지 양면성을 포착하고, 이를 통해 어떤 상황이든 변화 시킬 수 있는 틈과 기회, 그에 맞는 계책을 이끌어 낸 것이다. 쉽게 비유하자면 위기(危機)에 기회(機會)가 내재되어 있다고 하는 것과 같 은 이치들이다.

《36계》 전체를 통해 《주역》이 인용된 곳은 모두 27곳이고, 64괘 중 22개의 괘를 언급한다. 양은 얼마 되지 않지만 《36계》에 천하 만 물의 변화가 내포되어 있으니 무궁한 지혜를 계발하여 오랜 세월 깊은 영향을 미칠 수 있었다.

고대 병법서는 대부분 문장이 심오하여 읽기도 운용하기도 여간 어려운 게 아니다. 반면《36계》는 고대 군사와 모략 사상을 36개의 간략한 계책으로 개괄한 데다 생동감 넘치고 이해하기 쉬운 몇 글자의 성어로 나타내어 사람들이 쉽게 받아들일 수 있었다. 이론에 치우치지 않고 고대 군사 이론의 정수들을 역사 사례와 접목하여 적을 꺾고 승리할 수 있는 계책으로 변화시켰다. 따라서 36계 모두가 명확한 목적과 실용 가치를 갖고 있다. 이런 점에서《36계》는 중국 고대의 지혜 모략서 가운데 둘도 없는 보급판이라 부를 수 있다. 또한 처음 언급된 5세기 이후 천 년이 넘는 시간 속에서 정제(精製)되고 또 정제되어 138자(또는 139자) 36개의 간명한 계책으로 압축된 특이한 책이기도 하다.

36계의 특징은 임기응변(臨機應變)이다. 특히 여섯 가지 큰 카테고리를 설정하고 그에 맞는 계책을 제시한다. 이 여섯 개 카테고리 중 Ⅰ, Ⅲ, Ⅴ 홀수(양수)는 나의 전력이 적보다 우세한 경우이고, Ⅱ, Ⅳ, Ⅵ 짝수(음수)는 그 반대인 경우다.(36계의 모든 계책이 그렇듯이 명확하게 구분되는 건 아니다.) 카테고리란 여섯 개의 서로 다른 '상황(狀況)'을 말하는데, 실제 전투에서 벌어질 수 있거나 벌어진, 또는 벌어지는 상황이다. 전투든 일상이든 상황은 끊임없이 움직이고 변화한다. 그 변화의 경우를 간략하게 변수라 할 수 있는데, 이 변수에 대한 인식과 파악 그리고 분석과 대책에 이르는 과정이 곧 36계의 각 계책이다.

36계에서 설정한 여섯 가지 큰 상황은 작위적이긴 하지만 전투나 일상에서 벌어질 만한 대부분의 상황을 대변한다고 할 수 있다. 이 여섯 가지 상황과 그에 딸린 여섯 개, 총 36개의 계책은 유기적으로 연계시킬 수 있고, 나아가 이를 입체적으로 활용할 수 있다면 우리가 일상에서 접하는 모든 상황에 적절히 대처하는 지혜를 얻을 것이다.

《36계》의 가장 큰 특징이자 장점은 경쟁이나 전쟁에서 '주도권' 내지 '주동권'을 시종 내가 쥐고 상황을 통제한다는 원칙을 견지하는 것이다. 그래야만 어떤 상황에서도 적의 허점이나 약점을 찾아낼 수 있기 때문이다. 나아가 《36계》의 모든 계책은 상대의 허점이나 약점을 찾아내는 것에 머무르지 않고 아예 없는 허점이나 약점조차 창출해 내라고 요구한다. 대단히 창의적인 병법서다.

《36계》가 지금의 모습처럼 완성된 시기는 대체로 명·청 사이라고 본다. 그사이 여러 사람의 손을 거쳤을 것이다. 이를 최종적으로 엮고 저술한 사람은 병법 이론과 《주역》에 조예가 깊고 경륜이 상당하지만 시기를 못 만난 중하층 계급의 지식인으로 추정한다. 그 이름은 고찰할 길이 없지만 독특한 공로만큼은 결코 없애지 못할 것이다.

이 책의 전체 모습을 이해하기 위해 먼저 여섯 개 큰 카테고리의 대계(大計)와 그에 딸린 36개 소계(小計), 즉 36계의 전체 구조를 표로 만들었다. 여섯 개 대계는 승전계, 적전계, 공전계, 혼전계, 병전계, 패전계이며 그 밑으로 각각 여섯 개씩 6×6=36개 소계가 딸려 있다.

카테고리 (대계大計)	36계 항목 (소계小計)	의미와 근거
I. 승전계 勝戰計 (내 형세와 전력이 승리할 수 있는 충 분한 조건을 갖췄 을 때)	만천과해(瞞天過海)	하늘을 속이고 바다를 건너다.(《영락대전永樂大 全》 56 〈설인귀정요사략薛仁貴征遼事略〉)
	위위구조(圍魏救趙)	위나라를 포위하여 조나라를 구하다.(《사기》 〈손자오기열전〉)
	차도살인(借刀殺人)	남의 칼을 빌려 상대를 제거하다.(《병경백자》 〈차자借字〉)
	이일대로(以逸待勞)	편안하게 상대가 지치기를 기다리다.(《손자병 법》 〈군쟁편〉)
	진화타겁(趁火打劫)	불난 틈을 타서 공격하고 빼앗다.(《손자병법》 〈계편〉)
	성동격서(聲東擊西)	동쪽에서 소리 지르고 서쪽을 공격하다.(《한비 자》 〈설림〉 상, 《회남자》 〈병략훈〉, 《육도六韜》 〈무도 武韜·병도兵道〉, 《백전기략》 〈성전聲戰〉 외)
II. 적전계 敵戰計 (적과 나의 전력이 엇비슷할 때)	무중생유(無中生有)	무에서 유를 만들어 내다.(《노자》)
	암도진창(暗渡陳倉)	몰래 진창을 건너다.(《사기》 〈회음후열전〉)
	격안관화(隔岸觀火)	강 건너편에서 불구경을 하다.
	소리장도(笑裏藏刀)	웃음 속에 칼을 감추다.(《신당서》)
	이대도강(李代桃僵)	복숭아나무 대신 자두나무를 희생하다.(《계명 편鷄鳴篇》)
	순수견양(順手牽羊)	슬그머니 양을 끌고 가다.(《육도》)
III. 공전계 功戰計 (반드시 나를 알고 상대를 알아야 하 는 실전계)	타초경사(打草驚蛇)	풀을 들쑤셔 뱀을 놀라게 하다.(《유양잡조酉陽 雜俎》)
	차시환혼(借屍還魂)	시체를 빌려 영혼을 되살리다.(악백천岳伯川, 〈여동빈도철괴이呂洞賓度鐵拐李〉)
	조호리산(調虎離山)	호랑이를 유인하여 산에서 내려오게 하다.
	욕금고종(欲擒故縱)	잡고 싶으면 일부러 놓아줘라.(《노자》, 《귀곡자 鬼谷子》)
	포전인옥(抛磚引玉)	벽돌을 버려서 옥을 가져오다.(《상건집常建集》)
	금적금왕(擒賊擒王)	도적을 잡으려면 우두머리를 잡아라.(두보杜甫, 《출새곡出塞曲》)

IV. 혼전계 混戰計 (정상적인 전략 전술이 힘들 때 나만의 규칙 창출을 위한 계책)	부저추신(釜底抽薪)	가마솥 밑에서 장작을 빼내다.(《회남자淮南子》〈본경훈本經訓〉)
	혼수모어(混水摸魚)	물을 흐려 물고기를 잡다.
	금선탈각(金蟬脫殼)	매미가 허물을 벗다.(《서유기》 제20회)
	관문착적(關門捉賊)	문을 잠그고 도적을 잡다.
	원교근공(遠交近攻)	먼 나라와 연합하고 가까운 나라를 공격하다.(《전국책》〈진책秦策〉, 《사기》〈범수채택열전范睢蔡澤列傳〉)
	가도벌괵(假道伐虢)	길을 빌려 괵을 정벌하다.(《좌전》 기원전 658년 희공僖公 2년조)
V. 병전계 并戰計 (상황 전환을 위한 방어 전략을 위주로 한 계책)	투량환주(偸樑換柱)	대들보를 빼서 기둥과 바꾸다.
	지상매괴(指桑罵槐)	뽕나무를 가리키며 회나무를 욕하다.(《홍루몽》 제12회)
	가치부전(假痴不癲)	어리석은 척하되 미친 척은 하지 마라.
	상옥추제(上屋抽梯)	지붕에 오르게 한 뒤 사다리를 치우다.(《손자병법》〈구지편〉, 《삼국지》〈촉서·제갈량전〉)
	수상개화(樹上開花)	나무에 꽃을 피우다.
	반객위주(反客爲主)	주객이 바뀌다.(《당태종이위공문대唐太宗李衛公問對》)
VI. 패전계 敗戰計 (극히 불리한 상황을 반전시키는 계책)	미인계(美人計)	미인을 이용하다.(《육도》〈문벌〉)
	공성계(空城計)	성을 비워 적을 물러가게 하다.(《삼국지》〈촉서·제갈량전〉)
	반간계(反間計)	적의 간첩을 역이용하다.(《손자병법》〈용간편〉)
	고육계(苦肉計)	제 살을 도려내다.(《삼국지연의》)
	연환계(連環計)	여러 개의 계책을 연계해서 구사하다.(《삼국지연의》 제47회)
	주위상계(走爲上計)	줄행랑이 상책이다.(《남사》〈단도제전〉)

이 책의 구성에 관하여

　이 책은 《36계》를 번역하고 각 계책을 생생하게 보여 주는 역사 사례를 위주로 구성했다. 다만 《36계》의 원문 전체를 고지식하게 번역하는 일은 큰 의미가 없다고 보았다. 네 글자 내지 세 글자로 이루어진 서른여섯 개의 계책과 그에 딸린 짧은 부연 설명을 제외한 나머지는 오랜 세월 많은 변화를 겪었기 때문에 군이 번역할 필요가 없다고 판단했다. 사례도 계속 보태져 왔기 때문에 출입이 적지 않다. 게다가 제대로 된 판본이 없기 때문에 원형을 확인할 길이 없다.

　따라서 편저자는 서른여섯 개의 계책과 그에 딸린 짧은 설명만 우리글로 옮겨 첫머리에 제시하고, 그에 대한 간략한 해설을 통해 각 계책의 인상을 선명하게 남기기로 했다.(대신 부록 2에서 《36계》 본문과 그에 딸린 해설 원문 가운데 의미심장하고 유용한 명언명구 50개를 추려 해석한 뒤 간략한 설명을 달았다.)

　이어서 다양한 역사 사례를 제시하고, 필요할 경우 다시 이 사례에 대한 보충 설명을 했다. 다시 사례를 제시하고 전체를 마무리하는 해설로 각 계책에 대한 이야기를 마쳤다. 편저자는 여기에 두 가지 장치를 더 보탰는데, '《삼국지》 사례'와 경제 경영 사례다.

　먼저 '《삼국지》 사례'는 일반 독자들에게 익숙한 《삼국지(연의)》에서 해당 사례를 찾아 짤막하게 제시함으로써 해당 계책에 대한 인상을 한 번 더 강화하자는 목적이었다. 《삼국지(연의)》 사례는 몇 년 전 적벽대전(赤壁大戰) 현장을 탐방하던 중 길목 계단 양옆으로 《삼국지(연의)》에 보이는 36계의 해당 계책을 추출하여 목판에 새겨 놓은 것을 보고 영감을 얻은 결과물이다.

경제 경영 사례는 필자의 연구 영역과 역량을 벗어나는 분야다. 그래서 중국에서 출간된 관련 대중서를 찾아 36계에 맞는 사례를 고르고 간단히 정리했다. 크리펜도프가 제시한 사례들이 최근 세계적인 기업들이 겪은 사례라면, 이 책에 실린 사례들은 좀 더 일반적인 사례이자 중국 쪽 사례가 상대적으로 많다. 다만 크리펜도프의 사례보다 보편성이 강하다고 할 수 있겠다.

《36계》는 오랜 세월 많은 사람의 손을 거쳐 완성된 아주 특별하고 종합적인 책략서다. 그럼에도 불구하고 오랫동안 주류에게 외면당해 온 기서(奇書)다. 그러나 최근에는 경영에도 큰 영감과 통찰력을 제공하는 비서(秘書)로 거듭나고 있다. 간결하고 평이한 36개 전략에 함축된 의미심장한 인생 비결과 경영 비책을 발견하여 이를 잘 활용한다면 큰 도움이 될 것이다.

36계 각 계책의 첫머리에는 각 계책의 요지를 다시 정리해 두었다. 사족 같아 보이지만 앞으로 읽을 내용의 핵심 요지를 정리한다는 생각으로 읽어 두면 좋을 것이다.

역사 사례에 대한 이해를 돕기 위해 적지 않은 사진과 도면을 제시했는데, 사진은 대부분 중국 현지에서 촬영한 것이고 일부는 인천 자유공원 아래 조성된 차이나타운의 벽화를 촬영한 것이다.

적벽대전의 현장으로 가는 길에 조성된 《삼국지(연의)》 36계 계책 조형물 중 《36계》를 개괄적으로 설명하는 목판이다. 《36계》가 일상에 얼마나 침투했는가를 잘 보여 준다.

2. 《36계》의 기조(基調)와 6계 개관

36계의 전체 기조는 가능하면 직접 맞붙어 싸우지 말라는 것으로 정리할 수 있다. 필요하면 도망치는 것이 상책이라고까지 말한다. 그러면서도 시종 주도권을 쥐고 상황을 주동적으로 통제할 것을 주문한다. 나아가 어떤 상황에서도 '수'를 낼 수 있어야 한다고 강조한다. 36계의 서론에 해당하는 총설(總說)에서는 다음과 같이 말한다.

"6 곱하기 6은 36이다. 그 수(數) 안에 모략(謀略)이 포함되어 있고, 그 모략 속에 수가 들어 있다. 이것이 음(陰)과 양(陽)이 서로 바뀌고 돕는 이치이며, 시기(時機)가 그 안에 있다. 시기는 완전히 갖출 수 없다. 완전히 갖추려 할수록 전기(戰機)를 그르친다."

다소 추상적인 말이긴 하지만 상황은 언제든 바뀔 수 있고, 또 바꿀 수 있으니 상황의 변화를 예의 주시하면서 전기를 마련하여 상황을 바꿀 수 있어야지 지나치게 시기를 기다리는 것은 좋지 않다는 의미로 이해할 수 있다. 시기(時機)란 우리말의 '낌새'에 가장 가깝다. 그리고 36이란 숫자는 절대적인 수가 아니라 많다는 뜻이다. 그 안에 수많은 경우의 수가 있고, 그 수를 내면 모략이 된다는 말이다.

36계의 기본 기조는 《손자병법》과 다르지 않다. 가능한 한 정면 대결은 피하라는 것이다. 결국 싸우지 않고 승리하려면 적을 혼란스럽게 하고 나아가 적을 속여야 한다. 《손자병법》의 "병자(兵者), 궤도야(詭道也)"와 같은 맥락이다. 따라서 36계의 행동 강령은 기만술(欺瞞術)이라 할 수 있다. 단, 36계가 말하는 기만술은 단순한 속임수가 아니라 상대와 나의 전력을 냉정하고 철저하게 파악하는 것을 전제로 한다. 이런 점에서 36계는 《손자병법》의 철학과 닿아 있지만 그보다 실용적이고 더 중국다운 병법서라 할 수 있다.

36계의 또 다른 특징은 상대의 틈(허점)을 철저하게 파고들어 그에 맞는 전략과 전술을 수립하라는 것인데, 상대의 틈을 발견하기 위해 다양한 방법을 구사하라고 말한다. 상대의 틈이나 허점이란 결국 상대에 대한 정보를 말한다. 상대에 대한 정보를 얻으려면 내가 상대에게 제공하는 정보의 신뢰도와 유용성이 담보되어야 한다. 물론 여기서 말하는 신뢰도와 유용성이란 상대가 자신의 입장에서 보고 파악한 신뢰도와 유용성이기 때문에 상대성이 매우 강하다. 따라서 정교한 안배가 뒷받침되지 않으면 무시당하거나 역공을 당하기 십상이다. 이것이 담보되어야만 의식적이든 무의식적이든 상대도 자기 정보를 내놓는다.

36계의 모든 전략과 전술은 다른 면에서 보자면 정보 수집 게임이라 할 수 있다. 진짜든 가짜든 나의 모습(움직임)을 다양하게 보여줌으로써 상대의 모습(움직임)을 끌어내어 틈을 발견하고 그에 적절한 쐐기를 박아 그 틈을 더욱 벌린 다음 준비한 전략과 전술을 적용해 효과를 거두는 것이다.

종합해 보면 36계의 핵심은 철두철미한 계책을 통해 상황 변화를 이끌어 냄으로써 유리한 조건을 창출한 다음 승리할 확률을 높이는 것이다. 달리 말해 아무리 불리한 상황에서도 주도권(주동성)을 잃지 않는다는 대원칙을 시종일관 견지한다고 하겠다. 36계 전체의 개략적인 정보와 사례를 표로 정리했다.

〈36계의 전체 구조〉

카테고리 (대계大計)	36계 항목 (소계小計)	의미와 근거	사례
I. 승전계 勝戰計 (내 형세와 전력이 승리할 수 있는 충분한 조건을 갖췄을 때)	만천과해 (瞞天過海)	하늘을 속이고 바다를 건너다.(《영락대전永樂大全》 56 〈설인귀정요사략薛仁貴征遼事略〉)	전국시대 손빈이 미치광이를 가장하여 방연의 마수에서 벗어나 제나라로 탈출한 사례
	위위구조 (圍魏救趙)	위나라를 포위하여 조나라를 구하다.(《사기》 〈손자오기열전〉)	손빈이 조나라를 구하기 위해 위나라 수도를 공격하여 조나라의 포위를 풀게 한 사례
	차도살인 (借刀殺人)	남의 칼을 빌려 상대를 제거하다.(《병경백자》 〈차자借字〉)	주유가 장간을 이용하여 조조의 수군 대장 채모와 장윤을 죽이게 한 사례
	이일대로 (以逸待勞)	편안하게 상대가 지치기를 기다리다.(《손자병법》 〈군쟁편〉)	진시황 때 왕전이 수비 전략으로 초나라 군대의 의지를 꺾은 다음 초나라를 멸망시킨 사례
	진화타겁 (趁火打劫)	불난 틈을 타서 공격하고 빼앗다.(《손자병법》 〈계편〉)	청의 황태극이 이자성과 오삼계의 갈등을 이용하여 이자성을 공략한 사례
	성동격서 (聲東擊西)	동쪽에서 소리 지르고 서쪽을 공격하다.(《한비자》 〈설림〉상, 《회남자》 〈병략훈〉, 《육도六韜》 〈무도武韜·병도兵道〉, 《백전기략》 〈성전聲戰〉 외)	전국시대 제나라 유력자 맹상군이 실각하자 식객 풍훤이 주변국을 자극하여 맹상군의 몸값을 높인 다음 다시 복권하게 만든 사례
II. 적전계 敵戰計 (적과 나의 전력이 엇비슷할 때)	무중생유 (無中生有)	무에서 유를 만들어 내다.(《노자》)	당나라 안녹산의 난 때 장순이 허수아비를 이용하여 적에게서 화살을 얻은 사례
	암도진창 (暗渡陳倉)	몰래 진창을 건너다.(《사기》 〈회음후열전〉)	항우의 경계심을 늦추기 위해 지나온 길을 불태운 다음 불시에 진창을 공격한 사례
	격안관화 (隔岸觀火)	강 건너편에서 불구경을 하다.	조조가 원씨 집안의 갈등을 이용하여 앉아서 하북을 차지한 사례
	소리장도 (笑裏藏刀)	웃음 속에 칼을 감추다.(《신당서》)	전국시대 진의 상앙이 공손앙을 정중하게 초청하여 포로로 잡은 사례

	이대도강 (李代桃僵)	복숭아나무 대신 자두나무를 희생하다.(《계명편鷄鳴篇》)	전국시대 손빈이 경마에서 말의 등급을 나누고 열등마를 희생하여 성공한 사례
	순수견양 (順手牽羊)	슬그머니 양을 끌고 가다.(《육도》)	춘추시대 진 헌공이 우의 길을 벌려 곽을 정벌한 '가도벌곽(假道伐虢)' 사례
III. 공전계 功戰計 (반드시 나를 알고 상대를 알아야 하는 실전계)	타초경사 (打草驚蛇)	풀을 들쑤셔 뱀을 놀라게 하다.(《유양잡조酉陽雜俎》)	형주를 되찾으려고 유비에게 혼인을 제안하여 유인하려 한 주유의 계책을 역이용한 사례
	차시환혼 (借屍還魂)	시체를 빌려 영혼을 되살리다.(악백천岳伯川, 〈여동빈도철괘이呂洞賓度鐵拐李〉)	진나라 말기 농민 봉기군 수령 진승이 물고기 뱃속에 '진승왕'이란 글자를 넣어 여론을 조작한 사례
	조호리산 (調虎離山)	호랑이를 유인하여 산에서 내려오게 하다.	노르망디 상륙 작전에서 미군이 거짓 작전으로 롬멜의 주력을 이동시킨 사례
	욕금고종 (欲擒故縱)	잡고 싶으면 일부러 놓아줘라.(《노자》, 《귀곡자鬼谷子》)	제갈량이 서남 지역의 우두머리 맹획을 칠종칠금한 사례
	포전인옥 (抛磚引玉)	벽돌을 버려서 옥을 가져오다.(《상건집常建集》)	춘추시대 초나라가 소국 교를 공격하면서 땔감으로 유인하여 군대를 끌어내 정복한 사례
	금적금왕 (擒賊擒王)	도적을 잡으려면 우두머리를 잡아라.(두보杜甫, 《출새곡出塞曲》)	당나라 때 장순이 풀줄기로 된 활을 쏘아 적장 윤자기를 확인하고 잡은 사례
IV. 혼전계 混戰計 (정상적인 전략 전술이 힘들 때 나만의 규칙 창출을 위한 계책)	부저추신 (釜底抽薪)	가마솥 밑에서 장작을 빼내다.(《회남자淮南子》〈본경훈本經訓〉)	미드웨이 전투에서 미군이 일본 항공모함을 폭격하여 전투기들을 무력화한 사례
	혼수모어 (混水摸魚)	물을 흐려 물고기를 잡다.	제2차 세계대전 막바지에 독일이 영어에 능한 2천여 병사를 미군 후방에 침투시켜 교란을 일으킨 사례
	금선탈각 (金蟬脫殼)	매미가 허물을 벗다.(《서유기》 제20회)	제갈량이 죽기 전에 촉의 군대를 비밀리에 철수시킨 사례
	관문착적 (關門捉賊)	문을 잠그고 도적을 잡다.	전국시대 장평 전투에서 백기가 조괄의 40만 대군의 퇴로를 끊고 몰아서 생매장한 사례

	원교근공 (遠交近攻)	먼 나라와 연합하고 가까운 나라를 공격하다.(《전국책》〈진책秦策〉,《사기》〈범수채택열전范雎蔡澤列傳〉)	진이 이 외교 전략으로 6국을 각개격파하여 천하를 통일한 사례
	가도벌괵 (假道伐虢)	길을 빌려 괵을 정벌하다.(《좌전》 기원전 658년 희공僖公 2년 조)	춘추시대 진나라가 괵을 정벌하기 위해 우에게 길을 빌려 정벌한 다음 돌아오는 길에 우마저 차지한 사례
V. 병전계 并戰計 (상황 전환을 위한 방어 전략을 위주로 한 계책)	투량환주 (偸樑換柱)	대들보를 빼서 기둥과 바꾸다.	초한쟁패 때 한신이 주력을 빼돌려 뗏목을 타고 황하를 건너 위왕을 공격해서 잡은 사례
	지상매괴 (指桑罵槐)	뽕나무를 가리키며 회나무를 욕하다.(《홍루몽》 제12회)	춘추시대 사마양저가 군령을 어긴 장고의 목을 베어 군기를 다잡고 전투에서 승리한 사례
	가치부전 (假痴不癲)	어리석은 척하되 미친 척은 하지 마라.	유비가 조조와 술을 마시다 조조가 자신을 영웅이라 하자 천둥소리에 놀란 것처럼 수저를 떨어뜨려 자신을 꾸민 사례
	상옥추제 (上屋抽梯)	지붕에 오르게 한 뒤 사다리를 치우다.(《손자병법》〈구지편〉,《삼국지》〈촉서·제갈량전〉)	유표의 큰아들 유기가 제갈량과 누각으로 올라가 사다리를 치우고 자신의 거취를 자문하여 물러난 사례
	수상개화 (樹上開花)	나무에 꽃을 피우다.	전국시대 제나라 장수 전단이 다양한 전략으로 연나라 군영을 어지럽히고 승리한 사례
	반객위주 (反客爲主)	주객이 바뀌다.(《당태종이위공문대唐太宗李衛公問對》)	《수호지》에서 늦게 합류한 오용 등이 임충과 왕윤의 갈등을 이용하여 산채를 장악한 사례

	미인계 (美人計)	미인을 이용하다.(《육도》〈문벌〉)	오월쟁패에서 월왕 구천이 서시를 이용하여 오왕 부차를 무너뜨린 사례
	공성계 (空城計)	성을 비워 적을 물러가게 하다.(《삼국지》〈촉서·제갈량전〉)	제갈량이 성을 텅 비워 놓고도 사마의의 군대를 철수시킨 사례
VI. 패전계 敗戰計 (극히 불리한 상황을 반전시키는 계책)	반간계 (反間計)	적의 간첩을 역이용하다.(《손자병법》〈용간편〉)	구자국의 포로들을 고의로 풀어 주고 간첩 노릇을 시켜서 대승을 거둔 동한시대 반초의 사례
	고육계 (苦肉計)	제 살을 도려내다.(《삼국지연의》)	춘추시대 말기 오자서의 추천을 받은 검객 요리가 오왕 합려와 고육계를 이용하여 경기를 살해한 사례
	연환계 (連環計)	여러 개의 계책을 연계해서 구사하다.(《삼국지연의》 제47회)	왕윤이 여색을 밝히는 동탁과 여포를 갈라놓기 위해 초선을 이용한 사례
	주위상계 (走爲上計)	줄행랑이 상책이다.(《남사》〈단도제전〉)	춘추시대 성복 전투에서 진 문공이 작전상 군대를 90리 뒤로 물린 사례

I. 승전계(勝戰計)

승전계는 말 그대로 내 형세와 전력이 승리할 수 있는 충분한 조건을 갖췄을 때 구사하는 계책을 모아 놓은 것이다. 내가 이길 수 있다고 판단될 때 활용하는 계책인 셈이다.

'만천과해'부터 '성동격서'까지 모두 여섯 개의 계책으로 이루어져 있다. 전체적으로 상대방의 튼튼하고 강한 곳을 피하고, 약하고 비어 있는 곳을 공략한다는 기조 위에서 추출되었다. 여기에 상대를 속이는 기만술이 함께 구사되는 점에 주목할 필요가 있다. 전력 면에서 아무리 적을 압도한다 해도 적이 자신의 강점으로 대항한다면 승리가 만만치 않을 것이다.

승전계의 요지는 어떤 상황에서든 무리한 강공보다는 적의 허점을 집중 공략함으로써 내 전력의 손실을 최소화하고 상대적으로 쉽게 승리를 거두라는 것으로 정리할 수 있다. 이를 위해 싸우기 전에 먼저 승리의 조건을 갖추고, 승리할 수 있는 방안을 마련하고, 승리의 낌새를 파악해야 이들 계책을 이용하여 '속이고' '나누고' '빌리고(빌리는 척하고)' '틈을 엿보고' '기세를 살릴' 수 있다는 것이다.

중복되지만 승전계만 떼어서 그에 관한 기본 정보를 다시 한번 표로 제시했다.(이하 모두 같음)

	만천과해 (瞞天過海)	하늘을 속이고 바다를 건너다.(《영락대전永樂大全》 56 〈설인귀정요사략薛仁貴征遼事略〉)	전국시대 손빈이 미치광이를 가장하여 방연의 마수에서 벗어나 제나라로 탈출한 사례
I. 승전계 勝戰計 (내 형세와 전력이 승리할 수 있는 충분한 조건을 갖췄을 때)	위위구조 (圍魏救趙)	위나라를 포위하여 조나라를 구하다.(《사기》 〈손자오기열전〉)	손빈이 조나라를 구하기 위해 위나라 수도를 공격하여 조나라의 포위를 풀게 한 사례
	차도살인 (借刀殺人)	남의 칼을 빌려 상대를 제거하다.(《병경백자》 〈차자借字〉)	주유가 장간을 이용하여 조조의 수군 대장 채모와 장윤을 죽이게 한 사례
	이일대로 (以逸待勞)	편안하게 상대가 지치기를 기다리다.(《손자병법》 〈군쟁편〉)	진시황 때 왕전이 수비 전략으로 초나라 군대의 의지를 꺾은 다음 초나라를 멸망시킨 사례
	진화타겁 (趁火打劫)	불난 틈을 타서 공격하고 빼앗다.(《손자병법》 〈계편〉)	청의 황태극이 이자성과 오삼계의 갈등을 이용하여 이자성을 공략한 사례
	성동격서 (聲東擊西)	동쪽에서 소리 지르고 서쪽을 공격하다.(《한비자》 〈설림〉 상, 《회남자》 〈병략훈〉, 《육도六韜》 〈무도武韜·병도兵道〉, 《백전기략》 〈성전聲戰〉 외)	전국시대 제나라 유력자 맹상군이 실각하자 식객 풍훤이 주변국을 자극하여 맹상군의 몸값을 높인 다음 다시 복권하게 만든 사례

II. 적전계(敵戰計)

36계의 모든 계가 그렇듯이 36계의 전체 기조는 기만(欺滿), 즉 속임수다. 상대를 정확하게 파악해서 상대를 속여 쉽게 승리하라는 메시지다.

'무중생유'부터 '순수견양'까지 여섯 개의 적전계 역시 마찬가지다. 적전계는 적과 나의 전력이 엇비슷할 때 구사하는 계책이다. 이때 필요한 계책은 자신이 승리할 수 있는 유리한 조건과 시기를 창출해 내는 것이다. 이것이 주효한다면 상대는 수동적 처지에 놓이고 나는 승리에 한 걸음 더 다가갈 수 있다.

'적전'이란 서로 맞서 싸운다는 말이다. 큰 적이 눈앞에 있거나 강적과 대치할 때는 담력과 식견 그리고 시기와 대세를 가늠할 수 있어야 한다. 경쟁은 쌍방의 힘을 겨루는 것이다. 승리하려면 자신의 실력을 높이는 것은 물론 상대의 실력을 약화시킬 수 있어야 한다. 경쟁 상대를 격패시키려면 '미친 척하고' '숨기고' '살피고' '안정시키고' '버리고' '쌓는' 등의 계책을 통해 은밀히 자신의 실력을 키우면서 시기와 상황의 변화를 차분히 기다릴 줄 알아야 하는 것이다.

적전계는 가장 현실적이고 보편적인 상황에서 구사할 수 있기 때문에 경쟁이 치열한 비즈니스 세계에서 적극적으로 활용하고 있다.

	무중생유 (無中生有)	무에서 유를 만들어 내다.(《노자》)	당나라 안녹산의 난 때 장순이 허수아비를 이용하여 적에게서 화살을 얻은 사례
II. 적전계 敵戰計 (적과 나의 전력이 엇비슷할 때)	암도진창 (暗渡陳倉)	몰래 진창을 건너다.(《사기》〈회음후열전〉)	항우의 경계심을 늦추기 위해 지나온 길을 불태운 다음 불시에 진창을 공격한 사례
	격안관화 (隔岸觀火)	강 건너편에서 불구경을 하다.	조조가 원씨 집안의 갈등을 이용하여 앉아서 하북을 차지한 사례
	소리장도 (笑裏藏刀)	웃음 속에 칼을 감추다.(《신당서》)	전국시대 진의 상앙이 공손앙을 정중하게 초청하여 포로로 잡은 사례
	이대도강 (李代桃僵)	복숭아나무 대신 자두나무를 희생하다.(《계명편鷄鳴篇》)	전국시대 손빈이 경마에서 말의 등급을 나누고 열등마를 희생하여 성공한 사례
	순수견양 (順手牽羊)	슬그머니 양을 끌고 가다.(《육도》)	춘추시대 진 헌공이 우의 길을 빌려 곽을 정벌한 '가도벌괵(假道伐虢)' 사례

III. 공전계(功戰計)

세 번째 대계인 공전계는 실전에 따른 계책을 모아 놓았다. 공전계의 큰 전제는 반드시 나를 알고 상대를 알아야 한다는 것이다. 그래야만 과감하고 용감하게 전투와 전쟁에서 부딪치는 온갖 문제를 마주하여 적극적인 태도를 취할 수 있고 상대방의 약점을 찾을 수 있는 조건이 창조되는 것이다.

상대를 내게 유리한 곳으로 끌어내는 타초경사(打草驚蛇)의 계책부터 적의 우두머리를 잡아 단숨에 승부를 결정짓는 금적금왕(擒賊擒王)까지 철저하게 상대방의 허점과 약점을 찾아서 내게 유리한 쪽으로 전투를 유도하는 계책으로 이루어져 있다.

'공전'이란 전투 중에서 공격의 기회를 주동적으로 만들라는 말이다. 이때 상황에 따라 다양한 계책을 함께 구사하여 승리를 담보한다. 즉 공전계의 모든 계책을 기민하고 입체적으로 구사한다면 싸우지 않고도 적을 굴복시키고, 공격하지 않고도 적의 성을 빼앗는 경지에 이를 수 있다는 것이다.

III. 공전계 功戰計 (반드시 나를 알고 상대를 알아야 하는 실전계)	타초경사 (打草驚蛇)	풀을 들쑤셔 뱀을 놀라게 하다.(《유양잡조西陽雜俎》)	형주를 되찾으려고 유비에게 혼인을 제안하여 유인하려 한 주유의 계책을 역이용한 사례
	차시환혼 (借屍還魂)	시체를 빌려 영혼을 되살리다.(악백천岳伯川, 〈여동빈도철괘이呂洞賓度鐵拐李〉)	진나라 말기 농민 봉기군 수령 진승이 물고기 뱃속에 '진승왕'이란 글자를 넣어 여론을 조작한 사례
	조호리산 (調虎離山)	호랑이를 유인하여 산에서 내려오게 하다.	노르망디 상륙 작전에서 미군이 거짓 작전으로 롬멜의 주력을 이동시킨 사례

III. 공전계 功戰計 (반드시 나를 알고 상대를 알아야 하는 실전계)	욕금고종 (欲擒故縱)	잡고 싶으면 일부러 놓아 줘라.(《노자》, 《귀곡자鬼谷子》)	제갈량이 서남 지역의 우두머리 맹획을 칠종칠금한 사례
	포전인옥 (抛磚引玉)	벽돌을 버려서 옥을 가져 오다.(《상건집常建集》)	춘추시대 초나라가 소국 교를 공격하면서 땔감으로 유인하여 군대를 끌어내 정복한 사례
	금적금왕 (擒賊擒王)	도적을 잡으려면 우두머리를 잡아라.(두보杜甫, 《출새곡出塞曲》)	당나라 때 장순이 풀줄기로 된 활을 쏘아 적장 윤자기를 확인하고 잡은 사례

IV. 혼전계(混戰計)

'부저추신(釜底抽薪)'에서 '가도벌괵(假道伐虢)'에 이르는 혼전계는 실전 상황에서 기본 규칙이 지켜지기 힘들 때나 정상적인 전략 전술을 펼치기 힘들 때 자기만의 규칙을 이끌어 내서 승리를 위한 조건을 창출하는 계책이다.

혼전계는 기본적으로 경쟁하는 쌍방의 세력이 비등하거나 나한테 다소 불리한 상황을 가리킨다. 이럴 때는 주도적으로 연막술 같은 전술을 구사하여 상대에게 내 모습이 보이지 않게 하고, 나아가 혼돈 속에서 적을 공격하여 승기를 잡거나, 은근히 뒤로 물러나 생존을 모색하거나, 그 정예만 뽑아 활용하거나, 적의 예봉을 피한 다음 공세의 기회를 잡거나 하는 계책을 낼 줄 알아야 한다.

이런 점에서 혼전계는 가장 창조적이고 기발한 발상을 요구하는 계책의 집합이다. 늘 냉정하게 상황을 판단하고 깨어 있는 의식을 유지하면서 승리를 얻을 수 있는 길을 찾아내야 한다. 있는 힘과 지혜를 다 짜내서 상대를 타격하는 좋은 조건을 창조해 내는 계책이다.

IV. **혼전계** **混戰計** (정상적인 전략 전술 이 힘들 때 나만의 규 칙 창출을 위한 계책)	부저추신 (釜底抽薪)	가마솥 밑에서 장작을 빼내 다.《회남자淮南子》〈본경훈本 經訓》)	미드웨이 전투에서 미군이 일 본 항공모함을 폭격하여 전투 기들을 무력화한 사례
	혼수모어 (混水摸魚)	물을 흐려 물고기를 잡다.	제2차 세계대전 막바지에 독일 이 영어에 능한 2천여 병사를 미군 후방에 침투시켜 교란을 일으킨 사례
	금선탈각 (金蟬脫殼)	매미가 허물을 벗다.《서유 기》 제20회)	제갈량이 죽기 전에 촉의 군대 를 비밀리에 철수시킨 사례
	관문착적 (關門捉賊)	문을 잠그고 도적을 잡다.	전국시대 장평 전투에서 백기 가 조괄의 40만 대군의 퇴로를 끊고 몰아서 생매장한 사례
	원교근공 (遠交近攻)	먼 나라와 연합하고 가까운 나라를 공격하다.《전국책》 〈진책秦策》, 《사기》〈범수채택 열전范雎蔡澤列傳》)	진이 이 외교 전략으로 6국을 각개격파하여 천하를 통일한 사례
	가도벌괵 (假道伐虢)	길을 빌려 괵을 정벌하 다.《좌전》 기원전 658년 희공 僖公 2년조)	춘추시대 진나라가 괵을 정벌 하기 위해 우에게 길을 빌려 정벌한 다음 돌아오는 길에 우 마저 차지한 사례

V. 병전계(并戰計)

병전계는 방어 위주의 계책이다. '투량환주(偸樑換柱)'에서 '반객위
주(反客爲主)'에 이르는 여섯 개의 계책이 상대의 침투를 막고 상대에
게 합병되지 않으며 자신을 튼튼히 지키기 위한 실용적 방안이라
할 수 있다.

병전계란 쌍방이 병력이 같고 장수의 역량도 비슷하여 어느 한
쪽이 섣불리 움직이거나 압도할 수 없는 상태를 말한다. 어느 쪽이
되었건 속전속결할 가능성이 없을뿐더러 난전을 통해 승리를 거둘

수도 없다. 이런 정세에서 승리하려면 공수의 변화를 꾀할 수 있는 묘책이 요구된다.

따라서 병전계는 상대에게 내 의도를 들키지 않도록 철저한 보안에 주의를 기울여야 한다. 상황을 전환하기 위한 가장 기본적인 조건이다. 나의 전력과 전략이 상대에게 간파당하지 않는 것은 대단히 중요하다. 여기서 상황 전환이나 변화를 위한 변수(變數)와 변수를 상수(常數)로 확정하는 정확한 계책이 나올 수 있기 때문이다.

V. 병전계 幷戰計 (상황 전환을 위한 방어 전략을 위주로 한 계책)	투량환주 (偸樑換柱)	대들보를 빼서 기둥과 바꾸다.	초한쟁패 때 한신이 주력을 빼돌려 뗏목을 타고 황하를 건너 위왕을 공격해서 잡은 사례
	지상매괴 (指桑罵槐)	뽕나무를 가리키며 회나무를 욕하다.(《홍루몽》 제12회)	춘추시대 사마양저가 군령을 어긴 장고의 목을 베어 군기를 다잡고 전투에서 승리한 사례
	가치부전 (假痴不癲)	어리석은 척하되 미친 척은 하지 마라.	유비가 조조와 술을 마시다 조조가 자신을 영웅이라 하자 천둥소리에 놀란 것처럼 수저를 떨어뜨려 자신을 꾸민 사례
	상옥추제 (上屋抽梯)	지붕에 오르게 한 뒤 사다리를 치우다.(《손자병법》〈구지편〉, 《삼국지》〈촉서·제갈량전〉)	유표의 큰아들 유기가 제갈량과 누각으로 올라가 사다리를 치우고 자신의 거취를 자문하여 물러난 사례
	수상개화 (樹上開花)	나무에 꽃을 피우다.	전국시대 제나라 장수 전단이 다양한 전략으로 연나라 군영을 어지럽히고 승리한 사례
	반객위주 (反客爲主)	주객이 바뀌다.(《당태종이위공문대唐太宗李衛公問對》)	《수호지》에서 늦게 합류한 오용 등이 임충과 왕윤의 갈등을 이용하여 산채를 장악한 사례

VI. 패전계(敗戰計)

패전계는 전황이 자신에게 극히 불리한 상황에서 가만히 앉아 죽기만 기다릴 수 없을 때 구사하는 계책으로 이루어져 있다. '미인계(美人計)'부터 '주위상계(走爲上計)'까지 패전계는 패전에서 벗어나기 위한 지극히 임기응변적이고 실용적인 계책으로 구성되어 있다.

경쟁을 하다 보면 상대가 수적으로 많고 내가 적은 일이 흔히 발생한다. 아무리 애써도 수동이고 열세를 면할 수 없는 상황도 있다. 여기에 미지수들이 겹치고 심지어 도저히 만회할 수 없는 국면이 조성되기도 한다. 이런 상황에서는 진짜와 가짜를 혼동케 하고, 때로는 성을 비우는 극단적 방법도 구사해 보고, 이것도 저것도 안 되면 줄행랑을 쳐서 자신을 보전한 다음 다시 기회를 엿보는 수밖에 없다.

패전계는 모두 위기에서 벗어나 안전으로 바꾸고, 나아가 패배를 승리로 전환할 수 있는 조건을 창출하는 데 초점을 맞추고 있다. 이를 위해서는 유리한 시기를 파악하고 그에 맞춰 전략 전술을 정확하게 구사할 수 있어야 한다. 이래야만 불필요한 희생을 줄이거나 피할 수 있다. 그러면서 모든 상황이 여의치 않을 때는 '달아나는 것이 상책'이라고 말한다.

VI. 패전계 敗戰計 (극히 불리한 상황을 반전시키는 계책)	미인계 (美人計)	미인을 이용하다.(《육도》〈문벌〉)	오월쟁패에서 월왕 구천이 서시를 이용하여 오왕 부차를 무너뜨린 사례
	공성계 (空城計)	성을 비워 적을 물러가게 하다.(《삼국지》〈촉서·제갈량전〉)	제갈량이 성을 텅 비워 놓고도 사마의의 군대를 철수시킨 사례
	반간계 (反間計)	적의 간첩을 역이용하다.(《손자병법》〈용간편〉)	구자국의 포로들을 고의로 풀어 주고 간첩 노릇을 시켜서 대승을 거둔 동한시대 반초의 사례
	고육계 (苦肉計)	제 살을 도려내다.(《삼국지연의》)	춘추시대 말기 오자서의 추천을 받은 검객 요리가 오왕 합려와 고육계를 이용하여 경기를 살해한 사례
	연환계 (連環計)	여러 개의 계책을 연계해서 구사하다.(《삼국지연의》 제47회)	왕윤이 여색을 밝히는 동탁과 여포를 갈라놓기 위해 초선을 이용한 사례
	주위상계 (走爲上計)	줄행랑이 상책이다.(《남사》〈단도제전〉)	춘추시대 성복 전투에서 진 문공이 작전상 군대를 90리 뒤로 물린 사례

병법과 경영이 만나다 ──────────── **삼십
육계**

三十六計

I
승전계
勝戰計

- 성공학의 제일 비법 -

1. 승전계의 기조와 핵심

거듭 말하지만 승전계는 내 상황이 적에 비해 우세할 때 활용하는 계책을 모아 놓은 《36계》의 여섯 개 큰 범주 중 첫 번째 범주다. 내 형세와 전력이 승리할 수 있는 조건을 충분히 갖췄을 때 구사하는 계책을 모아 놓은 것이다. 내가 이길 수 있다고 판단될 때 활용하는 계책인 셈이다. 중복되지만 승전계의 기조를 다시 한번 소개하고 현대적 의미를 간단하게 덧붙인다.

'만천과해'부터 '성동격서'까지 모두 여섯 개의 계책으로 이루어져 있다. 전체적으로 상대방의 튼튼하고 강한 곳을 피하고, 약하고 비어 있는 곳을 공략한다는 기조 위에서 추출되었다. 여기에 상대를 속이는 기만술이 함께 구사되는 점에 주목할 필요가 있다. 전력 면에서 아무리 적을 압도한다 해도 적이 자신의 강점으로 대항한다면 승리가 만만치 않을 것이다.

승전계의 요지는 어떤 상황에서든 무리한 강공보다는 적의 허점을 집중 공략함으로써 내 전력의 손실을 최소화하고 상대적으로 쉽게 승리를 거두라는 것으로 정리할 수 있다. 이를 위해 싸우기 전에 먼저 승리의 조건을 갖추고, 승리할 수 있는 방안을 마련하고, 승리의 낌새를 파악해야 이들 계책을 이용하여 '속이고' '나누고' '빌리고(빌리는 척하고)' '틈을 엿보고' '기세를 살릴' 수 있다는 것이다.

승전계는 성공학에 비유할 수 있다. 사람은 누구나 성공을 갈망한다. 하지만 성공은 결코 쉬운 일이 아니다. 남다른 지혜와 안목을 요구한다. 충분한 인내심과 방법도 필요하다.

성공학이란 성공으로 가는 방법이자 기교를 말한다. 성공을 위한 방법은 수도 없이 많다. 《36계》의 승전계는 성공학의 으뜸가는 비법을 담고 있다. 많은 사람이 절대 우세의 상황에서도 실패하는 가장 큰 이유는 이 승전계를 운용할 줄 모르기 때문이다. 승전계는 실질상 내게 아주 좋은 국면에서 보험을 하나 더 들어 성공의 길을 더욱 평탄하게 만들고 의외의 상황이 쉽게 나타나지 않게 대비하는 것이다.

2. 승전계의 계책과 사례

승전계의 계책을 다시 한번 표로 제시하고 각 계책의 의미와 역사 사례를 살펴본다.

카테고리	36계 항목	의미
I. 승전계 勝戰計 (내 형세와 전력이 승리할 수 있는 충분한 조건을 갖췄을 때)	만천과해 (瞞天過海)	하늘을 속이고 바다를 건너다.(《영락대전永樂大全》 56 〈설인귀정요사략薛仁貴征遼事略〉)
	위위구조 (圍魏救趙)	위나라를 포위하여 조나라를 구하다.(《사기》 〈손자오기열전〉)
	차도살인 (借刀殺人)	남의 칼을 빌려 상대를 제거하다.(《병경백자》 〈차자借字〉)
	이일대로 (以逸待勞)	편안하게 상대가 지치기를 기다리다.(《손자병법》 〈군쟁편〉)
	진화타겁 (趁火打劫)	불난 틈을 타서 공격하고 빼앗다.(《손자병법》 〈계편〉)
	성동격서 (聲東擊西)	동쪽에서 소리 지르고 서쪽을 공격하다.(《한비자》 〈설림〉 상. 《회남자》 〈병략훈〉, 《육도六韜》 〈무도武韜·병도兵道〉, 《백전기략》 〈성전聲戰〉 외)

제1계

만천과해

하늘을 속이고 바다를 건너다

瞞天過海

하늘조차 속여라

성공에는 어느 정도의 속임수가 필요하다. 물론 여기서 말하는 속임수란 마음을 나쁘게 쓰는 사기 따위가 아니다. 자신의 목적을 실현하기 위한 것으로 가상(假象)을 만들어 내서 다른 사람이 나를 믿게 하는 것이다. 또 이런 가상들을 이용하여 자신이 하는 일을 숨기는 것이기도 하다.

가상을 만들어 내는 방법은 아주 많지만 '만천과해'는 그중에서도 가장 유효한 방법이다. 이 방법을 사용하여 가상을 흔히 보는 사물에 숨기는 것인데, 이렇게 하면 자신의 진정한 의도를 숨기기 쉽다.

"하늘을 속이고 바다를 건넌다. 방비가 지나치게 주도면밀하면 왕왕 투지가 느슨해지고 전투력이 약해질 수 있다. 늘 보는 것은 의심하지 않는다. 음(陰)은 양(陽) 안에 있지 양의 대립 면에 있지 않다. 지극한 양이요 지극한 음이다."

《36계》 승전계의 첫 계이자 36계 전체의 첫 계인 '만천과해'는 '하늘을 속이고 바다를 건넌다'는 그 뜻부터가 거창하다. 하지만 그 의미는 대단히 심장하다. 모든 사물의 상대성에 주목하여 이를 음양의 이치로 풀어내기 때문이다.

음양은 중국 고대의 전통 철학과 문화 사상의 기점이다. 그 사상은 거대한 우주부터 먼지와 티끌까지 미치며, 의식 형태의 모든 영역에 영향을 미쳤다. 음양학설은 우주 만물을 대립된 통일체로 보는 소박한 변증 사상을 나타낸다. 음과 양 두 글자는 일찍이 갑골문과 금문에 보이지만 음기와 양기로서의 음양학설은 도가(道家)의 창시자인 초나라 사람 노자(老子)에 의해 제창되었다. 흔히 알고 있는 《역경》에서 제기한 것이 아니다.

이러한 음양 사상이 군사 방면에도 적지 않은 영향을 미쳤다. 온갖 요인 때문에 매 순간 바뀔 수 있는 지극히 가변적인 전투 상황에서 그에 적절하게 대처하려면 무엇보다 임기응변이 필요하다. 임기응변의 논리적 근거로서 음양의 변화라는 변증법 사상이 상당히 유용하기 때문이다. 36계는 이런 음양 사상을 가장 실질적으로 반영하고 있다.

36계의 제1계 '만천과해'에서 말하는 음은 기밀이나 은폐를 가리키며 양은 공개나 폭로를 말한다. '음은 양 안에 있지 양의 대립 면에 있지 않다'는 대목을 병법에서 보자면, 은밀한 계책은 왕왕 공개된 사물 속에 숨어 있지 공개된 사물의 대립 면에 있지 않다는 말이다. 다시 말해 완전히 공개된 것은 흔히 대단한 기밀 속에 감춰져 있는 것이다.

이 모략은 어떤 의도를 실체가 너무도 분명한 사물 속에 감추는 것이다. 사람들은 흔히 보는 사물에 대해서는 의심하지 않고 그냥 지나친다. 바로 그런 것에 자신의 의도를 숨겨 목적을 달성한다.

'만천과해'의 원래 뜻은 '하늘(또는 황제)을 속이고 바다를 건넌다'는 것이다. 이 말과 관련된 이야기는 명나라 때의 《영락대전(永樂大全)》 56 〈설인귀정요사략(薛仁貴征遼事略)〉에 보인다. 당 태종이 몸소 30만 대군을 거느리고 장사귀(張士貴)를 사령관으로 삼아 요동(遼東)을 지나 망망대해에 이르렀다. 여기서 태종은 바다의 위세에 질려 그만 출정을 후회하며 각부 사령관을 불러 놓고는 '바다를 건널 작전'을 물었다.

이때 설인귀(薛仁貴)와 장사귀는 꾀를 내어 주저하는 태종을 속이기로 했다. 바다의 변화를 잘 아는 노인을 시켜 태종을 지상의 막사와 똑같이 생긴 배로 모신 것이다. 태종은 거기가 배가 아니라 지상인 줄 알았다. 이윽고 사방에서 파도 소리와 바람 소리가 들리면서 술잔이 흔들리고 몸도 흔들리기 시작했다. 이상한 느낌이 든 태종은 장막을 걷고 밖을 내다보았다. 아, 그런데 이게 웬일인가! 자신이 망망한 바다 위에 떠 있는 것이 아닌가! 깜짝 놀란 태종은 여기가 어디냐고 물었다. 그러자 장사귀가 일어나 "실은 신이 생각해 낸 꾀입니다. 바람의 힘을 얻어 30만 대군이 바다를 건너 동쪽 연안에 도착할 것입니다"라고 대답했다. 과연 태종은 배 위에 있었고, 30만 병사도 동쪽 해안을 향해 떠가고 있었다.

'만천과해'란 바로 이 고사를 개괄한 것이고, 《36계》는 이 고사성어를 제1계로 꼽았다. 이 계책은 가짜로 진짜를 감추는 '의병계(疑兵計)'의 일종이며 군대의 결집, 공격 시기, 공격 장소 등을 위장하는 데 활용된다.

《수서(隋書)》〈하약필전(賀若弼傳)〉에 실린 이야기를 보자. 수 문제 (文帝) 때인 588년, 수나라는 진(陳, 557년 진패선陳覇先이 황제를 자칭하고 세운 나라)을 대거 공격했다. 수의 사령관 하약필(賀若弼)은 대군을 이끌고 광릉(廣陵)을 나와 과주(瓜洲)에서 강을 건너 진을 공격했다. 하약필은 좋은 배를 많이 구입해 숨겨 놓고는 부서진 배 50~60척을 강가에 내놓아 진나라 정찰대의 눈에 쉽게 띄도록 했다. 이를 본 진의 군대는 수나라 군대 쪽에 제대로 된 배가 없어 강을 건너지 못할 것으로 판단했다.

'만천과해'란 36계의 제1계와 연관된 당 태종과 설인귀

전투에 앞서 하약필은 강가의 수

비대를 수시로 교대시키고 재배치하는 한편, 매번 바뀌는 수비대는 반드시 먼저 광릉에 집결시켜 놓고는 거창하게 사열식을 가졌다. 이런 움직임을 알아챈 진군 쪽에서는 수군이 진격해 올 것으로 판단하고 총력을 기울여 수비를 강화했다. 그러나 잠시 후 결집한 군대가 이미 철수했다는 보고를 받았다. 그러나 수군은 계속 부대를 교환했고, 진군도 이제는 이를 예사로 여겨 더 이상 경계하지 않았다.

진의 경계 태세가 허술해졌음을 안 하약필은 일부 병사들을 보내 강가에서 사냥을 하게 하는 등 일부러 허풍을 떨며 소란을 피웠다. 이 사실은 이내 퍼져 나갔다. 처음에는 이 행동 역시 진의 경계 대상이 되었으나 시간이 지나면서 역시 무관심해져 버렸다. 강을 지키는 진의 방어 태세도 흩어진 것을 확인한 하약필은 숨겨 둔 성능이 좋은 배로 강을 건너 불의의 기습을 가함으로써 단숨에 경구(京口)를 점령하고 진의 서주자사 황각(黃恪)도 사로잡았다.

전국시대 중기 탁월한 전공을 세운 제나라 군사(軍師) 손빈(孫臏)은 손무(孫武)의 군사 사상을 계승하고 심화한 군사 전문가로서 군사 이론과 그 실천에서 대단히 높은 수준을 보여 주었다. 한마디로 중국의 군사 역사에서 손무 못지않은 비중을 가진 군사 이론가이자 군사 책략가다. 그가 창안한 '삼사법(三駟法)'은 군사 응용학의 선구가 되었고, '위위구조(圍魏救趙)'나 '감조유적(減灶誘敵)' 같은 전법은 지금도 적을 물리치고 승리를 거두는 데 유용한 모범 사례로 꼽힌다.

손빈은 제나라 사람으로 지금의 산동성 양곡·견성 일대에 해당하는 지방에서 태어났다. 그는 춘추시대의 걸출한 군사 전문가로 훗날 '병성(兵聖)' 또는 '무성(武聖)'으로 추앙받은 손무의 후손이라고 알려져 있다. 제나라 위왕과 선왕 재위 기간에 해당하는 기원전 356년에서 319년 무렵에 활동했다.

청년 시절에는 방연(龐涓)과 함께 귀곡자(鬼谷子)에게 병법을 배웠는데, 학업 능력이 늘 방연을 앞질러 방연의 시기와 질투를 받았다. 학업을 마친 뒤 방연은 위(魏)에 가서 벼슬을 하다 혜왕(惠王)의 눈에 들어 장수로 임명되었다. 제나라와 위나라가 중원의 패권을 놓고 격렬하게 싸우는 때였다.

방연은 자신이 손빈만 못하다는 사실을 너무나 잘 알고 있었다. 그러니 라이벌 제나라에서 손빈을 기용할까 봐 걱정이 이만저만이 아니었다. 고민 끝에 자신이 통제할 수 있도록 은밀히 손빈을 위나라로 초빙했다. 손빈이 위나라로 오자 이번에는 혜왕이 뛰어난 손빈을 발탁하지 않을까 걱정하다 결국 음모를 꾸며 손빈을 해친다. 손빈이 다른 나라로 보낸 편지를 입수하여 그중 일부 내용을 가지고 위왕 앞에서 손빈이 적국과 내통했다고 모함한 것이다. 사악한 방연은 손빈의 선조 손무가 남긴 병서를 손에 넣기 위해 손빈을 죽이지 않고 무릎 아래를 잘라내는 형벌인 빈형(臏刑)을 받게 하여 앉은뱅이로 만들었다. 손빈의 얼굴에는 죄인임을 나타내는 경형(黥刑)의 흔적까지 남겼다. 물론 방연은 자신의 정체와 의도를 철저하게 숨긴 채 손빈에게 마치 은혜를 베푸는 것처럼 꾸몄다. 내막을 모르는 손빈은 방연이야말로 진짜 친구라며 고마워했다. 가문의 보물인 병법서를 기술하여 방연에게 줄 생각까지 했다.

그런데 얼마 뒤 손빈의 불쌍한 처지를 동정한 시자(방연이 손빈을 감

미치광이로 가장하여 방연을 속이고 사지에서 빠져나온 손빈은 '만천과해' 계책의 좋은 사례를 남겼다.

시하라고 붙여 준 감시자)가 사건의 내막을 폭로함으로써 방연의 지독하고 천인공노할 흉계와 그 진상을 알아버렸다. 손빈은 조국 제나라에서 사신으로 온 순우곤(淳于髡)과 은밀히 접촉하여 탈출을 모의했다. 이때부터 손빈은 돼지우리에서 오물을 먹는 등 미치광이 행세를 하기 시작했다. 방연은 잠시 의심의 눈초리를 보냈지만 오물을 밥으로 먹고, 밥은 독약이 들었다며 내팽개치는 손빈의 모습에 진짜 미친 것으로 판단하여 감시를 늦췄다. 마침내 손빈은 방연을 속이고 사지에서 벗어나 순우곤을 따라 조국 제나라로 탈출했다. 이때부터 손빈은 제나라에서 자신의 일생 가운데 가장 빛나는 시절을 보낸다.

'만천과해' 계략은 '위아래를 기만하는' '기상만하(欺上瞞下)'나 '귀를 막고 종을 훔치는' '엄이도령(掩耳盜鈴)'이나 야밤에 몰래 물건을 훔치는 따위의 모략들과는 엄연히 다르다. 물론 어느 정도 기만성이 없는 것은 아니지만 그 동기와 성질, 목적은 결코 같지 않으므로 한데 섞어 거론할 수 없다.

이 계략을 병법에서 운용할 때는 상대가 흔히 보면서도 의심하지 못하게 만들어 자신도 모르는 사이에 허점과 나태를 드러내게 해야 한다. 바로 그 허점을 파고 들어가 가상을 보여 진짜를 감추는 것이다. 이렇게 해서 아군의 군사 행동을 은폐한 뒤에 시기를 파악하여 기습 등으로 승리를 창출해 내는 것이다.

'만천과해' 계략과 비슷한 성격의 계책은 '명수잔도(明修棧道), 암도진창(暗渡陳倉)', '다른 사람 또는 적으로 가장하여' 일정한 작전 목적 또는 정치 목적을 달성하는 '모명정체(冒名頂替)', '꽉 찬 것을 텅 비어 보이게 만드는' '실즉허지(實則虛之)' 등을 들 수 있다.

《삼국지》 사례

관우(關羽)는 7군을 물에 수장시키고 우금(于禁)과 방덕(龐德)을 사로잡는 등 눈부신 전과를 올렸다. 관우는 적을 깔보기 시작했고, 그의 교만함은 눈덩이처럼 커졌다. 동오의 젊은 장수 육손(陸遜)은 이 점을 이용하기로 했다. 그는 깍듯한 예의를 갖춰 관우에게 편지를 보내 관우의 자만심을 한껏 부추겼다.

안 그래도 육손을 한 수 아래로 무시하던 관우는 육손의 이런 저자세에 완전히 경계심을 풀어 버렸다. 그는 강동에 대한 걱정을 완전히 한쪽으로 젖혀 놓고, 형주성에 주둔하는 병력의 대부분을 번성으로 철수시켜 서쪽과 북쪽에 대한 병력을 강화했다.

바로 이 틈을 타서 여몽(呂蒙)이 형주를 기습해 피 한 방울 흘리지 않

육손은 관우의 오만한 성격을 제대로 파악했기 때문에 철저하게 관우를 속이는 '만천과해' 계책으로 성공할 수 있었다. 36계의 모든 계책은 한결같이 상대를 철저하고 정확하게 파악할 것을 요구한다.

고 형주성을 접수해 버렸다. 육손은 철저히 자신을 낮추고 관우를 치켜세우는 '만천과해'의 책략으로 하늘(관우)을 완벽하게 속이고 바다(형주성)를 건널 수 있었다.

경영 사례 1

'만천과해'에 견줄 만한 경영 사례는 1960년대 디즈니월드의 건설 부지 매입 전략을 들 수 있다. 디즈니는 디즈니월드 건설 부지를 확보하려고 3만 에이커에

디즈니는 플로리다에 디즈니월드를 건설하기 위해 '만천과해' 전략을 절묘하게 구사했다.

달하는 부지를 따로따로 떼어서 익명으로 매입했다가 나중에 이들을 모두 합치는 전략을 구사했다.

이 전략의 핵심은 부지 매입에 따른 땅값 상승을 피하기 위한 것이었다. 이 때문에 디즈니는 익명으로 부지를 따로따로 매입하여 부동산업자와 투기꾼들의 의심을 피하는 '만천과해' 전략을 구사한 것이다.

'만천과해'는 일상 속에, 평범함 속에, 같은 것 속에 나의 의도를 감춰서 일을 성사시키는 전략이다. 《손자병법》의 "수비에 능한 자는 땅 깊숙이 잠복하고, 공격에 능한 자는 하늘에서 떨어지듯 공격한다"라는 대목이 떠오른다.

경영 사례 2

상당히 오랜된 경영사례로 일본 조미료 회사에서 있었던 일로서 지금은 거의 전설이 되었다. 조미료 제조기술이 발전하면서 양을 조금만 쳐도 맛을 충분히 내게 됨으로써 판매량이 떨어질 수밖에 없었다.

따라서 회사는 직원은 물론 일반 소비자들을 상대로 상금을 걸고 판매량을 늘릴 수 있는 아이디어를 공모했다. 그 결과 어린아이가 상금의 주인공이 되었다. 이 아이가 낸 아이디어는 조미료와 함께 주는 용기의 구멍을 두 배로 늘리라는 것이었다. 용기의 구멍이 워낙 작다 보니 두 배로 키운다 해서 눈에 금세 뜨일 정도가 아니었고, 판매량은 당연히 배가 늘었다.

'만천과해'의 고전적 사례의 하나로 전한다. 중국에서는 이 사례를 본받아 치약 회사가 치약 용기의 구멍을 두 배로 늘려 판매량을 높인 경우가 있었다.

나의 36계 노트 **만천과해**

_____

_____

_____

_____

_____

위위구조

위나라를 포위하여 조나라를 구하다

圍魏救趙

약하되 막지 않으면 안 될 곳을 쳐라

'위위구조'는 튼튼한 곳을 피하고 약한 곳을 공격하는 책략이다. 정면으로 맞서다 낭패를 당하는 것보다는 먼저 상대의 약한 곳을 공격하는 편이 낫다는 말이다. 이렇게 하면 상대의 주력과 맞붙어 싸우지 않아도 그에 상응하는 효과를 거둘 수 있다.

승리를 위한 과정에서 흔히 직면하는 방해 세력과 난관은 비교적 큰 편이다. 이때 정면 승부를 선택하여 내 실력으로 맞서기 부족하다면 가장 곤란한 곳을 피해서 약한 곳부터 손을 쓰는 전략을 배우고 선택할 줄 알아야 한다. 이렇게 하면 성공의 확률이 높아진다.

약한 곳에서 먼저 성공을 거두고 보면 애당초 곤란했던 곳도 그렇게 곤란해 보이지 않는다. 이때 다시 그곳을 공략하면 비교적 쉽게 문제를 해결할 수 있다.

"위나라를 포위하여 조나라를 구한다. (전력이) 집중된 적을 공격하는 것보다 적을 분산시키고 공격하는 것이 낫다. 양을 공격하는 것은 음을 공격하는 것만 못하다."

36계의 제2계이자 승전계의 두 번째 계책인 '위위구조'는 적의 전력을 분산시키는 책략이다. 여기서 말하는 양이란 기세가 왕성함을 가리키고, 음은 기세가 꺾여 기운이 빠져 있는 상태를 가리킨다. 적의 전력이 왕성하다면 계책을 마련하여 그 전력을 흩어 놓은 다음 공격하라는 뜻이다. '위위구조'는 역대 군사 전문가들에게 많은 칭송을 받아 왔다.

《사기》〈손자오기열전〉을 보면 전국시대 제나라가 위나라를 포위하여 조나라를 구한 사실이 나온다. '위위구조'라는 고사성어의 배경이다. 그 요점은 반드시 구원하러 나올 대상을 포위하여 공격함으로써 구원하러 온 적을 섬멸하며, 반드시 후퇴할 곳을 공격하여 후퇴하는 적을 섬멸하는 것이다. 이렇게 해서 이익은 좇고 손해는 피해 가며, 기동성 있게 적을 섬멸하는 목적을 달성해야 한다고 강조한다.

위가 조를 치니 조의 형세가 위급해졌다. 조는 제에 구원을 요청했다. 제의 위왕은 손빈을 장군으로 삼으려 했으나 손빈은 "저는 전과가 있는 몸이라 적당하지 않습니다"라며 사양했다. 그래서 전기(田忌)를 장군으로 삼고 손빈을 군사로 삼아 수레에 태운 후 계략을 세우게 했다.

손빈은 '위위구조'를 이용해 계릉 전투를 승리로 이끌었다. 그림은 죽간 《손빈병법》이 출토된 은작산 한묘박물관에 전시된 '계릉전투도'다.

손빈이 계략을 설명했다.

"무릇 엉킨 실을 풀려면 주먹으로 때려서는 안 되며, 맞붙은 싸움을 말리려면 그저 공격만 해서는 안 됩니다. 급소인 목을 움켜쥐고 허를 찔러 적의 형세를 불리하게 만들면 절로 풀리는 법입니다. 지금 위는 조와 맞붙어 싸우면서 날랜 정예병은 다 동원했으니 나라 안에 노약한 잔병들만 남아 있을 것입니다. 장군은 적의 허약한 곳을 찌르는 전술로 속히 달려가 위의 수도 대량(大梁)을 점령하는 것이 상책입니다. 적은 틀림없이 조를 버리고 자기 나라를 지키기 위해 달려올 것입니다. 이렇게 하는 것이야말로 조의 포위를 단숨에 풀 수 있을 뿐 아니라 위를 갉아 먹는 방법입니다."

전기는 그 계략에 따랐다. 과연 위는 조의 수도 한단(邯鄲)에서 철수하여 제군과 계릉(桂陵)에서 싸웠으나 크게 패하고 말았다.

'위위구조'의 성공은 첫째, 위나라와 조나라가 다투느라 심신이 지친 유리한 시기를 선택했기 때문이고 둘째, 정확한 작전 방향을 세워 적을 수동적인 상태로 몰았기 때문이다.

손빈은 13년 뒤인 기원전 341년, 한(韓)을 구원하는 전투에서도 이 모략을 또 한 번 사용했다. 다만 시행 과정에서 전쟁터의 실제 상황에 근거하여 취사용 솥을 줄이는 계략('감조유적減灶誘敵')으로 적을 유인, 위나라 군을 대파하고 꿈에서도 잊지 못하던 자신의 원수 방연을 죽이는 데 성공했다.

계릉 전투 13년 뒤 위가 조와 함께 한을 공격했다. 위기에 몰린 한은 제나라에 알렸다. 제는 전기를 장군으로 삼아 곧장 위의 수도 대량으로 진격했다(직주대량直走大梁). 위의 장군 방연은 이 소식을 듣고 한에서 철수하여 귀국했으나 제군은 이미 국경을 넘어 서쪽으로 진격, 위나라까지 침입한 상태였다.

이 상황에서 손빈이 전기에게 새로운 계책을 건의했다.

"저 삼진(三晉, 한·위·조)의 병사는 원래 사납고 용맹하여 제나라를 경멸하며 겁쟁이라고 했습니다. 그러나 전쟁을 잘하는 자는 적의 세력을 이용하여 내 쪽에 유리하도록 만드는 것입니다. 병법에도 '백 리 밖에서 승리하고자 급히 진격하다가는 상장군을 전사시키고, 승리에 눈이 어두워 50리 밖에서 진격하다가는 병사의 절반밖에 도착하지 못한다'라고 했습니다."

제군은 위나라 땅에 들어가 10만 개의 취사용 솥을 만들고, 다음 날에는 5만 개, 그다음 날에는 3만 개로 줄여 나갔다.

방연은 이런 제군을 사흘간 추격하고 나서 기뻐하며 말했다.

"내 본디 제나라 군사들이 겁쟁이인 줄은 알고 있었지만, 우리 땅에 침입한 지 사흘 만에 도망친 병사가 반이 넘을 줄이야."

방연은 보병을 버리고 날랜 정예 기병만 모아서 하루를 배로 늘리듯 밤낮없이 제군을 추격했다. 손빈은 그 행군이 해 질 무렵이면 마릉(馬陵)에 이를 것이라 예측했다. 마릉은 길이 좁고 양옆에 험한 산이 많아 병사들을 매복시키기에 안성맞춤이었다. 손빈은 큰 나무를 하얗게 깎고는 그 위에다 "방연은 이 나무 밑에서 죽을 것이다"라고 썼다. 그리고 제나라 군사 중에서 활을 잘 쏘는 자 1만을 골라 좁은 길 양옆에 매복시킨 뒤 "해 질 무렵이 되어 불빛이 오르는 것을 보면 일제히 발사하라"라고 단단히 일러 두었다.

밤이 되자 방연은 과연 그 나무 밑에 이르러 나무에 쓰여 있는 글을 자세히 보기 위해 부싯돌을 쳐서 불을 밝혔다. 그 순간 그가 채 글을 다 읽기도 전에 1만 명에 달하는 제나라의 사수들이 일제히 활을 당겼다. 방연은 자신의 지혜가 다하고 패배했음을 직감하고는 "마침내 더벅머리 애송이(손빈)가 명성을 얻게 되는구나"라고 한탄하며 스스로 목을 찔러 자결했다. 제군은 승세를 몰아 적군을 모조리 무찌르고 태자 신(申)을 사로잡아 개선했다. 이로써 손빈의 이름이 천하에 알려지고 그의 병법도 전해졌다.

태평천국은 후반으로 가면서 내분이 극심해지고, 그 바람에 혁

손빈의 '위위구조' 계책의 결정판인 마릉 전투지의 현재 모습

명군의 역량이 크게 약화되었다. 1860년, 청 왕조는 화춘(和春)에게 수십만 대군을 이끌고 태평천국의 수도 천경(天京, 지금의 강소성 남경)을 공격하게 했다. 청의 군대는 우세한 전력으로 천경을 겹겹 포위하여 고립시키려 했다.

천왕 홍수전(洪秀全)은 천경의 포위를 풀기 위해 장수들을 소집하여 대책을 논의했다. 상황이 너무 심각하다 보니 아무도 뾰족한 수를 내놓지 못했다.

이때 젊은 장수 충왕 이수성(李秀成)이 나서서 다음과 같은 계책을 올렸다.

"지금 청군은 수적으로 우세하기 때문에 강경 대응으로는 불리합니다. 제게 2만 명을 내주시면 포위를 뚫고 적군의 식량이 있는 항주를 습격하겠습니다. 적은 틀림없이 항주를 구원하려고 병력을 분산시킬 것입니다. 그 틈에 천왕께서 포위를 돌파하시고 저는 천경으로 군을 돌려 양면에서 공격하면 천경의 포위가 풀릴 것입니다."

익왕 석달개(石達開)도 이수성의 작전을 돕겠다고 나섰다. 다른 장수들도 이것이 다름 아닌 '위위구조' 계책임을 알고는 동의하고 나섰다. 그러나 의심이 많은 홍수전은 이수성과 석달개가 이 틈에 도망가려는 것은 아닌지 의심이 들어 결정을 내리지 못하고 주저했다.

홍수전의 심사를 헤아린 이수성은 땅바닥에 무릎을 꿇고 눈물을 흘리면서 "천국의 운명이 아침저녁에 달려 있는 마당에 저희가 어찌 두 마음을 품겠습니까"라고 호소했다. 석달개도 홍수전 앞에 무릎을 꿇고 애원했다. 두 사람의 충정에 감동한 홍수전은 이 계책을 받아들여 바로 실행에 옮기라고 했다.

태평천국의 수도 천경의 포위를 푸는 데 '위위구조' 계책을 활용한 충왕 이수성.

이수성은 밤에 청군의 포위가 다소 느슨해진 틈을 타서 포위를 뚫고 군사를 두 길로 나누어 항주를 공격하는 데 성공했다. 항주를 점령한 이수성은 청군의 군량을 불태웠고 당황한 청군은 군대를 내서 항주를 구원하러 나설 수밖에 없었다.

이후의 상황은 이수성이 예견한 대로였다. 청군은 참패했고 천경의 포위는 풀렸다. 이후 청군은 단기간이지만 천경을 더 이상 공격하지 못했다.

적과 맞서 싸우는 작전은 물을 다스리는 일에 비유할 수 있다. 적의 기세가 강력할 때는 정면으로 맞서서 치고 들어가는 것을 피해야 한다. 그보다는 물길이 다른 쪽으로 흘러나가도록 유도하는 것이 낫다. 약한 적에 대해서는 제방을 물샐 틈 없이 단단히 쌓아 단 한 방울의 물도 빠져나가지 못하게 한 다음 시기를 잘 잡아 단숨에 소멸해 버려야 한다.

이와 관련해서는 앞에서 인용한 손빈의 비유가 대단히 생동감 넘친다.

"이리저리 얽혀 있는 실타래는 주먹으로 쳐서는 풀 수 없다. 싸우는 사람을 말리려면 말로 잘 타일러야지, 그사이에 끼어들어 함께 주먹을 휘둘러서는 안 된다. 강한 부분은 피하고 약한 부분을 공격하여 적의 형세를 불리하게 만들면 저절로 풀린다."

《삼국지》 사례

동오의 기둥 주유(周瑜)가 병으로 갑자기 서거했다는 소식을 접한 조조(曹操)는 재차 동오에 대한 공격을 준비시켰다. 이 정보를 입수한 동오는 즉각 노숙(魯肅)을

제갈량은 주유의 죽음으로 위기에 처한 동오를 '위위구조' 계책으로 구했다. 사진은 군을 이끌고 관중으로 진공한 마초의 상이다.

형주성으로 보내 유비(劉備)에게 구원을 청했다.

강동에서 전해 온 편지를 다 읽은 제갈량(諸葛亮)은 유비한테 마초(馬超)에게 서신을 보내 병사를 이끌고 관중으로 들어가게 했다. 마초는 서량(西涼) 병마와 20만 대군을 동원하여 관중의 요충지 장안으로 쇄도해 들어갔다.

관중에서 보내 온 급보를 전해 들은 조조는 동오에 대한 공격 계획을 포기하고 관중의 마초와 한수(韓遂)의 군대를 전력을 다해 상대할 수밖에 없었다.

경영 사례 1

젊은 보험설계사가 생명보험에 지독한 편견과 혐오를 가진 노교수를 감동시킨 사례가 있었다. 이 보험설계사는 다른 설계사들

이 노교수를 보험에 가입시키는 데 모두 실패했다는 이야기를 듣고 직접 도전해 보기로 했다. 그는 교수를 찾아갔지만 보험 가입을 권유하지 않았다. 대신 자기 직업을 밝히고 그 교수의 공개 강좌를 수강하기 시작했다. 보험설계사는 열심히 강의를 들었다. 강의가 끝난 뒤에도 거듭 가르침을 청하는 등 정말 성실하게 공부했고, 성적도 단연 으뜸이었다. 강의가 끝난 뒤 보험설계사는 정성이 가득 담긴 선물을 들고 교수를 찾아가 그간의 가르침에 감사하며 작별 인사를 했다. 젊은 설계사의 성실함과 정성에 감동한 교수는 작별에 앞서 생명보험에 관심을 보이며 이것저것 물었다. 교수가 보험에 가입했는지는 모른다. 하지만 보험 자체를 부정하던 교수의 편견이 깨진 것은 분명했다.

직접 설득이 불가능해 보일 때 '위위구조' 전략은 대단히 유용하다. 이 전략이 주효할 경우 지금까지 소극적이고 수동적인 상대를 주동적으로 나서게 만들 수 있다. 단, 공략 지점에 대해 유연한 자세를 가질 필요가 있다. 공생과 경쟁의 관계를 정확히 파악하고 다양한 변수를 예측하여 뜻밖의 수를 만들어 내는 것이 '위위구조'의 핵심이다

경영 사례 2

일본의 문학가 오야 소이치(大宅壯一)는 대기업 소니(Sony)를 전자기업의 실험용 쥐, 즉 '모르모트'라 불렀다. 그러나 소니는 끊임없는 실험을 통해 새로운 제품을 개발했음에도 오랫동안 시장을 독

점하지 못했다. 그 주된 원인은 소니가 새로운 제품을 생산하면 다른 기업들이 서로서로 바로 뒤따라 그 제품을 모방 생산하여 소니와 시장을 다투었기 때문이다.

이렇게 다른 기업들에 겹겹이 포위된 상황에서 모리타 아키오(盛田昭夫)는 분석 끝에 마침내 많은 경쟁기업에 포위된 속에서 생존할 수 있는 공간을 찾는 '간극이론(間隙理論)'을 만들어냈다. 말하자면 아직 점령당하지 않은 부분을 찾고, 이 공간에 맞추어 즉각 행동에 나서 수많은 작은 공간들과 연합하면 큰 시장을 만들어낼 수 있다는 것이었다.

소니는 국내시장 경쟁에서의 이 '간극이론'에 따라 국외로 발전을 꾀하여 세계 각지에 판매지점을 내고, 이 지점들을 연결하는 판매망을 형성했다. 1961년 통계로 전 세계에 소니 제품을 판매하는 나라는 100을 넘었다. 소니는 이 '위위구조'의 절묘하게 활용하여 방대한 판매망을 확보했고, 이로써 세계 일류의 전자기업으로 자리를 잡았다.

나의 36계 노트 **위위구조**

_____

_____

_____

_____

_____

차도살인

남의 칼을 빌려 상대를 제거하다

借刀殺人

빌리면 쉬워진다. 머뭇거리지 마라

자신의 힘으로만 성공할 수 있다고 생각하는 경우가 있을 것이다. 하지만 성공할 확률은 매우 낮다. 때로는 엄청난 손해와 실패를 맛보기도 한다.

내 주변에는 늘 훨씬 더 대단한 사람들이 있다. 내가 이 사람들의 '칼'을 빌릴 수만 있다면 내 앞길에 영향을 주는 사람을 없애는 데 도움이 될 것이다. 물론 '차도살인'은 진짜로 사람을 죽인다는 뜻이 아니다. 다른 사람의 힘을 빌려서 자기 일을 성사시키라는 뜻이다. 이렇게 할 수 있다면 한결 쉽게 성공할 뿐 아니라 자신의 손실도 줄일 것이다.

"남의 칼을 빌려 상대를 제거한다. 적은 이미 분명해졌으니 친구 (동맹)가 정해지지 않았을 땐 친구를 끌어들여 적을 죽이면 내 힘을 내지 않아도 된다. 《주역》 '손(損)'괘의 이치다."

승전계 제3계 '차도살인'은 자신의 실력을 보존하기 위해 상호 모순과 갈등을 교묘하게 이용하는 모략이다. 적의 움직임이 분명해졌다면 애매한 태도를 취하는 친구, 즉 잠재적 동맹자를 온갖 방법으로 유인하여 한시라도 빨리 적을 공격하게 한다. 그러면 자신의 주력은 손실을 피할 수 있다.

이 계책은 《주역》 64괘 중 '손'괘의 이치를 풀어서 얻어낸 것이다. 이 괘의 요지는 덜고 더하는 '손익(損益)'은 별개의 것이 아니라 불가분의 관계에 있다는 것이다. 이 계는 타인의 힘을 빌려 내 적을 공격하는 것으로, 나도 작은 손실은 피하기 어려울 수 있지만 그에 따른 반사 이익은 아주 커서 승리를 확실하게 보장할 수 있는 계책으로 꼽힌다.

춘추시대 말기 제나라 간공(簡公)은 국서(國書)를 대장으로 삼아 노(魯) 정벌에 나섰다. 노나라의 전력은 제나라의 상대가 되지 못해 형세가 매우 위급했다. 공자(孔子)의 제자 자공(子貢)은 형세를 면밀하게 분석하여 오나라만이 제나라에 맞설 수 있다고 판단했다. 자공은 먼저 제나라 실력자 전상(田常)을 찾아가 유세했다. 당시 전상은 국군 자리를 찬탈하기 위해 자신에게 반대하는 세력을 제거하려는 음모를 꾸미고 있었다.

자공은 '근심이 외부에 있을 때는 약한 자를 치고, 근심이 내부에 있을 때는 강한 자를 친다'는 논리를 가지고, 약한 노나라를 공격하여 세력을 확장하는 것은 하책이니 강한 오나라를 공격하여 강국의 손으로 정적을 제거하라고 권했다. 전상은 마음이 흔들렸으나 이미 노나라를 공격할 준비를 해 놓고 오나라를 공격하는 것은 명분이 없다며 망설였다. 자공은 "그건 문제가 없습니다. 제가 바로 오나라로 가서 노나라를 구원하라고 설득하면 제나라가 오나라를 공격할 명분이 생기지 않겠습니까"라고 대책을 제시했다. 전상은 기뻐하며 자공의 생각에 동의했다.

자공은 오나라로 달려가 오왕 부차(夫差)에게 유세했다. "제나라가 노나라 공략에 성공한다면 강해진 세력으로 틀림없이 오나라를 치려 할 것입니다. 대왕께서는 미리 손을 써서 노나라와 연합해 제나라를 공격하십시오. 지금 오나라는 강력한 진(晉)에 맞서 패업을 이루고 싶지 않습니까?"

부차를 설득한 자공은 바로 월(越)로 달려가 오나라와 함께 제나라를 공격하여 오나라에 대한 근심을 해소하라고 권했다. 세 나라를 오가며 유세한 결과 자공은 예상한 목적을 달성했다.

자공은 또 오나라가 제나라를 물리치고 나면 분명 노나라를 위협할 것이니 노나라의 근심은 해소될 수 없다고 예상했다. 자공은 진으로 달려가 정공(定公)에게 정세 변화에 따른 이해관계를 소상히 예측해서 오나라 공격에 맞서 만반의 준비를 하라고 권했다.

기원전 484년, 오왕 부차는 몸소 10만 정예병을 이끌고 제나라를 공격했다. 노나라는 바로 병사를 내서 오나라를 도왔다. 제나라는 오나라의 유인책에 걸려 주장 국서와 대장 여러 명이 전사하는 등 대패했다. 제나라는 하는 수 없이 강화를 요청했다. 완승을 거둔 부차는 기고만장하게 즉각 군사를 돌려 진나라 공격에 나섰다. 일찌 감치 준비하고 있던 진나라는 오나라를 물리쳤다.

'차도살인'은 상대의 의중과 주변 상황. 특히 이해관계에 대한 파악이 반드시 필요하다. 자공은 이 계책을 가장 수준 높게 구사한 책략가라 할 수 있다.

자공은 제·오·월·진 네 나라의 모순을 교묘하게 이용해 오나라의 칼을 빌려 제나라를 공격했고, 진나라의 칼을 빌려 오나라의 위세를 꺾었다. 약소국 노나라는 아주 작은 대가만 치르고 절체절명의 위기에서 벗어날 수 있었다.

'차도살인'은 자신은 표면에 나서지 않고 다른 사람의 입을 빌려 타인에게 해를 가하거나 다른 사람의 손을 빌려 상대를 제거하는 일을 비유하는 말이다. 이 계략은 서로 속고 속이는 술수이며, 부패한 관료 사회와 민간의 거의 모든 분야에서 보편적으로 볼 수 있는 모략이다.

이와 관련해서는 조설근(曹雪芹)이 《홍루몽(紅樓夢)》 제16회에서 "우리 집안의 모든 일은 그 할망구가 사사건건 간섭하는데 뭐가 좋겠어? 조금만 잘못해도 '빗대어 욕하는' 잔소리란……. '산에 앉아서 호랑이가 싸우는 구경이나 하고' '남의 칼을 빌려 사람을 죽이고' '바람을 빌려 불을 끄고' '남의 어려움은 강 건너 불구경하듯 하고' '잘못을 저질러 놓고도 모른 척하고', 이 모두가 전괘자(全掛子)의 수

완이지"라고 말한 대목이 좋은 예다.

'차도살인'은 모략과 관련된 많은 저서에 그 이론과 실천 사례가 기록되어 있다. 예컨대 《병경백자》〈차자(借字)〉를 보자. 힘이 달리면 적의 힘을 빌리고, 죽이기 힘들면 적의 칼을 빌려라. 재물이 부족하면 적의 재물을 빌려라. 장군이 부족하면 적장을 빌리고, 지혜와 모략으로 안 되면 적의 모략을 빌려라. 이게 무슨 말인가? 적을 부추겨 내가 하고자 하는 일을 대신 하게 하는, 즉 적의 힘을 빌리는 것이다. 내가 죽이고자 하는 자를 적을 속여 처치하게 하는, 즉 적의 칼을 빌리는 것이다. 적이 가졌거나 저장한 재물을 빼앗는, 즉 적의 재물을 빌리는 것이다. 적을 서로 싸우게 하는, 즉 적장을 빌리는 것이다. 저쪽의 계략을 뒤집어 나의 계략으로 삼는, 즉 적의 지혜와 계략을 빌리는 것이다. 내가 하기 어려운 일은 남의 손을 빌리면 된다. 굳이 직접 행할 필요 없이 앉아서 이득을 누리면 되는 것이다. 적으로 적을 빌리고, 적이 빌린 것을 다시 빌려서 적이 빌린 것을 끝까지 모르게 하고, 적이 알아채면 어쩔 수 없이 자신을 위해 빌린 것으로 알게 하는 것, 이것이 빌리는 법의 오묘함이다.

《한비자(韓非子)》에 있는 이야기다. 정(鄭)의 환공(桓公)이 회(鄶)를 공격하기에 앞서 회나라의 영웅호걸, 충신, 명장, 지혜가 뛰어난 자, 전투에 용감한 자를 조사하여 명단을 작성했다. 일단 회나라를 쓰러뜨리면 이들에게 그 나라의 좋은 땅과 벼슬을 나눠 주겠노라 내외에 공포했다. 그런 다음 다시 회나라 국경 근처에다 제단을 차려 작성한 명단을 땅에 묻은 뒤 닭과 돼지의 피로 제사를 올리며 영원히 약속을 어기지 않겠노라 맹세했다. 회나라 왕이 이 얘기를 듣고는 누군가 반란을 일으키려 하는 게 아닌가 의심하여 정 환공이 작성한 명단에 있는 인물을 모조리 죽여 버리고 말았다. 환공은 이 틈을 타서 회나라를 공격해 힘 안 들이고 회나라를 빼앗았다.

명나라 말기 여진족의 수장 누루하치(奴爾哈赤)가 죽고 그 아들 황태극(皇太極)이 뒤를 이었다. 황태극은 아버지가 죽은 이듬해인 1627년, 요충지 영원(寧遠)에 대해 2차 공격을 개시했다. 하지만 원숭환(袁崇煥)에게 또 패했다. 회군 도중 황태극은 금주(錦州)를 공격했으나 역시 격퇴당하고 말았다. 명나라는 이 전역을 '금영대첩(錦寧大捷)'이라고 선전했다.

황태극은 아버지 누루하치와 마찬가지로 능력 있고 노련했다. 그는 실패를 종합적으로 분석하여 하나의 결론을 얻었다. 명나라가 내부적으로는 거듭되는 민란에 시달리며 갈수록 쇠약해지고 있지만, 변방의 주력은 여전히 무시할 수 없는 힘을 가지고 있다는 사실이었다. 그는 명나라가 여진족의 존재를 인정한다면 화해하여 전쟁을 끝내고 싶었다.

황태극은 행동을 취했다. 먼저 무력으로 남방의 조선과 서방의 몽고 찰합이부(察哈爾部)를 정복하여 명나라의 양 날개를 끊었다. 그리고 영원(요녕성 흥성)과 산해관(山海關)을 돌아 다른 길을 통해 중국 본토를 공격함으로써 명나라에 압력을 가했다. 이러한 행동은 큰 성공을 거두었다. 패배한 조선은 망국과 굴욕 중에서 굴욕을 선택했다. 몽고 찰합이부의 우두머리 임단한(林丹汗)은 패배 후 서쪽으로 도망쳤다가 청해호(靑海湖) 부근에서 죽었다. 그 아들은 투항했다.

후금은 마침내 장성을 경계로 중국과 마주하고 잇달아 다섯 차례나 전투를 통해 화해를 압박하는 공격을 시작했다. 이는 몽고제국이 초기 금나라를 대할 때 구사한 심리전과 판박이었다.

황태극은 몸소 군사를 이끌고 북경성 턱밑까지 쳐들어갔다. 이 무렵 원숭환은 요동 지구 총사령관(요동독사)으로 승진했는데, 이 소식을 접하고는 바로 기병 5천을 이끌고 밤낮으로 400킬로미터를 달려 구원에 나섰다. 북경에 도착하자 사람과 말 모두가 피로를 견딜 수 없을 정도였지만, 광거문(廣渠門, 북경성 성문의 하나) 밖에서 후금 군대의 공세를 물리쳤다.

집안싸움에는 도가 튼 북경의 관리들은 원숭환에게 고마워하기는커녕 적이 장성을 격파하도록 막지 못한 책임까지 그에게 뒤집어씌우려 했다. 격파당한 희봉구(하북성 천서 북쪽)는 다른 군사 구역인 계주 지역에 속했기 때문이다. 황태극은 몇 차례 자신의 공격을 저지하고 아버지까지 죽인 원숭환에게 뼛속까지 사무치는 원한을 품지 않을 수 없었다. 그런데 소설에서나 가능한 허무맹랑한 간첩계가 현실의 정치 무대에서 진짜로 펼쳐지기 시작했다.《삼국지연의》를 숙독한 황태극이 '주유가 간첩 장간(蔣干)을 역이용한' 방법으로 원숭환에 대해 음모를 꾸민 것이다.

이 음모에서 장간 같은 중요한 역할을 맡은 두 포로는 명나라의 환관이었다. 포로로 잡힌 두 사람은 잠결인지 꿈결인지 그들을 지키는 후금의 호위병들이 귓속말로 하는 이야기를 어렴풋이 들었다. 한 사람이 "오늘 왜 갑자기 싸우다 중지했지"라고 묻자, 다른 병사가 "내가 보니까 우리 칸께서 탄 말이 적의 진지를 향해 달려가는데 두 사람이 맞이하러 나와 꽤 오랫동안 밀담을 나누던걸. 원숭환에게서 무슨 비밀스러운 정보가 있는지 사태가 빨리 해결될 것 같았어"라고 대답했다.

두 환관은 얼마 뒤 운 좋게(?) 탈출에 성공하여 북경으로 되돌아왔다. 이들이 황제 주유검(朱由檢, 17대 황제 숭정제 사종)에게 이 사실을 보고했음은 말할 것도 없다. 주유검은 노발대발했고, 거의 모든 관리가 역적의 음모를 간파했기 때문에 북경은 함락되지 않을 것이라며 손에 손을 잡고 축하했다. 원숭환은 체포되어 들끓는 여론 속에서 온몸이 찢기는 형벌을 받고 죽었다. 황태극의 '차도살인' 계책이 결실을 거두는 순간이었다.

황태극과 원숭환. 거듭 지적하지만 '차도살인'은 주변 상황에 대한 정확한 파악과 정보력이 핵심이다. 여기에 적 내부의 의심과 반목이 보태진다면 필승의 계책이 될 수 있다. 명나라의 충신 원숭환의 죽음은 이런 요소들이 복합적으로 작용한 결과이며, 황태극은 이 요소들을 제대로 움켜쥐었다.

1936년 겨울 어느 날, 파시스트의 괴수 히틀러는 정보부 우두머리 하이드리히에게 급한 보고를 받았다. 소련의 원수 두브체브스키가 정변을 일으킬 가능성이 엿보인다는 것이었다. 히틀러는 증거도 불충분한 이 정보를 검토한 끝에 '차도살인' 모략을 써서 두브체브스키를 제거하기로 결정했다.

두브체브스키는 당시 소련군의 중요한 지휘관이자 명성 있는 국방위원회 부인민위원이기도 했다.

히틀러는 그를 소련 당국에 팔아넘길 수만 있다면, 장차 전쟁에서 중요한 적 하나를 제거하는 것이 되고, 또 독일에 대한 소련의 신뢰도를 회복하여 소련을 다독거려 놓음으로써 서방 국가를 공격하는 데 배후의 후환을 해소할 수 있으리라 판단했다. 히틀러는 하이드리히에게 두브체브스키와 그 동료들이 독일의 고급 장교들과 주고받은 편지를 위조하라고 명령했다. 편지의 내용은 두브체브스키의 정변 계획이 이미 독일 국방군 일부 인사들의 지지를 얻었다는 것과 정변이 일어났을 때 독일의 지원을 요청하는 구체적인 방안을 암시하는 것들이었다. 또 두브체브스키 등이 독일에 팔아넘긴 정보 상황과 그 대가로 받은 거액의 출처, 독일 정보 기관이 두브체브스키에게 보낸 답장의 복사본 등도 위조했다. 위조 문서들은 빈틈이 없을 정도로 완벽했다.

히틀러는 이 위조된 자료들을 특정한 경로를 통해 소련 정보원의 손에 흘러 들어가도록 했다. 오래지 않아 소련은 300만 루블이라는 거액으로 이 정보를 사 갔다. 두브체브스키 등 여덟 명의 고급 장성이 즉각 체포되었고, 엄청난 '증거' 앞에서 뭐라고 제대로 변명도 못 한 채 단 몇 십 분 만에 사형이 선고되었고, 12시간 만에 사형이 집행되었다. 소련은 전투에 능한 장성 몇 명을 이렇게 잃었고, 군 내부는 혼란에 휩싸였다.

'차도살인' 계책은 봉건 사회에서 관료들이 서로를 속이고 이용하는 정치적 권모술수였다. 군사에서 활용될 때는 주로 제3의 역량을 잘 이용하는 것으로 실현되거나 적의 내부 모순을 잘 이용하고 조작하여 승리하는 목적을 달성하는 것으로 나타난다. 이 계책을 제대로 배우고 식별하면 상대에게 걸려들거나 낭패 보는 일을 미리 막을 수 있다.

이 계책은 서로를 이용하고 서로를 속이는 권술에 속한다. 그 핵심은 제3자의 역량을 잘 이용하는 것이다.

《삼국지》 사례

'차도살인'의 성공 사례는 보는 사람의 무릎을 치게 할 정도로 기가 막히다. 그중에서도 삼국시대 주유가 채모(蔡瑁)와 장윤(張允)을 죽인 사건은 이 모략의 대표 사례가 아닐 수 없다. 적벽대전에서 조조의 군대는 수전에 익숙하지 못해 수전 경험이 풍부한 형주의 패장 채모와 장윤을 기용, 하룻밤 사이에 수군을 훈련하여 수전 능력을 크게 향상시켜 놓았다. 장강 방어를 책임진 주유에게는 커다란 위협이 아닐 수 없었다. 주유는 궁리 끝에 조조의 참모이자 자신의 오랜 친구인 장간(蔣干)이 자신을 찾아

더 이상의 설명이 필요 없는 '차도살인'의 절묘한 사례는 주유가 연출하고 장간이 춤추고 조조가 칼을 휘둘렀다. 적벽대전 전장에 조성해 놓은 주유의 석상이다.

온 것을 이용하여 술자리를 마련하고 채모와 장윤의 거짓 투항서를 교묘하게 노출시켰다.

장간은 이 거짓 정보를 가지고 그날 밤 당장 조조의 군영으로 달려왔다. 투항서를 눈으로 확인한 조조는 앞뒤 볼 것 없이 채모와 장윤을 처형해 버렸다. 그리고 이내 후회했지만 엎질러진 물이었다. 주유는 교묘하게 장간과 조조의 손을 빌려 수전에 익숙한 두 맹장을 제거한 것이다. '차도살인'의 모략에 성공한 주유는 수전에서 우세를 확보했고, 이는 적벽대전을 승리로 이끄는 기초가 되었다.

경영 사례 1

'차도살인'은 군사와 정치 영역의 전유물이었으나 지금은 비즈니스에서 화려한 꽃을 피우는 전략이다. 1960년대 미국의 대형 은행 몇이 조직을 만들어 홍콩 금융계를 점령하고, 나아가 동남아 경제권을 통제하려는 비밀 프로젝트를 기획했다.

이들은 우선 홍콩의 중앙은행이나 마찬가지인 후이펑(匯豊, 회풍) 은행(HSBC)을 목표 삼아 이 은행의 주식을 대량으로 사들이기 시작했다. 당연히 주가가 폭등했다. 주가가 상한선을 치자 미국의 은행들은 후이펑에 대한 악성 루머와 함께 주식을 마구 내다 팔았다. 주가는 폭락에 폭락을 거듭했고, 후이펑은 절체절명의 위기에 내몰렸다.

미국 은행들은 회심의 미소를 흘리며 인수합병 카드를 꺼내 들었다. 후이펑의 경영진들은 고민에 고민을 거듭한 끝에 대륙의 국

책 은행인 인민은행을 끌
어들여 협상을 유리하게
이끌었다. 주가는 안정을
되찾았고, 미국 은행들은
별다른 성과를 얻지 못한
채 홍콩에서 철수했다.
후이펑은 인민은행을 끌

'차도살인'으로 큰 위기를 넘긴 홍콩의 후이펑은행.

어들여 미국 은행들을 상대하는 '차도살인'의 전략을 시기적절하게
구사함으로써 위기를 넘겼다.

　최근 경영에서는 고객의 입을 이용한 마케팅 전략이 일반화되고
있다. 잠재적 표적(구매자)은 무궁무진하기 때문에 상호 관계를 정확
하게 간파하여 활용하는 것이 관건이다. 내 자원을 직접 투입하기
전에 제3자를 빌릴 수 있는지 탐색하라.

경영 사례 2

　일상 화학용품을 생산하는 중국 후베이성의 한 기업이 연구 끝에
제3세대 세탁용 신세제 WN을 생산하는 데 성공했다. 그러나 내수
시장을 좀처럼 개척할 수 없었다. 이 기업은 내수 시장을 빠르게
개척하여 WN의 영향력을 확대하기 위해 대담한 3단계 판매전략을
세웠다.

　첫 단계는 회사 운동장에서 제1회 'WN 축구경기'를 여는 것이었
다. 전국의 1부 리그 축구단들이 운동장에 모여들었고, 이런 일급

경기를 볼 기회를 갖지 못했던 사람들이 이 기업의 운동장을 가득 메웠다. 자금 때문에 문 닫을 뻔했던 운동장이 살아났고, 예상했던 제품의 판매촉진이라는 목적도 순조롭게 달성했다.

다음 단계는 기업의 영향력을 확대하기 위해 매년 7만 위안을 후베이성 축구 구단에 지원하는 한편 구단 사람들을 기업의 직원들과 같이 대우했다. 연봉과 보너스도 두둑하게 지급되었다. 호북성 전체가 이에 환호했다.

마지막 단계는 이렇게 해서 WN의 명성을 극대화하는 것이었다. 판매대에 있어도 알아보지 못하던 WN이 1주일 안에 우한에서만 60톤, 한 달 안에 300톤이 팔려나갔다.

거의 이름도 모르던 이 기업은 축구와 연계됨으로써 지명도가 훌쩍 뛰었고 경제력으로도 엄청난 수익을 올렸다. 축구를 빌려 수익을 올리는 '차도살인'의 성공적인 사례였다.

나의 36계 노트 **차도살인**

_____

_____

_____

_____

_____

이일대로

편안하게 상대가 지치기를 기다리다

以逸待勞

'유비무환'해야 편안함을 누릴 수 있다

'이일대로'는 진짜 편안함을 누리라는 뜻이 아니다. 늦게 출발하여 상대를 제압하는 '후발제인(後發制人)'의 책략이다. 내가 주동적으로 나서지는 않지만 준비를 갖추고 상대가 움직이기를 기다리는 것이다. 일을 시작하려면 그에 앞서 계획을 세워야 한다. 목적 없이 일하다 헛수고로 끝나는 경우가 많다. 방법이 맞지 않기 때문이다. 결국 좋은 작용도 일으키지 못하고 심하면 개인과 조직 전체에 소극적인 작용을 하게 된다. 일에 앞서 충분한 준비를 거쳐야만 일을 제대로 할 만한 기회를 파악할 수 있다.

비즈니스는 사전 준비를 더욱더 필요로 한다. 이른바 '유비무환(有備無患)'이다. 준비가 부족하면 상대에게 틈을 내주기 쉽다. 시장의 동향을 살펴서 분명히 인식한 다음 시장의 동향에 맞는 조치를 취해야 하는 비즈니스 이치와 같다. 이렇게 하면 늦게 출발하더라도 상대를 제압할 수 있다. 자신이 곤경에 빠지지 않는 것은 물론이다.

"편안하게 상대가 지치기를 기다린다. 적을 곤경에 몰아넣으려면 굳이 싸우지 않아도 된다. '강함'을 덜고 '부드러움'을 더한다."

이 계는 제3계 '차도살인'에서도 나온 '손'괘의 이치에 근거한다. '강(剛)'으로 적을 깨치고 '유(柔)'로 나를 깨친다. 적을 곤경에 몰아넣기 위해 적극적 방어로 적의 역량을 서서히 소모시키는 방법이다. 이렇게 하여 강을 약으로 바꾸고 그 기세를 타서 나한테 유리하게 이끈다. 수동적 위치에 있는 내 상황을 주동적 상황으로 바꾸는 것인데, 꼭 직접 공격이란 방법을 사용하지 않고도 승리를 거둘 수 있다.

'이일대로'는《손자병법》〈군쟁편〉에 나온다.

"그러므로 전군은 적의 기를 빼앗을 수 있고, 장수는 적장의 마음을 빼앗을 수 있다. 아침의 기는 날카롭고, 낮에는 기가 힘이 빠지고, 저녁에는 돌아가 쉬고 싶어 하는 것과 같다. 용병을 잘하는 자는 적의 사기가 왕성할 때는 공격을 피하고, 힘이 빠지거나 쉬고 싶어 하는 적을 공격하는 것이다. 이것이 기를 다스리는 방법이다. 기를 다스려 혼란을 기다리고, 차분함으로 시끄러움을 기다린다. 이것이 마음을 다스리는 방법이다. 가까이서 먼 곳에서 오는 적을 기다리고, 편안하게 상대가 지치기를 기다리고, 배부름으로 적의 굶주림을 기다린다. 이것이 힘을 다스리는 방법이다."

〈허실편〉에도 관련된 대목이 있다.

"먼저 전장에 임하여 적을 기다리면 여유가 있고, 늦어서 적을 뒤쫓는 입장에 서면 지쳐 버린다. 전쟁을 잘하는 사람은 적을 내 의

도대로 이끌되 적의 의도에 내가 끌려가지 않는다."

적보다 먼저 전장에 임하여 적을 기다리면 조용히 주동적인 입장에 선다. 그 반대면 서둘러 응전할 수밖에 없으므로 수동적인 입장에 놓인다. 작전을 지휘하는 사람은 늘 내가 적을 움직이게 해야지 내가 적에게 조종당해서는 안 된다.

전국시대 말기 진(秦)의 젊은 장수 이신(李信)은 20만 군대를 이끌고 초(楚)를 공격했다. 진나라 군대는 잇따라 성을 빼앗는 등 누구도 그 기세를 감당할 수 없었다. 그러나 이신은 초나라 장수 항연(項燕, 항우의 할아버지)의 복병계에 걸려 투구와 갑옷을 벗어던지고 도주했으며, 군대는 수만 명의 손실을 보는 참패를 당했다. 그 뒤 진시황은 이미 은퇴하여 낙향한 왕전(王翦)을 기용했다.

왕전은 60만을 요구하여 초나라 변경에 진을 쳤다. 초나라는 바로 강력한 군대를 선발하여 왕전을 공격해 왔다. 왕전은 전혀 공격할 의사를 보이지 않은 채 전력을 다하여 성과 해자를 쌓는 등 견고한 수비 태세에 돌입했다. 초나라는 진나라를 격퇴하려고 계속 공격했으나 진나라는 꿈쩍도 하지 않았다. 그렇게 1년이 다 지나갔다. 왕전은 병사를 배불리 먹이고 휴식과 훈련을 적절히 안배하여 사기를 한껏 높였다. 진나라 병사들은 언제라도 출격할 수 있는 만반의 태세를 갖췄다. 왕전은 속으로 쾌재를 부르며 공격 시기를 저울질했다.

한편 초나라 군대는 시간이 흐를수록 지쳐 갔다. 병사들의 전투의지는 꺾일 대로 꺾여 버렸다. 게다가 진나라 군대는 공격 의지가 전혀 없음을 확신하고 철수를 결정했다. 시기가 무르익었음을 간파한 왕전은 동쪽으로 철수하는 초나라 군대를 뒤쫓아 맹공을 퍼부었다. 사기가 떨어진 상태에서 도망가며 적의 공격을 받고 보니 초나라는 속수무책으로 당할 수밖에 없었다. 기원전 223년, 진나라는 마침내 초나라를 멸망시켰다.

동한 정권 초기 지방에는 여전히 강력한 세력들이 잔존하고 있었다. 농서(隴西) 지역의 실력자 외효(隗囂)는 사천(四川) 지역을 거점으로 황제를 칭하는 공손술(公孫述)에게 몸을 맡겼다. 광무제 유수(劉秀)는 외효를 공격했으나 패하고 말았다. 유수는 다시 풍이(馮異)에게 요충지인 순읍(栒邑)을 공격하라고 했다. 그러나 외효는 한발 앞서 순읍을 차지하기 위해 진격에 나섰다. 풍이의 부장들은 순읍에 대한 공격을 포기하자고 건의했다. 풍이는 순읍을 공략하여 차지한 뒤 적이 지치기를 기다려야 한다면서 밤을 틈타 진공을 서둘러 비밀리에 순읍을 포위하고 기습으로 단숨에 성을 차지했다.

'이일대로' 계책은 적을 곤경에 몰아넣기 위해 굳이 강공책을 구사할 필요가 없음을 강조한다. 관건은 주동적인 위치에 서서 기회를 기다렸다가 움직이는 데 있다. 불변(不變)으로 만변(萬變)에 응하고, 차분함으로 움직임을 기다렸다가 적을 적극적으로 움직이게 조작함으로써 전기를 창출해 내는 것이다. 적이 나를 움직이게 만들어서는 결코 안 된다. 내가 적의 코를 꿰서 끌고 다녀야 하는 것이다. '이일대로'에서 기다릴 '대(待)'를 소극적이고 수동적으로 기다리는 의미로 이해해서는 안 된다.

'이일대로'의 관건은 적을 반드시 움직이게 할 수 있는 조건을 만드는 데 있다. 손빈이 마릉에 복병을 숨겨 놓고 기다리다 방연을 사지로 몰아넣은 것은 방연이 손빈을 추격하지 않을 수 없게 미리 여러 가지 전략을 구사했기 때문이다.
이 계책의 가장 큰 목적은 전쟁에서
주도권을 잡는 것이다. 예컨대 상대
의 실력을 모르는 두 고수가 권법을
겨룰 때 총명한 고수라면 한발 물러
나 상대의 실력과 허점을 파악할 것이
다. 반면 하수는 무턱대고 공격부터
할 것이다. 《수호전》에서 홍교두와 임
충이 싸울 때 임충은 뒤로 물러나면서

노련한 왕전은 보급 라인을 튼튼히 하고 병사들의 기운을 북돋우면서 초군이 지치기를 기다렸다가 일거에 멸망시켰다.

홍교두의 약점을 간파하여 단 한 번의 발길질로 그를 쓰러뜨렸다.

《삼국지》 사례

삼국시대 오나라의 젊은 장수 육손은 적의 장수를 자극하는 '격장계(激將計)'로 관우를 죽이고 형주성을 빼앗았다. 유비는 격분한 나머지 앞뒤 돌아보지도 않고 70대군을 일으켜 오나라를 공격해 왔다. 촉나라 군대는 장강(長江) 상류에서 물을 따라 순조롭게 진격하여 상대적으로 높은 위치를 차지했다. 그 기세가 대단하여 10여 차례의 전투를 승리로 이끌며 이릉(夷陵) 일대까지 밀어닥쳤다. 오나라 땅 깊숙이 들어온 형국이었다.

형세를 정확하게 분석한 육손은 섣불리 공격하지 않고 전략적 퇴각을 결정했다. 적의 예봉을 피한 뒤 적이 지치기를 기다렸다가 공격하기 위해 전략상 후퇴를 단행한 것이다. 관우의 원수를 갚겠다

육손의 '이일대로' 계책에 걸려 패전은 물론 죽음까지 맞이한 유비의 사례는 전투에서 냉정함과
주도권이 얼마나 중요한가를 교훈적으로 보여 준다. 사진은 백제성에서 유비가 죽는 장면이다.

는 마음만 앞선 유비는 육손의 의도도 모른 채 깊숙이 추격해 들어
갔고, 기다리던 육손은 유비의 군대와 전선이 수백 리에 걸쳐 이어
진 것을 보고는 화공을 가했다. 유비는 군영까지 불타 버리는 수모
를 당하고 말았다. 퇴각하던 유비는 울화병까지 얻어 백제성(白帝城)
에서 병사했고, 촉나라는 더 이상 기를 펴지 못한 채 쇠망의 길을
걸었다.

경영 사례 1

세계적인 다국적기업 월마트는 1945년, 아칸소주 뉴포트의 복합
매장으로 출발했다. 이후 30년 만에 50개 주 전체에 3천 개가 넘는
매장을 개척했고, 해외까지 영역을 넓혀 명실상부 세계에서 가장
많은 매장을 가진 기업으로 우뚝 섰다.

1970년대 매장을 확장할 당시 시어스(Sears)와 케이마트(K-mart) 같은 대형 유통업체들과 경쟁해야 했다. 월마트는 이들과의 정면 경쟁을 피하는 전략을 택했다. 대형 유통업체들이 대도시와 도심지에만 매장을 열었다는 점에 주목한 것이다. 월마트는 5천 명 이하의 소도시와 대도시 교외를 중심으로 매장을 확장해 나갔다.

이후 경제 상황의 변화 등으로 대형 유통업체의 매출이 급감했다. 대형 업체들도 더 작은 시장으로 진출할 수밖에 없었다. 그러나 시장에는 이미 월마트라는 강력한 상대가 기다리고 있었다.

'이일대로'는 새로운 전장을 파악하고 선점하여 진지를 구축한 뒤 느긋하게 상대를 기다리는 전략이다. "강한 두 세력이 부딪치면 굽힐 줄 아는 쪽이 이긴다"는 노자의 말이 정곡을 찌르는 지혜의 메시지가 아닐 수 없다. '이일대로'는 '위위구조'와 함께 구사하면 더욱 효과적이다.

1980년대 일본 아사히 맥주는 소비자의 구매 습관이 변하는 상황에 주목하고 월마트와 비슷한 전략을 구사했다. 그리고 선두주자 기린 맥주를 뛰어넘을 준비를 해 나갔다. 여성들이 주점이 아닌 슈퍼마켓에서 맥주를 사는 경향이 크게 증가하는 현상에 맞춰 슈퍼마켓, 식품 잡화점, 대형 마트와의 판매 관계를 강화한 것이다.

'이일대로'는 새로운 전장을 개척하고 든든한 방어선을 구축한 뒤 상대를 기다리는 고차원 전략이다. 사진은 월마트의 모습이다.

경영 사례 2

HD 컴퓨터가 시장의 공백 지점이었을 때가 있었다. 모든 컴퓨터 기업의 기점도 기본적으로 같았다. 이에 따라 HD 컴퓨터 시장에서 하이얼은 앞서 나간 다음 느긋하게 기다리는 '이일대로'를 간판으로 내걸었다. 구체적으로 하이얼은 다른 경쟁상대가 아직 별다른 움직임을 보이지 않는 상황에서 앞장서서 '박스 아웃(Box Out)' 전술로 판을 깔았다. '박스 아웃'이란 농구에서, 상대 팀에서 슛을 시도할 때 골 지역에서 자리를 확보하기 위해서 상대 선수를 등지거나, 밀어내는 전술을 말한다.

이렇게 컬러TV에서 축적된 하이얼 그룹 HD 산업의 우세와 경험은 하이얼 컴퓨터가 HD를 PC 업계로 끌어들이기 위한 가장 좋은 기본적 디딤돌이 되었다.

가전제품과 IT 산업의 끊임없는 융합에 따라 컴퓨터의 TV화, TV의 컴퓨터화 추세는 갈수록 뚜렷해졌다. 2007년 12월, HD 시장이 완전히 미래시제로 떠오르자 하이얼 컴퓨터는 하이얼 중앙연구원의 앞선 HD 연구와 우세에 기대어 인텔, 마이크로소프트, Nvidia와 연합하여 기존의 HD보다 픽셀이 네 배 많은 중국 최초의 '쿼드 HD 컴퓨터'를 출시했다. HD는 이미 컴퓨터 기술의 표준이자 3G 시대에 반드시 거쳐야 할 길이었다. HD TV를 비롯하여 HD 영상, HD 디지털, HD 게임 등등 HD는 이미 미래 패션 생활의 대명사가 되었다.

당시 업계 사람들은 대부분 가까운 미래에 HD 컴퓨터가 전 세계 컴퓨터시장의 발전 방향을 주도할 것으로 예상했다. 이런 점에서 '쿼드 HD 컴퓨터'는 하이얼 컴퓨터로 하여금 IT 흐름의 최전선에 서게 했다. 이와 동시에 하이얼 컴퓨터는 2008년을 HD의 해로 확정하고 연초부터 HD 컴퓨터를 주력 제품으로 출시했다. 2008년 1월, 하이얼은 맨 먼저 고해상 무결점 HD 컴퓨터 하이얼 '루이지 T68 노트북'을 발표함으로써 노트북 HD 시대의 도래를 알렸다.

바로 이어 하이얼 컴퓨터는 Nvidia와 함께 '하이얼 & Nvidia 디지털 HD 실험실'을 세워 새로운 HD 컴퓨터의 해결방안을 연구 개발하여 HD 컴퓨터의 전면적인 보급을 추진한다고 발표했다.

'이일대로'는 하는 일 없이 편하게 상대가 지치기를 기다리는 책략이 아니다. 상대보다 먼저 치고 나가 우세를 차지한 다음 실력을 기르면서 기다리는 것이다. 하이얼의 전략과 전술이 이를 잘 보여주었다.

나의 36계 노트 **이일대로**

_____

_____

_____

_____

제5계

진화타겁

불난 틈을 타서 공격하고 빼앗다

趁火打劫

불난 곳에 기회가 있다

소극적 기다림으로 성공이 오기를 기대할 수는 없다. 성공은 적극적이고 주동적으로 쟁취하는 것이다. 경쟁 과정에서 일단 기회가 오면 주동적으로 출격하여 성공을 쟁취해야 한다.

주동적으로 출격하려면 모든 맥락을 세밀하게 관찰할 줄 알아야한다. 모든 맥락 하나하나에 최후의 결과에 영향을 주는 요소가 포함되었을 가능성이 크기 때문이다. 그 맥락들에서 성공에 유리한 요소를 발견하면 과감하게 출격하여 성공에 확실한 쐐기를 박아야한다.

"불난 틈을 타서 공격하고 빼앗는다. 적의 피해가 크면 그 기세를 이용하여 이익을 취하라. 강한 양의 기운이 부드러운 음의 기운을 압도한다."

'진화타겁'의 원래 뜻은 화재가 발생하여 모두 정신이 없는 틈을 타서 물건을 훔친다는 것이다. 남의 위기를 틈타 무엇인가를 건지는 짓은 부도덕한 행위이라 할 수 있다. 그러나 군사에서는 전투 기회를 선택할 때 활용해 왔다. 《손자병법》〈계편〉에서는 "혼란스러울 때 취하라"라고 했으며, 당나라 사람 두목(杜牧)은 《십일가주손자(十一家注孫子)》에서 좀 더 분명하게 "적에게 혼란이 생기면 놓치지 말고 (원하는 바를) 취하라"라고 했다. 둘 다 적의 위기를 틈타 승리를 쟁취하라는 뜻이다. '진화타겁'은 《36계》〈승전계〉의 다섯 번째 계책에 올라 있다.

전략의 전체 국면에서 볼 때 적의 위기 상황은 보통 내우와 외환두 방면에서 비롯된다. 내우 위기는 자연재해로 인한 경제적 곤란이나 민심이 도탄에 빠지는 것 등을 말한다. 간신이 정권을 좌우하여 국가 기강이 어지러워지거나 내란이 일어난 경우도 있다.

외환은 적의 침입으로 일어난다. 봉건시대에 상대를 아우르기 위한 전쟁에서 활용되는 일부 모략을 보면, 적에게 내우가 발생하면 바로 출병하여 그 땅을 점령하고, 외환이 발생하면 백성 또는 재물을 탈취할 것이며, 내우외환이 겹치면 그 나라를 차지하라고 주장한다. 이 모두 '진화타겁'의 구체적인 운용이다.

춘추시대 월왕 구천(句踐)은 오나라에 패한 뒤 몰래 '10년 동안 인구를 늘리고(십년생취十年生聚), 10년 동안 백성을 가르치고 군사를 훈련시켜(십년교훈十年教訓)' 오나라 정벌을 준비했다. 기원전 484년, 오왕 부차는 전 병력을 동원하여 북방의 중원 제후국들과 지금의 하남성 봉구현 서남쪽 황지(黃池)에서 회맹했다. 이 때문에 나라 안에는 노약자만 남아 무방비나 다름없었다.

기원전 478년, 오나라에 큰 가뭄이 들어 벼와 곡식이 말라 죽고 나라의 창고도 텅 비어 버렸다. 월왕 구천은 이 틈에 대대적인 군사 작전을 감행하여 오나라를 멸망시켰다. 구천의 승리는 적의 위기를 틈타 그 기세를 타고 승리를 거둔 전형적인 사례로 남아서 전한다.

기원전 314년, 연(燕)의 왕 쾌(噲)는 상국 자지(子之)와 그 패거리에게 농락당하여 요순(堯舜)의 선양(禪讓)을 본받아 왕위를 자지에게 넘겼다. 자지가 집권한 3년 동안 연나라는 큰 혼란에 빠지고 말았다. 왕족은 자지를 증오했고, 장군 시피(市被)는 태자 평(平)과 함께 자지를 공격할 태세를 갖췄다.

이때 누군가가 연나라와 이웃한 제나라 선왕(宣王)에게 이 틈을 타서 연을 공격하면 틀림없이 대승을 거둘 것이라고 건의했다. 선왕은 태자 평에게 사람을 보내 태자를 돕겠다는 의사를 밝혔다. 태자 평은 서둘러 일당을 모았고, 장군 시피는 왕궁을 포위하여 자지를 공격했다. 그러나 공격을 실패했고 시피와 평은 목숨을 잃었다. 연나라의 내전은 몇 달 동안 이어졌고 수만 명이 희생되었다. 연나라 민중의 원성이 온 나라를 뒤덮었다.

이때 또 누군가가 제나라 선왕에게 연나라를 공격하라고 권했다.

선왕은 대장 광장(匡
章)에게 10만 대군을
주며 연나라를 공격
하라고 했다. 자지에
게 깊은 원한을 품은
연나라 사람들은 제
나라 군대가 오자 성
문을 열고 맞이했다.

월왕 구천은 오왕 부차가 황지회맹에 참석한 틈을 타서 '진화타겁' 계책으로 오나라를 공격했다. 사진은 황지회맹 유지다.

광장은 순식간에 연나라 도성을 점령했고, 자지는 도망갔다. 연왕 쾌는 피살당했다. 이로써 연나라 땅 3천 리는 '진화타겁' 계책을 활용한 제나라에 점령당하고 말았다.

명나라 말기 여진의 지도자 누루하치와 그 아들 황태극은 중원으로 진출하려고 무던 애를 썼다. 하지만 이 염원은 이루어지지 못했다. 이어 일곱 살짜리 순치제(順治帝)가 즉위하자 조정의 권력은 섭정왕 다이곤(多爾袞)에게 집중되었다. 일찍부터 중원을 차지하고 싶었던 다이곤도 이 꿈을 이루기 위해 호시탐탐 명나라의 일거수일투족을 살폈다.

명나라는 정치가 부패하고 민생이 도탄에 빠져 쇠락의 길을 걷고 있었다. 숭정제는 솔선수범하여 근검절약하는 등 명나라의 중흥을 꾀했지만 의심이 많아 좋은 문무관이 조정에서 제대로 일할 수가 없었다. 10여 명의 재상이 교체되었고, 명장 원숭환은 억울하게 살해되었다. 숭정제 곁에는 간사한 소인배가 넘쳐나고 명나라의 붕괴는 기정사실이 되어 갔다.

1644년, 이자성(李自成)이 이끄는 농민 봉기군이 북경을 점령하고 대순(大順) 왕조를 세움으로써 명나라는 멸망했다. 그러나 북경에 진입한 농민군의 수령들은 점차 부패하고 타락해 갔다. 명나라 명장 오삼계(吳三桂)의 애첩 진원원(陳圓圓)도 이자성 봉기군의 장수에게 잡혀갔다. 오삼계는 이익에 밝은 소인배 기질의 장수였다. 이자성이 대순 황제로 자립한 것을 보고는 그에게 투항하여 제 몸을 보전하려고 했다. 그러나 이자성은 점점 오만해졌고 오삼계에게 관심조차 두지 않았다. 뿐만 아니라 오삼계의 집을 수색하고 그 아버지를 체포하고 애첩 진원원까지 잡아갔다.

상황에 따라 오락가락하던 오삼계는 생각을 바꿔서 청나라에 투항하고 청나라 군대를 이용해 이자성을 없애고자 했다. 이런 정보를 입수한 다이곤은 시기가 무르익었다고 판단하여 신속하게 오삼계와 연합했다. 청나라와 오삼계의 연합군은 힘들이지 않고 산해관을 넘어 며칠 만에 북경성을 함락했다. 자만과 내분 그리고 부패로 시끄럽던 이자성의 대순 왕조는 힘 한 번 제대로 써 보지 못한 채 북경에서 쫓겨났다.

다이곤은 이자성 정권의 혼란을 틈타 그에게 개인적 원한을 품은 오삼계를 포섭하여 유효적절하게 이자성을 공략했다. 이 역시 '진화타겁' 계책을 활용한 전형적인 사례라 할 것이다.

'진화타겁'에서 '화(火)'는 적의 곤란함과 번거로움 등을 뜻한다. 여기서 말하는 적의 곤란함이란 내우와 외환 두 방면을 벗어나지 않는다. 이미 말한 대로 내우외환이란 외적의 침입, 천재지변, 경제파탄, 내란, 민생 파탄 등을 말한다. 적이 내우에 시달리면 그 영토를 차지하고, 적이 외환에 빠지면 그 백성을 빼앗는다. 내우와 외환에 시달리면 서둘러 그 나라를 차지한다. 적이 큰 위기에 빠졌을 때 서둘러 공략하면 완전한 승리를 거둘 수 있다는 것이다.《전국책》(〈연책〉 2)에 기록된 '어부지리(漁父之利)'의 우화가 '진화타겁'의 생생한 체현이다.

'진화타겁'의 모략은 '남의 위기에 편승하고' '우물에 빠진 사람에게 돌을 던지는' 부도덕한 면이 있어 정상적인 인간 관계, 사회 관계, 외교 관계에서는 적절치 않다. 그러나 쌍방이 이익이라는 근본 문제를 놓고 영원히 타협하거나 조화를 이룰 수 없는 모순 관계에 있다면 확실하게 활용되기도 한다.

《삼국지》 사례

동탁(董卓) 토벌을 앞세운 연합군은 낙양(洛陽)을 점령하자 바로 와해되었다. 각자 자신의 우두머리를 위해 서로 싸우며 세력 확장을 꾀하고 나섰다.

원소(袁紹)의 책사 봉기(逢紀)는 북방의 요충지 기주(冀州)를 취할 수 있는 계책을 올렸다. 원소는 이 계책에 따라 북평태수 공손찬(公孫瓚)에게 밀서를 보내 함께 기주를 공략하여 그 땅을 공평하게 나누자고 제안했다.

원소가 기주를 차지한 계책은 적진에 고의로 불을 질러 그 틈에 이익을 차지한 것으로 '진화타겁'의 변형이라 할 수 있다.

이 제안을 받아들인 공손찬은 벼락같이 기주로 쳐들어갔다. 그러나 함께 공격하기로 한 원소는 기주의 한복(韓馥)에게 공손찬이 기주를 공격할 것이라는 정보를 넘겼다.

한복은 원소에게 기주를 함께 지키자며 원소 군대의 기주 입성을 자청했다. 원소는 힘 하나 들이지 않고 기주에 입성한 뒤 한복을 허수아비로 만들고 자신이 기주를 차지했다.

경영 사례 1

1837년 미국 대공황 때, 거대 기업들이 줄줄이 도산했다. 필라델피아 투자 은행인 제이 쿡(Jay Cooke)도 문을 닫을 정도였다. 말 그대로 나라 전체에 불이 난 상황이었다. 이때 드렉셀 모건(Drexel Morgan)은 국채의 절반을 확보하여 미국 정부의 채권 시장을 통제할 정도의 영향력을 확보했다. 1884년 금융위기가 닥쳤고, 국채를 움켜쥔 모건의 지위는 더욱 강화되었다. 1913년 사망할 때까지 모건은 미국 금융과 경제계에서 가장 영향력 있는 인사로 군림했다.

모건이 대공황이라는 위기 상황에서 '진화타겁' 전략으로 성공한 비결은 정부의 국고 상황을 정확하게 파악했다는 데 있다. 모건은 이 정보를 바탕으로 담판에서 우위를 점한 채 백악관까지 압박하여 굴복시

모건은 대공황 때 미국 정부의 금고 상황을 정확히 파악한 다음 백악관과의 담판에서 우위에 설 수 있었다. 사진은 미국 국채다.

켰고, 이로써 백악관을 굴복시킨 월 스트리트의 신화를 창조했다.

불난 틈을 이용하여 자신이 원하는 것을 얻는 '진화타겁' 전략의 전제 조건은 상대의 상황을 정확하게 파악하고 있어야 한다는 것이다. 자칫 파악한 정보가 가짜이거나 부실하면 큰 낭패를 면하기 어렵다.

위기는 기회를 창출하는 상황의 변화다. 남이 빠져나갈 때 들어가는 용기가 있다면 평상시보다 훨씬 쉽게 원하는 것을 얻을 수 있다. 세계 100대 기업 대부분이 이 전략을 활용하여 우위를 확보했다는 사실에서도 이 전략의 유용성을 확인할 수 있다.

경영 사례 2

미국의 필립 육식가공업체의 대표는 1975년 봄 어느 날 자신의 사무실에서 신문을 읽다가 그날의 뉴스 하나에 눈길이 갔다. 불과 수십 글자의 단신에 불과했지만 그는 흥분해서 자리에서 펄쩍 뛸 뻔했다. 멕시코에서 전염병과 비슷한 사례가 발견되었다는 뉴스였다. 그는 멕시코에서 전염병이 발생했다면 틀림없이 캘리포니아나 텍사스에도 전염병이 퍼질 것으로 생각했다. 이 두 주는 미국 육식 공급의 주요한 기지였다. 따라서 육류공업에 차질이 빚어질 것이고 값이 폭등할 것이다.

필립은 즉시 주치의 헨리를 멕시코로 보내 상황을 파악하게 했다. 며칠 뒤 헨리는 전염병이 확실히 발생했고, 상황도 심각하다고 알려왔다. 필립은 바로 모든 자금을 동원하여 캘리포니아와 텍사스의 소고기와 돼지고기를 있는 대로 사들여 동부 쪽으로 운반하여 저장했다.

　예상대로 전염병은 빠른 속도로 미국 서부 몇 개 주를 덮쳤다. 미국 정부는 모든 식품에 대해 해당 주에서 외부로 반출되는 것을 금지한다고 발표했다. 육고기도 당연히 포함되었다. 미국 국내의 육류가 품귀현상을 빚었고 가격이 폭등했다. 필립은 이 기회를 놓치지 않고 저장해둔 소고기와 돼지고기를 내다 팔았고, 불과 몇 달 안에 900만 달러를 벌었다.

　필립은 짧은 단신에서 전염병 유행의 징조를 포착하고 그것이 육류시장에 큰 영향을 줄 것으로 예측했다. 그래서 '진화타겁'으로 먼저 소고기와 돼지고기를 대량으로 샀다. 시장에 물량이 딸리고 가격이 폭등하자 바로 내다 팔아 큰 성공을 거두었다.

나의 36계 노트 **진화타겁**

_____

_____

_____

_____

_____

제6계

성동격서

동쪽에서 소리 지르고 서쪽을 공격하다

聲東擊西

상투적으로 보이지 않게 구사하라

경영에서 상대와의 경쟁은 피할 수 없다. 인생도 마찬가지다. 시장을 쟁탈하려면 상대에게 맞는 맞춤형 책략이 필요한 경우가 왕왕 있다. 상대도 마찬가지일 것이다.

상대에 맞서 경쟁하다 보면 상대에게 10의 손해를 입히고 나도 8을 손해 보는 상황을 피할 수 없는 경우도 있다. 이때 가능한 한 손실을 줄이려면 상대를 홀리는 조치도 채택할 수 있다. 동쪽을 치는 것처럼 가장하고 서쪽을 치는 '성동격서'를 이용해 상대가 내 의도를 알아채지 못하게 하여 상대의 머리를 복잡하게 만든 다음 다시 손을 쓴다면 상대를 속수무책으로 만들 수 있다.

"동쪽에서 소리 지르고 서쪽을 공격한다. 적이 투지를 잃고 혼란에 빠져 어찌할 줄 모르는 상황은 홍수가 대지를 뒤엎은 '곤하태상(坤下兌上)'괘와 같으니 적이 주체하지 못하는 틈을 타서 취하라."

'성동격서'는《주역》'곤하태상'괘의 이치를 운용하고 있다. '곤하태상'에서 '곤'은 땅, '태'는 물이다. 물이 땅 위에 있는 형상으로 홍수가 넘치는 혼란과 궤멸의 상을 말한다. 적이 이런 상황이라면 통제 불능일 것이다. 바로 이런 형세를 파악하여 기민하게 적을 궤멸시키되, 원하는 곳을 바로 공략하지 말고 다른 곳을 공격하는 척하여 적을 또 한번 혼란에 빠뜨려 완전히 전세를 장악하고 그 기세로 원하는 곳을 치라는 뜻이다. 혼란에 빠진 적을 또 한번 착각하게 만들어 철저하게 통제 불능으로 만드는 것이다. 36계의 모든 계책이 철저히 기만술에 입각한다는 것을 이 계에서 실감할 수 있다.

'성동격서'의 사상과 사례는 많은 전적에 언급되어 있다.《36계》에서는 '성동격서'를 승전계 제6계에 갖다 놓았다. 대부분 군사적인 면을 가리키는 말이었으나 점차 다른 영역으로 확대되었다. 이와 관련해서는 전국시대 한비자가 정리했다는《한비자》〈설림〉(상)에 처음 보인다.

"지금 초나라가 군대를 일으켜 제나라를 친다고 하는 것은 소문일 뿐 사실은 우리 진나라를 침공하는 것이 진짜 목적이라고 생각됩니다. 이에 대한 방비를 서둘러야 합니다."

이에 강공(康公)이 동쪽 변경의 수비를 명령하니, 초가 제를 치겠다는 움직임을 멈췄다.

서한시대 유안(劉安)의 《회남자》〈병략훈〉에 나오는 말이다.

"용병의 이치는 부드러움을 보이고 강함으로 맞이하는 것이며, 약함을 보이며 강함으로 틈을 타

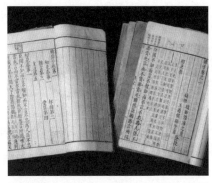

불멸의 명작 《한비자》는 '성동격서' 계책의 원형을 전한다.

는 것이다. 숨을 들이쉬기 위해 숨을 내뿜듯 서쪽에 욕심이 있다면 동쪽에 모습을 보이는 것이다."

《육도》〈무도(武韜)·병도(兵道)〉에서는 "서쪽에 욕심이 있으면 동쪽을 기습한다"라고 했다. 《백전기략》〈성전(聲戰)〉에서는 "동쪽에서 소리치고 서쪽을 공격하며, 저쪽에서 소리치고 이쪽을 공격하여 적이 어디를 지켜야 할지 모르게 만들면 내가 공격하는 곳은 적이 지키지 않는 곳이 된다"라고 했다.

또한 《역대명장사략(歷代名將史略)》 하편 〈오적(誤敵)〉에서는 "동쪽에 욕심이 있으면 서쪽에 모습을 드러내고, 서쪽에 욕심이 있으면 동쪽에 모습을 드러낸다. 또 진공하고 싶으면 물러나는 것처럼 보이고, 물러나고 싶으면 진군하는 것처럼 보여라"라고 했다. 당나라 때 두우가 편찬한 《통전(通典)》〈병전(兵典)〉에는 "동쪽을 치겠다 떠들어 놓고 사실은 서쪽을 친다"라고 했다.

전국시대 제나라의 유력자 맹상군(孟嘗君)은 왕보다 백성들의 인심을 더 많이 얻고 있었다. 왕은 맹상군이 왕위를 빼앗지 않을까

두려워 그의 재상 도장을 몰수하고 직위 해제한 뒤 고향인 설(薛)로 돌려보냈다.

맹상군의 식객 풍훤(馮諼)은 맹상군의 복직을 위해 위나라로 달려가 혜왕에게 유세했다.

"제나라 왕이 맹상군을 내친 이상 제후 중 누구든 먼저 맹상군을 모셔가는 쪽이 부국강병을 이룰 것입니다."

위왕은 맹상군에게 재상 자리를 제안하는 한편 세 차례에 걸쳐 거금을 들이면서까지 맹상군을 영접하려 했으나 모두 거절당했다. 이 모두가 풍훤의 안배에 따른 의도적인 거절이었다. 제나라 왕을 자극하려는 의도였던 것이다.

아니나 다를까, 이 소식을 들은 제나라 왕과 대신들은 모두 겁을 먹었다. 바로 태부를 시켜 황금 천 근과 호화 수레 두 대, 보검 한 자루, 자신의 잘못을 사과하는 제나라 왕의 친서를 맹상군에게 보냈다. 맹상군은 복직되었고, 그 후 수십 년 동안 재상 자리를 별 탈 없이 지켰다. 풍훤은 제나라 왕을 자극하기 위해 위나라 혜왕을 건드리는 '성동격서'의 계책을 활용한 것이다.

《통감기사본말(通鑑紀事本末)》〈칠국지반(七國之叛)〉에 기록된 사례를 보자. 서한 경제(景帝) 때 오·초 등 7국이 반란을 일으켰다. 한의 장수 주아부(周亞夫)는 창읍에 주둔하며 나가 싸우지 않았다. 오군은 '성동격서'의 모략으로 짐짓 성의 동남쪽을 공격하는 척하며 실제로는 서북쪽을 공격하고자 했다. 주아부는 상대의 모략을 간파하여 서북쪽을 단단히 지키라고 명령했다. 아니나 다를까, 오군은 과연 성 서북쪽을 공격해 왔다. 오군은 계속된 공격으로도 성을 함락하지 못하자 사기가 떨어져 후퇴하고 말았다. 주아부는 때를 놓치지 않고 정예병으로 추적하여 오군을 크게 무찔렀다.

동한 시기 반초(班超)는 사신으로 서역에 갔다. 목적은 서역 여러 나라를 단결시켜 흉노에 대항하자는 것이었다. 그러려면 남북 도로를 여는 것이 우선이었다. 그런데 대사막 서쪽 변방에 위치한 사차(莎車)가 다른 소국들을 선동하여 흉노에 투항했다. 반초는 사차부터 평정하기로 결정했다. 사차의 국왕은 구자(龜茲)에 구원을 청했고, 구자의 왕은 몸소 5만을 이끌고 사차를 구원하러 나섰다.

반초는 우전(于闐) 등과 연합했으나 병력은 2만 5천에 불과했다. 중과부적(衆寡不敵)인 상황이라 전략으로 대응할 수밖에 없었다. 바로 이 상황에서 반초는 '성동격서' 계책을 이용하여 적을 유인하기로 했다. 먼저 사람을 군중에 보내 반초에 대한 불만을 퍼뜨렸다. 그러면서 구자에 승리할 수 없으니 철수를 준비하는 인상을 심었다. 동시에 특별히 사차의 포로가 이런 정보를 들을 수 있도록 은밀히 안배를 해 두었다.

날이 어두워지자 우전의 군대는 동쪽으로 철수하라고 명령해 놓고 반초 자신은 서쪽으로 철수하기 시작했다. 겉으로 보기에는 혼란에 빠진 모습이었다. 사차의 포로는 이 틈에 탈출하여 이 상황을 보고했다. 구자의 왕은 크게 기뻐하며 두 길로 반초의 군대를 추격하게 했다. 자신은 1만 정예병을 이끌고 서쪽으로 철수한 반초를 뒤쫓았다.

한편 반초는 진작 만반의 준비를 해 놓고 적을 기다렸다. 그는 겨우 10리를 철수한 다음 지형에 맞게 군대를 숨겼다. 승리를 자신한

서역 경략이란 큰 업적을 남긴 반초는 중앙아시아 여러 나라의 상황을 잘 분석하여 '성동격서' 계책을 성공적으로 구사했다.

구자의 왕은 이것저것 따지지 않고 곧장 반초가 있는 곳으로 쳐들어왔다. 이보다 앞서 동쪽으로 철수한 우전의 군대는 말을 돌려 반초의 군대와 합류하고 사차군을 공격했다. 불의의 기습을 낭한 사차는 순식간에 와해되었고, 미처 도망도 못 간 사차의 왕은 즉시 항복했다.

기세등등하게 반초를 쫓아온 구자의 왕은 반초의 그림자도 발견하지 못한 상황에서 사차의 항복 소식을 접했다. 대세가 기울었음을 직감한 구자의 왕은 남은 병사들을 수습하여 황망하게 구자로 돌아갈 수밖에 없었다.

《후한서》〈잠팽전(岑彭傳)〉에 보이는 사실이다. 동한의 광무제는 초기 지방 세력을 통일하기 위하여 잠팽(岑彭)을 보내 남군(南郡, 지금의 호북성 강릉江陵)의 진풍(秦豐)을 정벌하려고 했다. 잠팽이 이끄는 3만 군대는 하남 등현(鄧縣)에서 진풍과 대치했다. 그러나 전투 상황은 좀처럼 진전이 없이 장기전으로 접어들 판이었다. 광무제는 사람을 보내 잠팽을 문책했다.

앞으로 나가지도 못하고 물러나지도 못하는 상황에서 후방의 문책까지 당하는 씁쓸한 처지가 된 잠팽은 문득 한 가지 모략을 생각해 냈다. 그는 밤중에 병력을 결집하여 서쪽 산도(山都, 호북성 양양襄陽 서북) 쪽으로 진공하겠다고 큰소리치고는 일부러 포로들을 풀어 주었다. 그들이 이 소식을 진풍에게 전달할 것이라는 노림수였다. 이 소식을 접한 진풍은 전군을 소집해 산도 쪽으로 진군했다. 이 틈에 잠팽은 동쪽의 면수(沔水, 한수漢水)를 건넜다. 뒤늦게 이를 알아챈 진풍이 급히 군대를 되돌렸으나 잠팽에게 격퇴당하고 말았다.

'성동격서'는 고의로 어떤 태세를 취함으로써 상대에게 가상을 심어 현혹한 다음 '기계(奇計)로 승리를 거둔다'는 '출기제승(出奇制勝)'의 모략이다. '성동격서'는 기본적으로 적에게 착각을 주는 방법으로 인식되었지만, 점차 새로운 내용이 첨가됨으로써 더욱 발전된 전략 전술이 되었다.

한편 '성동격서'는 역대 군사 전문가들이 잘 알고, 또 흔히 활용한 모략이기 때문에 간파당하기 쉽다는 약점도 있다.

《후한서》〈주준전(朱儁傳)〉에 주준이 '성동격서' 전략으로 봉기군 한충을 대파했다는 기록이 있는데, 《후한서》를 편찬한 범엽(范曄)은 이 사실을 두고 "성동격서의 책략은 모름지기 적의 의지가 혼란스러운지 여부를 잘 살펴서 결정해야 한다. 혼란스러우면 승리할 수 있지만, 그렇지 않으면 자멸하기 십상이다. 위험한 책략이다"라고 평했다. 이 모략을 성공적으로 운용하려면 반드시 적이 나의 정세를 헤아리고 있는지 잘 살펴야 한다. 기계적으로 적용해서는 절대안 된다. 자칫 잘못하면 '상대의 계략에 따라 계략을 이용한다'는 '장계취계(將計就計)'에 걸려들어 함정에 빠지기 일쑤다.

《삼국지》 사례

조조는 장수(張繡)를 토벌하려고 상당 기간 남양성을 공략했으나 함락하지 못했다. 조조는 병사들에게 계속 성을 공격할 준비를 시키는 한편 자신은 말을 타고 사흘 동안 성 주위를 돌았다. 그 결과 동남쪽 성벽의 수리가 고르지 못한 데다 상당히 무너진 것을 발견하곤 서쪽을 공격하여 입성할 것처럼 가장했다.

장수의 참모 가후(賈詡)는 성 위에서 이런 모습을 지켜보며 조조의 의중을 간파했다. 가후는 장수에게 조조의 계책을 역이용하자는 '장계취계'의 책략을 권했다. 조조가 서북에다 보루를 쌓는 것은 서북을 공격하여 그쪽으로 들어오려는 것처럼 보이지만 허세에 불과할 뿐 실제로는 동남쪽을 공략하려는 의도라는 것을 분석해 보였다.

장수는 백성들을 병사로 꾸며 서북쪽에 배치하고 주력부대는 동남쪽에 매복시킨 뒤 조조의 군대를 기다렸다. 아니나 다를까, 가후의 예상대로였다. 조조는 대패했고, 결국 남양성 포위를 풀지 않을 수 없었다.

경영 사례 1

스티브 잡스의 애플이 동영상 콘텐츠를 구현하는 아이팟을 출시하기 전의 일이다. 잡스는 경쟁 상대의 시선을 다른 쪽으로 돌리기 위해 영화나 동영상 따위를 보면서 운전할 수 없다는 등 배경 활동으로 음악만 한 것이 없다는 등 연막술을 펼쳤다. 소니를 비롯한 경쟁 상대들이 이에 현혹되어 아이팟 같은 기기에다 동영상을 구현할 생각을 못 하는 상황에서 잡스는 동영상 구현이 가능한 아이팟을 출시하여 단숨에 시장을 석권했다.

스티브 잡스는 시대를 이끌어 간 선구자이자 대단한 전략가였다. 애플을 상징하는 아이폰은 인류의 생활 방식을 크게 바꿔 놓았다.

잡스가 구사한 전략이 바로 '성동격서'다. 이 전략은 유지하기 힘든 비밀을 최대한 지켜야 한다는 취약점 때문에 자주 활용하지는 않지만 정확하게 실행하고 예상대로 맞아떨어진다면 그 파괴력은 상상을 초월한다.

전략으로서 '성동격서'는 먼저 동쪽을 만들어 내는 단계, 다음으로 소리를 만들어 내는 단계, 끝으로 서쪽을 치는 단계가 일사불란하게 순서대로 진행되어야 한다. '성동'을 무리하게 진행해서도 안되고, '격서'의 시기를 그르쳐서도 안 된다.

경영 사례 2

1973년 소련은 미국에다 이런 이야기를 흘렸다.

'미국의 여객기 제조 기업을 골라 세계 최대의 제트 여객기 제조 공장을 세울 계획이다.'

그러면서 미국 기업과의 조건이 맞지 않으면 영국이나 독일의 기업과 3억 달러 이 비즈니스를 진행할 것이라고 덧붙였다.

이 소식을 접한 미국의 3대 비행기 제조회사인 보잉과 록히드 및 맥도날드 더글라스는 모두 이 큰 비즈니스에 달려들 마음을 먹었다. 세 기업은 미국 정부의 지침을 어기고 각각 소련과 은밀히 접촉을 시도했다. 소련 쪽은 그들 사이에서 주선하며 서로 경쟁을 붙여 소련의 조건을 더 많이 받아들이게 상황을 만들어나갔다

보잉은 이 비즈니스에서 주도권을 쥐기 위해 소련의 요구, 즉 20여 명의 소련 전문가에게 보잉의 제조공장을 사전에 참관하고 관찰할 수 있게 한다는 조건을 받아들였다.

보잉은 소련의 전문가들을 귀빈으로 접대했다. 비행기의 장비는 물론 배선 등 모든 부분과 심지어 비밀 실험실까지 자세히 관찰할 수 있게 배려했다. 이들은 1,000장이 넘는 사진까지 찍어 가는 등 대량의 자료를 얻어 갔고, 마지막으로는 보잉에서 제조한 대형 여객기의 설계도까지 가져갔다.

보잉은 소련의 전문가를 열렬히 떠나보낸 뒤 아주 기쁜 마음으로 계약서에 서명하겠다는 소식을 기다렸다.

아뿔싸! 얼마 뒤 미국은 소련이 보잉이 제공한 기술과 자료를 이용하여 소련의 유명한 비행기 설계사 일류신(Sergei Vladimirovich Il'yushin, 1894~1977)의 이름을 딴 일류신 방식의 대형 제트 수송기를 만들었다는 소식을 접했다. 더욱이 이 수송기에 쓰인 엔진은 미국 롤스로이스의 제트 엔진의 모방품이었고, 비행기 제조에 쓰인 합금 재료 역시 미국에서 얻어간 것이었다.

당시 소련의 전문가들은 특수 가죽신을 신었다. 이 가죽신은 비행기 부품을 깎으면서 떨어진 금속 가루를 달라붙게 할 수 있는 것이었다. 그들은 이렇게 금속 가루를 가져가 분석한 다음 합금 조합

의 비밀을 풀었다.

소련은 미국 비행기 제조사 대형 비행기 제조에 필요한 재료를 얻기 위해 일부러 이런저런 가짜 정보를 흘려 미국 제조사들을 끌어들였다. 이렇게 해서 '성동격서'의 계책을 성공적으로 이루어냈다.

나의 36계 노트 **성동격서**

_____

_____

_____

_____

_____

三十
六計

II
적전계
敵戰計

− 경색된 국면을 타파하는 비법 −

1. 적전계의 기조와 핵심

적전계의 기조를 다시 밝히고 현대적 의미와 핵심을 소개한다.

36계의 모든 계가 그렇듯이 36계의 전체 기조는 기만, 즉 속임수다. 상대를 정확하게 파악해서 상대를 속여 쉽게 승리하라는 메시지다. '무중생유'부터 '순수견양'까지 여섯 개의 적전계 역시 마찬가지다. 적전계는 적과 나의 전력이 엇비슷할 때 구사하는 계책이다. 이때 필요한 계책은 자신이 승리할 수 있는 유리한 조건과 시기를 창출해 내는 것이다. 이것이 주효하다면 상대는 수동적 처지에 놓이고 나는 승리에 한 걸음 더 다가갈 수 있다.

'적전'이란 서로 맞서 싸운다는 말이다. 큰 적이 눈앞에 있거나 강적과 대치할 때는 담력과 식견 그리고 시기와 대세를 가늠할 수 있어야 한다. 경쟁은 쌍방이 힘을 겨루는 것이다. 승리하려면 자신의 실력을 높이는 것은 물론 상대의 실력을 약화시킬 수 있어야 한다. 경쟁 상대를 격패시키려면 '미친 척하고' '숨기고' '살피고' '안정시키고' '버리고' '쌓는' 등의 계책을 통해 은밀히 자신의 실력을 키우면서 시기와 상황의 변화를 차분히 기다릴 줄 알아야 하는 것이다.

적전계는 가장 현실적이고 보편적인 상황에서 구사할 수 있기 때문에 경쟁이 치열한 비즈니스 세계에서 적극적으로 활용하고 있다. 사회적으로 성공한 사람들이 다 순풍에 돛 달고 편하게 성공한 것은 아니다. 성공으로 가는 길에는 늘 곤경과 함정이 도사리고 있다. 이 때문에 자신의 목적을 성취하지 못하고 큰 손실과 실패를 보는 경우가 더 많다. 이럴 때는 적전계를 교묘하게 이용하여 기회가 오면 단단히 그 기회를 잡고, 기회가 오지 않으면 기회를 창출할 수 있어야 한다. 이렇게 해야만 비로소 진퇴양난의 상황에서도 경색된 국면을 깨고 성공의 서광을 재현할 수 있다.

2. 적전계의 계책과 사례

적전계의 계책을 다시 한번 표로 제시하고 각 계책의 의미와 역사 사례를 살펴본다.

카테고리	36계 항목	의미
II. 적전계 敵戰計 (적과 나의 전력 이 엇비슷할 때)	무중생유 (無中生有)	무에서 유를 만들어 내다.(《노자》)
	암도진창 (暗渡陳倉)	몰래 진창을 건너다.(《사기》〈회음후열전〉)
	격안관화 (隔岸觀火)	강 건너편에서 불구경을 하다.
	소리장도 (笑裏藏刀)	웃음 속에 칼을 감추다.(《신당서》)
	이대도강 (李代桃僵)	복숭아나무 대신 자두나무를 희생하다.(《계명편鷄鳴篇》)
	순수견양 (順手牽羊)	슬그머니 양을 끌고 가다.(《육도》)

무중생유

무에서 유를 만들어 내다

無中生有

남들이 보지 못하는 것이 '무'다

우리는 성공이란 목적을 실현하기 위해 많은 방법을 사용한다. 그중에는 조건을 창출하는 방법도 포함되어 있다. '무중생유'가 바로 이 뜻이다. 대부분의 상황에서 성공으로 가는 지름길이란 없다. 성공하려면 스스로 조건을 창조할 줄 알아야 한다.

남이 가지 않은 길은 위험하겠지만 그만큼 기회도 많은 법이다. '무중생유'와 관련하여 또 하나 생각해 볼 수 있는 방법은 자신의 주위 환경을 개선하여 더욱 유리하게 만드는 것이다.

"무에서 유를 만들어 낸다. 가상을 이용하여 상대를 속이지만 진짜 가상은 결코 아니다. 상대가 속아 넘어간 가상을 진짜로 믿게 하는 것이다. 크고 작은 가상들로 진상을 감추는 것이다."

'무중생유'는 《노자》의 "천하 만물은 '유(有)'에서 생겨나며 '유'는 '무(無)'에서 생겨난다"라는 대목에 나온다.

'무중생유'의 본래 뜻은 '유(有)'가 초물질적 정신에서 생겨나는 것임을 말하려는 게 아니다. '정신'은 대뇌라는 특수 물질의 산물이기 때문이다.

지금까지 사람들은 '무중생유'에 포함된 뜻을 변화시켜 가며 사용해 왔다. 또한 '무중생유'는 정치 모략으로 음모가들이 널리 활용해 왔고 활용하고 있다.

송나라 때의 위대한 장군 악비(岳飛)가 '날조된 죄명'이란 뜻의 '막수유(莫須有)'로 처형된 것이나, 청나라에 대항한 영웅 원숭환이 사람들에게 버림받고 여러 해 뒤에야 비로소 누명을 벗은 것도 모두 '무중생유'의 음모 때문에 빚어진 역사의 비극이었다.

《36계》에서는 '무중생유'를 전술의 하나로 취급한다. 거짓이나 가짜 또는 허점을 가지고 상대를 속이거나 착각을 일으키게 만드는 것이다. "무중생유는 거짓이나 허점을 진짜로 바꿔서 적을 패배시키는 것이다."

'무중생유'에서 '무'가 가리키는 것은 '가(假)'이고 '허(虛)'다. '유'가 가리키는 것은 '진(眞)'이요 '실(實)'이다. '무중생유'는 진짜가 진짜인지 가짜가 가짜인지, 텅 빈 것인지 가득 찬 것인지, 진짜 속에 가짜가 있는 것인지, 가짜 중에 진짜가 있는 것인지, 텅 빈 것과 가득 찬 것이 서로 변한다는 뜻이다. 이렇듯 적을 혼란스럽게 하여 판단과 행동에서 실수와 착오를 일으키게 만든다.

이 계책은 세 단계로 나눌 수 있다.

첫 단계는 가짜를 보여서 적이 진짜로 오인하게 한다.

두 번째 단계는 적이 내 쪽의 가짜를 간파하여 마음을 놓게 한다.

세 번째 단계는 내 쪽의 가짜를 진짜로 바꿔서 적이 가짜로 오인하게 한다. 한마디로 적의 심기를 어지럽혀 내가 주도권을 쥐는 것이다.

그런데 이 계책을 사용할 때는 두 가지를 주의해야 한다.

첫째, 적의 지휘관이 의심이 많고 소심하거나 지나치게 신중해야 주효할 수 있다.

둘째, 적의 심리가 이미 흩어진 기회를 잡아서 신속하게 가짜를 진짜로, 진짜를 가짜로, 무에서 유를 만들어 불의에 적을 공격해야 한다.

당나라에서 터진 안사(安史)의 난 때 많은 지방관이 안녹산(安祿山)과 사사명(史思明)에게 투항했다. 당의 장수 장순(張巡)은 적에게 투항하길 거부했다. 그는 3천의 군대를 거느리고 외롭게 옹구(雍丘, 하남성 기현)를 지켰다. 안녹산은 투항한 장수 영호조(令狐潮)에게 병마 4만을 이끌고 옹구성을 포위하게 했다. 중과부적인 상황에서 장순은 몇 차례 기습을 가하여 작은 승리를 거두긴 했지만 성안의 화살은 시간이 흐를수록 줄어들었다.

화살이 없으면 성을 공격하는 적을 감당할 수 없다. 이 절박한 상황에서 장순은 삼국시대 제갈량이 구사한 '초선차전(草船借箭)' 고사를 떠올리며 계책을 생각해 냈다. 장순은 서둘러 군중에 명하여 짚과 풀을 모아 허수아비 천여 개를 만들게 했다. 그리고 검은 옷을 입힌 다음 야밤에 밧줄을 이용해 성 아래로 천천히 내려보내게 했다. 영호조는 장순이 야밤을 틈타 기습해 오는 줄 알고 병사들에게 활을 쏘라고 명령했다. 화살은 허수아비들을 향해 비 오듯 날아들었고, 장순은 가볍게 화살 10만 발을 얻을 수 있었다.

날이 밝자 영호조는 장순의 계책에 당했다는 것을 알고 분통을 터뜨렸다. 다음 날 밤 장순은 다시 허수아비를 성 아래로 내려보냈다. 이를 본 적은 깔깔대며 방비를 하지 않았다. 적이 방심하고 있음을 직감한 장순은 재빨리 5백 용사를 내려보냈다. 적은 여전히 개의치 않았다.

5백 용사는 칠흑 같은 밤의 엄호를 받고 잽싸게 적의 진영으로 잠입하여 미처 대비하지 못한 적진을 유린했다. 적의 진영은 대혼란에 빠졌고, 장순은 이 틈에 성을 나와 패주하는 영호조의 뒤를 쳤다. 영호조는 하는 수 없이 진류(陳留, 지금의 개봉 동남)로 퇴각했다. 장순은 '무중생유'의 계책으로 옹구성을

36계의 모든 계책은 상호보완하여 활용할 수 있고 다른 계책들과 연계하여 구사할 수 있다. 장순은 '무중생유'의 성공을 위해 '초선차전'과 유사한 전략까지 구사했다.

잘 지켜 낼 수 있었다.

전국시대 말기 일곱 개 나라가 각축을 벌였다. 이른바 전국 7웅이다. 실제로는 진(秦)의 국력이 가장 강했고, 땅 넓이로는 초나라가 가장 컸으며, 지세는 제나라가 가장 좋았다. 이들이 3강 체제를 구축했고, 나머지 네 나라는 이들의 상대가 될 수 없었다.

제나라와 초나라가 동맹을 맺자 진나라는 곤경에 빠졌다. 이에 진나라는 상국(相國) 장의(張儀)에게 대책을 구했다. 당대 최고의 유세가로 명성이 높은 장의는 제나라와 초나라를 이간시켜 각개격파하자고 건의했다. 진왕은 일리가 있다고 생각하여 장의를 초나라로 보냈다.

후한 예물을 가지고 초 회왕(懷王)을 방문한 장의는 진나라는 상어(商於) 땅 600리를 초나라에 넘겨 줄 의사가 있다며 대신 제나라와의 동맹을 끊으라고 요구했다. 회왕은 잃어버린 땅을 되찾을 수 있고, 제나라를 약화시킬 수 있고, 강한 진나라와 동맹을 맺을 수 있으니 매우 유리하다고 판단하여 대신들의 반대에도 불구하고 즉시 그 요구를 받아들였다.

회왕은 봉후추(逢侯丑)에게 장의를 따라가 맹약을 체결하고 상어 땅을 받아 오게 했다. 두 사람은 한걸음에 진나라의 수도 함양에 이르렀다. 도중에 장의는 술에 취해 수레에서 떨어져 다쳤다며 집으로 돌아갔다. 봉후추는 역관에 머무는 수밖에 없었다. 며칠이 지나도록 장의를 만나지 못하자 봉후추는 진왕에게 편지를 보냈다. 진왕은 약속대로 이행할 것인데 초나라가 제나라와 절교하지 않으니 어떻게 맹약서에 서명하겠냐고 답장을 보냈다.

봉후추는 초나라로 사람을 보내 회왕에게 보고했다. 회왕은 앞뒤 따지지 않고 바로 제나라로 사람을 보내 제나라 왕에게 욕을 퍼붓게 했다. 이렇게 해서 두 나라의 동맹이 깨졌다.

그 무렵 장의의 부상도 호전되어 봉후추를 만났다. 장의는 봉후추에게 "아니, 아직 귀국하지 않았소"라고 물었다. 봉후추는 "진왕을 뵙고 상어 땅 반환에 관해 논의해야 하지 않소"라고 반문했다. 장의는 "그까짓 소소한 일은 왕께 보고할 필요가 없지요. 내가 일찌감치 내 봉지 6리를 초왕에게 드리겠다고 했으니 그걸로 된 겁니다"라고 시치미를 뗐다. 봉후추는 깜짝 놀라며 "상어 땅 600리라고 하지 않았습니까"라고 비명을 질렀다. 장의도 놀란 듯 "무슨 그런 말씀을! 진나라 땅은 모두가 힘겹게 싸워 얻은 것인데 어찌 제 마음대로 줄 수 있겠습니까? 잘못 들으신 것입니다"라고 능청을 떨었다.

낭패를 본 봉후추는 빈손으로 돌아가 회왕에게 보고했고, 회왕은 벼락같이 화를 내며 바로 군대를 동원하여 진을 공격했다. 그러나 진작 제나라로 사람을 보내 동맹을 맺은 진나라는 제나라와 함께 초나라를 협공했다. 초나라 군대는 대패했고, 진나라는 요지인 한중(漢中) 땅 600리를 손에 넣었다. 회왕은 하는 수 없이 땅을 떼어 주며 강화를 구걸하는 수밖에 없었다.

초 회왕은 장의의 '무중생유(無中生有)' 계책에 걸려 이익을 얻기는커녕 많은 땅까지 잃는 처참한 실패를 맛보았다. 앞뒤 따져 보지 않고 헛된 이익에 눈이 멀어 장의의 계략에 넘어간 결과였다.

'무중생유' 계책의 관건은 진짜와 가짜에 변화를 주는 데 있다. 이와 함께 허와 실을 결합할 줄도 알아야 한다. 가짜로만 일관하면 적에게 간파당해 적을 제압하기 어렵다. 먼저 가짜로 현혹한 다음 진짜로 또 어지럽히고, 먼저 비웠다가 채우면 틀림없이 '무중생유' 할 수 있다.

리더는 적이 현혹된 유리한 기회를 단단히 잡아서 재빨리 '진짜' '채움' '있음'으로, 다시 말해 빠르게 적을 제압한다는 출기제승(出奇制勝)의 속도로 공격하여 적이 정신 차리기 전에 궤멸시켜야 한다.

《삼국지》 사례

유비는 서서(徐庶)의 도움을 받아 조조 군대의 대장 조인(曹仁)을 잇따라 격파하고 번성(樊城)을 차지했다. 조조는 서서의 노모를 속여 허창(許昌)으로 오게 한 다음 서서에게 편지를 보내 허창으로 오게 했다.

노모의 안위가 걱정된 서서는 유비와 눈물로 작별하고 조조에게 왔다. 조조는 서서를 얻었지만 서서는 조조를 위해 어떤 계책도 내지 않았다. 자신을 속인 조조에게 한을 품으며 조조를 위해 단 하나의 계책도 내지 않겠노라 맹세했다. 이것이 '서서가 조조 군영으로 들어갔으나 한마디도 하지 않았다'는 고

조조는 '무중생유'로 서서를 얻었지만 서서에게 아무것도 얻지 못했다. 계책을 구사한 상대가 다른 데서 오는 차이를 보여 준다. 도면은 서서의 초상화다.

사다. 조조는 '무중생유'의 계책으로 서서의 노모를 속여 서서를 얻었으나 그걸로 끝이었다.

경영 사례 1

'무중생유'는 무에서 유를 만들어 내는 전략으로 동양의 바둑에 비유할 수 있다. 서양의 체스가 모든 패를 판 위에 다 늘어놓고 제거해 나가는 게임이라면 바둑은 빈 공간에 돌을 놓으면서 새로운 수를 만들어 내는, 체스와는 정반대 개념의 게임이라 할 수 있다. '무중생유'는 바둑과 유사하다.

1976년, 캘리포니아주의 한 회사는 타이완 기업을 위하여 신문 광고를 실었다. 광고는 손 하나와 양 몇 마리를 그린 그림이었다. "옛날옛날 두 손이 아름다운 이야기를 펼칩니다"라는 문구와 화보집을 만들어 별도로 배포했다. 이 광고는 스토리텔링을 이용한 '무중생유' 광고의 이른 선례를 남겼는데 관련 고사는 다음과 같다.

황가의 주방장이 사소한 실수로 손에 부상을 입고 황궁에서 쫓겨났다. 주방장은 양을 치는 노인을 도우며 살았는데 자신도 모르는 사이에 손의 상처가 아물었다. 주방장은 수염을 길러 생김새를 위장하고 다시 주방장에 응시하여 황궁으로 들어갔다.

기업과 관련하여 이 고사에 담긴 메시지의 핵심은 '양털'이었다. 손에 부상을 입은 주방장이 양털을 만지며 살다 보니 상처가 나았다는 것인데, 양털에 함유된 천연 유지(油脂)가 상처나 피부병을 치료하는 효능을 가진 것이다. 이 기업은 난려(蘭麗, LANLAI) '면양유'를 주요

품종으로 판매하는 회사였다.

이 기업은 '면양유'의 효능에 대한 연구를 바탕으로 상처와 피부병에 특효인 제품을 만들었다. 그리고 '무중생유' 전략으로 신기하고 인정미 넘치는 스토리

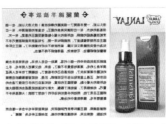
난려 '면양유' 제품과 관련된 고사를 소개하는 문장이다.

에 제품의 효능을 절묘하게 암시함으로써 큰 성공을 거뒀으며, 경쟁에서도 시종 우위를 차지했다.

기업은 끊임없이 조건을 창출해야 경쟁에 유리한 위치에서 승리할 수 있는 자산을 확보한다. '무중생유'는 창조적 발상과 발상의 전환을 요구하는 대단히 차원 높은 전략이 아닐 수 없다.

경영 사례 2

'무중생유'와 관련하여 역사 사례 하나를 통한 활용법을 소개한다. 송나라 초기 태조 조광윤은 장수들의 병권이 너무 커서 자신의 자리를 위협하지 않을까 걱정이 많았다. 태조는 장군들을 불러 술자리에서 마음을 터놓고 대화함으로써 그들의 병권을 회수했다. 이 일화가 '배주석병권(杯酒釋兵權)'이다. 술잔을 돌리며 병권을 내려놓게 했다는 뜻이다.

장수들은 넉넉한 땅과 재물을 소유한 채 마음 편하게 마시고 놀았다. 그런데 또 다른 근심거리가 생겼으니, 이들의 재산과 땅이 너무 많아지는 것이었다. 태조는 이번에도 술자리를 만들어 술잔

을 돌리면서 이들의 재산과 땅을 회수하는 방법을 생각해냈다.

태조는 먼저 모든 장수에게 좋은 땅을 내려 그곳에다 집을 짓게 했다. 집 지을 땅을 황제가 내렸으니 장수들은 함부로 하지 못하고 그 즉시 목재를 구해 집을 지었다. 집들이 다 지어지자 태조는 장수들을 다 불러 축하의 술자리를 베풀었다. 태조는 장수들이 취해서 쓰러질 때까지 술을 권했고, 장수들은 집으로 돌아갈 수가 없었다. 태조는 장수들의 집으로 사람을 보내 아들들을 불러 아버지를 들쳐 업고 집으로 돌아가게 했다. 이들을 보내면서 태조는 아들들에게 아무렇지 않게 "그대들의 부친께서 모두 조정에 1억 전씩 헌금하겠다고 했다네"라고 말했다.

이튿날 술에서 깨어난 장수들은 자신들이 어떻게 집으로 돌아왔는지 몰라 가족들을 불러 자초지종을 물었다. 행여나 황제 앞에서 실수는 하지 않았는지 등을 물었고, 그 결과 자신들이 조정에 돈을 내기로 했다는 이야기를 들었다. 장수들은 자신들이 돈을 내겠다고 했는지 어쩐지 알 수가 없었지만 이튿날 얌전하게 1억 전씩 갖다 바치지 않을 수 없었다.

태조는 장수들의 재산이 점점 불어나는 것은 조정의 재정과 정권에 하나 도움 될 것이 없다고 판단하여 그들 재산의 일부를 받아내려고 마음을 먹었다. 하지만 황제의 신분으로 무턱대고 돈을 내라고는 할 수 없는 노릇이었다.

태조는 '무중생유'의 계책을 생각해냈고, 이렇게 해서 황제의 체면도 지키고 조정의 재정도 확보했으며, 장수들도 뭐라 저항할 수 없었으니 그야말로 '일석삼조(一石三鳥)'의 절묘한 계책이었다.

술자리를 이용한 태조 조광윤의 '무중생유'는 다소 진부해 보이지만 세부적으로 다듬고 철저히 안배하면 오늘날 경영에서도 얼마든지 활용할 수 있다.

_____

_____

_____

_____

_____

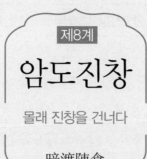

암도진창

몰래 진창을 건너다

暗渡陳倉

'명(가상假象)'이 확실해야 '암(진상眞象)'할 수 있다

'암도진창'은 한신이 남긴 전형적인 전투 사례다. 그는 '명수잔도'로 항우의 주의력을 분산하고 안심시킨 다음 '암도진창'으로 유방의 관중 지역 평정을 도왔다.

이 일련의 책략은 비즈니스와 사회 전반에서도 흔히 활용된다. 상대가 나의 수단과 동기를 간파하면, 이 정보를 이용하여 나를 통제하려 들 것이다. 내 동기와 수단을 상대가 알아채지 못하게 하려면 '암도진창'을 유용하게 사용하는데, '명수잔도'라는 가상을 만들어 상대를 미혹시키면 더욱 효과적이다.

어떤 행동을 취함으로써 내가 진짜 그 방향으로 간다고 착각하게 만들어 상대가 그곳에 전력을 집중할 때, 나는 다른 방향에서 이미 성공을 거두는 것이다.

"몰래 진창을 건넌다. 나의 (거짓) 움직임을 노출하여 적이 차분하게 나의 거짓 움직임에 주목하게 함으로써 내게 유리하게 만드는 것이다. 익(益)괘의 익동이손(益動而巽) 단사와 같은 뜻이다."

《주역》 64괘 중 '익'괘는 '밑에서 활발하게 움직여 마치 바람이 틈을 비집고 들어가 날마다 커지듯 진척된다'는 의미를 갖는다. 이 계책은 적이 내 쪽의 거짓 움직임에 현혹되게 만들어 그 틈을 파고들어가 승리를 거두는 것이다.

'암도진창'은 《사기》 〈회음후열전〉과 《자치통감》 〈한기〉(권 9~10) 등의 기록에서 나왔다. 〈회음후열전〉에는 '암도진창'이 '겉으로 잔도를 수리하는 척하다'라는 '명수잔도(明修棧道)'와 함께 나오는데, 같은 맥락의 계책이다. 이 모략은 정면공격을 하는 척하거나 움직이는 척하는 양공(陽攻) 또는 양동(陽動)으로 적을 현혹시켜 공격 노선과 돌파점을 위장하는 것이다. 한마디로 기만 작전이라 할 수 있다. 이런 점에서 '암도진창'은 제6계 '성동격서'와 비슷하다. 다만 '성동격서'가 은폐하려는 것은 공격점이고, '암도진창'이 은폐하려는 것은 공격 노선이란 점에서 분명한 차이가 있다.

'명(明)'과 '암(暗)'은 용병의 '기정(奇正)' 관계를 반영한다. 정상적인 용병 원칙으로 자기 쪽의 행동을 판단하게끔 유도해야만 비로소 '출기제승'의 목적을 이룰 수 있다. '암도진창'은 '명수잔도'로 적의 주의력을 분산시켜야만 가능한 것이다.

진나라가 막 무너지자 항우는 파·촉과 한중 세 군을 유방에게 주어 한왕으로 봉하고, 한중의 남정(南鄭, 지금의 섬서성 한중漢中)을 도읍으로 삼게 했다. 이렇게 해서 유방을 한쪽으로 치우친 산간 지방에 가둬 놓고, 관중을 세 부분으로 나누어 진에서 항복해 온 장수 장한(章邯) · 사마흔(司馬欣) · 동예(董翳)에게 각각 줌으로써 유방이 동쪽으로 세력을 뻗쳐 나갈 수 있는 출로를 막았다. 항우는 초패왕이라 자처하고 아홉 군을 차지하는 한편, 장강 중하류와 회하 유역 일대의 넓고 비옥한 땅을 점령하여 팽성을 도성으로 정했다.

천하를 독차지하고 싶은 큰 야심을 가진 유방으로서는 항우의 이런 속셈이 마땅할 리 없었다. 다른 장수들 역시 자신이 할당받은 좁은 땅덩어리가 불만이었다. 그러나 항우의 위세에 눌려 감히 대놓고 반항하지 못한 채 자기 지역으로 부임하는 수밖에 없었다. 유방도 어쩔 수 없이 병사를 이끌고 서쪽을 거슬러 올라 남정으로 갔다. 그러면서 장량의 계책대로 지나온 수백 리 잔도(棧道)를 모조리 불태워 못 쓰게 만들어 버렸다. 잔도란 험준한 절벽에 나무로 만들어 놓은 길을 말한다. 잔도를 불태워 버린 것은 방어에 유리하기 때문이지만, 그보다 더 중요한 목적은 항우를 현혹하는 데 있었다. 유방이 자기 근거지에서 더 이상 밖으로 나올 의사가 없다는 것을 보여 줌으로써 항우의 경계를 늦추려는 것이었다.

남정에 도착한 유방은 부장들 중에 출중한 군사 이론가가 있음을 알았다. 그가 바로 한신(韓信)이었다. 유방은 소하(蕭何)의 적극적인 추천을 받아들여 한신을 대장으로 삼았다. 그리고 동쪽으로 세력을 뻗쳐 천하를 손아귀에 넣을 수 있는 근거지와 그에 따른 군사 작전을 마련하라고 지시했다.

한신의 첫 단계 계획은 관중부터 차지하여 동쪽으로 나갈 수 있는 길을 열고 초를 멸망시킬 근거지를 마련하자는 것이었다. 그는 병사 수백 명을 보내 지난번에 불태워 버린 잔도를 복구했다. 관중 서부 지구를 지키던 장한이 이 소식을 듣고 웃음을 참지 못하며 "그러게 누가 너희더러 잔도를 불태우라고 했더냐? 그게 얼마나 큰일인데 겨우 병사 몇 백이 달려들다니, 어느 세월에 다 복구하겠는가" 라고 비웃었다. 장한은 유방과 한신의 행동을 전혀 개의치 않았다.

그러나 얼마 후 장한은 급한 보고를 받는다. 유방의 대군이 이미 관중에 들어와 진창(陳倉, 지금의 섬서성 보계현寶鷄縣 동쪽)을 점령했으며, 그곳 장수가 피살되었다는 것이다. 장한은 이 보고를 믿지 않으려 했으나 사실로 밝혀지자 허둥지둥 전열을 가다듬어 방어를 서둘렀

장량과 한신은 '명수잔도, 암도진창'이라는 큰 계책을 성공시킨 주역이었다.

지만 이미 때는 늦어 버렸다. 장한은 자살을 강요받았고, 관중 동쪽을 지키던 사마흔과 북부의 동예도 잇달아 항복했다. '삼진(三秦)'으로 불리던 관중 지구는 순식간에 유방의 손아귀로 들어갔다.

한신은 잔도를 복구하여 출격하려는 태세를 취했지만, 실제로는 유방이 이끄는 주력군이 몰래 작은 길을 따라 진창을 습격해 장한이 대비하지 않은 틈을 타서 승리를 거머쥔 것이다. '겉으로는 잔도를 복구하는 척하면서 몰래 진창을 건넌다' 는 '명수잔도, 암도진창' 고사의 유래다.

1944년, 미·영 연합군이 성공적으로 노르망디에 상륙한 것은 '명수잔도, 암도진창'의 본보기였다. 정상적인 상황이라면 영국 동남부에서 칼레(Calais) 해협을 건너 맞은편 프랑스의 파드칼레(Pas de Calais) 지구로 상륙하는 것이, 영국 남부에서 영국해협을 건너 노르망디에 상륙하는 것보다 거리도 짧고 운송도 편리했으며, 또 공군의 지원을 받기도 쉬운 이상적인 공격 노선이었다. 따라서 독일군은 주력부대를 칼레 지구에 집중시킨 상태였다. 연합군은 상륙 작전을 위해 가짜 진지를 설치했다. 즉 칼레 맞은편 잉글랜드 동부에 미군 '제1사단'을 가짜로 만든 다음 무전망도 설치하고 패튼을 군사령관으로 임명한다는 가짜 정보도 흘렸다. 독일군은 이 부대가 상륙 작전을 준비하는 주력으로 오인했다. 연합군은 영국 동남부 각 항구와 템스강 하구에 함대를 상륙시켜 가짜로 각종 물자와 기재 등을 대량으로 선적하는 활동까지 벌였다. 그리고 칼레 지구에 맹렬히 포격을 퍼부으면서 노르망디에는 일상적인 포격만 퍼부어 독일군이 더욱 깊이 착각하게 만들었다. 그 결과 연합군은 노르망디 상륙 작전을 성공적으로 연출할 수 있었다.

삼국시대 말기 등애(鄧艾)와 강유(姜維)가 싸울 때 등애는 강유가 '암도진창' 계책을 구사한다는 것을 간파했다. 강유가 요화(廖化)를 백수(白水) 남쪽에 주둔시킨 것은 자신을 미혹시키기 위한 것에 불과하고 목적은 구조성(裘洮城)에 있다는 것을 알아챈 것이다. 강유가 구조성을 기습했을 때 등애는 이미 철저히 대비한 채 기다리고 있었다.

등애는 병법의 '기'와 '정'의 상호 전환 이치를 잘 알기 때문에 강유의 계책을 간파한 것이다. 병법에 능하려면 전투상의 수많은 변화를 장악하여 각종 계책을 구사해야 하는데, 때와 형세를 제대로 헤아려야지 기계적으로 사용해서는 성공할 수 없다.

'암도진창'은 군사상 '기(奇)'와 '정(正)'의 변증 관계를 말한다. 이 둘은 대립하면서도 관계한다. 손자(孫子)는 "무릇 전쟁의 수행은 정병(正兵)으로 적과 대치하고 기병(奇兵)으로 승리를 얻는 것이다"(세편)라고 했다. '정병'이란 병법 중의 정상적 원칙을 말하며, '기병'은 정상적 원칙과 상대되는 변칙적 용병법을 가리킨다. 사실 '정'과 '기'도 서로 바뀔 수 있다. '명수잔도, 암도진창'은 '기'에서 '정'으로 바뀐 것이라 할 수 있는데, 적시의 정면 강공도 '기'로 바뀔 수 있음을 보여 준다.

《삼국지》 사례

동한 말기 삼국시대가 본격적으로 전개되기 전 유비가 형주를 빌린다는 명목으로 형주를 차지하자 손권(孫權)은 마음이 몹시 불편했다. 손권은 고심 끝에 형주를 다시 찾기 위한 중책을 여몽에게 맡겼다. 여몽은 형주를 지키는 관우가 마침 조조의 번성을 공격하려 한다는 것을 알았다. 하지만 관우는 일부 병력을 형주에 남겨 후방을 단단히 지키게 했다.

여몽은 병을 가장하여 오나라 도성 건업(建業)으로 돌아갔다. 관우가 후방에 남긴 병력마저 전부 번성 공격에 투입하도록 유도하기 위해서였다. 관우가 이대로 움직여 준다면 자신은 수로를 이용해 야밤에 몰래 북상하여 비어 있는 형주를 기습하겠다는 심산이었다.

여몽은 '중병'을 얻었고, 손권은 공개적으로 문서를 보내 여몽을 건

관우를 죽음으로 몰아넣은 형주성 전투는 여몽의 '암도진창' 계책이 제대로 성공한 사례다. 사진은 형주에서 패하여 포로로 잡힌 관우를 그린 인천 차이나타운의 《삼국지》 벽화다.

업으로 불러들였다. 관우는 이를 사실로 믿어서 후방 병력을 야금야금 번성 공격에 투입하기 시작했고, 얼마 뒤 형주는 무방비 상태가 되었다.

때가 왔음을 직감한 손권은 여몽에게 정예병 전부를 통솔하여 큰 전함에 매복시키고, 일부는 흰옷을 입은 백성으로 위장하여 노를 젓게 하라고 했다. 또한 배에 탄 사람은 전부 상인으로 분장시켜 밤낮없이 배를 몰아 후방을 기습함으로써 순조롭게 형주성을 탈환했고, 맥성(麥城)으로 도주하는 관우까지 포로로 잡는 전과를 올렸다.

경영 사례 1

성공한 기업의 상당수는 이단아적 기업이다. 기숙사에서 혼자 컴퓨터 사업을 하던 델은 유통업체를 우회하여 고객에게 직접 판매와 서비스를 제공했다. 이 같은 전략이 다른 컴퓨터 기업들에게는 기습 공격이나 마찬가지로 속수무책이었다. 델은 7년 만에 세계적 기업으로 컴퓨터 업계를 선도했다.

전 세계 음악인이 즐겨 사용하는 야마하 건반 악기.

네덜란드의 세계적 보험 회사인 ING는 20년 전 전통적 판매 경로를 버리고 고객에게 직접 다가가는 다이렉트 전략, 즉 지점 운영 대신 인터넷과 전화로만 서비스하는 획기적인 판매 전략으로 엄청난 성공을 거뒀다. 지금은 거의 모든 보험 회사가 이러한 판매 방식을 받아들였다.

일본 악기 회사의 대표 겐이치 가와카미는 서른여덟에 사업을 시작했다. 그는 시장과 사업 상황을 면밀히 분석한 끝에 치열한 경쟁에서 승리할 수 있는 장기 전략을 마련했다. 다른 악기 회사에서는 생각조차 못 한 전국 음악 교실에 크게 투자한 것이다. 다양한 악기반, 등급별 악기반, 연령별 악기반 등을 개설하는 데 적극 지원하는 한편 수준 높은 교사와 좋은 교재도 함께 제공했다. 그 결과 전국의 악기반 대부분은 이 악기 회사의 악기를 사용하게 되었다. 그 회사가 바로 세계 악기 시장, 특히 건반 악기 시장의 독보적 존재인 야마하다.

'암도진창'의 전략은 정통 경로를 벗어나는 창의적 과단성이 관건이다. 경쟁 상대의 주의력을 분산시킬 수 있는 장치도 함께 마련하면 더욱 효과적이다.

경영 사례 2

경영 책략은 아니지만 경영에도 충분히 영감을 줄 수 있는 군사 사례 하나를 소개한다. 2차 대전 때인 1944년, 미·영 연합군은 두 번째 전투지를 열기 위해 프랑스 서북부에서 노르망디 상륙 작전을 펼쳤다. 이 작전에서 미국과 영국은 5천 척의 배와 5천여 대의 비행기를 동원해서 150만 병력을 상륙시켰다. 아이젠하워는 상륙 작전을 계획할 때 쌍방의 기본 상황을 면밀히 비교한 것은 물론 부대가 상륙한 뒤 연합군의 증원 속도가 독일군의 증원 속도를 능가할 수 있는가도 고려했다.

연합군 37개 사단이 상륙하는 데는 1주일 정도가 필요했는데, 이 1주일 동안에 독일군이 얼마나 증원될 것인가, 어느 방향에서 올 것인가, 전투지와의 거리는 얼마나 떨어져 있으며, 교통 상황은 어떤가, 독일군은 어떻게 견제할 것인가, 어떻게 독일군의 전략적 교통 요지와 전투지 교통을 파괴·저지하여 독일군의 증원을 억제할 것인가 등과, 육상 기지가 날로 증가하는 원병을 수용할 수 있는 대규모 공간을 확보할 수 있는가 등과 같은 일련의 동태적 상황에 대해 면밀히 분석·연구했다. 그런 다음 연합군에 유리하고 독일군에 타격을 줄 수 있는 조치를 취해 최종적으로 상륙 작전을 성공으로 이끌었다. 이런 것들이 모두 '인리제권(因利制權, 유리한 형세를 타서 일을 행하다)'이란 모략을 실천 속에서 활용한 보기에 속한다.

1944년, 미국을 비롯한 연합군은 노르망디 상륙 작전을 펼치기 전에 낙하산 투하 작전을 펼쳤다. 이 군사 행위를 엄호하기 위해 연합군은 낙하 예정지의 양옆에다 먼저 잇달아 몇 차례 음향장치와 실탄 발사 모형장치를 지닌 가짜 낙하산 부대를 투하했다. 이 가짜 낙하산 부대들이 지면에 접근할 때면 진짜 전투를 벌이는 듯한 음향이 터져 나와 독일군이 낙하지를 포위하도록 유인했다. 이렇게 잇달아 몇 차례 독일군을 허탕치게 하여, 독일군의 기동력을 크게 마비시켜 나갔다. 이 틈에 연합군은 진짜 낙하산 부대를 투하했다. 독일군은 이번에도 가짜 낙하산 부대인 줄 알고 신속하게 대처하지 않았다. 이렇게 연합군 낙하산 부대는 크게 힘들이지 않고 목표로 하는 지점에 병력을 투입할 수 있었다.

나의 36계 노트 **암도진창**

_____

_____

_____

_____

제9계

격안관화

강 건너편에서 불구경을 하다

隔岸觀火

상대에게 보이지 않는 곳에서 구경하라

'격안관화'는 상대의 내부가 혼란에 빠졌을 때 나는 이를 관망하면서 좋은 시기를 기다린다는 것이다. 상대의 내부가 혼란하면 상대를 격패시키고 성공하는 가장 좋은 기회를 잡을 수 있다.

상대가 단결하고 힘을 하나로 합치면 승리는 대단히 곤란하다. 물론 상대가 분화되었다고 해서 무턱대고 나서면 안 된다. 나의 모든 위협 수단이 언제든 상대를 단결시키는 요소로 작용할 수 있기 때문이다. 그럴 때는 '격안관화'로 상대의 힘이 소모되고 감당하기 힘들 만큼 지치기를 기다렸다가 행동해야 '어부지리'를 얻을 수 있다.

"강 건너편에서 불구경을 한다. 적의 내부 모순이 격화되어 혼란스러워지면 조용히 그 모순이 폭발하기를 기다린다. 아주 포악해져 서로 원수처럼 눈을 부릅뜨고 죽이면 기세상 스스로 망할 수밖에 없다. '예(豫)'괘의 이치대로 시세에 따르며 움직이는 것이다."

《주역》의 '예(豫)'괘는 시세에 순응하여 움직인다는 뜻이다. 이 계책은 바로 이런 이치를 운용한 것이다. 시세란 적이 서로 등을 돌리고 으르렁대며 싸우는 것을 말하는데, 이렇게 되면 적은 대세의 흐름상 자멸하기 십상이다. 적이 자멸하기를 기다렸다가 움직이란 뜻이다.

이 모략은 유순한 수단이긴 하지만, 앉아서 기분 좋은 결과를 기다리는 것이기도 하다. 이 모략을 실행하는 과정에서 유의할 점은 적에게 내분이 일어났다 하더라도 섣불리 달려들지 말아야 한다는 것이다. 자칫 잘못했다가는 적이 일치단결하여 강력하게 맞서는 역효과를 불러올 수 있기 때문이다. '산 위에 앉아서 호랑이 싸움이나 구경하는' '좌산관호투(坐山觀虎鬪)'의 태도를 취하면 된다.

적의 내부 모순이 두드러져 알력이 깊어져 가는데 성급히 '불난 틈을 타서 훔친다'는 '진화타겁'의 모략을 실행해서는 안 된다. 조급하게 서두르다 보면 적이 내분을 멈추고 일시적으로 연합하여 반격을 가할 틈을 줄 수 있기 때문이다. 일부러 한발 양보하는 척하며 내부 모순이 격화되어 서로 죽고 죽이는 혼란이 조성되기를 기다림으로써 적을 약화시키고 자신을 강화하는 정치 군사 목적을 달성할 수 있다.

전국시대 한(韓)과 위(魏)는 1년이 넘도록 지루하게 싸웠지만 승부를 내지 못했다. 두 나라와 가까운 진(秦)은 참전 여부를 놓고 의견이 갈려 결정을 내리지 못했다.

진 혜왕(惠王)은 이 문제에 대해 초나라의 유세가 진진(陳軫)에게 자문을 구했다. 진진은 변장자(卞莊子)가 호랑이를 찌른 고사를 들려주었다.

변장자가 길을 가다 호랑이 두 마리가 소를 먹는 모습을 보았다. 변장자는 바로 칼을 빼 들고 호랑이를 찌르려 했다. 그러자 어린아이가 그를 말리며 "저 두 호랑이는 이제 막 소를 먹기 시작한 터라 맛난 소고기를 더 많이 먹으려고 싸울 겁니다. 한번 싸웠다 하면 죽기 살기로 싸울 텐데, 그러면 약한 놈은 죽고 강한 놈도 부상을 당할 겁니다. 그때 부상당한 한 놈만 찔러 죽이면 실제로는 두 마리를 다 잡는 셈이 되지요"라고 했다.

변장자는 그 말이 옳다고 생각하여 한쪽으로 비켜서서 구경하기로 했다. 아니나 다를까, 호랑이 두 마리가 으르렁대며 싸우기 시작하더니 결국 한 마리는 죽고 한 마리를 큰 부상을 입었다. 변장자는 부상당한 호랑이를 칼로 찔러 결국 두 마리 다 잡았다.

이야기를 마친 진진은 현재 한나라와 위나라의 상황도 이와 비슷하니 서로 승부가 나길 기다렸다가 부상당한 쪽을 공격하면 일거양득(一擧兩得)의 효과를 거둘 것이라고 했다. 혜왕은 이 말에 따라 참전을 보류하고 결과를 기다렸다가 크게 지친 쪽을 공격하여 대승을 거뒀다. 《삼국지연의》에는 조조가 하북을 평정할 때 두 차례

'격안관화'의 꾀를 활용하여 작은 대가로 큰 승리를 거두었음을 기록하고 있다.

조조가 첫 번째로 '격안관화'를 활용한 것은 《삼국지연의》 제32회에 나온다. 원소는 창정(倉亭)에서 다시 패배한 뒤 울화병 때문에 죽고 만다. 그는 죽기 전에 어린 아들 원상(袁尙)을 자기 뒤를 이을 대사마(大司馬)에 임명했다. 이 무렵 투지에 불타는 조조는 몸소 대군을 거느리고 원씨 형제를 토벌하여 단숨에 하북을 평정하려고 했다. 조조의 군대는 '파죽지세(破竹之勢)'로 여양(黎陽)을 점령하고, 빠른 속도로 기주성에 이르렀다. 원상·원담(袁譚)·원희(袁熙)·고간(高干) 등은 각기 네 방향으로 군대를 나누어 성을 사수했고, 조조는 총력을 다해 공격했지만 성을 함락하지 못했다.

이때 모사 곽가(郭嘉)가 꾀를 냈다.

"원소는 큰아들이 아닌 막내아들이 뒤를 잇게 한 터라 형제들이 각자 권력을 나눠 가진 채 패거리를 모으는 실정입니다. 이런 상황에서 서두르면 그들은 서로 힘을 합칠 테지만, 느긋하게 기다리며 관망하면 조만간 서로 싸울 것입니다. 차라리 군대를 형주 쪽으로 돌려 유표(劉表)를 치면서 원씨 형제 사이에 모종의 변화가 일어나기를 기다렸다 공격하여 단숨에 평정하는 편이 좋을 것입니다."

조조는 곽가의 말대로 가후(賈詡)와 조홍(曹洪)에게 여양과 관도(官渡)를 지키게 하고는 곧 군을 일으켜 유표 토벌에 나섰다. 아니나 다를까, 조조가 철군하자 맏아들 원담은 원상의 계승권을 빼앗기 위해 칼을 뽑아 들었다. 골육상잔의 내부 모순이 터진 것이다. 원상을 이기지 못한 원담은 사람을 보내 조조에게 도움을 요청했다.

조조는 때가 왔다고 판단하여 곧장 북진해서 원담을 죽이고 원상과 원희를 물리침으로써 순식간에 하북을 손아귀에 넣었다.

조조의 두 번째 '격안관화'는 하북을 평정한 다음이었다. 조조에게 패한 원상과 원희는 요동으로 달아나 요동 지방의 실권자 공손강(公孫康)에게 투항했다. 하후돈

'격안관화'는 정치적 지혜가 요구되는 계책이다. 조조는 이 계책을 지혜롭게 이용했다.

(夏侯惇) 등은 조조에게 "요동 태수 공손강은 오랫동안 복종하지 않았습니다. 지금 원상·원희가 그에게 투항했으니 후환이 될 것입니다. 그들이 아직 움직이지 않을 때 속히 정벌하여 요동을 장악하는 것이 좋을 듯합니다"라는 의견을 제출했다. 그러나 조조는 싱긋이 웃으며 말했다.

"공들이 나서서 군이 힘쓸 필요가 있겠소? 모르긴 해도 며칠 후면 공손강이 원씨들의 머리를 보내올 것이오."

장수들은 물론 믿지 않았다. 그런데 며칠 되지 않아 공손강이 원상과 원희의 머리를 보내왔다. 장군들은 경악했다. 조조의 신출귀몰한 예견에 탄복하지 않을 수 없었다. 조조는 통쾌하게 웃으며 "그 사람의 예상이 빗나가지 않았군" 하고는 곽가가 죽기 전에 조조 앞으로 남긴 편지 한 통을 꺼내 보내 주었다. 편지에는 이렇게

쓰여 있었다.

"지금 듣자 하니 원상·원희가 요동으로 도망갔다고 하는데, 공께서는 서둘러 병사를 동원하지 마십시오. 공손강은 오랫동안 원씨에게 먹힐까 봐 두려워해 왔으니 원씨 형제의 투항을 의심할 것입니다. 이런 상황에서 강경하게 공손강을 치면 반드시 서로 힘을 합쳐 대항하고 나설 것이니, 서둘러서는 굴복시킬 수 없습니다. 느긋하게 관망하고 있으면 공손강과 원씨 형제가 서로를 노릴 것입니다."

원소는 살아 있을 당시 늘 요동을 손에 넣고 싶어 했고, 공손강은 이런 원씨 집안에 대해 뼈에 사무치는 원한을 품고 있었다. 그러는 차에 원씨 형제가 자신에게 투항해 왔고, 공손강은 이들을 제거하고 싶었다. 다만 조조가 요동을 공격할까 봐 겁나서 두 사람을 이용할 생각이었다. 그래서 원상·원희 두 사람이 요동에 도착한 뒤에도 곧장 만나 주지 않고 신속히 사람을 보내 조조의 동정을 알아오게 했다. 첩자는 조조의 군대가 역주(易州)에 주둔하고 있으며, 요동에 대해서는 마음이 없는 것 같다고 보고했다. 공손강은 즉시 원상·원희의 목을 베어 버렸고, 조조는 손에 피 한 방울 묻히지 않고 목적을 달성했다.

두 고사는 역사 사료에도 기록되어 있다. 다른 점이 있다면 사료에서는 조조의 두 번째 '격안관화'가 곽가의 계책이 아닌 조조 자신의 계책으로 되어 있을 뿐이다.

《손자병법》〈화공편〉 뒷부분을 보면, 전쟁은 이익 쟁탈이므로 싸워 이겼다 하더라도 쓸모없는 텅 빈 성 몇 개만 차지하는, 말하자면 실질적인 이익이 없다면 괜스레 인력과 물자만 소모한 꼴이 되고, 장기간 외지에서 체류하는 군대로서는 불행한 일이라고 했다. 공격해서 싸우는 문제는 신중을 기해야 하는 것이다. 감정에 치우쳐 충동적으로 이성을 잃어서는 결코 안 된다. 병사 동원에 신중을 기하고 적을 얕보는 것을 경계하는 이런 사상은 '격안관화'의 뜻과 맞아떨어진다. '격안관화'는 손을 놓고 앉아서 마냥 구경만 하는 것이 아니라, 기회가 무르익기를 기다려 '앉아서 보는 것'에서 '출격'으로 전환해야 하는 것임을 알 수 있다.

《삼국지》 사례

소설이 아닌 정사 《삼국지》 〈위지(魏志)·무제기(武帝紀)〉에 나오는 사례를 소개한다. 앞에서 잠깐 언급했지만 한 번 더 살펴보자.

요동 선우(單于) 속부환(速仆丸)과 요서와 북평(北平)의 여러 실력자가 자기 종족을 저버렸고, 원상·원희는 요동으로 도망갔지만 아직 기병 수천을 보유하고 있었다. 애당초 요동 태수 공손강은 자신의 통치 구역이 멀리 떨어져 있다는 사실만 믿고 복종하지 않았다. 그러다 조조가 오환(烏丸)을 격파하고 자신을 정벌한다고 하자 원상 형제를 잡았다.

조조는 "내 장차 공손강이 원상·원희의 목을 베게 할 테니 번거롭게 병사를 동원할 필요 없다"라고 했다. 9월, 조조는 병사를 이끌고 유성(柳城)에서 돌아왔고, 공손강은 곧 원상·원희와 속부환 등의 목을 베어 보냈다. 여러 장수가 놀라면서 "공께서 돌아오시자마자 공손강이 이들의 머리를 보내오니 어찌된 일입니까"라고 물었다. 조조는 "공손강은 본래 원상 등을 두려워해 왔는데, 내가 성급히 공격하면 서로 힘을 합칠 것이고, 느긋하게 관망하면 저들끼리 서로를 노릴 것이 뻔하지 않은가"라고 대답했다.

경영 사례 1

1990년대 중반 스위스 우체국은 여러 유통업체의 출현으로 힘겨운 경쟁을 벌이지 않으면 안 되었다. 경영진은 시장 분석과 연구를 거쳐 전자우편, 벽지용 특별 우편 사업 등 시험적인 사업과 함께 우체국에서 종이와 펜을 비롯한 사무용품을 판매하기 시작했다. 반응은 뜨거웠다. DHL을 비롯한 사무용품 유통업체도 같은 서비스를 제공할 수밖에 없었다. 그 결과 스위스 우체국은 경쟁자들을 새로운 사업장으로 끌어들인 다음 시간을 벌면서 '격안관화'로 새로운 진로를 모색할 수 있었다.

싱가포르의 화교 기업인 양셰청(楊協成, Yeo Hap Seng) 그룹은 20세기 100년의 풍파를 헤쳐 나온 중견 기업이었다. 다섯 형제가 공동으로 경영하는데 중국 전통 조미료인 간장을 비롯해 음료, 맥주 등을 생산했다. 그러나 형제간의 경영권, 재산권 다툼으로 결국 남의 손에 넘어가고 말았다. 성공 후 수성에 실패함으로써 경쟁 기업이

양셰청의 창업주 양징롄(楊景連)과 사옥이다. 지금 양셰청의 최대 주주는 황팅팡(黃廷芳)과 그 집안으로 바뀌었다.

양세청의 내분을 지켜보며 기회를 기다리게 만든 것이다. 내가 '격안관화'하기는커녕 '격안관화'의 대상이 되고 말았다.

'격안관화'는 섣부른 행동이 아닌 변화된 상황에 대한 단선적 시각을 경계할 때 더 위력을 발휘한다. 확장해야 할 때 인내할 줄 알아야 더 강해질 수 있다는 말이다. 도가에서 말하는 '무위無爲', 즉 무리하게 '일삼지 않는' 기다림이 관건이다.

경영 사례 2

현대 경영에서 '격안관화'는 주로 국내외 시장의 격렬한 경쟁에서 활용한다. 시장 상황의 변화를 차분히 지켜보다가 기회가 왔다고 판단하면 바로 경쟁에 뛰어들어 적시에 시장을 점령한다.

광섬유 관련 사업을 하는 중국의 한 기업이 설비를 수입하고자 했다. 그러면서 가능하면 낮은 가격으로 수입하여 큰 이익을 얻고자 했다.

이 기업은 싼값으로 설비를 사기 위하여 미국의 관련 기업과 그 기업에서 떨어져 나간 영국의 한 기업을 접촉했다. 이렇게 해서 세 기업이 협상 테이블에 앉았다. 1차 협상이 끝났을 때 영국 기업은 일부러 설비의 가격이 표시되어 있는 문서 두 장을 현장에 남겨두고 떠났다. 미국 기업이 이를 본 다음 알아서 협상에서 물러나게 하려는 행동이었다. 그만큼 낮은 가격을 제시했던 것이다. 그러나 예상을 벗어나 미국 기업은 영국 기업이 남겨 놓은 이 가격보다 더 낮은 가격을 제시했다.

중국 기업은 설비의 가격과 이익 두 방면을 비교한 다음 최종 미국 기업을 선택하여 실제 담판에 들어갔다. 중국 기업은 적시에 '격안관화'의 계책을 운용하여 미국과 영국 두 기업이 서로 애가 닳아 가격 경쟁에 들어가게 만들었다. 이렇게 해서 '어부지리'를 얻었다.

복수의 기업이 서로 가격을 낮추면 생산품의 이윤은 갈수록 떨어진다. 이때 '격안관화'의 태도로 틈을 보며 기회를 기다렸다가 협상에 나서면 실패할 확률은 크게 떨어진다.

시장에서 뿐만 아니라 생활에서도 난처한 일을 만나면 '격안관화'의 태도를 취하다가 적시에 나서 수동적인 입장을 주동적인 입장으로 바꿀 수 있다.

나의 36계 노트 **격안관화**

_____

_____

_____

_____

_____

제10계
소리장도
웃음 속에 칼을 감추다

笑裏藏刀

모든 웃음 뒤에는 비수가 있다

사람이 가장 거절하기 힘든 것이 웃음이다. 웃는 얼굴에 뺨을 날릴 수 없다는 말이 그래서 나왔다. 자신에게 미소 짓는 사람을 혐오할 사람은 없을 것이다.

실제로 '소리장도'는 가장 많이 활용되는 계책이 되었다. 모든 상점의 점원이 고객을 향해 미소 짓는 모습을 보지 않는가? 비즈니스에서 가장 귀한 것이 조화(調和)라고 하는데 그중에서도 최고는 웃음으로 상대를 맞이하는 것이다. 웃음은 고객의 마음을 녹인다. 웃음은 담판을 부드럽고 순조롭게 만든다. 웃음은 자신도 모르는 사이에 성공을 가져다주기도 한다. 그래서 웃음 속에 칼이 숨어 있다고 하는 것이다.

"웃음 속에 칼을 감춘다. 믿게 만들어 안심시키고 은밀히 도모하되 만반의 준비를 한 뒤에 움직여야지 변동이 생기게 해서는 안 된다. 겉으로는 유순한 것 같지만 본바탕은 단단하다."

'소리장도'라는 다소 섬뜩한 느낌이 드는 이 계책은 북송시대 구양수(歐陽修)와 송기(宋祁) 등이 편찬한 《신당서》에 보인다.

"이의부(李義府)는 생김새가 부드럽고 공손하여 사람과 얘기할 때는 늘 웃는 얼굴이다. 그러나 음흉스러운 도적 같은 심보를 감추고 있었다. 자기 뜻에 어긋나는 자는 모조리 중상모략으로 해를 입혔다. 사람들은 그에게 '웃음 속에 칼을 감추고 있다'는 뜻에서 '소중도(笑中刀)'라는 별명을 붙였다. 또 부드러움으로 사물에 해를 가한다 해서 '인묘(人貓)'라고도 했다."

이상은 《신당서》가 '소리장도' 이의부를 두고 내린 평가의 일부다. '소리장도'와 비슷한 표현으로 '구밀복검(口蜜腹劍)', '양면삼도(兩面三刀)' 등이 있다. '구밀복검'은 '입으로는 달콤한 말을 내뱉으면서 뱃속에 검을 감추고 있다'는 뜻이고, '양면삼도'는 '두 얼굴에 세 자루의 칼을 숨기고 있다'는 뜻이다. 모두 겉과 속이 다른 음흉한 자나 그런 계책을 가리킨다.

군사적으로 운용할 때 이 계책은 정치 외교상의 위선적 수단을 함께 동원하여 상대방을 속이고 마비시킴으로써 자신의 군사적 행동을 감추는 것이다. 겉으로는 친한 척하면서 속으로는 살기를 감춘 모략이다.

《36계》에서는 '소리장도'를 적과 싸우는 적전계(敵戰計)의 네 번째 계략으로 꼽았다. 적이 나를 믿게 해 놓고, 나는 계획에 따라 준비를 갖춘 뒤 다시 행동한다. 이것이 안으로는 살기를 감추고 겉으로는 부드러움을 보이는 책략이다. 《손자병법》〈행군편(行軍篇)〉에서는 "(적이) 말로는 저자세를 취하면서 뒤로 준비를 늘리는 것은 공격하려는 것이다. …… 서로 약속이 없었는데 갑자기 강화를 요청하는 것은 적에게 모종의 계략이 있다는 것이다"라고 말한다. 적이 웃는 얼굴을 하거나 듣기 좋은 말을 하는 것은 살기를 간접적으로 드러내는 것이나 다름없다.

이 계책이 나온 고사의 주인공 이의부는 당나라 태종 때 정책을 제안하여 문하성(門下省) 전의(典儀)가 되었다. 고종 때는 중서사인(中書舍人)으로 승진했고, 측천무후 때는 중서시랑참지정사(中書侍郎參知政事)라는 고위 관직에 올랐다. 657년에는 중서령(中書令)·우재상(右宰相)이 되어 허경종(許敬宗) 등과 함께 정국을 주도했고, 여재(呂才) 등에게 위임하여 《민족지(民族志)》를 다시 개정함으로써 기득권 귀족을 억압하기도 한 인물이었다.

《신당서》에 나온 평가를 좀 더 살펴보면 이의부는 온순하고 선해 보이며 얘기를 나눌 때는 얼굴에서 미소가 떠나지 않았다. 그러나 내심은 음흉하고 악랄하여 자기 마음에 차지 않는 사람은 무슨 수를 써서라도 해를 입혔다. 사람들은 점차 그의 가면을 알아차렸고, 그래서 '소중도'라 불렀다. 부드러움으로 상대를 해치는 데 능한 자라 해서 '인묘'라는 별명도 붙였다.

감옥에 아주 예쁜 여자가 갇혀 있다는 소문을 듣고 감옥을 관장하는 관리 필정의(畢正義)를 감언이설로 꼬드겨 그 여자를 빼낸 뒤 자기가 차지해 버린 일도 있었다. 그 뒤 누군가가 이 일로 필정의를 고발하자 안면을 싹 바꿔서 필정의가 자살하도록 압박했으며, 고발한 사람도 모함하여 변방으로 좌천시켰다. 당나라 시인 백거이는 성난 눈 속에 불이 타오르고, 조용히 웃는 웃음 속에 칼이 숨어 있다는 시를 남기기도 했다.

전국시대 서방의 강국 진(秦)은 영토 확장을 위해 반드시 차지해야 할 험준한 요지 황하 효산(崤山) 일대를 손에 넣어야만 했다. 그래서 공손앙(公孫鞅, 상앙商鞅)을 대장으로 세워 위나라를 공격했다. 공손앙의 대군은 위나라 오성(吳城)을 향해 밀고 들어갔다. 오성은 위나라 명장 오기(吳起)가 힘들여 구축한 요새인데 정면공격으로는 함락하기 어려웠다. 공손앙은 어떤 계책으로 성을 공격할지 고심에 고심을 거듭했다.

공손앙은 위나라 장수가 일찍이 자기와 교류했던 공자임을 알고는 바로 편지 한 장을 보냈다. 지금은 우리 두 사람이 각자 다른 주인을 섬기지만 지난날의 우정을 생각하여 만날 시간을 정해 얼굴을 맞대고 평화롭게 군대를 철수하는 방안을 논의하자는 것이었다. 편지에는 지난날의 정이 흘러넘쳤다.

공손앙은 편지를 보낸 뒤 먼저 주동적으로 군대를 철수하는 모습을 연출했다. 진나라 군대의 선봉을 즉각 철수하라는 명령이 하달되었다. 위나라 공자는 편지를 다 읽은 순간 진나라 군대가 철수하는 모습을 보았다. 그는 몹시 기뻐하며 만날 시간을 정해 답장을 보냈다.

자기가 친 그물에 위나라 공자가 걸려들었음을 안 공손앙은 회담 장소에 군사를 매복시켜 놓았다. 위나라 공자는 3백 명의 수행원만 대동하고 회담 장소에 나타났다. 공손앙의 수행원은 그보다 적을 뿐만 아니라 무장도 하지 않았다. 공자는 공손앙의 성의에 감복하여 완전히 믿어 버렸다.

회담은 화기애애한 분위기에서 진행되었고, 두 사람은 지난날의 우정을 재연하는 듯 서로 성의 표시를 하느라 여념이 없었다. 공손앙은 술자리까지 베풀어 위나라 공자의 마음을 한껏 풀어 놓았다. 위나라 공자가 기분 좋게 자리에 앉으려는 순간 갑자기 어디선가 고함 소리가 들려왔다. 매복해 있던 병사들이 사방에서 함성을 지르며 들이닥쳤다. 3백 명의 수행원으로는 감당할 수 없는 기세였다. 위나라 공자를 포함한 수행원 3백 명이 모두 사로잡혔다.

공손앙은 포로들을 이용하여 성문을 열고 오성을 점령했다. 위나라는 하는 수 없이 서하 일대를 떼어 주는 조건으로 진나라와 강화했다. 공손앙은 '소리장도' 계책으로 가볍게 효산 일대를 손에 넣을 수 있었다.

북송은 변방의 서하족(西夏族)에게 많이 시달렸다. 변경을 지키는 장수 조위(曹瑋)는 사람들이 조위에게 반발하여 서하로 투항했다는 정보를 입수했다. 하지만 놀라기는커녕 태연히 웃으며 그자들을 추적하

공손앙. 즉 상앙은 웃는 얼굴로 위나라 공자를 유인하여 전략적 요충지인 효산 일대를 차지했다.

지 않았다. 도망간 자들은 자신이 일부러 서하 쪽으로 보낸 사람이라고 설명했다. 이 정보는 서하로 전해졌고, 서하는 도망 온 사람들이 조위가 보낸 첩자라 생각하여 전부 잡아다 죽였다. 조위는 '소리장도'와 '차도살인'의 계책을 자유자재로 운용한 것이다.

제2차 세계대전 때 일본 군국주의자들은 태평양전쟁을 도발하기로 결정했다. 일본 정부는 상대방을 마비시키고 전쟁 발발의 돌연성이란 면을 강조하기 위해 태평양에서 미·일의 이익을 명확히 해둔다는 구실로 미국 정부와 빈번히 접촉했다. 그 결과 미국의 지도자들은 일본이 진정으로 외교 경로를 통해 분쟁의 불씨를 해결하려 한다는 인상을 받았다.

1941년 11월 초, 일본 정부는 미국인 여자를 아내로 맞이한 인물을 워싱턴으로 보내 주미 일본대사 노무라(野村)의 외교 담판을 돕게 했다. 그리고 12월 7일, 일본 함대가 진주만을 기습하는 사이, 일본대사는 미국 국무장관에게 면담을 요청하고 있었다.

고대 병법서는 하나같이 달콤한 말과 부드러운 얼굴로 다가오는 적을 가볍게 믿지 말라고 경고한다. 그 속에 살기가 감추어져 있으니 조심하라는 것이다. 이 계책은 군사·정치·외교에서 위장책으로 활용되는데, 상대방의 의도를 알아챘을 때는 이미 늦은 경우가 적지 않기 때문에 후회하지 않도록 만반의 대비를 해야 한다.

천하의 맹장 관우는 무명의 육손이 구사한 '소리장도' 모략에 걸려 결정적인 패배를 당했다. 겉과 속이 완벽하게 일치하는 인간도 없거니와 그런 모략도 없다. 정도의 차이만 있을 뿐이지 모략은 모두 표리의 차이가 있다. 그것을 파악하는 사람이 모략을 제대로 구사할 수 있고, 모략에 걸려들지 않을 수 있다.

'소리장도'는 여러 차례 언급했듯이 겉은 부드럽지만 속은 음흉하기 짝이 없는 것을 형용하는 말로 음모가들이 흔히 쓰는 수법이다. 보통은 직선적이고 솔직한 사람을 보면 오해하거나 심지어 미워하기도 한다. 너무 '공격적'이라 싫다고 한다. 반면 '부드럽게 말하고 얼굴에 미소를 띤' 사람은 호감을 갖는다. 정상적인 심리 상태라 할 수 있다.

인류의 교육 수준이 발전하고 문명화 정도가 높아지면서 거칠고 투박한 사람은 줄어드는 대신 웃는 얼굴에 매너 좋은 사람이 많아지고 있다. 그 웃음 뒤에 비수를 감춰 둔 사람도 많아진다는 사실을 잊지 말아야 한다. 겉모습에 홀려 경계심을 늦춰서는 안 된다.

《삼국지》 사례

삼국시대 동오의 여몽은 관우가 위나라 번성을 공격하려 한다는 사실을 알고 그 틈에 형주를 빼앗으려 했다. 여몽은 중병 핑계를 대고 건업으로 되돌아온 다음 무명의 육손을 우도독(右都督)에 앉혀 자기 대신 육구(陸口)를 지키게 했다. 육손은 한 걸음 더 나아가 관우의 세력을 마비시키기 위해 겉으로는 화해를 청하면서 뒤로는 싸움을 준비하는 두 가지

'소리장도'는 상대의 의중을 꿰뚫어 보는 안목이 있어야 효과를 발휘한다. 여몽은 관우를 잘 알고 있었다.

수를 활용했다. 그는 우도독에 부임하자마자 관우에게 편지를 보내 그의 명성과 권위를 한껏 치켜세웠다. 그러고는 자신은 이런 자리를 맡을 능력이 없는 서생일 뿐이니 모든 것을 관우의 명성에 의지하겠다는 등 관우의 주의력을 조조 쪽으로 돌렸다.

동오는 육손의 전략과 동시에 조조와도 관계를 맺음으로써 양면 전투를 피했다. 그리하여 관우가 동오를 안중에도 두지 않고 오로지 번성 공격에만 힘을 집중하는 동안 여몽은 전함을 장사꾼들의 배로 가장하여 서서히 대군을 이끌고 강을 따라 북상한 뒤 기습적으로 형주를 빼앗았다.

경영 사례 1

구글을 창업하기 전 보린과 페이지는 기존 검색 수단의 한계를 돌파하는 페이지 링크를 개발했다. 하지만 기존의 검색 엔진과 관련된 기업들의 반응은 싸늘했다. 결국 두 사람은 구글닷컴을 창업하여 검색 공급 업체로 출발했다.

구글은 '소리장도' 전략을 취하여 검색창의 단순화, 배너 광고 배제 등 다른 포털에 위협이 아닌 도움을 주는 이미지로 변신했다. 야후는 2000년 검색 공급 업체로 구글을 선택했다. 이후 구글은 미디어 파트너들의 핵심 사업을 위협하는 서비스를 잇따라 내놓았다. 광고주들이 신용 카드로 단 몇 분 안에 구글 검색 결과에 광고를 넣을 수 있는 셀프서비스 프로그램이 대표적인 예였다.

야후는 위기 의식을 느끼고 오버추어, 잉크토미 등을 인수했으나

'소리장도' 전략으로 서서히 시장을 공략하여 주도권을 확실하게 움켜쥔 구글의 사옥이다.

구글은 이미 검색 시장의 지배자로 입지를 확실하게 구축한 뒤였다.

1919년 창업하여 호텔 업계를 대표하는 기업으로 성장한 힐튼은 '일류 시설, 일류 미소'를 표방하며 '오늘 손님에게 미소 지었는가'를 끊임없이 강조한다. 미소야말로 진정한 무기요, 기업의 자산이 될 수 있다는 확신이 있기 때문이다.

'소리장도'는 장기 전략의 일환으로 그 활용도가 크다. 우호적 자세가 성공의 핵심 요인이 될 수 있다는 점을 잘 구현한다. 동시에 이 전략을 활용하고자 할 때는 느리지만 큰 변화에 주목해야 한다. 웃느라고 그런 변화를 인식하지 못하면 헛웃음이 되기 때문이다.

경영 사례 2

1980년 이후 중국은 적극적인 개혁개방에 나섰다. 인구가 많고 경제력이 풍부한 상하이는 개혁개방으로 인한 엄청난 변화의 바람이 불어 닥쳤다. 특히 국영 대형식당은 개인이 경영하는 가정식 식당들의 엄중한 도전에 직면했다.

골목 깊숙한 곳에까지 위치한 가정식 식당들은 그 규모는 당연히 작았다. 많은 식당이 자기 집을 이용하여 낮에는 식당업을 하고 밤에는 접이식 침상에서 잠을 잤다. 어떤 식당은 골목 입구의 한두 칸 방을 빌려 영업을 했다. 식당 안에는 테이블 서너 개에 부부가 함께 영업을 하거나, 자상한 노부인이 손님을 부르거나, 때로는 젊은 여종업원을 고용하기도 한다.

이런 전통적인 가정식 식당들은 보통 시민의 환영을 받았을 뿐만 아니라 이름을 듣고 찾아오는 외국인도 늘어났다. 가정식 식당의 가장 큰 장점은 식당 안을 가득 메우는 맛난 음식의 향기였다. 또 무엇보다 큰 식당에 비해 값이 한참 쌌다. 고향의 전통 음식을 비롯하여 집에서 어머니가 해주는 음식이 주류를 이루는데 맥주 몇 병을 곁들여도 값은 몇십 위안을 넘지 않았다.

가정식 식당의 느긋하고 편안한 분위기도 고객들에게 마치 집에 돌아온 것 같은 느낌을 주었다. 이런 곳에서 음식을 먹는 것은 마치 누군가의 집에 초청을 받아 손님이 된 것처럼 아주 편했다. 이런 가정식 식당은 위생도 깨끗했다. 특히 좋은 서비스는 가정식 식당과 국영 대형식당이 고객을 다투는 관건이 되었다. 이곳의 종업원은 대형식당의 종업원처럼 불친절하거나 쌀쌀 맞지 않다. 미소 띤 얼굴로 열렬히 고객을 맞았다. 이들은 고객이 원하는 대로 그 자리에서 요리를 해서 먹게 했다. 또 고객이 아무 때나 문을 밀고 들어와도 바로 맛난 음식을 만들어 내온다. 밤중에 와도 전혀 싫은 기색 없이 기꺼이 맞이 한다.

속담에 '배가 작으면 돌리기 좋다'고 했다. 개인 식당은 경영 규모가 작기 때문에 고객의 구미에 맞추어 빠르게 메뉴를 바꿀 수 있다. 이렇게 해서 식당업 경쟁에서 가정식 식당은 모두 눈을 비비고 다시 봐야 할 정도로 발전했다.

오늘날 비즈니스 활동에서 '소리장도'는 나쁜 의도나 술수를 감추기 위한 미소가 아니라 경영인 모두가 갖추고 활용해야 할 기본 계책으로 거듭났다.

나의 36계 노트 **소리장도**

_____

_____

_____

_____

제11계

이대도강

복숭아나무 대신 자두나무를 희생하다

李代桃僵

무의미한 희생이 되지 않게 하라

복숭아나무가 죽으려 해서 자두나무로 대체했더니 복숭아나무는 살아나고 자두나무는 죽었다는 의미의 '이대도강'은 성공학에서 많이 보는 방법이다.

성공으로 가는 길에서 실패를 피할 수는 없다. 여러 차례 언급한 것처럼 철저히 준비했다면 대체품으로 이 실패를 바꿀 수 있다. 이렇게 하면 자신의 손실을 줄일 뿐만 아니라 이후의 길도 한결 순조로워질 것이다.

"복숭아나무 대신 자두나무를 희생한다. 형세가 손해날 수밖에 없을 때는 약하고 미세하고 부분적인 것을 희생하여 전체 국면을 살려야 한다."

군사 모략의 차원에서 잠시 부분적인 손실을 대가로 치르더라도 최종 승리를 취해야 할 때가 있다. 이럴 경우 지휘관은 기회를 놓치지 않고 판단하여 결단해야 한다. 작은 희생을 내더라도 전체 상황을 고려하여 승리할 수 있다면 당연히 그렇게 해야 한다. 이 계책은 고대 음양학설의 음양의 상생상극(相生相剋), 상호전화(相互轉化) 이치를 운용하여 만들어 낸 군사 모략이다.

'이대도강'의 출전과 관련하여 서한시대 무명씨가 지은 〈계명편(鷄鳴篇)〉에 나오는 이야기다.

"형제 네다섯이 모두 시중랑(侍中郞)으로 닷새에 한 번 집을 찾아오는 날이면 구경꾼들이 길을 가득 메울 정도였다. 황금으로 말머리를 치장하는 등 휘황찬란하기 짝이 없었다. 복숭아나무가 길가 우물 위에서 자라나고 자두나무는 그 옆에서 자라고 있었다. 그런데 벌레가 복숭아나무의 뿌리를 갉아 대자 자두나무가 복숭아나무의 뿌리를 대신했다. 나무들도 어려움을 같이 나누며 사는데 형제들이 서로 잊고 사는구나!"

동한시대 반고(班固)가 지은 역사책 《한서》 〈예악지(禮樂志)〉에 "무제(武帝)가 교사(郊祀, 천자가 지내는 제사)의 예를 정하고 '악부'를 세웠다"라고 했는데, 그 목적은 가사를 채집하여 악장(樂章)을 제정하는 데

있었다. 《악부》에는 각지의 가사 134편이 채집되어 있고, 〈계명편〉
은 그중 하나였다. 인용문의 대체적인 내용은 나무도 어려움에 처
하면 서로 돕는데, 형제지간에 의리를 잊고 골육상잔을 벌인다는
것이었다.

'자두나무가 복숭아나무 뿌리를 대신한다'는 뜻의 '이수대도강(李
樹代桃僵)'은 줄여서 '이대도강'이라고 하는데, 다른 사람의 잘못이나
수고를 대신하거나 갑으로 을을 대신하는 것을 비유한 책략이다.
《36계》는 이에 대해 "세는 손실되기 마련이므로 음을 희생해서 양
을 더욱 보강한다"라는 해설을 덧붙였다. 어떤 국면의 발전 추세는
손실이 생길 때가 있기 마련이니 부분적 손실을 감수함으로써 전
체 국면의 우세를 차지한다는 것이다.

《36계》의 이 조항에 대한 설명을 보자.

"나와 적의 상황에는 각기 장단점이 있다. 전쟁에서 완벽한 승리
는 얻기 어렵다. 승부의 결정은 장단점을 서로 비교하는 데 있다.
장단의 비교에는 단점으로 장점을 이기는 비결이 있다. 나쁜 말로
적의 좋은 말을 대적하고, 중간 말로 적의 좋은 말을 대적하며, 중
간 말로 적의 나쁜 말을 대적하는 따위는 병가의 독특한 궤모(詭謀)
이기 때문에 평범한 이치로는 추측할 수 없다."

갑으로 을을 취하고 열세를 교묘하게 이용하여 우세를 차지하는
것들을 말하는데, 손빈(孫臏)이 '경마'에서 활용한 '삼사법(三駟法)' 같
은 책략은 일반 상식으로 헤아릴 수 없다는 것이다.

이해관계가 서로 얽혀 있을 때 '이대도강'은 이익을 추구하고 해
를 피하려는 모략이 된다. 그러나 어떻게 하느냐에는 일정한 규정

이 없다. 봉건 사회 관료들은 상관이 잘못을 저질러 놓고도 부하에게 대신 뒤집어씌우는, 이른바 '속죄양'을 만들어 자신을 지키는 경우가 흔했다. 첩보전에서도 핵심 인물의 안전을 위해 주변 인물을 희생시키는 경우는 허다하다. '졸을 버리고 차를 지킨다'는 '주졸보차(丟卒保車)'다. '이대도강'은 '주졸보차'와 거의 같은 계책이다.

'주졸보차' 모략은 원래 장기판에서 사용하는 전술 용어다. 지금은 사회 각 방면에서 널리 운용되고 있다. 전체 국면의 이익을 위해 때로는 부분적인 이익을 버려야 한다는 뜻이다. 낚시꾼이 고기를 낚기 위해 미끼를 아끼지 않듯, 상인이 영리를 위해 고객들에게 '맛보고 사세요'라고 말하듯, 전략가는 늘 전술상 대가를 치르고 전략상의 주도권을 쥐려고 한다. 대가와 주도권을 바꾸는 셈이다. 모두 적극적인 행동이다. 반면 '주졸보차'는 수동적인 특징을 보인다. '양쪽이 똑같이 피해를 입을 경우 그 정도가 가벼운 것부터'라는 말도 있듯이, '장수'의 안전을 위해 수레나 말을 버리거나 수레의 안전을 위해 '병졸'을 포기하기도 한다.

뛰어난 모략가는 늘 여러 가지 이익을 따져 보는 계산기를 품고 다니며 수시로 이해득실의 경중과 손익표를 작성해서, 작은 이익에 유혹당하지 않고 작은 피해에 영향받지 않아야 한다. '졸'과 '차'가 차지하는 각각의 비중에 따라 일을 처리하며, 전체 국면을 파악하여 여유 있게 조치를 취해야 한다. 눈앞의 작은 이익만 쫓다가 신세를 망치고 작은 피해에도 어쩔 줄 몰라 하는 자들은 결코 큰 그릇이 될 수 없다. 십중팔구는 실패한다. '이대도강'도 마찬가지다.

전쟁에서는 부분적 희생으로 전체 국면의 주도권을 잡거나 갑의

장수 이목은 흉노와의 전쟁에서 양과 소를 기르며 상대를 유인하는 '이대도 강' 책략으로 흉노 군대를 농락했다.

실수를 을과 바꾸는 일이 셀 수 없을 정도로 많기 때문에 '주졸보차'와 '이대도강'은 늘 고려해야 하는 전략이다.

전국시대 손빈이 경마 때 나쁜 말을 먼저 내보내 한 차례 지게 하고 나머지 후반 두 판에서 승리를 거둔 일, 주유가 황개(黃蓋)를 공격했다 늦췄다를 반복한 일, 현대에 와서 소를 기르던 와이자(娃二子)가 고향 사람과 친척들의 안전을 위해 적에게 길을 안내하여 일본 괴뢰를 아군의 매복 공격권 내로 유인한 일, 낭아산(狼牙山)의 오장사(五壯士)가 대부대를 엄호하기 위해 적을 절벽으로 유인한 일 등은 '이대도강'의 성공적인 운용이었다.

전국시대 후기 조나라 북부는 흉노와 동호 등 북방 민족의 침공을 받아 불안했다. 조나라 왕은 대장 이목(李牧)을 보내 북방의 문호인 안문(雁門)을 지키게 했다. 부임한 이목은 소와 양을 잡아 장병들을 배불리 먹인 다음 철저히 수비만 하라고 지시했다. 이목의 의도를 파악하지 못한 흉노는 함부로 공격해 올 수가 없었다. 이목은 부대를 단단히 훈련시키며 기다렸다. 몇 년 뒤 이목의 군대는 강해졌고 사기도 한껏 올라 있었다.

기원전 250년, 이목은 흉노에 대한 공격을 준비했다. 먼저 소수의 병사를 보내 변경 백성들의 목축을 보호하게 했다. 이를 본 흉노는 기병들을 보내 가축을 약탈하려고 했다. 이목의 병사들은 일부러 패한 척하며 가축을 버리고 달아났다. 흉노 병사들은 승리에 도취하여 돌아갔다. 이목이 성을 나와 공격하지 못할 것이라고 생각하여 대군을 일으켜 안문으로 쳐들어갔다.

자신의 계책이 주효하고 있음을 본 이목은 일찌감치 단단히 진을 치고 병사들을 셋으로 나누어 길목을 지키고 있었다. 적을 가볍게 여기며 무작정 쳐들어온 흉노 군대는 몇 부분으로 나눠진 채 여러 갈래로 협공을 받고 궤멸되었다. 이목은 적은 손실로 큰 승리를 거뒀다.

전국시대에는 경마가 유행했다. 지금은 아무나 경마장에 가서 마권을 사고 경기를 즐길 수 있지만, 당시에는 말을 가진 사람들끼리 내기 경주를 했다. 권력자인 장군 전기(田忌)는 경마 마니아여서 시간이 나면 경마를 했다. 손빈이 우연찮게 경마를 구경한 적이 있는데, 경마의 규칙 같은 것을 가만히 보니 백전백승하는 방법이 있었다. 손빈은 그 비결을 전기에게 일러 주었고, 전기는 경마에서 승리했다. 손빈이 전기에게 일러 준 비결은 이런 것이었다.

당시 경마 규칙은 말 세 마리를 경주에 내보내 두 번 이기는 사람이 승리하는 것이었다. 손빈은 상대편 말과 전기의 말을 상·중·하 세 등급으로 나눴다. 그리고 상대가 어떤 등급의 말을 내보내는가에 따라 대응마를 내보냈다. 상대가 상등을 내보내

손빈의 '삼사법'도 '이대도강'의 범주에 속한다. 그림은 손빈의 '삼사법'에 따라 경주하는 모습이다.

면 손빈은 하등의 말을 보내서 져 주었다. 이어 상대가 중등의 말을 내보면 상등으로 대응하여 한 판을 이겼다. 나머지 경주는 상대의 하등과 손빈의 중등이 붙기 때문에 2승1패로 승리하는 것이다. 이 경주법은 경마 같은 내기 도박뿐 아니라 군대의 전술로도 활용되었는데, 군대에서는 이를 '삼사법(三駟法)'이라 했다.

'이대도강'의 모략을 취할 때 관건은 치밀한 계산과 사전 준비다. 단순하게 승부의 링으로 뛰어들어서는 안 된다. 누가 최후의 승리를 거두느냐가 중요하다. 최후의 승리를 거두기 위해 눈앞의 승리를 희생하는 것은 가치가 있다. 계획이 적절하지 않으면, 자두나무가 통째로 뽑혀 복숭아나무를 지킬 수 없다. '아내도 잃고 부하마저 잃는' 꼴이 된다. 또 자두나무 자체의 가치가 복숭아나무보다 크다면 큰 것을 버리고 작은 것을 얻는, '근본을 버리고 쓸데없는 것만 쫓는' 꼴이다. 있어서는 안 될 경우들이다.

《삼국지》 사례

조씨 정권 말기, 사마소(司馬昭)가 황제 자리를 찬탈하려 한다는 정보는 지나가는 사람들까지 다 알 정도가 되었다. 황제 조모(曹髦)는 앉아서 폐위당하느니 차라리 먼저 사마소를 치기로 결정했다.

그러나 사마소는 진즉에 이를 짐작하고 만반의 준비를 하고 있었다. 조모가 사마소를 공격하러 나선 날, 조모는 궁중의 노복 수백 명을 거느리고 북을 울리며 뛰쳐나왔다. 사마소도 군대를 궁중으로 보냈다. 양군은 동문 쪽에서 맞닥뜨렸다.

사마소의 부하 성제(成濟)는 즉각 조
모의 수레를 향해 돌진하여 사나운
기세로 조모를 찔렀다. 성제의 검이
조모의 가슴을 뚫고 등 뒤로 튀어나
왔고, 조모는 수레 위에서 즉사했다.
　사마소는 '대역죄'라는 죄목을 씌워
성제 일족을 몰살했다. 성제는 사마
소가 황제를 시해하는 데 이용된 도
구이자 속죄양이었던 셈이다.

조모는 사마소의 상대가 되지 못
했다. 사마소는 '이대도강' 책략으
로 자신의 권력을 다졌다.

경영 사례 1

　차세대 모바일 기술을 선도하는 글로벌 기업 퀄컴(Quality Communication)
은 1999년 12월, 휴대전화 사업 전체를 일본 교세라에 매각한다고 발
표하며 하드웨어 사업에서 완전히 철수했다. 이로써 10년에 걸쳐 추
진해 온 시분할 다중접속 방식의 디지털 기술인 CDMA가 종결되었다.
　퀄컴의 결정은 이 분야의 사업에서 실패한 것으로 보였다. 그러
나 퀄컴은 실패한 것이 결코 아니었다. 이길 수 없는 게임에서 발
을 빼고 혁신 부분에 집중하겠다는 '이대도강' 전략을 실천에 옮긴
것이었다. 이를 뒷받침하는 것이 이 매각 이후 퀄컴의 특허 건수가
매년 2~3배 이상 증가했다는 사실이다. 불필요하고 전망이 어두운
부분을 정리한 이후 퀄컴은 혁신적이고 새로운 기술로 이 분야를
선도해 나갔다.

퀄컴의 제품.

'이대도강'은 2보 전진을 위한 1보 후퇴가 핵심이다. 이때 가장 중요한 것은 실천 의지다. 오랫동안 키워 온 사업을 정리하고 다른 사업으로 대체하기란 결코 쉽지 않기 때문이다. 사전 준비가 철저해야만 대체품의 희생에 따른 손실을 만회할 수 있다.

경영 사례 2

'동방홍(東方紅) 54'라는 트랙터를 생산하는 뤄양의 한 기업이 국가 경제정책의 변화 때문에 판매가 급감하여 업종을 전환해야 할 정도의 위기에 직면했다. 이 수동적인 국면을 어떻게 타개할 것인가를 놓고 경영진 사이에 심각한 토론이 벌어졌다.

기존의 제품을 계속 생산하다 보면 판로가 생길 것이라는 주장이 있었다. 품종을 바꾸어 12마력의 사륜 트랙터를 생산하여 경작과 운반을 함께 할 수 있게 하자는 주장도 있었다. 그런가 하면 기존의 두 제품은 이미 몇 군데 기업에서 생산하고 있다며 두 주장에 모두 반대하는 사람도 있었다.

이 기업의 리더는 문제를 전면적으로 따진 결과 두 제품을 모두 생산한다면 가능성이 있을 것으로 판단하여 '이대도강'으로 두 종류 모두 신제품으로 생산하기로 결정했다. 결과는 이 결정이 정확했음을 입증했다. 신제품의 판로는 아주 좋았고, 기업의 난국을 일거에 해결했다.

쓰촨성의 보원통화(寶元通貨)라는 기업은 1920년 창업 당시만 해도 작은 가마솥 공장에 지나지 않았다. 창업 자본도 은 840위안에 불과했다. 그러나 이 기업은 뛰어난 경영으로 1950년까지 약 30년 동안 기업가치가 4,000배로 뛰었다. 경영 범위도 백화점을 비롯하여 차, 신발 등을 생산하는 공장으로 확대되었다. 영업 조직도 사천성 밖으로 확대되었고, 1949년 신중국 성립 이후에는 인도, 홍콩에까지 지사가 설립되었다.

보원통화가 이렇게 발전할 수 있었던 데는 '이도대강' 책략이 있었다. 예컨대, 1927년 이 기업은 쓰촨성 남쪽 강안 지역에 미명유행을 설립하여 모빌(Mobil) 회사의 케로신, 즉 등유를 판매하기 시작했다. 그러나 당시만 등유가 보편적으로 사용되지도 않았고, 모빌의 기름 소모량이 커서 판매가 상당히 어려웠다. 판로를 개척하고 농촌까지 확대하기 위해 보원통화는 '이도대강'의 수법을 활용했다. 특히 충칭의 제조공장에 사람을 특별히 파견하여 아주 정교하고 디자인도 뛰어난 기름을 절약할 수 있는 등을 만들게 한 다음 밑지고 팔았다. 이렇게 해서 등이 집집마다 보급되자 자연스럽게 등을 밝히는 등유의 소비가 발생하고 늘어날 수밖에 없었다.

나의 36계 노트 **이대도강**

_____

_____

_____

_____

_____

순수견양

슬그머니 양을 끌고 가다

順手牽羊

기회의 포착이 관건이다

'순수견양'은 좋은 단어가 아니다. 하지만 아주 심오한 이치를 포함하고 있다. 우리는 흔히 기회를 얻기 어려울 때 탄식한다. 과연 기회란 정말 얻기 어려운 것일까?

사실은 그렇지 않다. 기회는 아주 많다. 다만 그 기회들이 잘 보이지 않고 숨겨져 있을 뿐이다. 자세히 관찰해야만 찾을 수 있다. 일을 대충 거칠게 처리하는 사람은 이런 기회를 보지 못하고 넘기는 경우가 많다. 그러고는 기회가 오지 않는다고 한숨만 내쉰다. 일단 기회를 발견하면 바로 '순수'하여 잡아야 한다. 이럴 줄 아는 사람이 다른 사람보다 쉽게 성공하는 것이다.

"슬그머니 양을 끌고 간다. 미세한 틈이 보이면 반드시 올라타고, 작은 이익이 보이면 반드시 손에 넣어라. 소음(少陰)과 소양(小陽)이다."

'소음'은 적이나 상대방의 작은 실수나 허점을 가리키며, '소양'은 내 쪽의 작은 이익이나 승리를 가리킨다. 이 계책은 시기를 잘 포착하고 적의 틈과 허점을 정확하게 살펴서 그곳을 집중공략하여 나의 승리로 바꾸라는 것이다. 예부터 싸움을 잘하는 자는 이익을 보면 놓치지 않고 시기를 만나면 의심하지 않는다고 했다.

'순수견양'의 본래 뜻은 남의 양을 슬그머니 아주 쉽게 끌고 간다는 것이다. 남의 손에 있는 물건을 쉽게 가져가는 것을 비유하는 말이다. 군사에서는 틈을 타서 적의 약한 곳을 공격하여 이익을 얻거나 주요 임무를 완성하는 과정에서 역량이 약한 적을 손쉽게 공략하는 것을 가리키는 말이다. 그러나 주요 공격 방향에 영향을 미쳐서는 결코 안 된다. 이 모략은 '양을 끌고 오는' 목적이 '순조로울' 것을 요구한다. 순조롭지 못하거나 주요 공격 임무에 영향을 주면 전체 국면이 불리해져 양을 '순조롭게' 끌고 오지 못한다.

《36계》에서는 이 모략을 제12계('적전계'의 제6계)에 놓고, "미세한 틈이 보이면 반드시 올라타고, 작은 이익이 보이면 반드시 손에 넣어라"라고 말한다. 적의 소홀함을 나의 승리로 바꾸라는 말이다. 여기서 한 가지 반드시 기억해 둬야 할 전제가 있다. 이 계책을 구사할 때는 주요 작전 목표를 실현해야 한다는 것이다. 이 전제 아래 적의 빈틈을 포착해서 순조롭게 손을 쓰라는 뜻이다.

36계에서 자주 말하는 '미미한 틈'이란 일반적으로 갑자기 드러난 것을 가리키며, '미세한 이득'이란 원래 작전 계획에서는 계산하지 못한 것이다. 부담이 안 가는 방법으로 손쉽게 얻을 수 있으면서도 주요 목표의 실현에 영향을 주지 않고 득이 되는 것을 가리킨다.

기원전 658년, 진(晉) 헌공(獻公)은 우(虞)의 길을 빌려 괵(虢)을 정벌하고 하양(下陽)을 차지했다. 기원전 655년, 헌공은 또다시 우의 길을 빌려 괵을 멸망시켰다. 헌공이 이끄는 진의 군대가 돌아오는 길에 우에 주둔했는데, 우의 경계가 허술한 것을 보고는 돌연 우를 습격, 아주 손쉽게 우마저 멸망시켜 버렸다. 우나라의 멸망은 진 헌공이 '순수견양'을 활용한 전형적인 본보기로 귀감이 된다. 이것이 '가도벌괵(假道伐虢)'의 고사다.

《좌전》(기원전 637년 희공 23년조)에는 이런 경우도 보인다. 진(秦) 목공(穆公)이 군대를 일으켜 정(鄭)을 습격하면서 활(滑)을 지나다 정나라 상인 현고(弦高)를 만났다. 현고는 진군을 위로하는 척하면서 한편으로는 사람을 시켜 정에 진군의 습격을 알렸다. 진의 정나라 정벌은 이 때문에 무산되었다. 그러나 진의 대장 맹명(孟明)은 정을 멸망시킬 가망이 없어지자, 손쉬운 상대인 활을 어렵지 않게 멸망시킨 다음 군사를 되돌렸다. 진군이 활을 멸망시킨 것 역시 '순수견양'의 본보기라 할 수 있다.

383년, 전진(前秦)은 황하 유역을 통일함으로써 북방의 최강자가 되었다. 전진의 왕 부견(符堅)은 항성(項城)을 거점으로 100만 대군을 징집하여 일거에 남방의 동진(東晉)을 섬멸할 생각이었다. 그는 동생 부융(苻融)을 선봉에 세우고 수양(壽陽)을 쳐서 어렵지 않게 승리를 거뒀다. 부융은 동진의 병력이 많지 않은 데다 식량도 부족하기 때문에 속히 동진을 총공격해야 한다고 주장했다. 부견은 병사들이 다 결집하지 않았는데도 기병 몇 천을 거느리고 곧장 수양으로 달려갔다.

동진의 재상이자 총사령관 사안(謝安)은 전진의 100만 대군이 다 결집하지 못한 상황을 파악하고는 시기를 보아 적의 선봉을 공격해서 예기를 꺾어야겠다 판단하고 동생 사석(謝石)을 대장군으로 봉하여 출병시켰다.

사석은 먼저 맹장 유뢰지(劉牢之)에게 정예병 5만을 내주었다. 유뢰지는 낙간(洛澗)을 건너 전진의 장수 양성을 죽이는 전과를 올렸다. 승기를 탄 유뢰지는 전진의 군대를 추격했다. 사석도 낙간을 건너 회하를 순조롭게 거슬러 올라가 비수(淝水) 전선에 도착하여 강을 사이에 두고 전진의 군대와 대치했다.

동진의 질서정연한 군세를 본 부견은 강 주변을 단단히 지키면서 후속 부대를 기다리라는 명령을 내렸다. 사석은 이 상황에서는 기회를 얻기 힘드니 속전속결만이 최선책이라고 판단했다. 그는 적장의 분노를 자극하여 판단력을 흐리게 만드는 격장법(激帳法)을 쓰기로 결정했다. 부견에게 편지를 보내 정면 승부로 자웅을 가리자면서 그렇게 못 하겠으면 차라리 항복하라고 약을 올린 것이다. 사석은 정면 승부에 응하겠다면 동진 군대가 비수를 다 건넌 다음 결전하자고 제안했다.

사석의 신경전에 부견은 바짝 약이 올라 그의 제안을 받아들였고, 동진의 군대가 비수를 건너도록 전진의 군대를 후퇴시키라고 명령했다. 그런데 100만 가까운 대군이 갑작스러운 후퇴 명령에 질서를 잃고 우왕좌왕하기 시작했다. 사기도 떨어진 데다 느닷없는 퇴각 명령에 병사와 전투마가 한데 뒤엉켜 순식간에 군영이 엉망이 되었다.

사석은 이 틈에 잽싸게 비수를 건너서 혼란에 빠진 전진의 군대를 향해 맹공을 퍼부었다. 여기에다 전진의 군대가 패했다는 거짓 정보까지 흘려 전진의 군영을 더 큰 혼란으로 몰아넣었다. 전진의 선봉 부융은 혼전 중에 피살되고, 부견도 화살을 맞아 부상당한 채 낙양으로 서둘러 철수했다. 막강한 전진의 군대가 이렇듯 어처구니없이 대패했다.

비수 전투는 동진의 군대가 순간적으로 전기를 움켜쥐고 상대의 허점을 파고들어 단시간에 승부를 결정지은 전투였다. 약한 전력으로 막강한 전력을 물리친 유명한 전투이자 '순수견양'의 계책을 잘 활용한 사례이기도 하다. 비수 전투로 중국 역사는 '남북조시대'라는 큰 대세를 형성하기에 이르렀다.

당나라 중기 각지의 절도사들이 군사는 물론 경제력까지 장악하면서 조정을 깔보기 시작했다. 채주(蔡州) 절도사의 아들 오원제(吳元濟)는 아비가 죽은 뒤 군대로 반란을 일으켰다. 헌종(憲宗)은 이소(李愬)를 절도사로 임명하여 오원제를 토벌하게 했다.

부임한 이소는 오원제를 방심하게 만드는 전략을 구사했다. 그는 먼저 자신은 겁이 많고 무능한 사람이라는 소문을 퍼뜨리고, 조정에서 자신을 보낸 것은 지방의 질서 안정 때문일 뿐 오원제를 토벌

하는 것과는 무관하다는 점도
알렸다. 오원제도 이소의 동정
을 살펴서 이소에게 공격할 의
사도 의지도 전혀 없다는 것을
확인하고는 마음을 놓았다.

사실 이소는 오원제의 세력
기반인 채주를 어떻게 공략할
지 구상하고 있었다. 이소는 오
원제의 부하인 이우(李佑)을 잡
아 특별히 대우하여 그를 감동
시켰다. 이우는 오원제의 주력

비수 전투는 남북조시대를 형성하는 결정
적인 사건이었다. 이 전투를 승리로 이끈
사안과 사석은 '순수견양'의 계책을 구사
했다. 그림은 거문고를 연주하는 사안.

부대가 회곡(洄曲) 일대에서 관군의 진공에 대비하고 있으며, 채주
를 지키는 군대는 노약자에 불과하다는 사실을 알려 주었다. 채주
는 오원제의 가장 큰 빈틈이었다. 전기를 잘 잡아 기습한다면 오원
제를 잡을 수 있다는 판단이 섰다.

이소는 눈이 내린 저녁 정예병을 이끌고 오솔길을 치우면서 채
주성을 향해 쳐들어갔다. 성을 지키는 오원제의 병사들은 모두 깊
이 잠든 상태였다. 이소의 정예병들은 성벽을 기어 올라가 수비병
들을 해치우고 성문을 열었다. 오원제가 잠에서 깨어났을 때는 성
이 포위당한 뒤였다. 오원제는 사로잡혀 장안으로 압송되었다. 회
곡에 주둔한 주력군은 대세가 기울었음을 보고는 이소에게 투항했
다. 이소는 오원제의 빈틈을 정확하게 파악했고, 적시에 그 틈을
파고들어 승리했다.

대부대가 이동 중일 때는 빈틈이 많이 생길 수밖에 없다. 특히 서둘러 행군할 경우 각 부대의 이동 속도가 달라지고 식량 운송 등에도 문제가 발생한다. 각 부대 간의 긴밀한 협조가 제때 이루어지지 않아 전선이 길어지고 적이 파고들 틈도 많아진다. 이런 빈틈을 겨누어 시기를 놓치지 않고 공격하는 것이다.

'순수견양'은 굳이 완벽한 승리를 추구할 필요가 없는 계책이다. 상황을 내 쪽으로 유리하게 이끌거나 다음 단계의 전략 수립에 도움을 주는 정도도 괜찮다. 이 방법은 승리자가 운용할 수도 패배자가 운용할 수도 있다. 또 강한 쪽이 운용할 수도 약한 쪽이 운용할 수도 있다. 어느 경우든 핵심은 상대의 빈틈을 파악하고 정확하게 그 빈틈을 공략하는 것이다. '순수견양' 계책은 병사의 많고 적음이 큰 문제가 되지 않는다.

전쟁사를 보면 소규모의 유격대로 적의 심장부를 파고들어 신출귀몰하게 적의 약한 곳을 공격함으로써 순조롭게 승리를 거둔 사례가 수도 없이 많았음을 잊지 말아야 한다.

《삼국지》 사례

손견(孫堅)은 손무의 후손으로 동한 말 황건의 난을 토벌하는 데 공을 세워 장사태수가 되었다. 동탁이 국정을 어지럽히자 손견은 동탁에게 반대하는 18로 제후의 일원이 되어 연합군의 선봉에서 크게 활약했다. 그러나 원술(袁術)의 사사로운 욕심 때문에 군량을 제때 보급받지 못해 동탁의 부하 화웅(華雄)에게 패하고 말았다.

그 뒤 동탁이 장안으로 천도하자 손견은 낙양에 주둔하면서 뜻하지 않게 국새를 손에 넣었다. 국새를 손에 넣은 손견은 욕심이 발동하여 옥새를 숨긴 채 자신의 본거지로 돌아가려 했으나 일이 새어 나갔다. 이 때문에 원소, 유표(劉表) 등과 등을 지게 되었다.

손견은 동탁이 버린 낙양에 순조롭게 입성하여 국새까지 발견했다. 그러나 국새에 대한 보안이 철저하지 못해 일이 새어 나갔고, 결과적으로 사방에 적을 만드는 결과를 초래했다.

'순수견양'의 책략에 사사로운 욕심이 개입할 경우 좋지 않은 결과가 초래될 수 있음을 잘 보여 주는 사례라 하겠다.

경영 사례 1

20여 년 전 디지털 음악의 공유가 급증하고 하드 드라이브가 소형화되면서 MP3 플레이어를 출시할 수 있는 기회와 시장이 마련되었다. 당시 워크맨 등 선도적 휴대용 음악 브랜드에 디지털 저작권 기술 개발과 음반사까지 소유한 소니가 이 시장을 장악할 것이라고 누구나 예상했다. 그러나 정작 이 시장은 아이팟을 출시한 애플이 낚아챘다.

이 같은 결과를 가져온 데는 애플 아이팟의 획기적인 기술과 디자인 등이 크게 작용했지만 그보다 더 큰 요인은 소니 내부였다. 소니는 내부 사정으로 의견 대립에 골몰했다. 여기에 누가 뭐라 해도 시장에 대한 주도권은 소니에 있다는 허망한 낙관론까지 겹쳤다. 그사이에 애플이 '순수견양' 전략으로 시장을 차지한 것이다.

경영에서 '순수견양'은 상대적이다. 구조적 이유나 방심 등으로 경쟁사의 움직임과 변화에 대응하지 못할 때 준비된 상대는 자연스럽게 '순수견양' 전

혁신적이고 감각적인 디자인과 편리함을 장착한 아이팟은 소니가 머뭇거리는 사이 '순수견양' 전략으로 단숨에 시장을 석권했다.

략으로 나온다. 세심한 관찰과 나의 준비를 전제로 하는 전략이지만, 최소한의 노력으로 강한 경쟁자를 극복할 수 있는 대단히 경제적인 전략이기도 하다.

경영 사례 2

'순수견양' 책략의 실패와 성공 사례를 각각 하나씩 소개한다. 먼저 실패한 사례다.

양복에 넥타이를 맨 일본 구매자가 프랑스의 유명한 카메라 재료 공장을 참관하러 왔다. 실험실 책임자는 이 일본인을 실험실로 안내하며 정성을 다해 손님이 묻는 질문에 일일이 답했다. 실험실 책임자는 세심한 사람이라, 일본이 이런 식의 방문으로 카메라와 관련한 기밀을 빼내가지 않을까 걱정이 되어 이 일본 손님의 일거수일투족을 주의 깊게 살폈다.

실험실 책임자는 이 일본 손님이 새로 개발한 필름 현상액에 특별한 관심과 흥미를 보이고 있음을 발견했다. 그런데 이 사람의 넥타이가 일반보다 길어서 몸을 굽히고 현상액을 관찰할 때 넥타이

끝이 용액에 젖었다.

이 일본인의 동작은 아주 자연스러웠지만 세심한 실험실 책임자의 눈을 피할 수 없었다. 책임자는 생각했다.

'이런 교활한 일본인 같으니라고!'

넥타이 끝에 용액을 살짝만 묻혀 가지고 돌아가면 이 용액의 성분을 쉽게 알아낼 수 있었기 때문이다. 이 현상액은 이 공장의 핵심 기밀이었기 때문에 결코 내보낼 수 없었다. 책임자는 바로 보안을 책임지고 있는 사람에게 연락하여 관련 사항을 알렸다.

얼마 뒤 나타난 보안 책임자의 손에는 새 넥타이 하나가 들려 있었다. 보안 책임자는 바로 일본인에게 다가가 "선생님, 넥타이가 더러워졌는데 새 넥타이로 바꿔드릴까 하는데 괜찮겠죠?"라고 말했다.

일본인은 순간 당황했지만 그렇다고 거절할 수도 없었다. 거절했다가는 실례일 뿐만 아니라 자칫 의심을 살 수도 있었기 때문이다. 그는 감사의 말을 전하는 한편 넥타이를 풀어 보안 책임자에게 건넸다. 넥타이를 건네는 일본인의 얼굴은 애석한 표정이 역력했다. 이렇게 해서 '순수견양'의 책략으로 기밀을 빼내려던 일본인의 의도는 실패로 돌아갔다.

다음은 기회를 잘 잡아 '순수견양'에 성공한 사례다.

가죽신을 생산하는 한 회사가 있었다. 그러나 광고에 쓸 돈이 모자라 대표는 이런저런 고민이 많았다. 하루는 유럽 출장을 마치고 돌아오던 대표가 탄 비행기가 납치되는 사건이 터졌다. 열 시간 넘는 협상 끝에 승객들은 모두 구출되었다.

　이 사건은 많은 기자들의 취재와 신문 보도가 뒤따랐다. 이 대표도 당연히 여러 차례 인터뷰를 했다. 그는 이 인터뷰에서 자신의 회사 이름과 생산하는 제품을 꼭 언급했다. 이 회사의 이름은 방송과 신문을 통해 알려졌고, 상품의 매출이 급등했다. 이 회사의 대표는 비행기 납치라는 대단히 위급한 상황과 그 이후 매체의 인터뷰와 보도를 절묘하게 활용하는 '순수견양'의 책략을 잘 구사했던 것이다.

나의 36계 노트 **순수견양**

_____

_____

_____

_____

_____

병법과 경영이 만나다 ——————————— 삼십
육계

三十
六計

Ⅲ
공전계
功戰計

– 주동적으로 수를 내는 의미 –

1. 공전계의 기조와 핵심

세 번째 대계인 공전계는 실전에 따른 계책을 모아 놓았다. 공전계의 큰 전제는 반드시 나를 알고 상대를 알아야 한다는 것이다. 그래야만 과감하고 용감하게 전투와 전쟁에서 부딪치는 온갖 문제를 마주하여 적극적인 태도를 취할 수 있고, 상대방의 약점을 찾을 수 있는 조건이 창조되는 것이다.

상대를 내게 유리한 곳으로 끌어내는 타초경사(打草驚蛇)의 계책부터 적의 우두머리를 잡아 단숨에 승부를 결정짓는 금적금왕(擒賊擒王)까지 철저하게 상대방의 허점과 약점을 찾아서 내게 유리한 쪽으로 전투를 유도하는 계책으로 이루어져 있다.

'공전'이란 전투 중에 공격의 기회를 주동적으로 만들라는 말이다. 이때 상황에 따라 다양한 계책을 함께 구사하여 승리를 담보한다. 즉 공전계의 모든 계책을 기민하고 입체적으로 구사한다면 싸우지 않고도 적을 굴복시키고, 공격하지 않고도 적의 성을 빼앗는 경지에 이를 수 있다는 것이다.

개인이나 기업의 성공은 적극적인 태도에 달려 있다. 조건이 허락하는 한 주동적으로 수를 내서 성공을 쟁취해야 한다. 성공하는 방법은 수도 없이 많다. 그러나 가장 중요한 요인은 방법이 아닌 개인의 태도다. 개인의 태도가 소극적이라면 아무리 좋은 방법도 소용없다. 일을 해 나가는 과정에서 적극적인 태도를 유지하고 주동적으로 방법을 찾아 문제를 해결하며 주동적으로 기회를 파악해야만 성공이란 열매를 얻을 수 있다. 공전계는 이와 관련하여 중요한 통찰력을 제공한다. 공전계의 의미와 사례를 통해 주동적으로 수를 낸다는 의미를 생각해 보자.

2. 공전계의 계책과 사례

공전계의 계책을 다시 한번 표로 제시하고 각 계책의 의미와 역사 사례를 살펴본다.

카테고리	36계 항목	의미
III. 공전계 功戰計 (반드시 나를 알고 상대를 알아야 하는 실전계)	타초경사 (打草驚蛇)	풀을 들쑤셔 뱀을 놀라게 하다.(《유양잡조酉陽雜俎》)
	차시환혼 (借屍還魂)	시체를 빌려 영혼을 되살리다.(악백천岳伯川, 〈여동빈도철괘이呂洞賓度鐵拐李〉)
	조호리산 (調虎離山)	호랑이를 유인하여 산에서 내려오게 하다.
	욕금고종 (欲擒故縱)	잡고 싶으면 일부러 놓아줘라.(《노자》, 《귀곡자鬼谷子》)
	포전인옥 (抛磚引玉)	벽돌을 버려서 옥을 가져오다.(《상건집常建集》)
	금적금왕 (擒賊擒王)	도적을 잡으려면 우두머리를 잡아라.(두보杜甫, 《출새곡出塞曲》)

타초경사

풀을 들쑤셔 뱀을 놀라게 하다

打草驚蛇

두드리고 들쑤실 지팡이가 필요하다

풀 속에 독사가 숨어든 경우가 있다. 미리 살펴보지 않고 들어가면 물릴 확률이 높다. 미리 나무 막대기 같은 것으로 들쑤셔 혹시나 있을지 모르는 독사가 놀라서 달아난다면 안전도는 그만큼 높아진다.

같은 이치로 상황을 분명히 인지하지 못한 상황에서 무조건 손을 쓰는 것은 대단히 위험한 일이다. 자신이 처한 상황을 전혀 모르기 때문이다. 이는 깜깜한 어둠 속에서 불을 밝히는 것과 같다. 상대가 나의 위치를 금세 알아보고 내게 불리한 조치를 취할 수 있다. 손을 쓰기 전에 주위 상황을 정확하게 인지해야 한다. 돌다리도 두드려 보고 건넌다는 속담이 바로 이 뜻이다. 그리고 나서 행동을 취해도 늦지 않다.

"풀을 들쑤셔 뱀을 놀라게 한다. 의심스러우면 실상을 정확하게 살피고 움직인다. 반복해서 두드리고 살피는 것은 숨거나 감춰진 적을 발견하는 중요한 수단이 된다."

'타초경사'는 본래 생활 상식인데 점차 정치·군사 영역에 차용되었다. 당나라 때 단성식(段成式)이 편찬한 《유양잡조(酉陽雜俎)》를 보면 오대시대에 왕인유(王仁裕)가 수집한 고사가 있고, 《개원천보유사(開元天寶遺事)》에도 기록이 나온다. 그 내용을 보자.

당나라 때 왕노(王魯)라는 지방관이 있었다. 그는 당도(當涂, 지금의 안휘성)의 현령으로 있으면서 온갖 편법으로 재산을 긁어모았다. 관가의 말단부터 고위직에 이르기까지 너나 할 것 없이 뒷구멍으로 뇌물을 받고 공갈을 치는 등 악행이 만연했고, 백성들이 원망하는 소리가 거리에 흘러넘쳤다.

어느 날 왕노는 관가에 들어온 각종 민원 서류를 검토하다 자기 밑의 주부(主簿) 벼슬에 있는 자를 고발하는 서류를 발견했다. 연명으로 올린 고발장에는 사리사욕을 채우려고 갖은 불법을 저지른 위법 사실이 여러 증거와 함께 조목조목 적혀 있었다. 대부분이 왕노 자신과 관계된 일이었다. 추궁해 들어간다면 자기와 직접 관련된 사실이 밝혀질 판이었다. 왕노는 서류를 찬찬히 살펴보며 놀라움을 금할 수 없었다. '이거 재미없군. 앞으로 조심해야지. 다행히 이것이 내 손에 들어왔기 망정이지!' 그는 다 읽고 나서 여덟 자로 사주풀이를 했다.

여수타초(汝雖打草), 아이사경(我已蛇警).

네가 풀을 들쑤셔 보지만, 나는 뱀이 몸을 숨기듯 이미 경계를 갖췄노라.

'타초경사'가 가장 많이 활용되는 것은 정치 투쟁이다. 교묘한 정치 수완으로 정적을 자극하여 정적이 놀라고 불안해할 때 그 정치적 의도를 폭로하는 것이다. 하지만 적의 병력이 정확하게 확인되지 않거나 그 움직임이 미심쩍으면 절대 함부로 건드려서는 안 된다. 적의 상황을 정확하게 파악하고 다시 검토해야 한다.

기원전 627년, 서방 진(秦)의 목공이 정(鄭)나라를 공격하러 나섰다. 목공은 정나라에 심어 놓은 첩자와 안팎으로 호응하여 정나라 도성을 빼앗을 심산이었다. 대부 건숙(蹇叔)은 진나라와 정나라가 너무 멀리 떨어져 있어 진군이 힘들고 정나라도 일찌감치 대비했을 것이라며 정벌을 반대하고 나섰다. 목공은 듣지 않고 맹명시(孟明視) 등을 장수로 세워 출정을 감행했다.

출정에 앞서 건숙이 통곡을 하며 기습이 실패로 끝나면 진(晉)의 복병을 만나 효산에 병사들의 시신을 묻어야 할 것이라고 경고했다. 건숙의 예상은 빗나가지 않았다. 진나라가 공격해 온다는 정보를 입수한 정나라는 만반의 대비를 갖췄다. 진나라 군대는 발걸음을 돌릴 수밖에 없었다. 먼 길을 행군한 병사들은 지칠 대로 지쳤다. 군대는 방비를 생각하지 않은 채 좁은 효산을 지났다. 얼마 전 즉위한 진(晉)의 군주 문공(文公)이 즉위하는 데 진(秦)이 큰 힘을 보탰기 때문에 절대 공격해 오지 않으리라 판단한 것이다.

그러나 진(晉)은 일찌감치 효산 협곡에다 정예병을 잔뜩 매복시켜 놓고 있었다. 푹푹 찌는 한낮에 진(秦)의 장수 맹명시는 진(晉)의 병사 일부를 발견했다. 맹명시는 진(晉)의 배신에 분노해서 추격을 명령했다. 진(晉)의 병사들은 줄행랑을 쳤고, 협곡의 험준한 곳에서 자취를 감춰 버렸다. 순간 맹명시는 이곳이 좁고 험준한 데다 풀과 나무까지 우거졌음을 발견하고 서둘러 군사를 돌리려 했다. 바로 그때 북소리가 하늘을 울리며 사방에서 매복해 있던 진(晉)의 병사들이 공격을 퍼

진 목공은 '타초경사'를 제대로 활용하지 못해 대패했다. '타초경사'는 적의 상황을 면밀히 살필 것을 요구한다.

부었다. 진(秦)은 대패했고, 맹명시 등 세 장수도 포로로 잡혔다.

진(秦)은 적의 상황을 정확하게 살피지 않고 경거망동(輕擧妄動)했다. 섣불리 '타초경사'했다가 참패를 당한 것이다.

'타초경사'는 고의로 역이용하여 적의 상황을 폭로시킴으로써 승리를 거두기도 한다. 병법서들은 예외 없이 군지휘관에게 진군하는 길이 좁고 험하거나 늪지가 있거나 풀과 나무가 우거졌다면 신중하게 조심하고 또 조심하라고 경고한다. 자칫하면 '타초경사'에 걸려들어 매복 중인 적에게 크게 당하기 십상이다.

그러나 전장의 상황은 복잡하고 변화무쌍하다. 내가 먼저 복병을 숨겨 놓고 고의로 '타초경사' 계책을 구사하거나 적의 '타초경사'에 걸려든 것처럼 위장하여 적을 유인한 사례는 끊임없이 나타났다.

'타초경사'는 첫째, 은폐한 적에 대해 경거망동하지 않아야 적이

아군의 의도를 발견하여 주도권을 쥘 수 없다는 점을 강조한다. 둘째, 거짓으로 움직이는 척하는 '양동(佯動)' 등의 방법으로 '타초'하여 뱀을 구멍에서 나오게 만든 다음 미리 잠복했던 아군이 적을 섬멸할 것을 가리킨다.

《삼국지》 사례

삼국시대 제갈량은 유비를 도와 형주를 빌리는 데 성공했다. 주유는 형주를 돌려받기 위해 한 가지 꾀를 냈다. 여범을 형주로 보내 유비에게 동오로 와서 손권의 누이를 아내로 맞이하라고 권한 것이다. 유비를 속여 유비를 동오에 억류시킨 다음 형주를 돌려주지 않으면 죽이겠다는 심산이었다.

제갈량은 유비에게 주유의 제안을 받아들여 강동으로 갈 것을 권했다. 그리고 유비를 수행하는 조운(趙雲, 조자룡)에게 단계별 묘책을 알려 주었다. 먼저 수행하는 군사들에게 붉은 옷을 입히고, 큰 깃발에 북을 울리고, 성안에서 온갖 물건을 사며 손권의 누이가 유비에게 시집간다는 소문을 퍼뜨리게 했다.

최고의 책략가 제갈량은 어떤 상황에서도 수를 낼 줄 알았다. 동오와 동맹하기 위해 손권의 여동생을 유비의 아내로 맞아들이는 과정에서는 '타초경사'를 구사했다.

유비는 양과 술을 가지고 주유의 장인 교국노(喬國老)를 찾아가 사위가 되기 위해 강동에 들어왔다고 알렸다. 교국노는 바로 손권의 모친 오태후(吳太后)를 방문하여 축하 인사를 올렸다. 사정을 모르는 오태후는 잔뜩 화가 나서 손권에게 사람을 보내 자초지종을 물었다. 모든 것이 주유의 계책임을 안 오태후는 화가 머리끝까지 뻗쳐 주유에게 한바탕 욕을 퍼부었다. 6군을 다스리는 대도독이 형주를 탈환할 계책을 세우기는커녕 자기 딸을 미인계로 이용하는 것도 모자라 유비를 죽이면 자기 딸은 청상과부가 되지 않겠냐는 것이었다. 교국노도 이런 계책으로 형주를 돌려받으려 했다가는 천하의 비웃음거리가 될 것이라며 반대하고 나섰다.

난처해진 손권은 아무 말도 못 하고 어머니 오태후의 말대로 여동생을 유비에게 시집보낸 것은 물론 유비가 부인을 데리고 강동을 떠나는 모습을 멀뚱멀뚱 지켜보는 수밖에 없었다.

유비의 수하들이 성안에서 한바탕 난리를 치며 떠들어 댄 것은 '타초'에 해당하고, 손권이 그 어머니의 말대로 누이를 유비에게 시집보낸 것은 '경사'에 해당한다고 할 수 있다.

경영 사례 1

1982년 파산 직전의 크라이슬러 경영을 맡은 아이아코카는 4년 연속 적자의 긴 터널을 빠져나온 뒤 재도약을 위한 경영 전략으로 '타초경사'를 활용했다. 지난 10년 동안 생산이 중단된 컨버터블 자동차를 재생산하기로 한 것이다. 주위에서는 다들 고개를 갸웃거렸고, 경영진은 대부분 반대하고 나섰다. 자동차에 에어컨이 장착

된 후로 지붕이 없는 컨버터
블은 사실 의미 없는 차종이
되었기 때문이다.

하지만 아이아코카의 판단
은 달랐다. 그는 수제로 멋진
컨버터블을 만들게 하여 교통
이 혼잡한 도로로 직접 차를

크라이슬러의 컨버터블은 그 후에도 계속 생
산되었다. 사진은 크라이슬러 200S 컨버터
블이다.

몰고 나갔다. 교통체증이 심하고 유동 인구가 많은 혼잡한 도심에
느닷없이 나타난 컨버터블은 수많은 사람의 관심을 끌 수밖에 없
었다. 나이 든 사람들에게는 묘한 향수를 불러일으키기도 했다.

아이아코카는 다음 단계로 이 차를 사람들이 많이 찾는 쇼핑센터,
대형 슈퍼마켓에 전시하기 시작했다. 아이아코카의 승부수는 멋들
어지게 적중했고, 고가의 컨버터블임에도 불구하고 엄청난 판매량
을 올리며 크라이슬러의 경영을 확실한 성공 궤도에 올려놓았다.

새로운 상품은 왕왕 기업 생존의 관건이 된다. 위험 부담이 그만
큼 크다는 말이다. 이때 대량 생산에 앞서 시장의 분위기와 반응을
탐색하는 '타초경사'는 훌륭한 전략이 될 수 있다. 지금은 보편화된
시음, 시식, 시운전 같은 판매 방식과 전략이 모두 '타초경사'와 맥
을 같이한다.

'타초경사'는 시장 변화에 대한 날카로운 촉이 전제되어야 하고,
전략적 타깃이 정확해야만 큰 효과를 얻을 수 있다. 저가 상품은
'박리다매(薄利多賣)'를 전제로 공략층이 넓어야 하고, 고가 상품은
특정 구매자를 정확하게 겨냥해야 한다.

경영 사례 2

마이크로웨이브를 이용하여 시카고와 세인트루이스 두 도시의 전화망을 연결해주는 지역 사업을 하고 있는 마시(Massey)라는 전신 전화 회사가 있었다. 1960년대 말 이 회사는 심각한 재정난에 직면했다. 회사는 어려움에 처한 기업의 상황을 파악하여 해결책을 제시하는 전문 컨설턴트 빌 맥고완을 찾아 도움을 청했다.

일을 맡은 맥고완은 먼저 당시 미국의 전화통신업에 대한 연구에 착수했다. 그 결과 그는 이 사업의 새는 공간을 발견하여 현황을 파악했다. 그런 다음 전화통신업 시장 전체에도 빈 공간이 있고, 동시에 사실상 또 다른 전화회사를 받아들일 수도 있겠다는 판단을 내렸다.

맥고완은 연방통신위원회의 공공 열람실에서 지난 몇 달 동안의 문건을 다 뒤져 다른 사람들이 주목하지 않았던 규정이 적지 않다는 사실을 확인했다. 지역 전화사업의 특성상 법률적으로 독점을 허용하고는 있었지만 각지를 연결하는 장거리 전화사업은 독점 규정이 없었다. 그럼에도 일반적으로는 이런 규정이 있는 줄 알고 있었지만 법률 조항과 국회의 보고 또는 연방통신위원회의 조항에도 이런 규정이 없었다.

맥고완은 또 더 중요한 규정 하나를 발견했는데, 다름 아닌 연방통신위원회는 전화선로를 세우겠다는 신청을 접수하면 60일 이내에 반드시 처리해야 한다는 규정이었다. 사실상 위원회 안에서 이 신청에 대해 반대하는 사람이 없다면 위원회는 아주 자연스럽게 규정에 따라 허가증을 내줘야 한다. 연방통신위원회는 거의 매년 수천 건의 신청서를 접수하고 있고, 신청 대부분이 통상 고도의 기술과 관련된 것이기 때문에 자세히 조사하고 연구할 시간적 여유가 없었다.

이런 상황을 파악한 다음 맥고완은 보다 상세히 분석하고 연구한 끝에 가장 간단한 공격적 책략을 선택했다. 맥고완은 연방통신위원회에 수백 건의 중요한 통신선로 신청서를 동시에 제출했다. 마시와 맥고완이 두 번째 장거리 전화선로를 세우기 전에 이 일에 주목하는 사람은 아무도 없었다. 그 뒤 여러 차례 법적 소송과 의회 청문회 및 연방통신위원회의 결재를 거쳐야 했지만, 맥고완은 일찌감치 준비를 끝낸 뒤라 모두 적절한 대응으로 맞섰다. 1978년부터 1983년까지 마시의 영업액과 이윤은 매년 두 배 이상 뛰었고, 1985년에는 영업액이 무려 19억 달러에 이르는 대기업이 되었다.

맥고완은 수백 건의 신청서로 '성동'하여 연방통신위원회의 시야를 가리고, 그사이 장거리 전화선로를 세우는 '격서'를 순조롭게 완수할 수 있었던 것이다.

나의 36계 노트 **타초경사**

_____

_____

_____

_____

차시환혼

시신을 빌려 영혼을 되살리다

借屍還魂

죽은 시신으로는 영혼을 살리지 못한다

실력이 막강한 사람의 영향력을 빌려 자신을 발전시키는 '차시환혼'은 남의 면류관을 빌려 자신의 명성을 알리는 '차면파예(借冕播譽)'와 같은 책략이다.

여기서 말하는 '시신'은 죽은 시체가 아니다. 처음 경쟁에 뛰어들어 아직 실력이 약할 때 곤란한 국면을 타개하기 위해 타인의 힘이나 영향력을 빌려 자신을 발전시킬 수 있다면 이것보다 좋은 방법도 없을 것이다. 시간과 정력을 절약하고 힘을 덜 들이면서 큰 성과를 거두는 효과를 볼 수 있다.

"시신을 빌려 혼을 되살린다. 쓸모 있어 보이는 것은 자신을 위해 쉽게 사용하지 못하고, 쓸모없어 보이는 것은 빌려다 자신을 위해 작용하게 만들 수 있다. 쓸모없어 보이는 것을 쓸모 있게 사용한다는 것은 《주역》의 '몽괘(蒙卦)'처럼 내가 우매한 자를 돕는 것이 아니라 우매한 자가 나를 돕게 한다는 뜻이다."

'차시환혼'은 원나라 때 희곡작가 악백천(岳伯川)의 잡극으로 알려진 《여동빈철괴리(呂洞賓鐵拐李)》를 그 출전으로 본다. 태상노군 노자를 스승으로 받들며 불로장생을 추구하던 이현(李玄)이란 도사가 어느 날 태상노군을 따라 하늘로 유람을 떠났다. 이현은 떠나기 전 제자에게 세간에 남겨진 자신의 육신을 잘 간수하라고 당부했다. 그러나 어머니가 위독하다는 전갈을 받은 제자는 이현의 육신을 화장해 버리고 어머니에게 달려갔다. 돌아갈 곳을 잃은 이현의 영혼은 방금 죽은 거지의 몸을 빌려 환생했으나 꼬락서니는 더럽고 다리까지 저는 거지가 되고 말았다. 대체로 이런 내용인데, 여기서 이현이 거지의 시신을 빌려 환생했다는 '차시환혼'이 비롯된 것이다.

'차시환혼'은 말 그대로 쓸모없어 버려진 것을 쓸모 있게 다시 활용하는 독특한 계책으로 정착했다. 내가 '혼을 되살리기 위해' 쓸모없어 보이는 '시신을 빌린다'는 이치인데, 병법에서는 주어지는 모든 기회를 잘 잡되 심지어 아무짝에도 쓸모없어 보이는 것조차 제때 적절히 잘 활용하여 주도권을 쥐고 자신에게 유리한 쪽으로 바꾸라는 말로 통한다. 제대로만 진행되면 패배도 승리로 진환시킬 수 있다고 보는 것이다.

이 계책에서 인용하는 '몽괘(蒙卦)'은 그 괘상이 산과 물과 험함을 가리키는데, 산 아래로는 풀과 나무가 무성하여 위험한 형상이다. 이런 의미를 지닌 아이를 동몽(童蒙)이라 하는데, 유치하고 무지하여 가르침이 필요한 아이를 가리킨다. 그러나 내가 이런 자를 돕는 것이 아니라 도리어 이런 자조차 나를 위해 돕게 만들라는 것이다.

기원전 209년 7월, 진승(陳勝)과 오광(吳廣) 등 9백여 명이 노역에 동원되어 어양(漁陽)으로 가던 중 큰비를 만났다. 길까지 끊겨서 제날짜에 맞춰 가기가 불가능해 보였다. 진(秦)의 법률상 징발된 사람이 제날짜에 도착하지 못하면 사형이었다. 진승과 오광은 그렇게 죽느니 차라리 봉기하여 진과 싸우기로 결정했다. 진승은 "천하 사람들이 진의 폭정에 시달린 지 오래다. 공자 부소(扶蘇)와 초의 장군 항연의 이름을 내걸고 진에 맞선다면 분명 많은 사람이 호응할 것이다"라고 말했다.

공자 부소는 진시황의 맏아들로 황제 자리를 이어야 했으나 진시황의 폭정에 여러 차례 반대 의견을 내다가 변방으로 쫓겨났고, 진시황이 죽은 뒤에는 조고와 호해의 음모로 억울하게 자살했다. 많은 백성이 부소가 어질다는 사실을 알았으나 부소가 죽은 줄은 모르고 있었다. 항연은 초나라의 대장으로 여러 차례 공을 세운 초나라의 영웅이었다.

마음을 정하자 진승과 오광은 봉기의 당위성을 알리기 위해 계책을 꾸몄다. 붉은 주사로 천에다 '진승왕(陳勝王)'이란 글자를 써서는 물고기 뱃속에 넣은 다음 병사를 시켜 그 물고기를 잡아 오게 한

중국 역사상 최초의 농민 봉기로 평가받는 진승의 봉기는 거대한 제국 진나라를 무너뜨리는 도화선이 되었다. 진승은 봉기의 정당성을 확보하기 위해 '차시환혼' 책략을 구사했다.

것이다. 물론 그 병사는 아무것도 모른 채 물고기가 좀 이상하다 싶어 배를 가르고 천을 꺼냈고, '진승왕'이란 글자를 보고는 모두가 깜짝 놀랐다.

오광은 한밤중에 버려진 사당에 불을 피워 놓고 여우 흉내를 내며 "초나라가 일어나고 진승이 왕이 된다"라고 외쳤다. 병사와 노역자들은 이 모든 것이 하늘의 뜻이라고 믿기에 이르렀다.

진승과 오광은 틈을 봐서 자신들을 호송하는 진나라 군사를 죽인다음 봉기에 동참할 것을 호소했고, 노역자들은 기꺼이 복종을 맹세했다. 진승은 장군이 되고 오광은 도위가 되어 순식간에 진나라성들을 공략하여 마침내 '장초(張楚)' 정권을 수립했다. 진승의 봉기는 막강한 진나라를 무너뜨리는 도화선이 되었다.

진승과 오광은 정말 아무것도 아닌 물고기와 보기에 따라서는 황당무계한 여우 놀음을 잘 이용하여 사람들의 마음을 사로잡고 봉기를 성공적으로 이끌었다. '차시환혼' 계책을 적절하게 활용한 사례다.

역사상 왕조나 정권이 바뀔 때마다 망한 나라의 후손들을 들먹이며 천하에 호소한 사례가 적지 않았다. '차시환혼'의 방법으로 천하를 손에 넣으려는 목적을 이루고자 한 것이다. 군사적으로 지휘관은 전쟁 중 각종 역량의 변화를 잘 분석해서 이용 가능한 모든 역량을 잘 활용해야 한다. 때로는 내 쪽이 좌절하거나 수동적인 상황에 몰릴 수도 있지만, 적의 모순을 잘 이용하고 가능한 모든 역량을 활용한다면 수동을 능동으로 바꾸고 전쟁의 형세를 전환시켜 승리라는 목적을 달성할 수 있는 것이다.

'차시환혼'은 이미 죽은 것을 빌려서 혼을 되살리는 것이지만 문제는 그 방법이다. 즉 상대의 의표를 찌르는 독창적인 방법을 요구하는 계책이다. 군사적으로는 별다른 역할이나 작용을 못 할 것으로 보이는 세력을 이용하고 지배하여 나의 목적을 달성하는 책략이다. 전례를 보면 이와 비슷한 상황이 나타나곤 한다. 쌍방에게 아주 유용한 세력은 부리기가 힘들어 이용하기 어렵고, 거의 쓸모없어 보이는 세력은 구하기만 하면 바로 달려온다. 이 세력을 잘 이용하고 통제하면 승리라는 목적을 달성할 수 있다.

'차시환혼'은 대단히 독창적인 계책이라 할 수 있다. 아무짝에도 쓸모없어 보이는 것조차 활용하여 새로운 기회와 조건을 창출하라는 것이다. 이런 점에서 적전계의 첫 계책이자 제7계인 '무중생유(無中生有)' 계책과 맥을 같이한다고 볼 수 있다.

《삼국지》 사례

적벽대전 이후 유비의 세력이 부쩍 커졌지만 여전히 위와 오를 상대할 정도는 아니었다. 유비와 손권은 모두 사천 지역에 눈독을 들였다. 지세로 보나 자원으로 보나 세력을 넓히고 북방으로 진출할 교두보로서 적지였기 때문이다.

한편 조조는 중원 통일의 결심을 굳히고 호시탐탐 손권을 견제했다. 그러다 보니 유비나 손권 모두 사천 지역에 손을 쓸 겨를이 없었다.

215년, 조조는 한중을 공격했다. 장노(張魯)가 조조에게 항복했고, 이로써 익주(益州, 지금의 사천성), 즉 사천 지역의 유장(劉璋) 집단이 위급해졌다. 이 무렵 유장 집단은 내부적으로 권력 투쟁에 골몰하느라 지리멸렬한 상황이었다. 유장은 조조의 진공에 지레 겁을 먹고

익주를 차지하여 천하삼분을 달성한 유비는 이 과정에서 '차시환혼' 책략을 활용했다. 그림은 인천 차이나차운 《삼국지》 벽화의 유비가 성도를 취하는 장면이다.

유비를 불러 함께 저항하려고 생각했다. 이 소식을 접한 유비는 기쁨을 감추지 못했다. 사천으로 들어갈 수 있는 절호의 기회가 제 발로 찾아온 셈이기 때문이었다. 유비는 관우를 보내 형주를 지키게 하는 한편 자신은 직접 만 명의 군사를 이끌고 익주로 진입했다. 유장은 유비를 대사마로 추천하고, 자신은 진서대장군 겸 익주목이 되었다.

유비와 유장의 밀월은 그리 길지 않았다. 형주에서 조조가 손권을 공격한다는 소식을 접한 유비는 유장에게 정예병 3만과 군량을 내서 전투를 돕자고 청했다. 자기 역량의 한계를 아는 유장은 나이 든 병사 3천만 출병하는 데 동의했다. 유비가 자신은 유장을 위해 조조를 막으려고 하는데 유장은 돈과 병사를 아낀다고 욕을 퍼부었다. 그런 사람과 어찌 함께 일을 하겠냐는 것이었다. 유비는 유장에게 선전포고를 하고는 기세를 몰아 성도로 곧장 쳐들어가서 사천을 차지하는 계획을 마무리했다.

유비는 유장이란 '시(屍)'를 빌려 세력을 확충하고 사천이란 '혼(魂)'으로 돌려받았다. 이렇게 하여 유비는 촉나라 건국이란 원대한 사업의 기초를 수립했다.

경영 사례 1

일본의 커리(일본어로 '가리분')를 생산하는 sb는 다른 기업이 그렇듯 무명에서 시작하여 지명도가 가장 높은 기업으로 도약했다. sb가 전국적인 지명도를 얻은 데는 '차시환혼' 전략을 절묘하게 구사한 것이 큰 힘이 되었다.

sb가 사업을 본격적으로 시작

할 무렵 일본에는 자동차에 대

한 관심이 한창 올라가고 있었

'차시환혼' 전략으로 전국적인 지명도를 얻은 sb의 커리 제품이다.

다. sb는 이런 새로운 경향에 주

목했다. sb는 우선 대중이 가장 선망하는 자동차를 다양하게 대량 구매하여 전부 커리색으로 칠했다. 그리고 경품과 추첨 등을 통해 이 커리색 자동차를 1년 동안 대여한다고 광고했다.

그 결과 엄청난 사람들이 이 광고에 매료되어 너나 할 것 없이 경품과 추첨에 응모했다. 아니나 다를까, sb 로고를 부착한 커리색 자동차가 일본 전역을 누볐고, sb의 지명도는 하루가 다르게 올라갔다.

sb는 자동차를 빌려 자사의 커리 제품을 광고하는 '차시환혼' 전략을 절묘하게 구사한 것이다. '차시환혼'의 핵심은 정확한 방법과 독창적 전략이다. 필요하다면 경쟁 상대의 명성에 붙어 따라가는 전략도 필요하다. 경영인들 사이에 전해 오는 '먼저 이름을 알리고 돈을 벌어라'라는 격언을 함께 참고하면 좋겠다.

경영 사례 2

1949년 전국이 해방되어 신중국이 건국되기 전까지 중국의 만년필 시장은 '파커(Parker) 만년필'에 점령당한 상황이었다. 당시 파커는 세계적인 만년필의 대명사였고, 또 '핸드라이팅'이란 신제품이 출시되면서 1940~50년대 최고 전성기를 누렸다(참고로 파커 만년필 회사는

조지 새포드 파커가 1892년 3월 8일에 미국에서 세운 필기구 제조사이다. 1993년에 유명 안

전면도기 제조업체인 질레트 본사가 이 회사를 인수했고, 2000년에 뉴웰 러버메이드에 매각

되었다).

그러나 1938년 이후 헝가리의 비로 형제가 볼펜과 볼펜용 잉크를

발명하고, 볼펜 사용이 대중화하면서 상황이 급변하기 시작했다.

볼펜은 쓰기 편하고 실용적인 데다 값이 쌌기 때문에 금방 소비자

의 엄청난 환영을 받았다. 파커는 큰 타격을 받았고, 기업의 가치

가 폭락을 거듭하여 파산 직전까지 몰렸다. 파커의 유럽 시장 고

위급 매니저 매코리는 파커사가 볼펜 시장의 쟁탈전에서 치명적인

실수를 저질렀다고 판단했다. 즉, 파거사가 자신의 장점으로 상대

의 단점을 공격하지 않고 반대로 자신의 단점으로 상대의 장점을

공격하는 멍청한 전략을 취했던 것이다.

매코리는 충분한 자금을 모아서 파커사를 사들였다. 이어 그는

파커 만년필의 이미지를 새롭게 창조하는 일에 착수했다. 그는 파

커 만년필의 이미지를 우아하고 정교하게 그리고 오래 사용할 수

있다는 특징을 두드러지게 했다. 이렇게 해서 일반적으로 대중화

된 실용품으로 고귀한 사회적 지위를 드러낼 수 있는 상징으로 만

드는 일에 힘을 쏟았다.

이런 전략적 사상에서 출발하여 매코리는 두 가지 중요한 전술적

조처를 취했다. 첫째, 파커 만년필의 생산량을 줄이는 동시에 판매

가를 종전에 비해 30% 올렸다. 둘째, 광고예산을 늘려 선전을 통해

파커 만년필을 사회적 지위의 상징이라는 이미지로서 그 지명도

를 끌어올렸다. 예컨대 영국의 여왕은 영연방의 원수로서 그가 사

용하는 물건은 어느 하나 고귀하지 않은 것이 없고, 파커 만년필도 그중 하나라는 의미를 부여하는 식이었다. 이렇게 해서 상품의 상표와 그것을 생산하는 기업도 고귀하다는 낙인을 찍는 것이었다.

1989년 파커는 가격을 또 한 번 올렸다. 기존의 만년필 대신 화려한 장식을 특징으로 하는 새로운 형식의 만년필로 탈바꿈했고, 기업도 이와 함께 새로 태어났다.

상품이든 기업이든 모두 성장기, 성숙기, 쇠락기를 거치기 마련이다. 쇠락기에 접어들었을 때 기회를 잘 잡아 모든 유리한 조건을 충분히 이용하여 대담하게 투자하는, 즉 '차시환혼'의 책략을 활용하면 상품과 기업이 회생하고 새로 태어날 수 있다. 이것이 주효하면 힘은 절반만 들이고 효과는 배를 볼 수 있다. 이 책략은 기업을 경영하는 사람이라면 투자의 결정에서 충분히 참고할 수 있다.

나의 36계 노트 **차시환혼**

_____

_____

_____

_____

_____

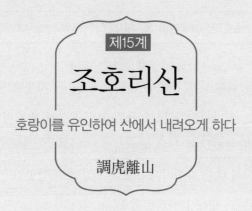

제15계

조호리산

호랑이를 유인하여 산에서 내려오게 하다

調虎離山

내가 먼저 움직여서는 안 된다

누구든 주어진 상황, 상대, 고객을 움직이는 방법이 있다면 그 사람의 사업은 크게 번창할 것이다. 비즈니스나 사회생활에서 상대가 나보다 훨씬 유리한 위치에 있는데 상대의 주장이나 상대와 경쟁해야 하는 경우라면 대단히 불리할 수밖에 없다.

이럴 경우 '조호리산'을 통해 상대를 내게 유리한 쪽으로 유인해낼 수 있다면 내게 훨씬 유리한 상황이 전개될 것이다. 경쟁 상대를 그에게 불리한 다른 시장으로 끌어내면 상대는 나를 통제할 수 없고, 그만큼 내 성공의 확률은 높아진다.

"호랑이를 유인하여 산에서 내려오게 한다. 자연조건이 적에게 불리할 때는 기다렸다가 적을 포위하여 곤경에 빠뜨리며, 인위적으로 가상을 조작하여 적을 유인하고 기만한다. 직접적인 진공이 어려우면 적이 나를 공격하게 만드는 방법을 생각한다."

이 계책은 '나아가기 어려우면 원래 자리로 돌아오지만 다시 어려움에 처한다'는 뜻을 가진 《주역》의 '건(蹇)'괘를 인용하고 있다. 요점은 모종의 방법으로 호랑이를 산에서 내려오게 한다는 것인데, 적을 조종하는 책략을 가리키는 성어가 되었다.

'호랑이'는 강적을 가리키며, '산'은 튼튼한 진지 같은 유리한 조건을 비유하는 말이다. 강적인 데다 지리적 조건마저 유리하다면 호랑이가 날개를 단 꼴이다. 이런 적을 유인하여 진지를 벗어나게 만든다면 적은 우세한 조건을 잃어버릴 것이다.

실전에서 이 모략을 운용하는 데는 두 가지 방법이 있다. 하나는 적을 유인하여 거점을 벗어나 내 울타리 안으로 들어오게 하는 것이다. 또 하나는 내가 다음으로 생각하는 방향 또는 적에게 불리한 또 다른 지역으로 적을 유인하여 정면 대결이 초래할 압력을 줄이거나, 그런 전투 지역이 안고 있는 위험에서 벗어나는 것이다.

'조호리산' 모략에서는 '조(調)'에 가장 큰 어려움이 있다. 호랑이를 '움직이게 만드는' 어려움이다. 지휘관의 감정은 새롭게 나타나는 각종 상황에 좌우되기 쉽고, 이 때문에 판단과 결심에 영향을 받는다. 이 모략을 제대로 활용하려면 적의 착각을 잘 이용하여 각종 가상현실을 교묘하게 조작해서 그 세의 흐름을 타고 '소의 코'를 꿰어야 한다.

동한 말기 북쪽 변경의 강족(羌族)이 반란을 일으켰다. 조정에서는 우후(虞詡)를 보내 반란을 평정하게 했다. 우후의 부대는 진창(陳倉) 효곡(崤谷) 일대에서 강족에게 가로막혔다. 강족의 사기는 왕성했고, 지리적으로도 유리한 위치였다. 강공을 취할 수도 돌아갈 수도 없는 말 그대로 진퇴양난이었다. 우후는 강족이 견고한 근거지를 떠나게 만들어야겠다고 결정했다. 그는 병사들에게 전진을 멈추고 군영을 설치하라고 했다. 대외적으로는 행군이 저지당해 조정에 구원군을 요청했다고 선전했다.

진군을 멈추고 구원군을 기다리는 우후의 군대를 본 강족은 경계를 늦추고 서서히 근거지를 떠나 근처에서 재물을 약탈했다. 강족이 근거지를 떠나자 우후는 바로 명령을 내려 하루에 백 리 이상 행군시켰다. 심지어 밤에도 행군을 재촉했다. 행군과 동시에 밥솥의 수를 점점 늘려 나갔다. 구원병이 이미 도착했다고 적이 오인하게 만들기 위해서였다. 근거지를 떠나 세력이 분산된 강족은 함부로 우후를 공격하지 못했다.

우후는 이렇게 하여 순조롭게 진창 효곡을 지나 전선으로 진입했다. 강족은 시간과 공간 모두 수동적인 상황에 놓였고, 머지않아 반란은 평정되었다.

1944년 6월 5일, 영·미 연합군은 노르망디 상륙 작전을 개시했다. 연합군 공군 부대는 프랑스의 코탕탱반도 북부에서 일대 격전을 치른 끝에 해병 상륙 부대와 접촉했다. 이때 범람 지구 뒤편에 있는 미군 공군 사단이 독일군에게 포위당해 위기에 처하고 말았다. 그러나 독일군은 코탕탱반도에 상륙한 연합군이 규모가 그리 크지 않은 부대로만 알고 중시하지 않았다.

6월 7일이 되어서야 독일군은 예비 병력까지 동원하여 코탕탱반도 범람 지구로 진격했다. 바로 이때 독일군은 북방과 서방에 대량의 연합군 공군이 나타났다는 보고를 접한다. 또 독일군 예비 병력이 미처 전열을 갖추기도 전에, 3백여 대의 연합군 비행기가 생로(St. Lo) 서쪽 지구에서 상당한 수의 낙하산 부대를 투하하고 있다는 급보가 날아들었다. 사실 이 모두는 나무로 만든 가짜 낙하산 부대였다. 독일군 원수 롬멜은 이를 연합군의 대규모 상륙 작전의 전주곡으로 오판하고 전 예비 병력을 그쪽으로 이동시켰다. '사막의 여우'라 불리는 명장 롬멜이 내린 중대한 오판이었다. 독일군이 서쪽으로 이동한 틈을 타서 미군의 공군 사단은 범람 지구를 지나 위기에서 벗어났다.

《손자병법》에 '지키지 않는 곳을 공격한다'는 '공기불수(攻其不守)' 계책이 나온다. 전략상 적과 나 쌍방이 꼭 차지해야 하는 '쟁지(爭地)'를 적이 먼저 차지했다면 적은 분명 많은 군사를 배치하여 요충지를 튼튼하게 지킬 것이므로 섣불리 공격할 수 없다. 그런 곳을 자꾸 공격해 봤자 손해만 본다. 또 오래 공격할 수 없고, 공략하여 차지하더라도 득보다는 실이 많은 곳이다. 이런 경우 군대를 나누어 날랜 병사들을 '쟁지' 밖으로 내보내 '호랑이를 산에서 끌어내는' '조호리산(調虎離山)' 책략으로 적이 포기할 수 없는 또 다른 중요한 거점을 공격한다. 그런 다음 '쟁지'의 빈틈을 타서 숨겨 둔 병사로 다시 습격한다.

이와 같은 '쟁지'에서는 적도 있는 힘을 다해 맹공을 퍼부을 것이므로 각종 방법으로 적의 주의력을 다른 곳으로 돌려 '쟁지'를 끝내 내 손아귀에 넣는다. 손자가 "그러므로 공격을 잘하는 자는 적으로 하여금 공격할 곳을 모르게 하며, 수비를 잘하는 자는 적으로 하여금 지킬 곳을 모르게 한다"(《손자병법》 〈허실편〉)라고 한 것과 같다.

손무는 '조호리산'과 관련하여 중요한 핵심을 말한다. '조호리산' 책략이 성공하려면 적이 나올 수 있게 만들어야 한다는 것이다.

손무는 주어진 조건을 따지지 않은 채 무턱대고 성을 공략하는 것은 하책(下策)이라고 지적했다. 그런 하책으로는 십중팔구는 실패한다. 꼭 차지해야 하는 요충지라면 '조호리산' 같은 책략을 기조로 하여 적이 반드시 지키지 않으면 안 되는 곳이나 적이 지키지 않지만 전략상 중요한 곳을 공략해서 적을 끌어내야 한다.

《삼국지》 사례

동한 말기 조조는 하비성을 공략하기 위해 정욱(程昱)의 책략을 채택했다. 첫날 밤, 조조는 수십 명의 병졸을 하비성으로 보내 투항

조조는 하비성을 탈취하는 데 '조호리산' 계책을 구사했는데, 관우의 급한 성격이 한몫을 했다.

시켰다. 관우는 조조의 병력이 흩어져 병사들이 도망쳐 온 것으로
생각하여 아무런 의심 없이 이들을 받아들였다.

다음 날 하후돈이 5천 명의 병마를 이끌고 하비성 아래로 와서
관우에게 도전했다. 관우는 버럭 화를 내며 2천 명을 거느리고 성
을 나와 하후돈과 교전했다. 하후돈은 싸우면서 퇴각했다. 관우는
20여 리를 뒤쫓다가 아무래도 하비성의 안위가 마음에 걸려 군대
를 돌리려 했다. 바로 이때 좌우에서 병마들이 관우를 급습해 왔
다. 급히 하비로 돌아갈 마음에 관우는 힘껏 싸웠으나 어쩔 수 없
이 하후돈에게 밀릴 수밖에 없었다. 전투는 어두워질 때까지 계속
되었고, 관우는 작은 산 위로 몰렸다. 조조의 군대는 이 작은 산을
포위했다. 관우는 몇 차례 산을 내려오려고 돌진했으나 쏟아지는
화살 때문에 포위를 뚫지 못했다.

이 무렵 하비성은 이미 불바다가 되어 버렸다. 관우가 하비성을
비운 틈에 조조가 하비성을 공략하여 함락한 것이다.

경영 사례 1

1840년 샌프란시스코를 중심으로 금광을 개발하기 시작하면서 금을 찾아 수많은 사람이 몰려들었다. 이른바 '골드러시' 광풍이 몰아친 것이다. 미국뿐 아니라 유럽에서도 몰려들어 치열한 경쟁이 펼쳐졌다. 특히 채굴권을 둘러싸고 온갖 경쟁이 다 벌어졌다. 말 그대로 전쟁이었다.

금광 사업에서 가장 중요한 파생 사업은 교통이었다. 태평양 – 대서양 횡단철로가 개통되지 않았고, 파나마운하도 열리지 않은 상황이기 때문에 교통 사업은 그야말로 태풍의 눈이었다. 당시 유럽에서 미국으로 건너오는 교통은 배로 남미 최남단까지 갔다가 다시 미국으로 가는 여정이었다.

사업가 밴더빌트는 이에 주목하고 파라과이 총독과 결탁하여 파라과이 경내를 지나는 모든 선박의 독점 운항권을 얻어내 어마어마한 부를 축적했다. 그런데 밴더빌트의 독점 사업을 눈여겨보는 젊은 상인이 있었다. 헐크라는 이 상인은 밴더빌트의 선박 운항 독점권에 눈독을 들인 것이었다.

헐크는 바로 이 사업에 뛰어들지 않고 밴더빌트의 주치의와 관계를 갖기 시작했다. 그 결과 밴더빌트에게 심장병이 있음을 알아냈다. 이번에는 밴더빌트의 주변 사람들과 접촉하면서 끊임없이 밴더빌트의 심장병을 환기시켰다. 주치의와 가족들은 밴더빌트에게 요양을 권했고, 결국 밴더빌트는 파리로 요양을 떠났다.

헐크는 파라과이 총독에게 접근하여 밴더빌트와의 부정 거래, 밴더빌트의 건강 등으로 위협하고 얼러서 결국 선박 운항 독점권을 수중에 넣는 데 성공했다.

'골드러시'를 나타낸 포스터.

'조호리산'의 관건은 상대를 '움직이게 만드는' '조(調)'에 있다. 움직이게 만들려면 조건을 창출해야 한다. 상대가 눈치 채지 못하는 방법과 수단이 요구되는 것이다. 이 전략은 내 전력이 상대와 비슷하거나 약할 때 상대의 전력을 분산시키는 전략임을 유의해야 한다.

경영 사례 2

비즈니스 경쟁은 전쟁을 방불케 한다. 전쟁은 한발 앞서 상대를 제압해야지 늦으면 제압당한다. 비즈니스도 마찬가지다. 중국 원저우(溫州)에서 있었던 사례다. 원저우 유리제조 기업의 공장장 텅쩡수이(滕增壽)는 독일의 유명한 유리강 기업 ABM의 대표와 설비 수입에 관한 업무를 협상하게 되었다. 두 사람의 대화다. 텅쩡수이가 먼저 묻는다.

"이번 대표께서 원저우에 오신 것은 사업 때문이죠?"
"물론이죠."
"돈을 벌어야겠죠?"

"물론이죠."

느닷없는 질문에 ABM 대표는 이해할 수 없다는 표정으로 협상 상대의 의중을 헤아리려 했다.

"비즈니스에서 돈을 버는 데는 두 가지 전제가 있습니다. 하나는 비즈니스가 크든 작든 좋든 나쁘든 따지지 않고, 앞날이 어떻게 되든 믿음을 지키며 합작하는 것입니다. 또 하나는 배짱이 있어야 합니다. 예를 들어 당신은 우리 동네 앞을 흐르는 이 강에다 100만 위안를 던질 수 있습니까?"

대표는 갑작스러운 도전성 질문에 어쩔 줄을 몰라 하며 함께 자리한 두 동료의 얼굴을 번갈아 가며 살피면서 자신의 머리를 쓰다듬었다.

"나 텅쩡수이는 그런 배짱을 갖고 있습니다."

사실 텅쩡수이는 100만 위안에 해당하는 약간의 하자가 있는 상품을 그렇게 처리한 바 있었다.

"세상에는 세 종류의 사람이 있습니다. 첫째는 말로 한 약속이라도 따져보지 않고 반드시 지키는 사람입니다. 둘째는 글로 써서 약속하고 사인하면 어기지 않는 사람입니다. 셋째는 말로도 글로도 약속하지 않는 사람입니다. 나 등중수는 첫째에 해당하는 사람입니다. 대표께서는 어떤 사람을 하시겠습니까?"

"첫 번째죠. 나도 당연히 첫 번째로 하겠소. 세 번째는 아예 거론
도 하지 마십시오."

"좋습니다. 의기투합했으니 비즈니스 이야기를 해봅시다."

　텅쩡수이의 이런 방식은 상대를 다른 곳으로 이끌어 자신의 의도
를 달성하는 '조호리산' 계책에 속한다 할 수 있다.

나의 36계 노트 **조호리산**

_____

_____

_____

_____

_____

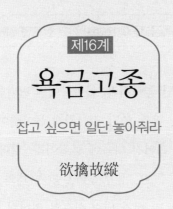

욕금고종

잡고 싶으면 일단 놓아줘라

欲擒故縱

한 번에 다 해치우려 하지 마라

누구나 성공을 갈망한다. 그러나 분명히 얻고 싶은데 서둘러서는 안 될 경우가 있다. 이럴 때는 일부러 놓아줌으로써 늦추는 방법도 필요하다.

왜 '욕금고종'해야 하는가? 서두르면 일을 그르치기 십상이기 때문이다. 특히 인내심과 지혜를 겨룰 때 경거망동은 독약이다. 현명한 상대를 만나면 나는 그보다 더 질기고 섬세한 인내심을 가져야 한다. 급하게 구해서는 안 될 뿐만 아니라 적당한 때 일부러 상대에게 유리한 상황을 만들어 줌으로써 그 달콤한 맛에 빠져 자신도 모르는 사이 내가 쳐 놓은 함정에 빠뜨려야 한다. 이때 손을 써서 상대를 제압하면 끝이다.

"잡고 싶으면 일단 놓아줘라. 몰아붙이면 반발한다. 도망가게 해서 기세를 꺾는다. 바짝 쫓되 지나치게 몰아붙이지 마라. 지치게 하고 투지를 꺾어 흩어진 다음에 붙잡아라. 칼에 피 묻히지 않을 수 있다. 《주역》의 '수(需)', '유부(有孚)', '광(光)' 괘와 같은 뜻이다."

《주역》의 '수'괘는 막 비가 내릴 상으로 위험의 존재를 상징한다. 따라서 반드시 돌파해야 하는데, 우선 잘 기다려야 한다. '유부'괘는 성심(誠心)을 의미하고, '광'괘는 널리 통한다는 뜻이다. 잘 기다려야 하며, (인내심을 포함한) 성심이 있으면 크게 길하고 유리하다는 의미다.

'욕금고종'에서 잡는다는 '금'과 놓아준다는 '종'은 그 자체로 모순이다. 군사상 '금'은 목적이고 '종'은 방법이다. 예부터 궁지에 몰린 적은 심하게 몰지 말라는 '궁적물박(窮敵勿迫)'이란 말이 있는데, 쫓지 말라는 것이 아니라 어떻게 쫓을지 살피라는 뜻이다. 적을 지나치게 몰아붙이고 쫓으면 죽을힘을 다해 반격하고, 그러면 내 손실도 적지 않기 때문이다. 그럴 때는 잠시 늦춰서 적의 경계심을 누그러뜨리고 투지를 꺾은 다음 다시 기회를 잡아 움직여야 상대적으로 쉽게 적을 섬멸할 수 있다.

'욕금고종'의 어원은 《노자》와 《귀곡자(鬼谷子)》까지 거슬러 올라간다.

"무엇을 빼앗고 싶으면 줘야 한다."《노자》

"가려는 자 놓아주고, 놓아줬으면 가게 하라."《귀곡자》〈모편謀篇〉

'욕금고종'의 고사는 《한진춘추(漢晉春秋)》 〈후주〉에도 보인다. 《36
계》에서는 '욕금고종'을 제16계에 놓았는데, 기력과 투지를 흩어 버
린 다음 붙잡아야 한다는 식으로 설명하고 있다. '놓아준다'는 뜻의
'종(縱)'은 그냥 놓아준다는 것이 아니라 상대를 따라다니며 느슨하게
만든다는 뜻을 포함한다. '도적을 궁지에 몰되 너무 바짝 뒤쫓지는
마라'라는 말도 이와 비슷하다. 뒤쫓지 않는다는 것은 따라다니지
않는다는 말이 아니라 그저 바짝 다그치지 않는다는 의미일 뿐이다.

　두 군대가 싸우는 중에 이 모략을 이용하려 한다면, 적의 기세가
셀 때 일부러 약한 모습을 보임으로써 적이 교만해져 사기가 해이
해지고 경계심이 느슨해진 뒤에 틈을 타서 도모해야 한다. 앞에서
언급했듯이 '잡는다'는 뜻의 '금'은 목적이요, '놓아준다'는 뜻의 '종'
은 수단이다. 수단은 목적을 위해 움직인다. '종'은 호랑이를 산으로
보내 주는 것이 아니라 목적
을 가지고 한 걸음 늦춰 주는
것이다.

　'욕금고종'이 더욱 광범위
하게 운용되는 분야는 역시
통치 활동이다. 특히 과거 관
료 사회의 내부 투쟁에서 그
효력을 크게 발휘했다. 또한
정치 영역에도 적용되는데,
고의로 상대방을 마비시키고
자 상대가 멋대로 행동하도

'욕금고종'의 어원을 전하는 귀곡자(하남성 운몽
산 귀곡동 앞에 조성된 귀곡자의 석상).

록 만들었다가 한꺼번에 처리하는 식이다.

춘추시대 정나라 장공(莊公)이 고의로 동생 공숙단(公叔段)을 종용해서 그를 극단까지 치닫게 했다가 일거에 쳐부순 것도 '욕금고종'의 모략이라고 볼 수 있다.

서진(西晉) 말기 유주도독 왕준(王浚)은 황제 자리를 찬탈할 모반을 꾀했다. 이 소식을 접한 진 왕조의 명장 석륵(石勒)은 왕준의 부대를 소멸해 버릴 계획을 세웠다. 그러나 왕준의 세력이 막강했기 때문에 석륵은 단번에 승리를 거두기 어렵다고 판단하여 '욕금고종' 계책을 이용해 왕준을 마비시키기로 결정했다. 석륵은 문객 왕자춘(王子春)에게 많은 재물을 들려서 왕준을 찾아가 바치게 했다. 이와 함께 왕준을 천자로 추대하고 싶다는 편지를 보냈다. 지금 사직은 쇠퇴하여 패망할 것이고, 중원에 주인이 없는 상황에서 왕준 당신이 천하에 위세를 떨치고 있으니 당신만이 황제가 될 자격이 있다는 내용이었다. 왕자춘은 왕자춘대로 왕준 곁에서 사탕발림으로 왕준의 비위를 맞춰 주었다.

한편 왕준의 부하 유통(游統)이 왕준을 배신하려고 기회를 엿보고 있었다. 유통은 석륵을 찾아가 몸을 맡기려고 했다. 그러나 석륵은 유통을 죽이고, 그의 머리를 왕준에게 보냈다. 이 일로 왕준은 석륵에게 완전히 마음을 놓았다.

314년, 석륵은 유주에 수재가 발생하여 굶어 죽는 백성이 속출한다는 소식을 접했다. 그러나 왕준은 백성을 돌보지 않고 각종 세금을 무리하게 거두는 바람에 백성의 원성이 끊고 군심이 동요한다는 것이었다. 마침내 석륵은 몸소 부대를 이끌고 유주 공략에 나섰다. 이해 4월, 석륵의 부대는 유주성에 이르렀다. 그러나 왕준은 여전히 꿈속을 헤매고 있었다. 그는 석륵이 자신을 황제로 추대하기 위해 왔다고 착각하여 전혀 대비하지 않았다. 석륵의 부하가 느닷없이 자신을 체포하자 그제야 꿈에서 깨어났다. 왕준은 석륵이 구사한 '욕금고종' 계책에 걸려들어 목이 잘리고 꿈은 거품이 되었다.

'욕금고종'과 가까운 계책으로 노자 《도덕경》(제36장)에 "약화시키려면 잠시 강하게 만들어야 한다(장욕약지將欲弱之, 필고강지必固强之)"라는 말이 있다. 움츠리고자 하면 먼저 펴야 하고, 약하게 만들고자 하면 먼저 강하게 만들어 줘야 한다. 끊어 없애고자 하면 먼저 흥하게 해 주고, 빼앗고자 하면 먼저 줘야 한다. 적이 강력할 때 또는 상대의 진면목이 완전히 드러나지 않았거나 사람들이 제대로 모를 때는, 성급하게 힘겨루기를 하지 말고 기회를 기다리며 적의 의지를 교만방자하게 만들어 경계심을 늦추고 해이해졌을 때, 그리하여 세상 사람들이 더욱 이목을 집중하고 친구들이 적극적으로 지지할 때 행동을 개시하여 승리를 거두는 것이다.

싸움이란 적을 소멸하고 그 기반을 빼앗아야만 목적을 달성하는 것이다. 그런데 적을 소멸하는 목적에만 급급해서 지나치게 몰거나 압박하면 적이 물러서기는커녕 죽을힘을 다해 반격해 올 것이다. 그 경우 내 쪽의 손실도 각오해야 한다. 심하면 상대를 소멸한다는 최종 목적도 달성하지 못하고 낭패만 본다. 이때는 적에 대한 공세를 잠시 늦추는 것이 효과적이다. 이는 호랑이를 산으로 돌려보내는 것이 아니다. 어디까지나 적의 투지를 꺾고 체력과 재력을 서서히 소모시키는 것이 목적이다. 그러고 나서 다시 기회를 살펴

일거에 적을 섬멸하는 것이다.

'욕금고종'의 사례로 가장 유명한 제갈량의 '칠종칠금(七縱七擒)'은
감정에 따른 조치가 결코 아니었다. 제갈량의 최종 목적은 정치적
으로 맹획(孟獲)의 영향력을 이용하여 남방을 안정시키고, 그 기반
위에서 강역을 확충하자는 데 있었다. 제갈량의 '칠종칠금'은 놓아
주고 살금살금 뒤따라가는 것으로, 이리저리 몰고 다니면서 결국
은 불모의 땅에 이르게 했다. 제갈량이 일곱 번 놓아준 뜻은 땅을
개척하자는 데 있었다. 맹획을 이용해서 여러 세력을 복속시킨 이
유다. 물론 정상적인 병법이라 할 수는 없다. 전쟁이라면 잡았다
놓아주는 일은 결코 없었을 것이다.

군사 전략은 늘 '변(變)'과 '상(常)'이 교차된다. 적을 놓아주는 것은
일상적인 예가 아니다. 평범한 상황이라면 잡은 적을 놓아주지 않
는다. 그러나 제갈량은 형세와 시기를 잘 살펴서 적의 심리를 공략
하는 계책으로 '칠종칠금'함으로써 주도권을 확실하게 장악한 다음
최종 목적을 달성했다. 제갈량의 전략은 이런 점에서 대단히 의미
심장하다.

《삼국지》 사례

촉한이 수립되자 나라의 주요 정책이 북벌에 초점이 맞춰졌다.
서남 지역의 우두머리 맹획은 10만 대군을 이끌고 촉한을 침범해
왔다. 제갈량은 서남 지역을 평정하지 않으면 북벌에 적지 않은 차
질이 생기겠다고 판단하여 먼저 맹획을 토벌하기로 결정했다.

제갈량의 '칠종칠금'은 '욕금고종'의 가장 대표적인 실천 사례다. 사진은 인천 차이나타운 《삼국지》 벽화의 '칠종칠금' 부분이다.

제갈량이 이끄는 촉의 주력군은 노수(瀘水) 부근에 이르러 적을 유인해 냈다. 물론 그 전에 산속에 복병을 숨겨 놓은 터였다. 이를 눈치 채지 못한 맹획은 촉군을 얕잡아 보고 매복권까지 맹렬하게 진격했다가 매복에 걸려 그만 포로로 잡히고 말았다.

제갈량은 서남 지역에서 맹획의 위세와 영향력을 고려하여 그의 마음을 공략하는 공심(攻心) 전략을 구사하기로 했다. 그가 진심으로 촉에 복종하게 만들자는 것이었다. 제갈량은 맹획을 조건 없이 풀어 주었다. 그러길 일곱 차례, 맹획은 마침내 마음으로 제갈량에 복종했고, 촉한은 서남 지역을 안정시키고 영토를 넓힐 수 있었다.

경영 사례 1

타이완의 젊은 사업가 쭝핑량(種平良)은 자동차 수리 공장에서 잔뼈가 굵은 기술자였다. 그는 자신의 자동차 기술에 자부심과 자신감을 갖고 직접 자동차를 만들기로 결심하여 독립을 선언했다.

'잡고 싶으면 놓아줘라'라는 '욕금고종'의 광고 전략으로 구매자의 호기심을 크게 흔들어 성공한 '예랑'의 모터사이클이다.

그러나 현실은 녹록지 않았다. 바로 기술과 자본의 한계에 부딪쳤다. 하지만 그는 좌절하지 않았다. 전략을 바꿔서 자동차보다 기술적으로 한결 쉬운 모터사이클, 즉 오토바이 제작 사업으로 전환했다.

몇 년 동안 전력투구한 결과 쫑핑량은 '예랑(野狼) 125'라는 새로운 모터사이클을 만들어 내는 데 성공했다. 시장에 정식으로 출시하기에 앞서 대대적인 광고를 시작했는데, 이 광고 전략으로 '욕금고종' 방식을 취했다.

그는 출시 일주일 전에 이런 광고를 냈다.

"오늘 모터사이클을 사지 않으셨다면 6일만 기다려 주십시오. 모터사이클 구매는 신중해야 합니다. 생각하지 못한 새로운 모터사이클이 곧 옵니다!"

다음 날은 이렇게 광고했다.

"5일만 기다려 주십시오. ……."

그다음 날은 "4일만……" 그다음 날은 "3일만…… 외관, 동력, 연료, 내구 모든 면에서 다른 모터사이클이 옵니다"라는 식으로 7일 동안 소비자의 관심을 당겼다 놓았다 하는 절묘한 심리 전략을 이용해 관심과 흥미를 최고조로 끌어 올린 다음 7일째 신제품을 출시했고, '예랑 125'는 날개 돋친 듯 팔려 나갔다.

'욕금고종'은 소비자의 구매욕을 낚아 올리는 전략이다. 요즘 말로 밀고 당기는 '밀당'을 잘해야 한다. 이때 중요한 지점은 강약과 완급의 조절이다. 경쟁에서는 상대가 방심하고 자신의 수를 마음껏 드러내게 만드는 것으로, 경영에서는 소비자의 흥미와 호기심을 한껏 부추기는 것으로 나타난다.

경영 사례 2

비즈니스에서 '욕금고종'은 주로 '무엇인가를 취하고자 하면 먼저 주어라'는 방식으로 나타난다. 일반적으로 말해 거래 쌍방은 담판 과정에서 사는 쪽은 늘 충분한 시간을 들여 뜻하지 않은 높은 가격이 제시되지 않는가를 고려한다. 파는 쪽은 거래가 막 시작되었을 때 준비가 되지 않은 상황에서 상대가 가격을 후려치지 않을까를 고려한다. 이렇게 해서 쌍방이 나름 충분히 적응해야만 최종 협의에 이를 수 있다. 따라서 쌍방은 상대방의 입장에서 생각해 보아야지 서둘러 상대의 양보를 압박해서는 안 된다.

특히 주의해야 할 점은 외국인과의 거래에서는 늘 술이 빠지지 않는다는 사실이다. 상대방의 영역에 발을 디디는 순간 상대의 친절하고 열렬한 환대와 마주하게 된다. 긴 시간 여행으로 호텔에서 먼저 쉬거나 한숨 자고 싶은 경우도 많다. 그러나 비행기나 열차에서 내리는 순간 아리따운 아가씨의 환영과 함께 멋진 저녁이 준비되어 있다는 이야기를 듣게 된다. 아무리 피곤하다고 이야기해봐야 소용없다. 그녀의 열렬한 환영과 친절한 마음을 상하게 하지 않으려고 얌전히 따르게 된다.

만찬에서 잘 먹고 잘 마신 뒤 늦게 숙소로 돌아오면서 아주 즐겁고 좋은 시간을 가졌다며 만족해한다. 그러나 이튿날 아침 일찍 비즈니스 상대가 협상 테이블로 당신을 이끌어 조목조목 가격을 제시하며 정신을 빼놓는다. 아직 잠에서 덜 깬 당신의 두뇌는 제대로 돌아가지 못하고 자신도 모르는 사이에 상대에게 정복 당한다.

미국의 코카콜라는 중국 시장을 공략하기에 앞서 중국에 무려 400만 달러에 해당하는 파이프 설비를 무상으로 제공하는 한편 엄청난 광고비를 썼다. 시장이 열리자 코카콜라는 상황에 근거하여 가격을 조정할 수 있었다.

나의 36계 노트 **욕금고종**

_____

_____

_____

_____

_____

제17계

포전인옥

벽돌을 버려서 옥을 가져오다

抛磚引玉

노력보다 중요한 것이 방법이다

'포전'은 '인옥'을 위한 것이다. 주는 것은 얻기 위한 것이다. 무엇을 얻으려 한다면 반드시 먼저 다른 것을 버릴 줄 알아야 한다. 대가를 치르는 것을 배워야만 이익을 얻을 수 있다.

성공은 그저 노력하는 것만으로는 부족하다. 때로는 성공을 위해 버릴 수 있어야 한다. 버리면 마음이 아프겠지만 작은 것에 욕심내어 큰일을 망칠 수는 없다. 큰 이익을 위해 작은 이익을 버리는 행동은 분명 가치가 있다. 무엇이 크고, 무엇이 먼저인지를 가려서 버릴 것은 버리고 간직할 것은 간직해야 한다.

"벽돌을 버려서 옥을 가져온다. 모종의 비슷한 것으로 적을 유혹하여 유혹에 넘어간 무지몽매한 자를 치는 것이다."

이 계책에도 우매한 자를 뜻하는 '몽'괘를 인용했다.(제14계 '차시환혼' 참고)

이 계책을 군사에서 사용할 때는 먼저 비슷한 사물로 적을 유혹하고 속여서 내가 쳐 놓은 영역으로 빠뜨린 다음에 공격하는 것이다. '벽돌'은 작은 이익을 가리키는 미끼에 해당하고, '옥'은 작전의 목적으로 큰 승리를 가리킨다. 벽돌을 버리는 것은 목적을 달성하기 위한 수단이고, 옥을 가져오는 것은 목적이다.

물고기를 낚을 때 미끼가 필요하듯, 물고기가 향기로운 미끼를 맛보고 낚싯바늘에 걸려들게 만든다. 적이 어느 정도 편의를 보고 이익을 얻으면 더 큰 것을 탐내서 내가 쳐 놓은 그물로 들어오는 것이다.

'포전인옥'의 고사는 당나라 현종(玄宗) 개원(開元) 연간(713~741년)에 진사에 급제한 상건(常建)의 《상건집(常建集)》에 나온다.

"상건은 조하(趙嘏)의 시를 너무 좋아했다. 그러던 중 조하가 오(吳) 지방 영은사(靈隱寺)로 유람 온다는 소식을 듣고 그의 시흥을 자극하기 위해 미리 영은사로 가서 담벼락에 시 두 구절을 적어 놓았다. 아니나 다를까, 영은사를 찾은 조하가 담벼락에 적힌 미완성의 시를 보고는 두 구절을 덧붙여 완전한 한 수를 만들었는데, 상건의 두 구절보다 한결 좋았다. 그래서 사람들이 상건의 이런 수법을 '포전인옥'이란 말로 평했다."

정등길(程登吉)의 《유학구원(幼學求源)》(24권)에도 이 이야기가 인용되어 있는데, 다음의 고증을 덧붙였다.

"상건은 개원 15년(727년)의 진사 출신이고, 조하는 당 무종(武宗) 회창(會昌) 2년인 842년의 진사 출신이다. 두 사람이 살았던 시간의 간격이 백 년이 넘는다. 상건이 조하를 알았을 리 만무다. 《상건집》의 내용은 후세 사람이 지어낸 이야기에 두 사람의 이름을 갖다 붙인 것임을 알 수 있다. 어찌되었건 이 고사가 뜻하는 바는 아주 분명하다."

이 말은 북송 때 도원(道原)이 지은 《경덕전등록(景德傳燈錄)》에도 보인다.

"조주임(趙州稔)이 대중을 향해 세상 문제에 해답을 구하는 자는 나오라고 말했더니, 중 하나가 나와 절을 올렸다. 그러자 조주임이 '포전인옥하려고 얘길 꺼냈더니 벽돌만 얻었구나'라고 말했다."

《경덕전등록》은 송나라 진종(眞宗) 경덕 원년인 1064년 불교도 도원이 편찬한 불교의 법어록과 전설을 모은 책이다. 조주임은 당나라 후기의 고승인 종임(從稔) 선사(778~897년)를 가리킨다. 조주(趙州)에 있는 관음원(觀音院)에 기거했기 때문에 조주임이라 불렀다. 그가 한번은 대중을 모아 놓고 의심이 들고 어려운 세상 문제에 해답을 구하려는 자는 나와서 말해 보라고 했다. 그러자 중 하나가 나와 절을 올렸다. 이에 조주임이 "내 본디 '포전인옥'해 볼까 했더니 뜻하지 않게 벽돌 덩이 하나를 얻었구나"라며 혀를 찼다는 것이다. 자기 같은 중(벽돌)이 여러 사람에게 세간의 문제에 대한 고견(옥)을 얻으려고 말을 꺼냈더니, 중(벽돌)이 나오더라는 것이다.

'포전인옥'이 정치 모략으로 활용될 때는 흔히 그 자신은 확실한 소견이 없지만 우선 나름의 의견을 발표하여 다른 사람들의 심각한 견해를 끌어내는 것으로 나타난다. 또는 다른 사람의 의도와 견해를 끌어내기 위해 자기가 먼저 '미끼'가 될 만한 의견을 제기하여 원하는 바를 달성하기도 한다. 오늘날 일상생활에서 '포전인옥'은 겸손한 말로 통한다.

《36계》에서는 '포전인옥'을 '공전계(攻戰計)'의 하나로 분류한다. 적이 의심하지 않는 사이, 늙고 약한 잔병이나 식량 군수품을 이용하여 적을 유인하는 경우를 들 수 있다.

기원전 700년, 초나라는 군대를 내서 교(絞)를 공격했다. 대군의 행동은 신속하고 사나웠다. 기세등등한 초나라 군대를 맞이한 교나라는 나가 싸웠다가는 승산이 없음을 바로 깨닫고 성을 굳게 지키며 장기전에 돌입하기로 했다. 교성은 지세가 험하여 지키기는 쉽지만 공격하기는 어려웠다.

초군은 기세를 몰아 여러 차례 공격했지만 모두 격퇴당하고 말았다. 양군은 이렇게 한 달을 대치했다. 초나라 대부 막오굴하(莫傲屈瑕)는 양군의 상황을 자세히 분석하여 교성은 힘이 아니라 꾀로만 취할 수 있겠다고 판단했다. 굴하는 초왕에게 '물고기를 미끼로 대어를 낚는다'는 계책을 올리며 "성을 공격하기보다는 이익으로 꾀는 것이 낫습니다"라고 했다.

초왕은 적을 유혹하는 방법을 물었고, 굴하는 한 달 가까이 포위당한 교성에 땔감이 부족할 것이니 병사 몇을 나무꾼으로 변장시켜 산에 올라가서 땔나무를 해 오게 하라고 건의했다. 나무꾼의 땔감을 보면 적군이 틀림없이 성을 나와 땔감을 빼앗아 갈 것이다. 그러면 며칠 동안 교성의 군사들이 작은 이익을 취하도록 내버려 두었다가 그들이 경계심을 늦추고 많은 병사가 성을 나와 땔감을 취할 때, 매복으로 퇴로를 차단한 뒤 그 기세로 성을 빼앗으면 된다는 것이었다.

초왕은 적이 그렇듯 쉽게 걸려들겠냐고 의심했다. 굴하는 "대왕께서는 마음을 놓으십시오. 교나라는 작지만 경박합니다. 경박하면 꾀가 부족하지요. 이 정도의 미끼라면 걸려들지 않고는 못 배길 것입니다"라고 했다. 초왕은 굴하의 계책에 따르기로 결정했다. 결과는 굴하가 예상한 대로였다.

현대에 들어와서 '포전인옥' 모략은 더 많이 활용되었다. 일본이 진주만을 기습한 후 미국의 한 통역 팀은 일본이 태평양 쪽으로 보내는 많은 무선전보 중에서 'A·F' 두 글자가 유달리 많다는 사실을 발견했다. 그들은 이 AF가 미드웨이섬(Midway I.)일 가능성이 있는 것으로 판단했다. 좀 더 확실한 정보를 알아내기 위하여 미드웨이섬에 주둔한 미군 해군사령부가 거짓으로 간단하고 쉬운 영어로 '미끼'를 실은 무선전보를 치게 했다. 미드웨이섬의 담수 시설이 고장났다는 보고였다. 얼마 후 미국 공군은 일본군의 암호 전보 중에서 과연 'AF에 담수가 부족할 가능성이 있다'는 내용을 탐지해 냈다. 당초의 추측과 판단이 옳았던 것이다. 한 걸음 더 나아가 일본군이 미드웨이섬을 공격하기 위해 전진하려 한다는 사실도 알아냈다. 미군의 '포전인옥' 전술은 그 뒤 미드웨이 전투에서 승리를 거두는 데 큰 공헌을 했다.

전쟁에서 적을 유인하는 방법은 헤아릴 수 없이 많고 다양하다. 그중에서도 가장 오묘한 방법이라면 사이비가 아닌 아주 비슷한 것을 이용하는 방법이다. 한마디로 가짜를 진짜로 확신하게 만드는 것이다. 예를 들어 깃발을 휘날리고 북을 마구 두드려 적을 유인하는 것은 '의사(疑似)', 즉 실재와 비슷한 것을 사용하는 방법으로는 효과를 보기 어렵다. 그러나 늙고 약한 병사를 활용하거나 양식과 땔감 따위를 버려서 적을 유인하는 방법은 거의 같은 것을 이용하는 방법으로 적을 유인하기 훨씬 쉽다. 이 방법은 적의 착각을 이끌어 내서 잘못된 판단을 내리게 하기 쉽다.

물론 이 방법을 사용하려면 적장의 상황을 충분히 파악해야 한다. 여기에는 상대의 군사 수준, 심리적 소양, 성격의 특징 등이 포함된다. 이와 관련하여 《백전기략》의 다음 대목이 눈길을 끈다.

"적과 싸울 때 적장이 어리석고 변화를 모르면 이익으로 유인하기 쉽다. 또 이익을 탐하고 그 피해를 모르는 자라면 복병으로 공격할 수 있다. 그런 군대는 물리칠 수 있다. 이것이 이익으로 유혹하는 방법이다. 방연은 교만하고 자기 멋대로였기 때문에 손빈의 '밥솥을 줄여 적을 유인한다'는 '감조유적(減灶誘敵)' 계략에 말려 마릉에서 죽은 것이다."

《삼국지》 사례

제갈량이 북벌을 계획하고 진행하는 과정에서 만난 가장 노련한

제갈량은 호로곡에서 자신이 발명한 목우유마를 이용해 사마의를 유인하는 '포전인옥' 계책으로 승리했다. 사진은 목우유마로 식량을 운반하는 장면이며 백제성(白帝城)의 벽화 중 하나다.

상대는 사마의(司馬懿)였다. 사마의는 제갈량을 제대로 이해했고, 따라서 군사적으로 대단히 신중했다. 제갈량으로서는 아주 상대하기 힘든 적수가 아닐 수 없었다. 제갈량은 사마의를 제거하기 위해 '포전인옥' 계책을 사용하기로 했다. 제갈량은 호로곡에다 군대를 매복시켜 놓고 고상(高翔)에게 목우유마(木牛流馬, 식량을 운반하기 위해 말이나 소 모양으로 만든 나무 수레. 제갈량이 발명했다고 전해진다.)를 이용하여 산 위로 식량을 운반하게 했다. 적이 식량을 탈취하도록 일부러 던지는 미끼였다. 이와 함께 위연(魏延)에게 5백 명의 군사로 위의 군영을 공격하게 했다. 사마의는 군영을 나와 싸웠다. 위연은 패하는 척 달아났고, 사마의는 이를 뒤쫓다가 계곡에 매복해 있던 제갈량의 공격을 받아 큰 곤욕을 치렀다.

경영 사례 1

'포전인옥' 전략을 구사하여 성공한 '요우마(有馬, 유마) 식당'의 사례는 지금도 경영에서 널리 활용된다. 헤이룽장 하얼빈에서 창업한 요우마는 가족 식당의 기치를 내걸고 출발했다. 이에 따라 어린아이들의 마음을 잡을 수 있는 방법을 고심했다. 중국의 가정은 1자녀 정책으로 대부분 아이가 하나였다. 그래서 아이들은 '소황제(小皇帝)'라고 부를 정도로 귀한 대접을 받는다.

요우마는 우선 아이들이 음식을 잘 흘리는 점을 포착하여 아이 전용 앞치마와 턱받이를 준비했다. 앞치마와 턱받이를 단순하게 제작하지 않고 아이들이 좋아하는 동물 도안과 다양한 장식을 곁들인 특별한 디자인으로 주문했다. 물론 상당한 비용이 들었다. 요우마는 한 걸음 더 나아가 턱받이와 앞치마를 선물로 주었다.

아이들의 반응은 폭발적이었다. 외식을 하려고 하면 너나 할 것 없이 요우마를 외쳤다. 요우마는 하얼빈 여러 곳에 분점을 내는 기업형 식당으로 크게 성공했다. '포전인옥' 전략에서 보자면 앞치마는 벽돌이고, 아이들은 귀한 옥인 셈이다.

'포전인옥' 전략의 핵심은 구매자의 심리와 그 변화에 민감해야 한다는 것이다. 또한 이 전략의 목적이 옥을 끌어오는 '인옥'에 있다는 점을 분명히 인식해서 벽돌을 무작

동화 캐릭터로 장식한 아동용 앞치마.

정 버리거나 던져서는 안 된다. 작은 것을 버려서 큰 것을 얻을 수 있는 전략은 얼마든지 있다. 최근 경영에서 일반화된 기부나 찬조 같은 사회 공헌도 이 전략과 같은 맥락이라 할 수 있다.

경영 사례 2

당나라 때 사람인 두공(竇公)은 가업을 잘 경영하여 집에도 쌓아둘 만큼 많은 돈을 벌었다. 그의 경영법은 단 네 글자 '포전인옥'이었다. 그가 가업을 크게 키운 데는 이런 사연이 있었다.

원래 두공은 경성에 땅을 갖고 있었다. 이 땅은 공교롭게 권세를 누리던 환관의 집과 붙어 있었다. 많은 사람들이 이 땅을 사고 싶어 했고, 환관도 갖고 싶었다. 그런데 두공은 상당한 시가의 이 땅을 한 푼도 받지 않고 환관에게 그냥 주었다. 환관은 고마워 어쩔 줄 몰라 했다.

얼마 뒤 두공은 강회 지방에 출장을 갈 일이 생겼다. 두공은 환관이 담당하고 있는 그 지역의 관리들에게 편지 몇 통을 써달라고 요청했다. 환관은 흔쾌히 편지를 써 주었다. 두공은 이 편지들을 빌려 땅값의 열 배가 넘는 돈을 벌었다. 이로써 그의 가업은 튼튼해지기 시작했다.

그 뒤 두공은 교외의 웅덩이 물로 가득 찬 땅을 사들였다. 그리고는 여종업원을 시켜 떡을 가지고 그 땅으로 가서 그 주변에서 놀고 있는 아이들에게 "누구든 돌이나 벽돌 조각 따위를 주워 저 웅덩이에게 던져 넣으면 떡을 준다"라고 하게 했다. 아이들은 다투어 돌이나 벽돌 조각을 웅덩이에 던졌고, 얼마 지나지 않아 웅덩이는 완전히 메워져 평지가 되었다. 두공은 이곳에 흙을 깐 다음 페르시아 상인들을 위한 전용 여관을 지어 매일매일 큰돈을 벌었다.

이렇듯 두공은 먼저 적게 먹은 다음 큰 이익을 얻었다. 그가 땅을 환관에게 그냥 주지 않았더라면 그 땅값보다 훨씬 많은 돈을 어떻게 벌 수 있었으며, 떡을 나눠주지 않았더라면 어떻게 그 웅덩이를 쉽게 메워 여관을 지을 수 있었겠는가? '포전인옥'의 힘이 아닐 수 없다.

나의 36계 노트 **포전인옥**

_____

_____

_____

_____

_____

제18계

금적금왕

도적을 잡으려면 우두머리를 잡아라

擒賊擒王

몸통과 꼬리가 같이 따라와야 진짜 '왕'이다

'도적을 잡으려면' 이왕이면 '왕을 잡아라'라는 '금적금왕'은 '뱀을 잡으려면 가장 중요한 부분을 쳐라'라는 속담과 같은 의미다. 조직의 핵심 인물이 떠나면 나머지 사람들도 이내 흩어지기 십상이다. 큰 나무의 뿌리가 뽑히면 이파리도 다 말라 죽는다. 관건이 되는 요소나 부분이 전체 국면에 영향을 주는 것이다.

성공한 사람들은 이 책략을 중시했다. 핵심이 되는 문제가 해결되면 나머지 문제들은 더 이상 문제가 되지 않는 경우가 많다. 일할 때도 마찬가지다. 먼저 핵심이 되는 문제를 파악해서 해결할 줄 알아야 한다.

"도적을 잡으려면 우두머리를 먼저 잡는다. 단단한 곳을 뿌리 뽑고 그 우두머리를 빼앗아 몸을 해체한다. 바다의 용이 들에 나와 싸우듯 그 처지가 절박해진다."

이 계의 후반부는 《주역》의 '상(象)'괘를 인용하고 있다. 용처럼 아무리 강한 존재라도 물이 아닌 들에서 싸우면 곤란한 지경에 빠질 수밖에 없다. 전투 중 '금적금왕' 계책의 위력을 비유한 말이다.

'금적금왕'은 당나라 시인 두보(杜甫)의 《출새곡(出塞曲)》 중에서 〈전출새(前出塞)〉에 나온다.

활을 당기려면 세게 당기고
화살을 쏘려면 멀리 쏘아라.
사람을 쏘기 전에 먼저 말을 쏘고
적을 잡으려면 왕을 먼저 잡아라.

사람을 죽이는 것에도 한계가 있고
여러 나라에는 각기 경계가 있다.
침략을 실로 잘 통제할 수 있다면
거기에 어찌 많은 살생이 있으리.

두보(712~770년)는 스물네 살 때 낙양에서 치른 진사 시험에 낙방한 후 마흔 살 무렵 잠시 낮은 관리 생활을 했다. 마흔네 살 때 안

녹산의 난을 피해 섬서·
사천으로 갔다가, 다시 호
북·호남 등지로 평생 유
랑을 했다. 〈전출새〉라는
시는 남이 자신을 침략하
는 것에 반대하고, 또 남
을 침략하는 것도 반대하
는 인도주의 사상을 나타

'금적금왕' 계책을 탄생시킨 시인 두보.

낸다. 동시에 '금적선금왕(擒賊先擒王)'이라는 평범하면서 심각한 모
략을 반영하고 있다.

《36계》에서는 '금적선금왕'을 '금적금왕' 네 글자로 줄여 공전계의
마지막 계이자 제18계에 편입시켰다. 쉽게 말해서 적의 주력을 허
물어뜨리고 그 수령을 잡으면 전체 역량을 와해시킬 수 있다는 것
이다. 이 모략의 기본 정신은 전쟁에서 적의 주된 모순을 단단히
움켜쥐고 철저히 승리를 챙기는 것이다.

예부터 병가에서는 전투를 지휘할 때 전체 국면을 가슴에 품고
처음과 끝을 꿰뚫어 보며 승기를 잡아 전과를 확대해 나가면서 대
승을 거둘 수 있는 전기를 놓치면 절대 안 된다는 점을 강조해 왔
다. 적을 무너뜨리고 완전한 승리를 얻을 수 있는데도 적의 주력을
소멸하지 못하거나 그 우두머리를 잡지 못한다면, 다 잡은 호랑이
를 산에다 놓아주는 것처럼 그 후환이 무궁무진할 것이다.

고대 전쟁에서 양군의 작전은 얼굴을 맞대고 싸우는 '육박전'이
며, 이로 인해 엄청난 살생이 일어난다는 사실은 쌍방의 지휘자 모

두가 잘 알고 있었다. 따라서 혼전 중에 한쪽이 패하여 도주할 경우 그 편의 장수는 위장을 하고 도망갔다. '금적금왕'은 적의 장수를 드러나게 해서 잡는 방법을 동시에 구사하는 모략으로, 쌍방이 서로 대립하는 고대에서는 대단히 중요한 모략이었다.

《신당서》〈장순전(張巡傳)〉에 전하는 기록을 보자. 당 숙종 때 장순(張巡)과 윤자기(尹子奇)가 작전을 벌였다. 장순의 군대가 적장의 깃발이 있는 군영을 향해 공격하여 적장 50여 명과 병사 5천여 명의 목을 잇달아 베니 적진은 삽시간에 혼란에 빠졌다. 이때 장순이 윤자기를 찾아 죽이려 했으나 그의 얼굴을 몰랐다. 그래서 병사들에게 쑥 줄기를 화살 삼아 적을 향해 쏘라고 했다. 그 화살에 맞은 적들은 자신이 멀쩡하자 매우 기뻐했다. 병사들은 장순 군대의 화살이 바닥 난 줄 알고 서둘러 윤자기에게 보고했다. 이렇게 해서 윤자기를 찾아낸 장순은 즉각 부장 남제운(南霽雲)에게 진짜 강한 화살을 쏘게 하니, 그중 한 발이 윤자기의 왼쪽 눈을 맞혔다. 깜짝 놀란 윤자기가 병사들을 수습하려 했으나 이내 포로가 되고 말았다.

명나라 영종(英宗)은 태감 왕진(王振)을 지극히 총애했다. 왕진은 간사한 환관으로 황제의 총애를 믿고 전권을 휘두른 통에 조정 안팎에서 그를 두려워하지 않는 사람이 없었다. 당시 북방에

장순은 기발한 계책으로 적장을 확인하여 '금적금왕'을 성공시켰다.

서는 와랄족(瓦剌族)이 점점 힘을 키워 중원을 엿보고 있었다. 대신들은 와랄이 남쪽으로 진출하는 것을 막기 위해 남쪽 길목에다 방어 시설을 구축하자고 건의했다. 그러나 왕진은 이를 물리치고 온갖 방법으로 와랄의 우두머리 야선(也先)의 비위를 맞춰 주었다.

1499년, 야선이 몸소 대군을 이끌고 대동(大同)을 공격했다. 영종은 직접 정벌에 나서겠다며 왕진을 총사령관에 임명했다. 식량 등 준비가 덜 된 상태에서 50만 대군이 황급히 북상했다. 그러나 도중에 큰비까지 만나 도로 상태가 엉망이 된 통에 행군이 더디기만 했다. 이 정보를 입수한 야선은 쾌재를 불렀다. 그는 영종을 잡고 중원을 평정할 좋은 기회라고 판단했다. 야선은 명의 군대가 대동에 진입하자 병마를 후방으로 철수했다.

왕진은 와랄 군대가 명의 대군을 보고 겁에 질려 후퇴하는 것이라 판단하여 추격을 명령했다. 일찌감치 준비하고 있던 야선은 정예병을 둘로 나누어 양옆에서 명의 군대를 포위했다. 명나라 군대의 선봉 주영(朱瑛)과 주황(朱晃)은 와랄의 복병을 만나 전군이 궤멸당하고 말았다. 영종은 하는 수 없이 북경으로 군대를 돌리라는 명령을 내렸다.

후퇴하는 명의 군대가 토목보(土木堡)에 도착할 무렵 날은 이미 어둑어둑 저물고 있었다. 대신들은 부대를 20리 정도 더 전진시키자고 건의했다. 회래성(懷來城)이 험준하기 때문에 그곳을 지키면서 원군을 기다리자는 것이었다. 왕진은 수레가 무게를 견디지 못한다는 등 말도 안 되는 이유를 들어 토목보에서 기다리자고 고집했다.

야선은 명의 군대가 회래성에서 진을 치는 것이 두려워 서둘러 추격을 명령했다. 명의 군대가 토목보에 도착한 다음 날 야선은 토목보를 포위할 수 있었다. 토목보는 고지라 물이 부족했다. 야선은 그 지역의 유일한 수원을 통제했다. 이틀 정도 물이 공급되지 않자 명의 군대는 동요하기 시작했다.

야선은 왕진에게 사람을 보내 화의를 청하는 편지를 전달했다. 왕진은 지금이 바로 포위를 돌파할 시기라고 판단하여 각 부대에 회래성 방향을 향해 포위를 뚫으라는 명령을 내렸다. 이는 왕진을 끌어내려는 야선의 유인책이었다. 명의 군대가 토목보를 떠난 지 얼마 되지 않아 와랄의 군대가 사방을 포위했다. 영종은 혼란 속에서 친위병의 호위를 받으며 포위를 돌파하려 했으나 성공하지 못하고 결국 포로가 되었다. 왕진은 당황하여 자기 목숨이라도 부지하려고 도망가다 호위장군 전충의 철퇴에 맞아 죽었다. 지휘부를 잃은 명의 군대는 우왕좌왕하다 50만 전군이 전멸당했다.

지금은 전쟁의 형태 자체가 근본적으로 변했다. 이 모략을 운용하려면 적의 지휘 기구를 이해해야 하는데, 통상 정면 작전에 기습 수단을 배합해서 운용한다. 특히 낙하산과 비행기가 전쟁에 출현하면서 '금적금왕'은 더욱 기묘하고 다양한 특징을 띠었으며, 일반적인 전술 동작에서 전략적 행동으로 발전했다. 또한 소규모 기습에서 대규모 기습으로 발전했다.

흔히 전쟁 도발자는 정치적 기만술과 외교적 위장술로 진정한 의도를 가린 채 갑작스럽게 적국의 수도나 전략적 요충지를 엄습하여, 단숨에 상대의 목덜미를 움켜쥐고 상대 통수 기관의 저항을 눌러 버림으로써, 다른 지역 부대가 힘 안 들이고 침투할 수 있는 조건을 창조한다. 제2차 세계대전 중 히틀러가 낙하산 부대를 노르웨이에 투하한 것이나, 1970년대 말 소련군 비행기가 아프가니스탄 카불에 투하된 것 모두 이 사례에 속한다.

전쟁에서 적을 물리치는 것만큼 큰 이익은 없다. 그러나 작은 승리에 만족하여 더 큰 승리를 취할 수 있는 기회를 놓친다면, 병사들에겐 승리일지 몰라도 장군의 실책이요, 전공의 손실이 아닐 수 없다. 기회가 왔는데도 지휘부를 공략하지 못하고 적의 우두머리를 잡지 못하는 것은 호랑이를 산으로 살려서 돌려보내는 것과 마찬가지로 그 후환이 무궁할 것이다. 고대 전쟁에서 상대 지휘관의 동향을 파악하는 것은 별로 어렵지 않았다. 그래서 기회가 왔을 때 적장을 잡거나 적장을 사로잡을 기회를 창출하는 경우가 적지 않았다. 다만 적장이 패하고도 이를 숨기거나 위장한다면 순간적으로 알아채지 못할 수 있다는 점을 배제하긴 어렵다.

《삼국지》 사례

《삼국지》에서 '금적금왕'의 사례를 들자면 제갈량이 맹획을 사로잡은 '칠종칠금'이 있다.(제16계 '욕금고종' 참고) 여기서는 다른 사례를 소개한다.

유비는 노숙을 통해 형주를 빌린 다음 관우를 형주로 보내 지키게 하면서 형주를 동오에 돌려주지 않겠다는 의사를 분명히 했다. 주유가 죽자 노숙이 대도독 자리를 이어받았다. 노숙은 형주를 돌려받기 위해 관우에게 공작을 벌이기로 했다. 노숙은 먼저 좋은 말

노숙은 '금적금왕' 계책으로 관우를 잡으려다 간파당해서 실패했다.

로 관우에게 형주 반환을 권해 보고 말을 듣지 않으면 관우를 붙잡아 둔 다음 형주를 공격하여 되찾기로 했다.

노숙은 관우를 초대하여 술자리를 베풀며 환대하는 한편 여몽에게 복병을 숨겨 놓고 기다리라는 밀령을 내렸다. 관우는 술자리에서도 형주 이야기를 피하다 헤어질 때가 되자 서둘러 작별 인사를 하고 자리를 뜨려 했다. 노숙은 복병들에게 관우를 체포하라는 명령을 내렸다.

노숙의 수를 일찌감치 간파한 관우는 노숙의 손을 잡아끌고 나루터로 갔다. 계략이 들통난 노숙으로서는 관우의 손에 이끌려 나루터까지 갈 수밖에 없었다. 여몽 등은 노숙이 해를 입을까 봐 감히 손쓸 수가 없었다. 이렇게 해서 관우는 안전하게 나루터에 이르러 자기 배를 타고 형주로 돌아왔다.

경영 사례 1

영국 유학생 왕창(王强)은 작은 마을에 있는 학교를 다녔는데 여러 가지로 불편했다. 아르바이트를 구하기도 힘들 정도였다. 어느 날 같은 중국 유학생 몇몇이 제대로 된 중국 음식을 먹을 수 없다며 불만을 토로했다. 그 말에 왕창은 문득 떠오르는 아이디어가 있었다.

왕창은 먼저 자기 학교와 주변 가까운 학교에 다니는 중국과 동남아시아 유학생의 현황을 조사한 뒤 그 결과를 놓고 과감하게 창업을 결심했다. 그는 '유학생의 집'이란 중식당을 차렸고, 식당은 대박을 냈다.

왕창은 특수한 중국 유학생들과 비슷한 입맛을 가진 동남아시아 유학생들에 주목하여 중국식 식당이라는 아이디어를 끌어낸 것이다. 이 식당은 호기심 많은 다른 나라 유학생들까지 끌어들여 엄청난 성공을 거뒀다.

기업 경영에서 보자면 '왕을 잡는' '금왕'은 정보, 즉 핵심 정보가 있는 위치에 해당한다. 이 점을 분명하게 인식해야만 왕을 잡을 수 있다. 정보의 위치와 정도가 지식이자 부와 직결되는 것이다. 비유하자면 정보는 '본(本)'이요 상품은 '근(根)'이다. 이 둘이 결합하여 시장을 창출한다. 시장의 근본을 '잡아야'만 비즈니스 경쟁에서 성공할 수 있다.

열대 지방에서는 바나나를 따기 위해 나무를 흔든 뒤 원숭이를 풀어놔서 줍게 한다고 한다. 기업 경영에서는 왕을 잡기보다 상대의 주력을 공략하는 것이 효과적이라고 한다. 그러려면 상대

국내에도 중국 유학생을 위한 식당이 많아졌다. 서울의 한 대학가에 있는 중식당이다.

의 문제와 모순이 어디에 있는지 정확하게 파악해야 한다. 이것이 앞에서 말한 '정보의 지점'이다.

경영 사례 2

원저우 지역의 한 맥주회사는 본지에서 성공을 거둔 다음 눈을 절강에서 가장 큰 시장인 항저우로 돌렸다.

어느 해 4월, 준비된 전략과 방안에 따라 원저우 맥주는 6개 조로 이루어진 돌격대를 항저우로 급파했다. 회사의 제1 목적은 두 개의 관문을 돌파하는 것이었다. 즉, 항저우 시내 1, 2급 도매상들과 고정적인 거래 관계를 튼다.

이것이 안 되면 경쟁상대의 실력과 반응을 최대한 파악하는 것이었다. 기사 1인과 팀원 3인으로 구성된 여섯 돌격대는 항저우 각 구역에 도착했고, 각자 맡은 구역의 주요 맥주 도매상들을 찾아 영업에 나섰다. 선물과 시음 맥주를 함께 주면서 상황을 파악했다. 또 한 팀은 2급 도매상들에 대한 파악에 나섰고, 이와 함께 항저우 시에서 소비가 비교적 큰 호텔을 대상으로 맥주 소비상황 등을 파악했다.

이 소식을 접한 항저우시의 경쟁 맥주사들은 격렬한 반응을 보였다. 그들은 바로 다음 날 도매상들을 찾아 다음과 같은 계약 조건을 내걸고 판매처를 단도리했다. 원저우 맥주를 동시에 판매하지 않는다. 대신 공급하는 맥주의 가격은 낮추지 않되 분기점에 이르면 지난해에 비해 1.5% 이상 영업 이익을 올릴 수 있게 한다. 영업

이익이 그다지 크지 않았던 도매상에게 이 조건은 대단히 신선하고 군침이 도는 고깃덩이나 마찬가지였다.

사흘 뒤 거의 모든 도매상들이 항저우 맥주와 재계약을 했고, 원저우 맥주의 제1 목적은 완패로 끝났다. 중간급 도매상 몇 군데와 계약하는 정도였다.

성공을 거두지는 못 했지만 전술상 원저우 맥주는 소매점과 직접 거래하지 않고 큰 도매상을 공략했는데 이는 '금적금왕' 책략에 해당했다. 여기에 이윤을 가지고 상대를 유혹했는데 그 수단은 '포전인옥'이었다. 다만, 항저우 맥주시장의 상황을 비교적 정확하게 파악하는 제2의 목적은 달성했다.

나의 36계 노트 **금적금왕**

_____

_____

_____

_____

_____

三十
六計

IV

혼전계

混戰計

- 혼란한 국면도 기회가 될 수 있다 -

1. 혼전계의 기조와 핵심

'부저추신(釜底抽薪)'에서 '가도벌괵(假道伐虢)'에 이르는 혼전계는 실전 상황에서 기본적인 규칙이 지켜지기 힘들 때나 정상적인 전략 전술을 펼치기 힘들 때 자기만의 규칙을 이끌어 내서 승리를 위한 조건을 창출하는 계책이다.

혼전계는 기본적으로 경쟁하는 쌍방의 세력의 비등하거나 나한테 다소 불리한 상황을 가리킨다. 이럴 때는 주도적으로 연막술 같은 전술을 구사하여 상대에게 내 모습이 보이지 않게 하고, 나아가 혼돈 속에서 적을 공격하여 승기를 잡거나, 은근히 뒤로 물러나 생존을 모색하거나, 그 정예만 뽑아 활용하거나, 적의 예봉을 피한 다음 공세의 기회를 잡거나 하는 계책을 낼 줄 알아야 한다.

이런 점에서 혼전계는 가장 창조적이고 기발한 발상을 요구하는 계책의 집합이다. 늘 냉정하게 상황을 판단하고 깨어 있는 의식을 유지하면서 승리를 얻을 수 있는 길을 찾아내야 한다. 있는 힘과 지혜를 다 짜내서 상대를 타격하는 좋은 조건을 창조해 내는 계책이다.

일반적인 상황에서 성공으로 가는 길은 모두 어떤 규율을 따른다. 이런 규율을 따라 일해야만 성공할 수 있다. 그러나 많은 경우 자신이 예상한 대로 상황이 움직이지 않는다. 또한 규율을 전혀 따르지 않을 뿐만 아니라 심하면 감당할 수 없는 혼란이 발생하기도 한다. 이럴 때는 우선 당황하지 않아야 한다. 비바람이 몰아치고 바닷물이 넘칠 때 영웅의 본색이 드러난다. 비상한 상황에서는 비상한 방법이 나올 수밖에 없다. 냉정한 사람만 혼란 속에서 방법을 발견하고 그것을 잘 운용하여 성공의 길로 향한다. 혼전계는 이런 상황을 염두에 두고 추출해 낸 지혜들이다.

2. 혼전계의 계책과 사례

혼전계의 계책을 다시 한번 표로 제시하고 각 계책의 의미와 역사 사례를 살펴본다.

카테고리	36계 항목	의미
IV. 혼전계 混戰計 (정상적인 전략 전술이 힘들 때 나만의 규칙 창출을 위한 계책)	부저추신 (釜底抽薪)	가마솥 밑에서 장작을 빼내다.(《회남자淮南子》〈본경훈本經訓〉)
	혼수모어 (混水摸魚)	물을 흐려 물고기를 잡다.
	금선탈각 (金蟬脫殼)	매미가 허물을 벗다.(《서유기》 제20회)
	관문착적 (關門捉賊)	문을 잠그고 도적을 잡다.
	원교근공 (遠交近攻)	먼 나라와 연합하고 가까운 나라를 공격하다.(《전국책》〈진책秦策〉,《사기》〈범수채택열전范雎蔡澤列傳〉)
	가도벌괵 (假道伐虢)	길을 빌려 괵을 정벌하다.(《좌전》 기원전 658년 희공僖公 2년조)

제19계

부저추신

가마솥 밑에서 장작을 빼내다

釜底抽薪

정확하게 하나를 빼내야 한다

대면한 문제는 여러 가지 모습을 보인다. 문제가 복잡하고 어려울수록 겉으로 드러나는 모습은 더 다양하다. 이것을 표상(表象)이라고 하는데 표상은 곁가지에 지나지 않는 경우가 많다. 문제의 진짜 뿌리가 어디 있는지 모르면 끊임없이 곁가지만 제거해 나가는 헛수고를 하게 된다.

'부저추신'은 문제의 핵심이 어디 있고, 문제의 소재가 어딘가를 파악할 것을 요구하는 계책이다. 문제의 표상에 휘둘려서는 안 된다.

"가마솥 밑바닥에서 장작을 빼낸다. 강한 곳을 공격하지 말고 적의 기세를 꺾어라. '이(履)'괘의 괘상이 바로 이것이다."

《주역》의 '이(履)'괘는 '태가 아래, 건이 위'에 있는 '태하건상(兌下乾上)'이다. 위의 괘 '건'은 하늘이고, 아래의 괘 '태'는 연못이다. 각각 음과 양, 부드러움과 굳셈을 의미한다. '태'가 아래에 있다는 것은, 순환 관계와 규율로 볼 때 아래는 위로 치고 올라갈 수밖에 없다. 따라서 '부드러움이 굳셈을 이기는' 현상이 나타난다. '부저추신'은 바로 이런 괘상의 이치를 운용하여 강한 적에게 승리한다는 비유다.

이 계의 출전은 여러 곳에 보인다. 가장 오랜 기록은 서한시대 유안(劉安)의 《회남자(淮南子)》〈본경훈(本經訓)〉에 나온다.

"따라서 물이 끓는 것을 멈추려고 그 물을 덜어냈다가 다시 붓는 것으로는 안 된다. 장작을 빼내는 것만이 근본적인 방법이다."

동탁(董卓)이 하진에게 올린 〈상하진서(上何進書)〉에도 "신이 듣기로는 물이 끓는 것을 멈추려고 그 물을 덜어냈다가 다시 붓는 것은 장작을 빼내느니만 못하다고 들었습니다"라는 구절이 있다. 북제의 위수(魏收)가 쓴 〈위후경반이양조문(爲侯景叛移梁朝文)〉을 보면 "장작을 빼내서 물이 끓는 것을 멈추고, 풀을 자르고 뿌리를 뽑는다"라는 대목이 있다. '장작을 빼내서 물이 끓는 것을 멈추게 한다'는 '추신지비(抽薪止沸)'는 그 뒤 '가마솥 밑에서 장작을 빼낸다'는 '부저추신'으로 발전했는데, 그 의미는 '물이 끓는 것을 멈추게 하여' 문제를 근원적으로 해결한다는 것이다.

《36계》〈혼전계(混戰計)〉의 첫 계책인 '부저추신'에 대해 "강한 곳을 공격하지 말고 적의 기세를 꺾어라"라는 풀이가 있다. 적을 힘으로 맞설 수 없으면 그 기세를 소모시키라는 지적이다. 부드러움으로 강함을 이기는 방법을 이용해 상대를 제압한다는 말이다. 또 "물이 끓는 것은 화력에 의한 것이므로 장작이 불의 힘이다. 그런데 불에 접근하기보다 장작에 접근하는 것이 상대적으로 가능성이 더 크다. 적의 역량을 맞상대할 수 없더라도 그 기세를 소모시키거나 약화시킬 수는 있다"는 설명도 있다. 역량이 강대하고 예리하여 맞설 수 없는 적에 대해서는 그 예봉을 피하고 모략을 운용하여 적의 공세를 삭감시킬 수 있다는 말이다.

기원전 154년, 오왕(吳王) 유비(劉濞)는 야심만만하게 일곱 개 제후국과 연합하여 반란을 일으켰다. 반란군은 중앙 한(漢) 왕조에 충성하는 양(梁)을 먼저 공격했다. 한의 경제는 주아부(周亞夫)에게 30만 대군을 이끌고 반군을 진압하게 했다. 이때 양나라는 조정에 사신을 급파하여 반란군의 공격으로 큰 손실을 입고 있다며 구원을 요청했다. 이대로라면 오래 버티지 못할 것 같다는 호소였다.

경제는 주아부에게 양의 위기를 구하라고 명령했다. 주아부는 유비가 이끄는 오·초 대군이 그 기세가 사나워 정면으로 부딪쳤다가는 이기기 어렵다고 답했다. 경제는 그럼 어떤 계책으로 대응할 것이냐고 물었고, 주아부는 반란군이 먼 길을 달려왔기 때문에 식량 수송에 문제가 있으니 식량 운송로를 차단하면 싸우지 않고도 적을 물러나게 만들 수 있을 것이라고 했다.

군사적으로 형양(滎陽)은 동서 두 길을 지킬 수 있는 요충지여서 먼저 차지하는 쪽이 주도권을 쥘 수 있었다. 주아부는 정예병을 보내 형양을 통제한 다음 두 길로 나누어 적의 후방을 습격했다. 한 부대는 오·초의 식량 공급로를 습격하여 그 길을 끊고, 자신은 대군을 이끌고 적의 후방에서 중요한 거점인 창읍(昌邑)을 공략했다.

주아부는 '오초칠국'의 난을 평정하는 데 결정적인 공을 세운 공신이다. 그는 위기 상황에서 '부저추신' 책략을 유감 없이 활용했다.

주아부는 창읍을 점거하고 군영을 굳게 지키며 수비 태세에 들어갔다. 보고를 받은 유비는 크게 놀랐다. 주아부가 정면 승부를 피하고 이렇게 빨리 퇴로를 차단할 줄 몰랐기 때문이다. 유비는 즉각 군대를 보내 창읍을 공격하여 운송로를 되찾으려 했다. 유비의 수십만 대군은 기세등등 창읍을 압박했다. 주아부는 예봉을 피해 성을 굳게 지킨 채 나가 싸우려 하지 않았다. 유비의 반군이 몇 차례 공격을 시도했지만, 성 위에서 빗발치는 화살 공격 때문에 제대로 공략하지 못했다.

유비는 하는 수 없이 수십만 대군을 성 밖에 주둔시켰다. 식량로가 끊어진 상태에서 수십만을 마냥 주둔시키는 것은 보통 일이 아니었다. 그렇게 며칠을 대치하자 유비의 반군은 굶주림에 동요하기 시작했다. 이를 파악한 주아부는 부대를 움직여 기습적으로 맹공을 가했다. 힘이 빠질 대로 빠지고 전의를 상실한 반군은 싸우지도 못하고 자중지란으로 우왕좌왕했다. 반군은 참패했고, 유비는 황급히 도망가다 동성(東城)에서 피살되었다.

'군에 양식이 없으면 진다'는 말은 고대 전쟁에서는 훨씬 실감 나는 일이었다. 군사 전문가들은 상대방의 식량을 습격하거나 운송로를 끊는 용병술을 적을 물리치는 근본으로 여겼다. 현대 전쟁에서는 후방에 의존하는 경향이 더욱 커졌다. 적의 후방 기지나 창고를 습격하고 송유관을 파괴하는 것은 여전히 '부저추신' 모략을 실행하는 중요한 부분이 되고 있다.

'부저추신'은 주된 모순을 제대로 장악한다는 데 그 의의가 있다. 전쟁의 전체 국면에 영향을 줄 만한 관건을 장악한다는 것은 적의 약점을 쥔다는 의미다.

제2차 세계대전 때 항공모함이 출현함으로써 해전이 입체화되었으며, 제공권이 제해권에 결정적인 영향을 미치게 되었다. 항공모함의 생존 여부는 해상 통제권을 탈취하고 유지하는 '부저추신'이 되었다. 미드웨이 전역에서 일본군 장교들은 항공모함을 주요 지원 단위로 삼았다. 그리고 미드웨이섬에 대한 제2차 공격에 전력을 집중하는 데 온 신경을 쏟고 있을 때, 미국 태평양 함대 사령관 니미츠 제독은 함대의 일부분을 몰고 서서히 일본군 잠수함의 경계선을 지나 미드웨이섬 북쪽에 도착하여 기회를 보고 있었다. 이때 미군 정찰기가 일본 항공모함의 위치를 발견했다. 그리하여 일본의 폭격기들이 미드웨이섬을 폭격한 후 항공모함으로 돌아가는 시간을 추정한 다음 즉시 50여 대의 급강하 폭격기를 출동시켜 순식간에 일본의 항공모함을 돌아가며 폭격했다. 그 결과 네 척의 항공모함이 모두 격침되었고, 혼전 중에 생존한 일본 비행기들은 착

륙할 곳을 잃고 헤매다 연료가 바닥 나서 결국 바다로 추락하고 말았다.

예부터 "물을 부어서 끓는 것을 멈출 수는 없다. 그 근본을 알아야만 불을 제거할 수 있을 뿐이다"는 말이 전해 온다. '부저추신'은 비유는 쉽고 간단하지만 그 이치는 대단히 분명하고 깊다. 장작을 때서 물이 끓는 터, 물을 부어서는 끓는 물의 온도는 떨어뜨리는 데 한계가 있다. 근본적인 방법은 장작을 제거하는 것이다. 끓는 물에 접근하기는 힘들어도 물을 끓이는 장작에 접근하기는 상대적으로 쉽다.

〈위료자(尉繚子)〉에 "사기가 왕성하면 전투에 투입하고, 사기가 왕성하지 못하면 적을 피해야 한다"라고 했다. 그러려면 적의 기세를 꺾어야 하는데, 적의 기세를 꺾는 가장 좋은 방법은 적의 심리를 공략하는 '공심전(攻心戰)'을 활용하는 것이다. 적이 아무리 강해도 허점이 없을 수는 없다. 허점을 파악하고 갑자기 공격해서 특정 지점을 허문 다음 주력을 공격하는 것도 '부저추신'의 구체적인 운용이 될 수 있다. 전쟁에서 적의 후방 기지, 창고 등을 습격하여 운송로를 단절하는 전술 역시 '부저추신'의 효과를 거둘 수 있다.

《삼국지》 사례

동한 말기 원소와 조조 사이에 벌어진 '관도(官渡) 전투' 때 조조는 실력이 두드러지게 차이 나는 상황에서 허유의 '부저추신' 모략을 받아들였다.

관도 전투는 '부저추신' 책략을 잘 구사한 조조의 승리로 끝났다. 관도지전은 적은 병력으로 많은 수의 적을 물리친 전례이기도 하다. 사진은 인천 차이나타운 《삼국지》 벽화의 관도지전 부분이다.

원소는 10만 대군을 이끌고 허창을 공격했다. 조조는 관도를 지키고 있었는데 병력은 2만에 지나지 않았다. 양쪽 군대는 강을 사이에 두고 장시간 대치했다. 쌍방의 식량 공급이 승부의 관건이었다. 원소는 하북에서 1만 대가 넘는 식량 운송용 수레를 징집하여 본영 북쪽 40리 지점인 오소(烏巢)에 집결시켰다.

한편 식량 부족으로 고심하던 조조는 이 정보를 입수하고 허유의 제안에 따라 오소를 습격하기로 결정했다. 조조는 몸소 5천 정예병을 이끌고 식량을 쌓아 놓은 오소를 습격했다. 조조는 밤을 틈타 말에 재갈을 물리고 습격을 감행하여 식량을 지키는 원소 군대를 소멸시켰다.

원소의 식량 운송용 수레 1만 대가 순식간에 불탔고, 군심은 급격하게 흔들렸다. 조조는 이때를 놓치지 않고 전군에 공격을 명령했다. 원소의 10만 대군은 사방으로 흩어져 궤멸을 면치 못했다. 남은 원소의 군대는 하북으로 퇴각했고, 이후 다시는 힘을 쓰지 못했다.

경영 사례 1

사우디아라비아는 대자연이 선사한 보물, 즉 석유의 혜택을 누리는 나라다. 1953년 세계 석유 총생산량이 6.5억 톤이었는데 사우디가 4천만 톤을 생산했고, 이후 매년 5천만 톤에서 1억 톤을 증산했다.

서양 기업들은 이 거대한 자원에 앞다투어 사우디로 몰려들었고, 석유 채굴권과 수송권을 쟁취하려 했다. 그러나 아라비아-아메리카석유공사(Arabian American Oil Company)가 일찌감치 사우디 국왕과 계약을 맺어 석유 채굴권과 수송권을 독점한 뒤였다. 사우디는 수송 선박이 없는 터라 수송은 미국의 배가 담당할 수밖에 없었다. 물론 그에 따른 엄청난 리베이트가 오갔다. 이들의 독점 계약은 난공불락의 철옹성과 같았다.

선박왕 오나시스는 자신의 정보망을 통해 그 계약서를 손에 넣었다. 그리고 계약서를 면밀히 검토한 끝에 사우디가 자기 선박으로 석유를 수송하지 못한다는 조항이 없다는 사실을 발견해 냈다. 오나시스는 백방으로 그 틈을 비집고 들어가 석유 수송권을 따냈다. 형세는 급변하기 시작했다. 아라비아-아메리카는 주식의 일부를 오나시스에게 넘겨주었고, 오나시스는 사우디 석유업에 직접 뛰어들고자 했던 숙원을 실현했다.

이후 오나시스는 아무도 모르게 '전광석화(電光石火)'와 같이 사우디를 방문하여 사우디 국왕과 전격적으로 놀라운 협정을 체결했다. 협정의 주요 내용은 50만 톤에 이르는 석유 수송선에 사

존 F. 케네디의 부인이었던 재클린과 결혼하여 또 한 번 세상을 놀라게 한 선박왕 애리스토틀 오나시스의 생전 모습이다.

우디아라비아 국기를 달고 석유를 수송한다는 것이었다.

오나시스의 '전광석화'식 '부저추신'은 상대방의 담장 밑을 파서 상대의 전투력을 약화시키는 것으로 시작되었다. 이 전략이 성공하려면 상대의 약점을 정확하게 파악하여 상대의 생명선을 확실하게 공격할 수 있어야 한다.

경영 사례 2

송나라 인종(仁宗) 연간(1023~1032)은 국가의 재정 상황이 악화되고 여러 종류의 화폐가 동시에 유통되어 시장을 통제하기 어려웠다. 신하들은 황제에게 화폐를 통일하십사 청했다. 특히 섬서의 철전(鐵錢)을 없애고 국가가 화폐를 주조하여 유통시켜야 한다는 대책을 올렸다. 그러나 대다수는 당장 철전을 없앴다가는 시장의 혼란만 초래할 뿐 당장 실행되지 못할 것이라는 점에서 의견이 일치했다. 그런데 이 소식이 전해지자 도성인 변량(汴梁, 지금의 하남성 개봉)부

터 "조정에서 철천을 없애려 하니 빨리 손을 털어야지 그렇지 않으면 한 푼도 못 건진다"며 난리가 났다.

소문은 일파만파 금세 성시와 향촌으로까지 퍼져나갔다. 당시 섬서 철전은 섬서 뿐만 아니라 경성과 그 주위에서도 활발하게 유통되어 이 철전을 갖고 있지 않은 사람이 없을 정도였다. 천신만고 끝에 긁어모은 피 같은 돈이 하루아침에 쓸모가 없어진다고 하니 모두가 철전을 들고 상점으로 가서 물건을 사려고 뛰쳐나왔다. 삽시간에 시장은 혼란에 빠졌고, 인심은 흉흉해져 치안마저 위협을 받았다.

이 소식은 곧 조정으로 전해졌고, 인종은 벼락같이 화를 내며 이 정보를 누설한 사람을 찾게 하는 한편 재상 문언박(文彦博)에게 빨리 이 일을 수습하여 시장과 민심을 안정시키라고 했다. 문언박은 대신들을 소집하여 대책을 논의했지만 모두들 뾰족한 대책은 내놓지 못하고 그저 조정에서 명령을 내려 유언비어를 막고 행정수단으로 시장을 다스리자고 했다.

그러나 시장은 그런 강제 명령 따위로는 가라앉지 않았다. 법령이 내려갔지만 사람들은 모두 반신반의했다. 특히 일반 백성들에게는 사실이 중요하지 공문은 그저 종이 한 장에 지나지 않았다. 문언박은 이런 사실을 잘 알고 있었다. 그는 모두에게 "이렇게 합시다. 먼저 내가 혼자 이 일을 처리하겠소. 내 힘으로도 안 되면 그때는 여러분이 나서 주시오"라고 했다.

집으로 돌아온 문언박은 집에 있는 비단과 옷감이 얼마나 되는지 물은 다음 약 500필의 옷감을 경성에서 가장 큰 포목점을 찾았다.

문언박은 이 옷감을 팔겠다면서 특별히 다른 돈을 받지 말고 섬서 철전만 받도록 신신당부했다. 주인은 그 말에 따라 바로 섬서 철전만 받고 옷감을 팔았다. 다른 상인들은 어째서 소문과는 반대로 섬서 철전을 받는지 의심이 들었지만 재상이 그렇게 했다는 사실을 확인하고는 마음을 놓았다. 승상조차 철전을 원하는 걸 보니 바로 폐지하지 않을 것이라 판단한 점주들은 철전을 받기 시작했다.

소식이 전해지자 백성들도 마음을 놓았고, 급히 섬서 철전으로 물건을 사려던 사람도 사라졌다. 시장의 혼란은 문언박의 '부저추신' 책략으로 안정을 찾을 수 있었다.

나의 36계 노트 **부저추신**

제20계

혼수모어

물을 흐려 물고기를 잡다

渾水摸魚

난국일수록 잡을 물고기가 많다

물고기를 효과적으로 잡기 위해 일부러 물을 흐리는 경우를 '혼수모어'라고 한다. 성공학도 별반 다르지 않다. 혼란한 국면이 결코 나쁜 것이 아니다.

혼란한 국면에서는 많은 사람이 이러쿵저러쿵하며 우왕좌왕한다. 자세히 생각하지 않기 때문이다. 이때가 바로 나의 기회가 된다. 형세를 차분히 분석하여 '혼수모어'하면 혼란 속에서 성공으로 가는 길을 찾을 수 있다. 성공을 위해 일부러 '혼수' 상황을 창출하는 사람들도 있다.

"물을 흐려 물고기를 잡는다. 적 내부의 혼란을 틈타 그 허점과 주관이 없는 것을 이용하라. 이는《주역》의 '수(隨)'괘처럼 밤이 되어 집에 가서 쉰다는 뜻이다."

'혼수모어' 계책에서 인용하는《주역》의 '수'괘는 우레가 연못 속으로 들어가고, 날이 추우면 대지가 얼고, 만물이 몸을 움츠린다는 설명이 뒤따른다. 사람도 이처럼 천시에 맞춰 휴식을 취한다는 의미다. 적이 혼란스러워진 틈을 타서 그 힘이 허약하고 주관이 없는 것을 이용해 사람이 때가 되면 휴식을 취하는 것처럼 자연스럽게 내게 순종하도록 만들라는 것이다.

물고기를 잡아 본 사람이라면 물고기가 흐린 물에서 방향을 분간하지 못할 때 쉽게 잡을 수 있다는 것을 잘 안다. 그래서 물고기를 잡는 사람은 먼저 물을 휘저어 흐리게 만든 다음 물속에서 두 손의 감각으로 물고기를 잡는다.

복잡한 상황의 연속인 전쟁에서 약소한 쪽은 늘 안정되지 못하고 흔들린다. 이때가 틈을 타는 기회다. 그렇다고 이 기회를 마냥 기다려서는 안 된다. 주동적으로 기회를 창출할 수 있어야 한다.

전국시대 막바지인 기원전 284년, 연나라 소왕(昭王)은 악의(樂毅)를 상장군으로 삼아 연·진(秦)·위·한(韓) 연합군을 이끌고 제나라를 공격하여 70여 개 성을 단숨에 점령했다. 제나라는 도성까지 빼앗기고 단 두 개의 성만 남는 멸망의 위기에 몰렸다.

그런데 연나라 소왕이 죽고 그 아들 혜왕(惠王)이 즉위하는 돌발 상황이 터졌다. 평상시 악의를 탐탁지 않게 여기던 혜왕에 대한 정보를 입수한 제나라 장수 전단(田單)은 첩자들을 연나라 내부로 잠입시켜 악의가 두 마음을 품고 있다는 유언비어를 퍼뜨렸다.

안 그래도 악의를 의심하던 혜왕은 전단의 도발에 넘어가 악의의 직무를 박탈하고 장수 기겁(騎劫)을 보내 상장군을 맡겼다. 연나라 장병들은 모두 불평을 토로했고 군심은 빠르게 무너져 내렸다.

전단은 연나라를 물리칠 수 있다는 믿음을 강화하기 위해 사람들의 미신을 이용하여 신(神)의 군대가 제나라를 돕고 있다는 가상을 만들어 냈다. 상대적으로 연나라 군대의 군심은 더욱 흔들렸다. 이어 연나라 군대가 포로로 잡은 제나라 병사의 코를 베고, 제나라 사람들의 조상묘를 파내 시신을 훼손시킨다는 소문을 내서 제나라 군민들의 마음을 독하게 무장시켰다.

이어 전단은 대반격을 준비시켰다. 전단의 공심술에 혼이 나간 연나라 군대는 궁지에 몰리고 경계심이 흩어졌다. 전단은 천여 마리의 소를 끌어와 오색 용을 그린 천을 몸에 두르고 뿔에 날카로운 칼을 묶은 다음 꼬리에 기름을 잔뜩 묻힌 짚을 묶고 불을 붙여 적진을 향해 돌진하게 했다. 동시에 성 아래로 수십 개의 개구멍을 파고 5천여 명의 용감한 병사를 선발하여 소를 따르게 했다. 한밤에 꼬리에 불이 붙은 소들이 사납게 연나라 진영을 향해 돌진하자 성안의 군민들은 일제히 천지가 떠날 듯한 고함을 지르며 응원했다. 아닌 밤중에 홍두깨라고 화들짝 놀란 연나라 장병들은 공포에 질려 대응조차 못 한 채 무너져 내렸다. 기겁은 피살되고, 제나라는 일거에 빼앗긴 땅을 전부 되찾았다.

전단은 연나라 장수가 교체되는 시기에 맞춰 군심을 흔들어 놓는 '혼수모어' 전략을 기가 막히게 구사했다. 특히 한 번으로 끝내지 않고 계속해서 적의 군심을 흔드는 '연환계(連環計)'를 동원하여 성공도를 절대적으로 높이는 고도의 전략을 보여 주었다. 주도권을 잡으면 놓치지 말라는 군사 격언의 생생한 실현이었다.

당 왕조 개원 연간에 거란이 침공해 왔다. 조정에서는 장수계(張守珪)를 유주절도사로 삼아 거란을 평정하게 했다. 거란의 대장 가돌간(可突干)은 몇 차례 유주를 공략했으나 점령하지 못했다. 가돌간

악의와 전단. 연나라는 장수 교체라는 악수로 다 잡은 대어를 놓쳤다. 전단은 그 틈을 파고들어 '혼수모어'를 비롯한 절묘한 연환계로 역전승을 거뒀다.

은 당의 허실을 파악하기 위해 유주로 사신을 보내 당나라에 복종하겠다는 의사를 밝혔다. 장수계는 거란의 계략임을 바로 알아챘다. 그는 적의 계책에 맞춰 계책을 짠다는 생각으로 거란의 사신을 극진하게 대접했다.

다음 날 장수계는 왕회(王悔)에게 조정을 대표하여 가돌간 군영으로 가서 이들을 위로하며 거란의 내부 상황을 잘 살피고 오게 했다. 왕회는 거란의 열렬한 접대를 받았다. 술자리에서 왕회는 거란 장수들의 일거일동을 꼼꼼하게 살폈다. 그는 당나라 조정에 대한 거란

장수들의 태도가 일치하지 않음을 발견했다. 그는 또 하급 병사의 입에서 병권을 분장한 이과절(李過折)이 가돌간에게 줄곧 불만을 갖고 있다는 정보를 들을 수 있었다.

왕회는 특별히 이과절을 찾아가 일부러 가돌간의 능력을 크게 칭찬했다. 이과절은 속이 부글부글 끓었다. 급기야 가돌간이 당 왕조에 강경책으로 맞서는 통에 백성들의 불만이 들끓고 있다고 말해버렸다. 그러면서 거란의 이번 화의 요청은 완전 거짓이며, 가돌간은 돌궐의 군대를 빌려 조만간 유주를 공격할 것이라고 일러 주었다. 왕희는 이 틈을 타서 가돌간은 당나라 군대의 막강한 힘에 패할 것이니 지금 가돌간을 배신하면 당나라 조정이 분명 크게 기용할 것이라고 권했다. 이과절의 마음은 크게 흔들렸고, 결국 당나라 조정에 귀순하기로 했다. 임무를 끝낸 왕회는 바로 가돌간에게 인사하고 유주로 돌아왔다.

이튿날 저녁 이과절은 자신의 군대로 가돌간의 중군을 습격했다. 아무런 방비도 못 한 가돌간은 이과절에게 잡혀 목이 잘렸고, 거란의 군영은 큰 혼란에 빠졌다. 가돌간의 충성스러운 부하 장수가 병력을 모아 이과절과 격전을 벌인 끝에 이과절을 죽였다.

이 소식을 접한 장수계는 바로 병력을 이끌고 남은 이과절의 군대를 받아들이는 한편, 전광석화처럼 거란 군영으로 돌진했다. 어수선하던 거란의 군영은 당의 공격을 견디지 못하고 무너져 버렸다.

제2차 세계대전이 막바지로 치달을 무렵, 히틀러는 패색이 짙은 전세를 만회하고 군의 사기를 고무시키기 위해 수십만 잔병과 2천여 대의 탱크를 규합하여 1944년 12월 아덴 전투에 나섰다. 이 전투에서 독일의 한 군관은 영어가 가능한 사병 2천여 명을 선발하여 미군 군복을 입히고 노획한 미군 탱크를 몰거나 미국산 트럭과 지프에 탑승시킨 다음 주력부대가 미군 방어선의 취약 지점을 돌파한 틈을 타서 미군 후방에 침투시켰다. 그들은 미군의 방어선 한가운데로 침투해 들어가 도로를 차단하고 전선을 끊는 등 전혀 무방비 상태의 미군 일부를 공격했다. 그리고 일부는 피살된 미군 사병의 옷으로 갈아입고 교통 요지를 통과하는 미군을 딴 방향으로 인도하여 미군의 운송 체계를 일대 혼란에 빠뜨렸다. 또 일부는 마스강까지 깊숙이 침투하여 교량을 탈취하고 주력부대와 합류할 준비를 갖췄다. 그러나 독일군 주력부대가 마스강에서 저지당하는 바람에 전투 목표 지점인 안트베르펜(Antwerpen)까지는 이르지 못했다.

국면이 혼란하여 안정되지 않으면 여러 가지 상호 충돌하는 힘이 존재할 수밖에 없다. 약소한 쪽은 대체 어느 쪽에 기대야 적에게 들키지 않고 내 전력을 숨길 수 있는지 고려해야 한다. 이때 나는 기회를 잡아 물을 휘젓듯 공격해서 원하는 것을 얻는다.

《육도》에 적군의 나약한 상황을 열거하고 있다. 전군이 여러 차례 놀라 군심이 안정되지 않은 경우, 그래서 서로 놀라 적이 강력하다고 수군대는 경우, 그래서 우리가 불리하다는 말이 떠도는 경우 등이다. 이런 유언비어가 끊이지 않으면 군심은 흔들리고 군령은 먹히지 않는다. 장수의 말도 통하지 않는다. 바로 이때가 물을 흐려 기회를 잡고 고기를 잡을 때다.

이 계책을 운용할 때 관건은 지휘관이 정확하게 형세를 분석하여 주관적 능동성을 발휘하는 데 있다. 그래야만 다양한 방법으로 물을 흐리고 주도권을 단단히 움켜쥘 수 있기 때문이다.

현실 사회에서 이 계책은 좋지 않은 음모로 끊임없이 이용된다. 엉뚱한 말과 거짓으로 상황을 변질시켜 파트너십을 해치고 오로지 자기 욕심만 취하는 것이다. 시대만 다를 뿐 음모에 대한 인식은 더욱 심각해진 것 같고, 음모의 시행도 더욱 교묘하고 교활해졌다. 이 점도 유의해야 할 것이다.

《삼국지》 사례

적벽대전에서 조조의 군대는 대패했다. 주유는 승리의 여세를 몰

주유는 적벽대전의 승리를 몰아 남군까지 차지하려 했으나 제갈량의 '혼수모어' 책략에 말려 패퇴했다.

아 남군(南郡)까지 취하기로 하고 공세를 이어 갔다. 주유는 조인에게 승리를 거두고 바로 남군으로 군대를 몰아 진격했다. 주유가 남군의 성 밑까지 밀고 들어갔지만 남군의 성에는 촉한의 깃발만 나부낄 뿐이었다.

저간의 사정을 보면 조운은 일찌감치 제갈량의 명령에 따라 주유와 조인이 격전을 벌일 때 크게 힘들이지 않고 남군을 취했던 것이다. 제갈량은 입수한 병부(兵符)를 이용하고, 밤을 틈타 조인에게 사람을 보내 구원하게 하여 형주와 양양(襄陽)까지 쉽게 손에 넣었다. 제갈량은 주유가 조인과 싸우는 혼란한 틈을 타서 남군을 비롯해 가장 중요한 형주와 양양을 얻는 '혼수모어' 계책을 잘 구사한 것이다. 이로써 자신이 구상해 온 '천하삼분'의 큰 그림을 위한 첫걸음을 성공적으로 뗄 수 있었다.

경영 사례 1

1988년, 중국 베이궈(北國) 량요우(糧油) 무역공사의 짱(張) 대표가 '혼수모어'에 당한 경우다. 이 기업은 곡식과 곡식을 원료로 한 식용유 등을 수출하고 있었다. 그러나 동종 업계의 경쟁자가 많아서 판매도 부진하고 수익도 변변치 않았다. 짱 대표는 사방팔방으로 뛰어다닌 끝에 일본의 시마무라 이치로(島村一郎)라는 수입업자를 소개받아 협상을 진행할 수 있었다.

순조로운 협상 분위기에 고무된 짱 대표는 1톤당 32달러라는 파격적인 가격을 제시했다. 그러나 시마무라의 반응은 전혀 뜻밖이었다. 너무 비싸다며 가차 없이 자리를 떠 버린 것이다. 당황한 짱 대표는 백방으로 시마무라와 접촉을 시도하여 다시 협상 테이블에 앉았고 가격은 손해를 볼 정도인 29.5달러까지 내려갔다. 시마무라 는 다른 기업들은 이보다 나은 가격을 제시했지만 처음 접촉한 인 연이 있으니 받아들이겠다며 이틀 후 계약하자고 하고는 자리를 떠났다.

이틀 뒤 마침내 위기 상황을 돌파한다는 희망에 부푼 짱 대표는 서둘러 협상 장소에 나갔다. 그러나 시마무라는 나타나지 않았다. 호텔로 연락을 취했더니 어제 체크아웃했다는 대답이었다. 짱 대 표는 서둘러 사태를 수습하기 시작했고, 몇 달 만에 간신히 상황을 추스릴 수 있었다.

사실 시마무라는 짱 대표와 접촉하기 전에 몇 군데 관련 기업과 접촉하여 가격 상황을 파악하는 한편 이들 기업이 서로 정보를 공 유하지 않는다는 사실을 확인했다. 그러자 '혼수모어' 전략으로 여 러 기업을 들쑤시고 다니며 가장 낮은 가격을 제시한 기업과 계약 을 체결한 뒤 떠나 버렸다.

'혼수모어'는 당하기 쉬운 전략이다. 협상이나 거래에 임하기 전 부터 침착과 평정을 유지하며 상대의 정보, 관련 기업 간의 정보 등을 확실하게 파악하여 주도권을 쥐어야 한다. 시장 경쟁에는 무 궁무진하고 복잡한 관계가 존재한다. 거미줄처럼 얽힌 관계를 누 가 얼마나 잘 파악하고 활용하느냐에 따라 '혼수모어' 전략은 효과 를 낼 수 있고, 나아가 '어부지리(漁父之利)'도 가능하다.

경영 사례 2

인터넷 테러리즘 해킹은 오늘날 전 세계가 관심을 갖는 뜨거운 주제가 되었다. 특히 인터넷 세계에서는 '혼수모어'가 아주 쉽게 일어날 수 있기 때문이다.

1996년 6월, 중국 〈광명일보〉 기자 양구(楊谷)는 우연히 다음과 같은 문제를 발견했다. 막 시장에 나온 인기를 끌고 있는 21세기 컴퓨터 업계의 선두 주자 인텔의 팬티엄 3 컴퓨터에 시리얼 넘버를 인식하는 칩이 있는데, 이 칩을 사용하는 고객이 인터넷에 접속한 뒤의 모든 조작이 감시를 당한다는 것이었다. 즉, 고객의 비밀이 아예 보장되지 않는다는 사실이었다. 더 놀라운 사실은 1998년 누군가가 윈도우 계통에 용도가 불분명한 제2의 키워드를 발견했다는 것이다.

이듬해 8월, 캐나다 과학자 A. 페르난드는 제2의 키워드 존재를 다시 입증하고 이를 NSA Key라 불렀다. NSA는 미국 국가안전국의 약칭이다. 페르난드에 따르면 현재 Windows95, Window98, Windows2000 및 WindowsNT를 포함한 거의 모든 윈도우 시리즈에 백도어, 즉 뒷문이 있어 NSA가 필요하면 언제든지 전 세계 고객의 컴퓨터에 침투할 수 있다는 것이다. 이것이 전 세계를 경악시킨 'NSA 키워드' 사건이었다.

이 발견에 대해 저명한 미국의 암호 전문가는 현재 CPU에는 키워드를 처리할 수 있는 명령체계가 없기 때문이라고 말한다. 그리고 이것이 가능한 CPU를 만들어낸다면 우리는 'NSA 키워드'를 발견할 수 없을 것이라는 말도 덧붙였다.

그렇다면 지금 우리는 'NSA 키워드'는 이미 쉽게 발견되지 않는다고 인정할 수 있을까? 유럽연합(EU) 회의에서 비교적 권위 있는 평가 보고서를 냈는데 그 내용은 이랬다. '유럽에서 모든 전자우편, 전화, 팩스 등 통신은 모두 미국 국가안전국의 일상적 감시 밑에 놓여 있다고 할 수 있다.'

보도에 따르면 미국 중앙정보국과 국가안전국은 이미 엄청난 예산을 들여 키워드 바이러스를 포함한 상대방 컴퓨터에 간섭하고 파괴할 수 있는 바이러스를 연구 개발했다고 한다. 이 바이러스를 칩에 심어 다른 사람에게 팔고, 그 컴퓨터 인터넷 시리즈에 미국에서 만든 칩이 있다면 언제든지 상대에 관한 모든 정보를 장악할 수 있을 뿐만 아니라 상대의 인터넷을 전부 파괴할 수 있다.

나의 36계 노트 **혼수모어**

_____

_____

_____

_____

금선탈각

매미가 허물을 벗다

金蟬脫殼

날아갈 수 있게 허물은 다 벗어야 한다

　매미는 허물을 벗고 날아가기 전에는 쉽게 잡힌다. 하지만 허물을 벗고 두 날개가 생겨 멀리 날게 되면 잡기 어렵다. 누구든 늘 해오던 고유한 방식으로 노력하면 상대적으로 곤란에 처하기 쉽다. 고유한 방식은 흔히 앞사람들이 남겨 놓은 경험으로 많은 사람이 잘 알고 있어서 금세 알아채기 때문이다.

　상대에게 자신의 수를 쉽게 읽히지 않으려면 고유한 방식에서 벗어나 새로운 길을 찾아야 한다. 고유한 방식에 젖으면 그것이 유일한 방법이자 길이라고 생각하기 쉽다. 그 방식에서 벗어나면 더 넓은 길을 어렵지 않게 발견할 것이다.

"매미가 허물을 벗는다. 형체는 남겨 두고 태세를 완전히 갖춘다. 아군도 의심하지 않고 적도 섣불리 움직이지 않는다.《주역》의 '고(蠱)'괘와 의미가 통한다."

《주역》의 고괘는 은밀히 신중하게 주력을 이동시킨다는 뜻이다. 적이 경계하지 않고 의심하지 않는 틈을 타서 위험한 상황을 벗어나는 것인데, 태연하게 위기 상황을 피해 가기 때문에 순조롭다고 말한다.

'금선(金蟬)'이란 여름날 나무에서 맴맴 울어 대는 '매미'다. 수컷 매미의 배 부분에는 특수한 '소리 기관'이 있어 울음소리를 낼 수 있다고 한다. 매미가 성충으로 변할 때는 유충의 허물을 벗는다. '금선탈각'은 매미의 삶에서 반드시 거쳐야 하는 단계이자 길이다.

'금선탈각'은《서유기(西遊記)》제20회에 나온다. 당나라 승려 삼장법사가 천축으로 불경을 구하러 가는 길에 맹호를 만나 봉변을 당하는데, 맹호는 가죽만 홀랑 벗어 놓고 삼장법사를 납치해 간다.

'금선탈각'의 출전은《서유기》다. 그림은 손오공이 껍데기만 남은 호랑이를 두드리는 장면이다.

손오공과 저팔계는 그것도 모르고 빈껍데기뿐인 맹호를 열심히 두드린다. 맹호의 가죽 벗기가 바로 '금선탈각'이다.

'금선탈각'은 적에게서 벗어나기 위해 이동하거나 철수하는 '분신술(分身術)'이다. 여기서 말하는 '탈(脫)'은 당황해서 도망가는 소극적인 의미가 아니라 허물(형체)은 남겨 놓고 본질은 사라지게 한다는 것으로, 도망갔지만 도망가지 않은 것처럼 보이게 하여 위기에서 벗어나는 것이다. '양을 거꾸로 매달아 놓고 북을 두드리게 한다'는 '현양격고(懸羊擊鼓)' 모략도 사실은 '금선탈각'의 한 예다.

군사에서는 위장술을 통해 적에게서 벗어나 철수하거나 옮김으로써 내 전략 목표를 실현할 때 이 책략을 활용한다. 먼저 상대방을 단단히 눌러 놓고 철수하거나 옮기는데, 당황해서도 아니고 소극적인 도주도 아니다. 형식을 유보하고 내용을 추출하여 위험에서 벗어나는 것이다. 이렇게 전략 목표를 달성하고 나면 교묘하게 군사를 나눠 옮기는 기회를 이용하여 적의 또 다른 일부분을 공격할 수 있다.

송나라 장수 필재우(畢再遇)는 금나라 군대와 대치하면서 몇 차례 승리를 거뒀다. 금나라 군대는 다시 수만 정예병을 모아 결전을 준비했다. 이때 송나라 군대는 수천에 불과했다. 필재우는 실력을 보전하기 위해 잠시 철군을 결정했다. 그러나 금나라 군대가 이미 성 밑으로 집결해 있었다. 송나라 군대의 철군을 안다면 추격해 올 것이 뻔했다. 이렇게 되면 송나라의 손실은 이만저만이 아닐 터였다. 필재우는 어떻게 하면 금나라 군대를 속이고 부대를 옮길 수 있을까 고심에 고심을 거듭했다. 이때 군막 밖에서 말발굽 소리가 들려

왔고 순간 필재우의 뇌리를 스치는 것이 있었다.

필재우는 몰래 부서를 철수시키기로 하고 그날 밤 병사들에게 진격의 북을 힘차게 두드리라고 했다. 북소리를 들은 금나라 군대는 송나라 군대가 기습해 오는 줄 알고 서둘러 군대를 집합시키며 응전에 나섰다. 그러나 북소리만 요란할 뿐 송나라 병사는 한 명도 성을 나오지 않았다. 이렇게 밤새 진격의 북소리를 두들겨 댔고 금나라 군대는 휴식 시간을 전혀 갖지 못한 채 지쳐 갔다. 금나라 장수은 그제야 송나라의 계략임을 알아차렸다.

송나라 군영의 북소리는 이틀 밤낮 동안 계속되었으나 금나라는 전혀 아랑곳하지 않았다. 사흘째 금나라 장병들은 북소리가 점점 약해지는 것을 발견했고, 송나라 병사들이 피로에 지친 것으로 판단했다. 금나라는 군사를 몇 갈래로 나눠서 조심스럽게 송나라 군영으로 접근했다. 송나라 군영 쪽에서는 아무런 대응도 안 할뿐더러 반응조차 없었다. 바로 공격 명령이 떨어졌고 금나라 군사들은 벌떼처럼 송나라 군영을 향해 쳐들어갔다. 그런데 이게 웬일인가? 송나라 군영에는 개미 새끼 한 마리 보이지 않았다. 벌써 전군이 철수해 버린 뒤였다.

필재우는 '금선탈각' 계책을 사용한 것이다. 그는 병사들에게 수십 마리 양의 뒷다리를 나무에 묶게 했다. 뒷다리를 묶인 양들은 죽는 줄 알고 앞다리를 마구 버둥거렸다. 필재우는 버둥거리는 양들의 앞다리 밑에 수십 개의 북을 갖다 놓게 했다. 양들은 사정없이 발버둥을 쳤고, 북소리를 끊임없이 울려 댄 것이다. 필재우는 '금선탈각'을 위해 '현양격고' 계책을 함께 구사하여 적을 현혹시키고, 이틀이란 시간을 이용해 부대를 완전히 이동했다.

1943년, 소련군은 드니에페르강(Dnieper R.)에서 전투를 치렀으나 실패했다. 최고 사령부에서는 주요 돌파 방향을 적의 방어력이 비교적 약한 키예프(Kijev) 북쪽으로 변경했다. 우선 제3사단 근위 탱크 부대 등 주력부대를 천천히 드니에페르강 동쪽으로 이동시켜 전선을 따라 북쪽으로 올라감으로써 행군을 은폐하고, 키예프 이북 40킬로미터 지점에서 다시 강을 건너 공격을 개시하기로 한 것이다. 그러나 이 기계화 부대가 적의 코앞에서 이동하기란 대단히 곤란했다. 이동을 은폐하기 위해 이 방면의 군대에 일시 진공을 멈추고 방어 태세로 들어가라는 거짓 명령을 내렸다. 그런 다음 전사한 시체 한 구에 대위 군복을 입히고 가짜 명령 문서를 서류 가방에 넣어 연안 적진 앞에 버렸다. 그리고 연안 가까이 있는 돌격 병단에 적이 가벼운 반격을 해 올 경우 거짓으로 패한 척하며 제2참호 속으로 철수하라고 하여, 독일군이 그 '대위'의 몸에서 가짜 명령서를 찾을 수 있게 했다.

그와 동시에 소련군은 전체 전선을 고수하는 쪽으로 방침을 바꾸고 부크린 쪽에서 새롭게 진군 준비를 하는 듯한 위장 행동을 했다. 주력부대가 야간에 철수하고 나면 그 자리에 지휘소와 무전 시설 등을 그대로 남겨 놓는 등 각 방면에서 대부대가 결집하는 인상을 만들어 냈다. 결집 지역 내에서는 적극적으로 반공습과 공격에 대한 준비를 갖추는 분위기를 연출했다. 그렇게 해서 독일군은 소련군 주력이 부크린에서 움직이지 않고 수비한다는 인상을 받았다. 독일군은 폭격기로 소련군의 가짜 진지를 일주일에 걸쳐 열심히 폭격하고는 부크린 쪽으로 진격할 대대적인 준비를 갖췄다. 그러나 어찌 알았으랴! 소련 주력군은 이미 '금선탈각'하고 없어졌다는 사실을!

'금선탈각'은 일종의 분신술이다. 몰래 교묘하게 정예부대를 이동시켜 적의 다른 곳을 습격하는 책략이다. 따라서 형세 분석과 판단이 정확해야 한다. 이것이 주효할 경우 귀신도 눈치 채지 못할 만큼 그 은폐는 기가 막히다.

단, 가상을 진짜처럼 만들어 내지 않으면 안 된다. 이동할 때 전과 다름없이 깃발을 휘날리고 진격의 북을 둥둥 울리면서 원래 진형을 그대로 유지하는 것처럼 보여야 한다. 그래야만 적이 함부로 움직이지 못하고 아군도 의심하지 않는다.

단도제는 적에게 포위당했을 때 전과 다름없이 병사들을 거느리고 눈에 잘 띄는 흰옷을 입은 채 수레에 앉아 미동도 없이 진격을 명령했다. 이를 본 적군은 단도제가 정예부대를 매복해 놓았을 것으로 짐작하여 감히 접근하지 못했다. 이렇게 해서 단도제는 유유히 포위를 빠져나갔다. 단도제의 '금선탈각'은 확실히 고차원이었다. 위험한 상황에서도 기발한 수로 적을 미혹시켜 잘못된 판단을 이끌어 낸 것이다.

'금선탈각'을 구사할 때 특별히 주의해야 할 점은 만에 하나 적이 나의 책략에 의심을 품고 탐색전을 벌이거나 부분적인 병력을 동원하여 공격해 왔을 때 이를 단호히 확실하게 물리칠 수 있어야 한다는 것이다. 안 그러면 자칫 전군이 복멸의 위기에 처하기 쉽다.

《삼국지》 사례

《삼국지》에서 '금선탈각'의 사례로 유명한 것은 죽은 제갈량이 산 사마의를 놀라게 만든 것이다. 제갈량은 전후 여섯 번이나 북벌에 나섰고, 여섯 번째 북벌에서 결국은 과로를 이기지 못하고 군중에서 병사했다. 제갈량은 죽기 전에 강유에게 철군에 따른 계책을 은밀히 일러 두었다. 강유는 제갈량의 분부대로 제갈량이 죽은 뒤 그의 죽음을 비밀에 부친 채 그의 운구를 싣고 몰래 철수를 단행했다. 사마의는 물론 뒤를 쫓아왔다. 강유는 제갈량과 똑같은 목상을 만들어 그가 늘 들고 다니는 부채를 들려서 수레에 단정히 앉혔다. 이와 함께 양의를 시켜 부대를 나눠서 깃발을 휘날리고 북을 울리

제갈량은 오장원에서 병사하기 전 강유를 시켜 자신의 죽음을 사마의가 알아채지 못하게 '금선탈각' 책략을 이용했다. 사진은 강유의 모습이다.

며 위나라 군대를 공격하는 것처럼 꾸몄다. 평상시와 전혀 다를 바 없는 촉나라 군대의 진형과 수레에 버티고 앉아 있는 제갈량을 본 사마의는 함부로 군대를 움직일 수 없었다. 의심 많은 사마의는 제갈량이 무슨 수를 부리는지 알 수 없자 부대를 뒤로 물리고 촉나라 군대의 동향을 살피기로 했다. 강유는 이 틈에 바로 주력부대를 신속하게 이동시켜 한중으로 돌아갔다. 사마의는 제갈량이 이미 죽었다는

사실을 알고는 서둘러 뒤를 쫓았지만 이미 늦어 버렸다.

경영 사례 1

경영자들 사이에서 잘 알려진 홍콩의 거상 리쟈청(李嘉誠, 1928~)은 홍콩의 터줏대감이라 할 수 있는 오랜 역사의 이허양행(怡和洋行)과 경쟁하면서 '금선탈각' 전략을 절묘하게 사용했다.

리쟈청은 홍콩 전체의 토지와 건축에 대한 정보력만큼은 타의추종을 불허하는 기업가였다. 그는 홍콩 최대의 양행이자 영국 자본을 바탕으로 창업한 이허양행이 홍콩의 최고 번화가에 위치한 지우롱창(九龍倉)의 최대 주주이면서도 전체 지분의 20퍼센트밖에 소유하지 못한 상황을 알아냈다. 그와 함께 지우롱창의 잠재 가치에 비해 주가는 오랫동안 제자리에 머물러 있다는 사실도 파악했다.

리쟈청은 지우롱창을 손에 넣을 방안을 마련했다. 우선 1977년부터 지우롱창의 주식을 조용히 분산 매입하기 시작하여 18퍼센트까지 사들였다. 지우롱창의 주가는 홍콩달러로 10달러에서 30달러로 올랐다. 이허양행이 경계심을 가지고 상황 파악에 나섰다. 리쟈청은 더 이상 사들였다가는 자금력이 막강한 이허양행을 상대하기 어렵다고 판단하여 일단 한발 물러섰다.

물론 리쟈청이 이 싸움에서 완전히 물러난 것은 아니었다. 그는 자신을 대신하여 싸울 대리인으로 홍콩의 선박왕 빠오위깡(包玉剛, 홍콩 이름은 유에 콩 파오, 1918~1991)을 내세웠다. 리쟈청은 빠오위깡과의 비밀 회동을 통해 자신의 지우롱창 주식 전부를 빠오위깡에게 위

2018년, 만 90세에 은퇴를 선언한 홍콩의 화교 거상 리쟈청.

탁하는 대신 홍콩의 국책은행이나 마찬가지인 후이펑은행(匯豊銀行, HSBC)의 주식과 자금을 동원하여 지우롱창 주식을 사들임으로써 마침내 지우롱창이 이허양행에서 벗어날 수 있게 만들었다.

리쟈청은 빠오위깡을 끌어들이는 '금선탈각' 전략으로 20억 달러 가치의 지우롱창을 인수할 수 있는 기초를 마련했다. 빠오위깡은 지우롱창 지분의 18퍼센트를 확보했으니 서로 윈윈하는 결과를 창출한 셈이다.

특수하고 특별한 임무를 완수하는 방법 중에 분산법이란 것이 있다. 상대의 주의를 흩어 놓고 그사이 원하는 바를 이루는 방법이다. '금선탈각'의 관건은 '탈'에 있다. 단, 내용은 바뀌었지만 형식은 그대로 남아 있는 것처럼 착각하게 만들어야 한다. 이미 달아났는데 움직이지 않는 것처럼 해야 적을 그 자리에 앉혀 놓고 빠져나올 수 있기 때문이다.

경영 사례 2

중국의 한 기업에서 있었던 일이다. 그해 실적이 예년만 못해 매년 2개월 치 연말 보너스를 줄 수 없게 되었다. 있는 대로 쥐어짜도 한 달 치 정도의 보너스 밖에는 나오지 않았다. 이 회사가 잘나갈 때는 연말 보너스가 4, 5개월 치 월급에 맞먹을 정도였다. 대표는 별다른 방법이 없어 답답한 마음에 재정 담당 이사를 불러 대책을 상의했다.

"직원들이 연말 보너스만 기다리고 있을 텐데 어쩌면 좋겠소?"

"보너스라는 것이 아이들에게 사탕을 나눠주는 것 같지 않습니까? 매번 한 웅큼씩 주다가 지금 갑자기 두 개만 주겠다고 하면 분명 시끄러워질 겁니다."

재정 담당의 이야기를 듣던 대표는 갑자기 무슨 생각이 난 듯 말을 가로채며 이렇게 말했다.

"이사님 이야기를 듣다가 어릴 때 생각이 났어요. 어릴 때 사탕가게에 가면, 내가 좋아하던 점원이 한 사람 있었어요. 다른 점원들은 사탕을 한 웅큼 쥐었다가 두세 개를 빼고 주었는데, 그 직원은 한 웅큼을 쥐지 않고 두세 개를 더 주는 식이었지. 사실 사탕의 개수는 거의 차이가 없었는데 그래도 그 직원을 더 좋아했지."

이틀 뒤 회사는 놀라운 소식을 전했다.

"영업 실적이 나빠 연말에 직원 일부를 감원해야 할 것 같다."

순간 모두가 당황했다. 혹시 내가 그 안에 포함되지 않을까 전전긍긍하지 않을 수 없었다. 그런데 바로 이어 재정 이사는 "회사가 힘들기는 하지만 모두가 같은 배를 타고 어려움을 헤쳐 나왔는데 어떻게 어려움을 함께한 동료를 희생시킬 수 있겠나. 다만 연말 보너스는 줄 수 없을 것 같다"고 했다.

감원이 없을 것이라는 말에 모두가 마음을 무겁게 짓누르던 큰 돌을 내려놓았다. 다들 마냥 기뻐할 수는 없었지만 그래도 보너스에 대한 생각은 말끔히 사라졌다.

연말이 가까워지면서 직원들은 이 어려운 시기를 어떻게 보낼까 걱정이 많아졌다. 그런데 갑자기 대표가 각 팀의 팀장들을 긴급 소집했다. 감원 소식에 한바탕 떨었던 직원들은 또 긴장하지 않을 수 없었다. 1시간도 채 되지 않아 팀장들이 각자의 팀으로 돌아왔다. 팀장들은 환하게 웃는 얼굴로 "연말 보너스가 바로 지급된다고 한다. 모두들 연말 잘 보내도록"라며 흥분했다. 직원들은 일제히 환호성을 질렀고, 그 소리가 대표 사무실에서까지 들렸다.

기대가 너무 크면 실망도 큰 법이다. 가장 나쁜 경우를 상정하고 의외의 성과와 기쁨을 누리는 것만 못하다. 기업의 리더는 나쁜 결과를 가지고 뜻밖의 기쁨을 끌어내는 방법으로 눈앞의 난제를 잘 해결했다. '금선탈각'의 계책을 아주 잘 활용한 경우였다.

나의 36계 노트 **금선탈각**

_____

_____

_____

_____

_____

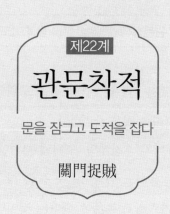

관문착적

문을 잠그고 도적을 잡다

關門捉賊

문만 잠그는 것은 나를 가두는 것이다

'관문착적'은 '착적'할 수 있어야만 그 의미가 산다. 그래야 실패할 가능성을 막을 수 있다. 많은 사람이 실패하는 것은 노력이 부족해서도 아니고 총명하지 못해서도 아니다. 그들의 실패는 무엇인가를 놓쳤기 때문이다.

백 개 중에서 하나만 소홀해도 일 전체를 그르칠 수 있다. 유감스러운 일을 줄이려면 무슨 일이든 최선을 다해 심사숙고해서 '문'을 단단히 걸어 잠그고 작은 틈도 남겨 놓아서는 안 된다. 그래야 실패의 확률을 줄일 수 있다.

"문을 잠그고 도적을 잡는다. 약한 적은 포위한다. 그러나 성급하게 멀리까지 추격하는 것은 불리하다."

《36계》중 제22계이자 혼전계의 네 번째 계책인 '관문착적'은 《주역》의 '박(剝)'괘를 인용하고 있다. 그 뜻을 좀 더 음미해 보면 약한 적은 포위해 들어가면서 섬멸해야 한다는 것이다. 이리저리 흩어져 얼마 안 되는 적은 그 세력이야 보잘것없지만 행동이 자유스럽기 때문에 섣부른 속임수로는 막기 힘들다. 따라서 성급하게 멀리 추격하는 것은 불리하다. 사방으로 포위하고 물샐 틈 없는 그물을 쳐서 단숨에 섬멸해야 옳다.

《36계》에서는 '관문착적', 즉 '문을 잠그고 도적을 잡다'라고 표현했다. 도망쳐 나가 다른 사람의 손에 들어가는 것을 경계하고 있으며, 또 도망쳐 추적하지 못하면 적이 유인계를 쓸 수 있다는 점도 경계한 것이다.

'관문착적'에서 '적(賊)'은 '기병(奇兵)'을 가리키는 표현이기도 하다. '기병'은 출입이 일정하지 않고 갑자기 기습해서 아군을 피로하게 만들 수 있는 병력이나 군대를 말한다. 그런 '적'을 포위망을 뚫고 도망가게 해서 다시 추격하면, 적은 이미 한 번 빠져나왔기 때문에 그 희망으로 죽을 힘을 다해 싸우려 든다. 그 퇴로를 차단한 다음 서서히 포위해 들어가야만 틀림없이 제압할 수 있다. 약소한 적은 포위해 들어가면서 섬멸해야 하는 이유다.

'관문착적'은 '상대를 포위할 때는 반드시 구멍을 남겨 둬라'라는

'위사필궐(圍師必闕)' 모략과 보완 작용을 한다. '관문착적'의 전제는 약소한 적에 대한 조건적 포위와 섬멸이다. 적의 세력이 강하다면 적을 포위해서 섬멸하기란 힘들다. 때로는 궁지에 몰린 짐승이 최후의 발악을 하는 것과 같은 상황이 초래될 수 있다. 그러면 내 쪽에 유리할 것이 없으므로 다른 대책을 강구하는 것이 옳다.《36계》에서는 이 모략에 대해 좀 더 설명을 덧붙이며 끝에다 "따라서 적을 막다른 궁지로 몰면 안 된다. 놓아주는 것이 좋다"라고 말한 것이다.

'관문착적'은 일종의 섬멸 사상이다. '약소한 적을 궁지에 몬다'는 것에 한정되지 않는다. 전쟁의 주도권을 장악한 상황에서 적과 나의 역량을 비교하여 그 근거를 가지고 적의 주력병을 섬멸하는 데도 활용할 수 있는 모략이다. 때로는 함정을 파 놓고 적을 그 안으로 끌어들일 수도 있다.

《자치통감》(권 5)과 《사기》〈백기왕전열전(白起王翦列傳)〉에는 다음의 사례가 기록으로 남아 있다. 기원전 260년, 진(秦)과 조나라 사이에 벌어진 장평(長平, 산서성 고북 북쪽) 전투에서 진의 장수 백기는 조나라의 젊은 장수 조괄(趙括)이 병법서나 지도를 통해서 용병을 논하는 '지상담병(紙上談兵)'에만 능하다는 약점을 파악하여 함정을 파 놓고 조나라 군대를 유인하는 한편, 2만 5천의 날랜 병사로 조군의 후방을 막아 퇴로를 끊었다. 동시에 기병 5백을 조군 진영에 박아 두고는 조군의 출격 부대와 진영 수비대를 각각 포위했다. 그런 다음 일찌감치 준비해 놓은 경장비 부대로 계속 조군을 공격하면서 포위망을 좁혀 들어갔다.

40만 조나라 군사를 생매장시킨 장
평 전투는 백기의 전략과 전술이 빛
을 발한 사건이었다.

조군은 전세가 불리해지자 공세
에서 수비 태세로 작전을 바꿨다.
진군이 조군을 포위하자 진의 왕은
총동원령을 내려 전국 15세 이상
의 남자를 참전시켰다. 그리고 재
차 '포위하되 공격은 하지 않는다'
는 '위사불타(圍師不打)' 전략을 기본
방침으로 정했다. 식량이 떨어지고
구원도 받을 수 없는 상황에 몰리
자 조의 병사들은 서로를 잡아먹는 등 극한 상황까지 치달았다. 결
국은 무장해제를 당해 항복하고 말았다. 40만에 달하는 조군이 백
기의 포로가 되어 생매장을 당했다. 이것이 전국시대 천하를 떨게
한 장평 전투다.

880년, 황소(黃巢)가 이끄는 농민 봉기군이 당나라 도성 장안을 함
락했다. 희종 황제는 황급히 사천 성도로 피난하여 남은 군대를 수
습하는 한편 사타(沙陀)의 우두머리 이극용(李克用)에게 황소의 군대
를 공격해 달라고 요청했다. 이듬해 이극용 군대를 위시한 당나라
군대는 장안 수복을 위해 진격했다. 봉상 전투에서 봉기군은 매복
계에 걸려 당나라 군대에 패했다. 당나라 군대는 기세등등 승세를
몰아 장안을 압박했다.

형세가 위급하다고 판단한 황소는 장수들과 상의한 끝에 전군을
장안에서 철수하기로 결정했다. 장안에 진입한 당나라 군대는 황
소가 나와 싸우지 않자 의아하게 생각하여 선봉 정종초(程宗楚)가 바

로 성을 공격했다. 성안에 들어간 당나라 군대는 깜짝 놀라지 않을 수 없었다. 황소의 군대가 한 명도 보이지 않았기 때문이다. 힘들이지 않고 장안성을 수복한 당나라 군대는 뛸 듯이 기뻐하며 장안 백성들의 재물을 약탈하기 시작했다. 이극용의 사타군은 더했다. 군의 규율은 형편없이 느슨해졌고 장안성은 일대 혼란에 빠졌다.

장안성의 이런 상황을 염탐한 황소는 밤을 틈타 급히 군대를 장안성 쪽으로 돌렸다. 승리에 도취한 당나라 군대는 술에 취해 잠에 곯아떨어진 상태였다. 이때 하늘에서 벼락 치듯 황소의 군대가 무방비의 당나라 군대를 공격했고, 시체가 들판에 널브러졌다. 정종초는 혼란 통에 사살되었다.

황소는 적이 빠져나오지 못하게 바짝 조여 몰아넣고 잡는 '관문착적' 계책으로 장안성을 다시 차지했다.

'관문착적'은 적이 빠져나가거나 빠져나간 다음 되려 이용되는 것을 경계해야만 한다. 문을 제대로 단단히 걸어 잠그지 못해 적이 빠져나가게 만들었으면 경솔하게 뒤쫓아서는 안 된다. 유인계에 걸려들 확률이 높기 때문이다. 여기서 말하는 '적(賊)'이란 대개 기습과 게릴라전에 능한 군대를 가리키기 때문에 더 그렇다. 《오자병법》에서는 도망가는 적을 쫓지 말라고 특별히 강조했다. 도망가는 적이 어디 숨었다가 언제 나타나 기습을 가할지 모르기 때문

당나라 때 농민 봉기군의 수령 황소는 장안을 차지하는 과정에서 '관문착적' 계책을 잘 활용했다.

이다. 목숨을 두려워하지 않는 한 사람이 천 명을 두렵게 만든다는 말이 바로 이런 뜻이다. 사지에서 빠져나온 적을 섣불리 공격하면 죽을 힘으로 반격하기 마련이다.

다만 퇴로를 끊을 수 있다면 적은 상대적으로 쉽게 섬멸할 수 있다. 그래서 약한 적은 반드시 섬멸하라고 하는 것이다. 섬멸하지 못해 빠져나갔더라도 절대 경솔하게 쫓아서는 안 된다.

요컨대 '관문착적'의 모략을 운용하려면, 전체적인 국면을 면밀히 살펴 '관문'의 시기와 지점을 정확하게 선택해야 하며, 형세에 따라 계략을 달리 구사하고 정세에 따라 변통(變通)해야 한다. 이렇게 하면 약한 적뿐만 아니라 적의 주력도 얼마든지 잡을 수 있다.

《삼국지》 사례

남만(南蠻) 지역의 추장 맹획(孟獲)의 등갑군(藤甲軍)은 웬만한 공격과 무기로는 뚫을 수 없는 강적이었다. 제갈량은 '관문착적' 계책을 구사하기로 했다. 그는 장수 위연을 시켜 남만의 장수 올돌골(兀突骨)이 이끄는 군대를 반사곡(盤蛇谷)으로 유인한 다음 통나무와 돌을 굴려 계곡을 완전히 차단했다. 그리고 장작이 잔뜩 실린 수레에 불을 질렀다. 퇴로를 차단당한 올돌골의 군대와 3만 등갑군은 서로서로 끌어안은 채 반사곡에서 불에 타 죽었다.

경영 사례 1

유명 의류 브랜드 지오다노(GIORDANO)의 창업자는 광둥 출신의 화교 리즈잉(黎智英, 1948~)이다. 그는 홍콩으로 건너와 경리 등의 직업을 전전하며 창업 자금을 모아 1981년 지오다노를 창업했다. 이후 홍콩 곳곳에 지오다노 연쇄점을 여는 등 의욕적으로 사업을 확장했다.

1986년, 미국으로 건너간 리즈잉은 1970년대 중반 이후 소비욕이 강한 중산층이 형성되면서 연쇄점이 우후죽순처럼 출현하는 현상을 직접 목격하고 미국 굴지의 관련 기업들을 직접 탐방하여 최신 정보를 수집하고 귀국했다. 그리고 지오다노의 경영 관리를 철저하게 고객 중심으로 전면 개혁하기 시작했다.

첫째, 명품을 추구하는 소비자 요구에 맞춰 몇 종의 명품 복장을 소비자 문 앞까지 배달하는 시스템과 이에 대한 애프터서비스를 전담하는 작은 분점들을 개장했다.

둘째, 판매에 따라 분점의 진열 시스템을 빠름, 중간, 느림으로 나눠서 소비자의 구매 성향에 빠르게 대처했다. 빠름 진열장에는 가장 잘 나가는 상품을 진열하고, 느림 상품은 창고로 보내 다른 상품으로 대체하는 시스템이었다. 이와 함께 판매가 빠른 상품의 생산량은 크게 늘렸다.

셋째, 유행하는 복장의 사이즈를 하나로 통일해서 다른 복장의 두 배 이상 생산하는 특별한 생산 방식을 도입했다. 이 역시 소비자를 위해 빠르게 상품을 서비스하기 위한 것이었다.

넷째, 평행화 인사 관리 시스템을 도입하여 등급이 아닌 책임으로 직원을 관리했다.

다섯째, 컴퓨터로 모든 것을 관리하는 종합 관리 시스템을 도입하여 수지 현황을 한눈에 파악하도록 했다.

리즈잉은 경영 혁신으로 고객을 확실하게 붙잡아 두는 '관문착적'

잡지에 실린 지오다노 창업자 리즈잉.

전략을 통해 지오다노를 해외까지 진출시켰다.

'관문착적'은 고객을 자기 상품에 붙잡아 두는 유효한 전략이다. 그러기 위해서는 거미줄식 연쇄 경영과 판매망을 확보해야 한다. 이는 지점 간의 수익 차이와 경영상의 손실 등을 보완하는 작용까지 해낼 수 있다.

경영 사례 2

같은 자금으로 희귀한 상품을 이용하여 상품의 가치를 높일 수 있다면 많은 돈을 벌 수 있고, 지출한 자금도 크게 불릴 수 있다. 대체로 희귀한 물건이 비싸다는 말이 이것이다.

일본에 수제로 여성복을 전문으로 만드는 한 기업이 있었다. 이 기업은 기적과도 같은 성취를 이루었는데, 영업액은 누가 보아도 놀라울 정도였다. 이 기업의 성공전략이자 책략을 '관문착적'이라

할 수 있다.

고급 복장 사업에서 이 기업의 판매량은 단연 선두였다. 이 기업의 제품 생산과 판매 과정은 이랬다. 우선 이 기업은 기획과 설계(디자인)만 책임졌다. 디자인을 통해 나온 샘플은 전문 공장으로 넘겨지고, 상품이 나오면 이 기업 고유의 상표를 붙여 여성복만 전문으로 파는 상점으로 보낸다. 대단히 창의적인 방식으로 수익을 올리는 기업이라 할 수 있다.

한 소비 심리학자가 이 회사를 방문하여 대표와 대화를 나누면서 "당신 기업의 영업이 왜 이렇게 좋고 어째서 이렇게 돈을 많이 번다고 생각하나"고 물었다. 대표의 대답은 이랬다.

"나도 그 이유를 잘 모른다. 나도 모르는 사이에 이렇게 발전한 것 같다. 우리는 공장도 없다. 그저 기획과 설계(디자인)만 관여할 뿐 판매도 다른 사람에게 맡긴다. 우리 상품이 나오면 순식간에 다 팔릴 정도로 여성들이 그렇게 환영할 줄은 몰랐다. 얼마가 생산되든 늘 공급이 딸린다. 그러나 패션업계의 이런 현상은 확실히 불가사의하긴 한데……."

이 기업의 성공은 위탁 생산과 판매 방식에만 있지 않다. 관건은 '매단(買斷)'이라고 하는, 말하자면 타인의 노동과 노동 생산품의 전속권, 전속 판매자를 사는 책략에 있었다. 이들은 상품을 대형 백화점에 보내 파는 것이 아니라 전문 상점에서만 판매하게 하여 상품의 희소성과 그 가치를 만들어냈다. 이러면 지정된 곳이 아니면 상품을 살 수 없다. 물론 창의적 설계의 질량도 중요한 요소이긴 하다. 이 두 가지가 시너지 효과를 내면서 상품이 크게 환영을 받게 된 것이다.

희귀한 것에 대한 인간의 욕구는 영원히 거부할 수 없는 욕구다. 따라서 어떤 물건이나 상품의 가치를 높여 상품이 환영을 받으면 그에 따라 더 많은 수익이 발생한다.

나의 36계 노트 **관문착적**

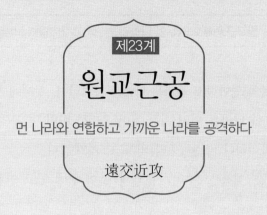

원교근공

먼 나라와 연합하고 가까운 나라를 공격하다

遠交近攻

기업 경영에서 멀고 가까움은 상대적이다

나라 간의 '원교근공'은 동맹국을 한데 끌어들여 공동의 적을 상대하기 위한 것이다. 국제 비즈니스도 마찬가지다. 비즈니스는 경쟁이 치열한 세계다. 합작 관계도 다반사다. 단기필마(單騎匹馬)로는 성공하기 어렵다. 개인의 역량도 한계가 있다.

비즈니스는 동반자가 필요하다. 동반자가 있으면 심리적 안정감이 크게 증대되고, 동반자의 협조가 따르면 많은 일을 쉽게 해결할 수 있다. 그러나 이 세계 또한 파란만장하여 적과 친구를 구별하기 어렵다. 같은 업종이라면 더 그렇다. 적과 친구를 잘못 가리면 나뿐 아니라 친구에게도 손해를 입히고, 그만큼 상대의 힘은 더 커진다.

"먼 나라와 연합하고 가까운 나라를 공격한다. 형세에 제한이 있으면 이웃한 나라를 먼저 치는 것이 유리한 반면 먼 곳의 적을 치는 것은 불리하다. 이는《주역》의 '규(睽)'괘와 같다."

'원교근공' 계책은《주역》'규'괘의 '불이 위에 있고 연못이 아래에 있어(상화하택上火下澤)' 서로 등지고 노려본다는 의미를 빌려 온 것이다. 형세나 지세가 제한을 받거나 장애가 될 때라는 조건이 붙은 계책이기도 하다. 이럴 경우 서로 어긋나 보이지만 가까운 곳을 먼저 치고 먼 곳과는 가까이 지내라는 의미다. 아울러 적들의 상호 결탁을 막고 모순과 갈등을 부추겨서 각개격파할 것을 염두에 둔 계책이다.

'원교근공'은 범수(范雎)가 진(秦)의 소왕(昭王)에게 제안한 외교 모략이며,《전국책》〈진책〉과《사기》〈범수채택열전〉에 보인다. 한 나라의 외교 정책과 관련해서 가장 유명한 책략이 바로 '원교근공'이다. 지금도 전 세계 여러 나라가 원교근공을 주요한 외교 정책으로 쓰고 있다. '원교'란 멀리 있는 나라와는 친하게 지낸다는 뜻이고, '근공'은 가까이 있는 나라를 공격한다는 뜻이다. 가까이 있는 나라를 공격하려면 멀리 있는 나라가 최소한 중립을 취해야 한다.

'원교근공'은 진나라가 동방 6개국을 공격하여 하나하나 합병해 나가는 과정에서 구사한 가장 기본적인 외교 정책이었다. 이 외교 책략의 제안자는 앞에서 말한 범수라는 인물이다.

범수는 원래 위나라 사람인데 수고(須賈)의 모함을 받아 재상 위제

(魏齊)에게 죽도록 얻어맞고는 이름을 장록(張祿)으로 바꾼 뒤 진나라로 건너와 소왕에게 유세했다. 범수는 대외적으로는 "원교근공 책략을 쓰면 한 치의 땅을 얻어도 왕의 땅이 되는 것이고, 한 자의 땅을 얻어도 왕의 땅이 된다"라고 했으며, 대내적으로는 귀족 세력을 대표하는 외척인 재상 위염(魏冉)을 몰아내야 한다고 유세했다.

소왕은 그가 제시한 정책을 받아들였고, 기원전 266년 그를 재상으로 발탁했다. 당시 진나라는 장평 전투에서 백기가 조나라 군대를 대파했다. 범수는 백기의 공을 시기해서 음모를 꾸며 백기를 죽이고, 자신이 이름을 바꾸고 진나라로 들어오는 데 도움을 준 왕계(王稽)와 정안평(鄭安平)을 임용했다. 그러나 결과적으로 정안평은 싸움에 패해 조나라에 항복하고, 왕계는 제후들과 모반을 꾀하다 피살당하고 말았다.

전국 말기 일곱 개 나라가 패권을 다퉜다. 서방의 진(秦)은 상앙(商鞅)의 변법 개혁을 거치면서 그 세력이 급속도로 커졌다. 소왕은 나머지 여섯 개 나라를 합병하려는 야심을 가지고 기원전 270년, 동방의 강국 제나라 공격에 나섰다. 바로 이때 범수는 '원교근공'을 제안하며 멀리 떨어진 제나라에 대한 공격을 제지했다.

범수는 이렇게 분석했다. 제나라는 세력이 강대하고 진나라와 멀리 떨어져 있다. 이런 제나라를 공격하려면 한나라와 위나라 두 나라를 거치지 않으면 안 된다. 따라서 군대를 적게 보내서는 승리하기 어렵다. 설사 승리한다 해도 제나라 땅을 차지할 방법이 없다. 그러니 먼저 가까운 한나라와 위나라를 공략한 다음 한 걸음 한 걸음 나아가는 것이 났다. 이와 동시에 소왕은 제나라가 한·위와 동

범수가 진나라 소왕에게 외교 전술로 '원교근공' 책략을 올리는 장면이다.

맹하는 것을 막기 위하여 사신을 보내 먼저 제나라와 동맹을 맺어
두었다.

40여 년 뒤 진시황 역시 이 계책을 계속 견지하여 멀리 제나라,
초나라와 동맹하고 한나라와 위나라 먼저 공략했다. 그런 다음 다
시 두 날개를 펼쳐 감싸듯 조나라와 연나라를 부수고 북방을 통일
했다. 이어 초나라를 정벌해 남방을 통일하고, 마지막으로 남은 제
나라를 힘들이지 않고 소멸시킴으로써 천하통일의 대업을 완성했
다. 진나라의 천하통일에 '원교근공'의 책략이 차지하는 비중은 대
단히 컸다.

춘추시대 초기 주 천자의 권위는 사실상 빈껍데기가 되었다. 제
후국들이 저마다 패권을 차지하기 위해 전면에 나섰다. 정나라 장
공(莊公)은 이 혼란한 국면에서 '원교근공' 책략을 교묘하게 구사하
여 맨 먼저 패주가 될 수 있었다.

정나라는 이웃한 송나라, 위나라와 원한이 깊었다. 서로 모순이 첨예하여 정나라는 언제든 두 나라에 협공당할 위험에 놓여 있었다. 장공은 능동적인 외교 전략을 구사하여 동쪽의 주(邾), 노(魯) 등과 동맹을 맺는 한편 얼마 뒤에는 강력한 제나라와 석문(石門)에서 동맹을 체결하기에 이르렀다.

기원전 719년, 송나라와 위나라는 이웃한 진(陳), 채(蔡)와 연합하여 정나라를 공격해 왔다. 그러자 노나라도 군대를 보내 함께 정나라를 공격했다. 정나라 동문이 닷새 밤낮으로 포위당했다. 성이 함락당하지는 않았지만 정나라는 위기에 놓였다. 특히 동맹 관계에 있던 노나라와의 문제를 해결하기 위해 갖은 외교 수단을 동원하여 마침내 송·위에 함께 대응했다.

기원전 717년, 정나라는 주나라를 도와서 과거에 당한 치욕을 갚는다는 명목으로 송나라를 공격했다. 동시에 노나라에 대해서는 적극적인 외교 공세를 취하여 결국 우호 관계를 회복하는 데 성공했다. 여기에 제나라가 정나라와 송나라의 관계를 조종하고자 나섰다. 정나라는 제나라의 의견을 존중하여 잠시 송나라와 우호 관계를 수립했다. 이로써 제나라는 정나라에 대한 호감이 더욱 깊어졌다.

기원전 714년, 장공은 송나라가 주 천자에게 조회하지 않는다는 구실로 천자를 대신하여 송나라를 공격했다. 제나라와 노나라가 합세하여 송나라 땅의 상당 부분을 점령했다. 그러자 송나라와 위나라는 연합군의 예봉을 피하기 위해 바로 정나라를 공격해 왔다. 장공은 점령한 송나라 땅을 전부 제나라와 노나라에 양보하고 서둘러 군대를 돌려 송나라와 위나라 군대를 대파했다. 승기를 잡은 장공은 두 나라를 추격했고 결국 두 나라의 항복을 받아 냈다. 이로써 정나라의 세력이 크게 넓어졌고 장공의 패주 지위도 인정받았다.

'원교근공'은 지리적 조건으로 외교 정책을 결정하는 책략이다. 《36계》에서는 "지리적 조건의 제한을 받을 때는 가까운 적을 취하는 것이 먼 곳의 적을 취하는 것보다 유리하다. 불길은 위로 치솟고, 물은 아래로 흐르듯 대책에는 각기 차이점이 있기 마련이다"라고 했다. 그에 대한 설명으로 "가까운 곳에 이해가 얽혀 있다면 변화가 쉽게 발생하기 때문에 가까운 곳에 대해서는 공격책을 취하는 것이다"라고 했다.

이 책략은 전국시대라는 조건에서 상호 투쟁이 빈번한 형세에 적응하기 위해 출현했다. 시대 흐름상 나타날 수밖에 없는 책략이었다. 진나라가 이를 발 빠르게 받아들여 적절하게 구사했을 뿐이다.

'원교근공'은 단순히 군사 외교상의 계책에만 머무르지 않는다. 군대의 총사령관은 물론 조직의 리더, 나아가 국가 최고 통치자가 취할 수 있는 정치 전략이기도 하다. 이웃한 나라와 먼 나라에 대해 당근과 채찍을 배합하여 운용하는 것인데, 다양한 방법으로 먼 나라와는 동맹하고 이웃한 나라는 강력한 몽둥이로 소멸해 버리는 것이다. 이웃한 나라와 동맹할 경우 가까운 곳에서 변란이 일어날 위험이 적지 않을 것이다.

사실 고대에 나라들끼리 전쟁을 치르는 와중에는 '원교'도 결코 오랫동안 유지되기 어렵다. 이웃한 나라를 없애고 나면 먼 나라가 이웃이 되어 다시 '근공'해야 하는 상황이 반복되기 때문이다.

그러나 지금은 '이웃과의 화목'이 '근공'보다 국가의 안녕과 번영에 훨씬 유리하다고 본다. 과학 기술의 발전과 새로운 시대의 특징에 따라 '외교'와 '공격'을 확정하는 기준이 더 이상 '멀고' '가까움'에만 얽매일 수 없기 때문이다.

《삼국지》 사례

관도(官渡) 전투에 앞서 조조 진영의 참모 순욱(荀彧)과 곽가는 먼저 남쪽을 도모하고 나중에 북방을 공략하는 '선남후북(先南後北)', 즉 '원교근공' 책략을 확정했다. '선약후강(先弱後强)', 즉 '약한 쪽을 먼저 치고 강한 쪽을 나중에 공격하자'는 각개격파 전략이기도 했다. 이런 식으로 군웅들을 하나하나 합병하겠다는 큰 전략 방침이 수립되었다.

종요(鍾繇)가 관중(關中) 지역을 지그시 누르면서 도닥거린 것은 '원교'에 해당하는 방침이었다. 조조가 장수를 격파하고, 여포(呂布)를 죽이고, 원술을 정벌하고, 원소를 없앤 것은 '근공'이었다.

관도 전투 이전까지만 해도 조조는 사실 사방이 적이었다. 그러나 조조는 시종 두 곳에서 동시에 싸우는 우를 범하지 않고 하나하나 상대를 제거해 나가는 정확한 전략 방침의 위력을 유감없이 보여 주었다.

조조의 참모 순욱은 군웅들을 각 개격파하는 '원교근공' 책략을 건의하여 성공적으로 시행했다.

'원교근공'은 전형적인 외교 전략이었지만 지금은 기업 경쟁에서 더 많이 활용된다. 광둥의 거란스(格蘭仕, Galanz)와 션전(深圳)의 징스다(精時達) 연합은 '원교근공'의 대표 사례를 보여 준다. 거란스는 전자레인지 업계의 선두주자였고, 징스다는 시계를 전문으로 생산하는 브랜드 가치가 큰 기업이었다.

기술력에서 어느 정도 자신을 가진 거란스는 생소한 에어컨 사업에 뛰는 데 따르는 위험 부담을 줄이고, 고가의 자사 에어컨 판매량을 안전하게 확보하기 위한 전략 수립에 들어갔다. 그 결과 동종 업체가 아닌 대단히 생소한 고급 시계를 만드는 기업과 손을 잡는 '원교근공' 전략을 채택했다.

징스다와 협상한 결과 거란스는 고가의 에어컨 출시에 맞춰 징스다의 고급 시계를 사은품으로 제공한다는 기발한 홍보와 광고 전략을 내걸었다. 징스다 손목시계는 남녀를 불문하고 누구나 갖고 싶어 할 정도로 브랜드 가치가 컸기 때문에 거란스 에어컨은 고가임에도 불구하고 상당한 판매량을 확보할 수 있었다.

당연히 징스다에게도 큰 도움이 되었다. 에어컨이 팔리는 만큼 시계 판매량이 늘어날 뿐만 아니라 거란스와 함께 자사의 브랜드를 힘 안

'원교근공' 전략을 경영에 접목하여 성공한 거란스의 제품들.

들이고 홍보할 수 있었기 때문이다.

엄밀히 말해 거란스와 징스다의 연합은 '원교근공' 전략을 약간 변형하여 적용한 사례라 할 수 있다. 최근 경영에서 '원교근공'은 '강강연합'의 형태로 출현하는 경향이 적지 않다. 자본뿐만 아니라 기술력의 강자들끼리 시장 충돌이 없는 지점에서 연합하여 원원하는 사례가 늘어나는 것이다. 거란스와 징스다는 그 선구 사례를 남기고 있다.

경영 사례 2

경영자에게 시간이 곧 영업이고 또 돈이다. 현명한 경영자라면 늘 약속된 시간에 맞추어 거래함으로써 고객의 신용을 얻는다.

1983년 봄, 중국의 수출상품 교역 박람회에서 있었던 일이다. 상하이의 진화(錦貨)라는 완구 생산공장의 공장장 러따씬(樂大馨)은 작은 봉제 강아지 샘플을 하나 내밀며 똑같은 복제품을 만들 수 있겠냐는 미국의 상인을 만났다. 미국 상인은 진화의 대회 판매담당에게 "언제까지 샘플을 줄 수 있습니까?"라고 물었다. 담당자는 잠시 생각하더니 "한 달이면 되겠습니다"라고 답했다.

그러자 미국 상인은 바로 샘플을 회수하면서 유감스럽다는 듯 "너무 늦네요. 나는 내일이면 광주로 떠나는데"라고 했다. 이때 옆에 서서 이를 지켜보던 공장장 러따씬이 나서며 "이 거래를 우리 진화완구에 넘겨주면 좋겠습니다. 내일 오전 10시까지 복제품 샘플을 넘겨드리죠"라고 했다.

미국 상인은 믿을 수 없다는 듯 "당신네 공장은 상하이에 있는데 내일 오전까지 샘플을 만드는 것이 가능하겠소"라고 되물었다. 공장장은 "제시간에 맞추어 샘플을 드리겠습니다!"라며 자신 있게 답했다.

숙소로 돌아온 공장장은 해당 지역의 동업자의 관련 직원들과 서둘러 도면을 그리고 재료를 잘랐다. 제작 인원이 바로 제작에 들어갔고, 공장장은 원가를 계산하기 시작했다. 이렇게 밤을 새워 샘플을 만들었다. 이튿날 오전 10시 러따씬 공장장은 세 개의 샘플을 미국 상인 앞에 내놓았다.

샘플을 꼼꼼하게 살핀 미국 상인은 "당신들이 이렇게 빠르게 약속을 지킬 줄 몰랐다. 제품의 질도 좋다. 전적으로 마음이 놓인다"며 칭찬을 아끼지 않았다. 미국 상인은 그 자리에서 진화완구에게 6,000개의 제품을 주문했다. 2년 뒤 주문량은 10만 개로 늘었고, 진화 완구의 가장 큰 고객의 하나가 되었다.

진화완구는 미국의 고객과 '원교'하고, 중국의 동업자와 '근공'하여 완구시장을 훌륭하게 개척할 수 있었다.

나의 36계 노트 **원교근공**

_____

_____

_____

_____

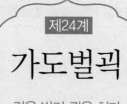

가도벌괵

길을 빌려 괵을 치다

假道伐虢

간절하게 빌려라

성공의 길에는 각양각색의 방법을 빌려야 할 때가 많다. 노력하는 방법도 종류가 많고, 일상적 규율 밑에는 그 상태와 상황에 맞는 방법이 있기 마련이다. 문제는 환경과 상황의 변화가 발생하거나 특수한 상황에 처했을 때 대처하는 방법이다. 이 경우 고정된 방법은 힘을 쓰지 못한다.

특수한 상황에서는 자신에게 유리한 비상한 방법을 취해야 하는데, 이 방법들이 인정과 이치에 맞아야만 나를 위해 작용할 수 있다는 점도 놓쳐서는 안 된다.

"길을 빌려 괵을 친다. 나와 적 두 강대국 사이에 작은 나라가 끼어 있고, 적이 작은 나라를 위협하여 굴복시키려 할 때는 기회를 봐서 작은 나라를 구원해야 한다. 《주역》의 '곤(困)'괘처럼 구원한다고 말해도 잘 믿지 않는다."

《주역》의 '곤'괘는 본래 밑에 있던 연못이 위에 걸려 아래로 침투하는 형상으로 결국은 물이 말라 부족해진다는 의미다. 물이 연못을 떠나 이리저리 흩어져 돌아갈 곳이 없으면 그것처럼 곤혹스러운 상황도 없을 것이다. 이런 처지에 놓이면 잘 믿지 못하는 것도 자연스럽다. 큰 나라 사이에 끼인 작은 나라가 협박을 당하면 어느 한쪽이 돕겠다고 해도 선뜻 믿지 못한다는 뜻이다.

'혼전계'의 마지막 계는 '가도벌괵' 네 글자를 차용하는데, 《좌전》(기원전 658년 희공僖公 2년조)의 아주 유명한 고사성어에서 나왔다.

진(晉)의 순식(荀息)이 괵(虢)을 치기 위해 굴(屈)에서 나는 말과 수극(垂棘)에서 나는 옥을 뇌물로 써서 우(虞)의 길을 빌리려고 했다. 그러나 진 헌공(獻公)은 "그것들은 내 보물이다"라며 난색을 표명했다. 그러자 순식은 "우나라가 길을 빌려 주기만 한다면 보물을 외부 창고에 넣어 두는 것이나 마찬가지입니다"라고 말했다.

"그렇지만 우나라에는 궁지기(宮之奇)가 있지 않은가?"

"궁지기는 위인이 나약해서 강력하게 얘기하지 못할 것입니다. 게다가 임금과는 어려서부터 함께 자라 스스럼없는 사이여서 충고한다 해도 임금이 듣지 않을 것입니다."

이렇게 하여 순식이 이 보물들을 뇌물로 가져가 우나라의 길을 빌리기로 했다. 순식은 우나라 임금에게 가서 말했다.

"지난날 기(冀, 지금의 산서성 하진 동북)가 무도해서 전령(顚軨, 산서성 평륙平陸 동북)의 고개를 넘고 명(郹, 평륙 동북 20리)의 삼문산(三門山)까지 공격하여 기를 병든 신세로 만든 것은 오로지 그나라 임금 덕분이었습니다. 그런데 지금 괵이 무도하게도 귀국을 발판으로 우리의 남쪽 국

'가도벌괵'은 진 헌공이 우나라를 멸망시키기 위해 길을 빌린 실제 역사 고사에서 비롯되었다. 헌공은 '가도벌괵'에서 '순수견양'을 함께 구사했다.

경을 침범하고 있습니다. 괵을 치도록 길을 빌려 주십시오."

우공이 이를 허락하는 한편 앞장서서 괵을 치고자 했다. 궁지기가 충고했으나 듣지 않았다. 마침내 여름이 되어 진의 순식과 이극(里克)이 군사를 거느리고 우나라 군대와 함께 괵을 친 뒤 하양을 쳐 없앴다.

괵과 우는 본래 이웃한 작은 나라였다. 진은 두 나라를 손아귀에 넣기 위해 먼저 괵을 공격하기로 했다. 그러나 진군이 괵으로 가려면 먼저 우를 거쳐야만 했다. 우가 진을 막거나 괵과 연합하여 진에 맞선다면 진이 강하다 해도 성공하기 어려울 판이었다. 그래서 대부 순식의 꾀를 받아들여 우나라 임금에게 뇌물을 바치고 길을

빌리는 데 성공했다. 진은 큰 힘 들이지 않고 괵을 멸망시켰다.

　진군은 승리를 거두고 돌아오는 길에 군대를 정돈한다는 구실로 잠시 우에 주둔했다. 우는 아무 의심 없이 경계하지 않았다. 그런데 진군이 갑자기 공격하여 단숨에 우까지 멸망시켜 버렸다. 우의 임금은 포로로 잡혔고, 뇌물로 준 귀중한 명마와 옥은 다시 진 헌공의 손으로 돌아갔다. 순식은 "그사이에 옥은 더 좋아진 것 같고 말은 이빨이 더 길어진 것 같구나"라며 웃었다.

　춘추시대 초기 제후국들은 주 왕실의 힘이 빠진 상황에서 자기 세력을 넓히는 데 열을 올렸다. 남방의 강국 초나라 문왕(文王)도 국력을 크게 키워 나갔고, 한수 동쪽의 작은 나라들이 속속 초나라에 굴복하여 조공을 바쳤다. 그중 채나라는 동방의 강국 제나라와 혼인 관계를 맺고 초나라에 고분고분하지 않았다. 초 문왕은 이를 마음에 담아 두고 채를 없앨 기회를 엿보고 있었다.

　채나라는 또 다른 소국 식(息)과 사이가 아주 좋았다. 두 나라의 군주는 진(陳)의 여자를 부인으로 맞아들여 자주 왕래했다. 한번은 식나라 군주의 부인이 채나라를 지나가면서 대접을 잘 받고 돌아왔다. 그런데 어찌된 일인지 식 부인이 남편에게 채나라 군주에 대한 욕을 잔뜩 늘어놓았다. 알고 봤더니 식사 자리에서 채나라 군주가 처제인 식 부인을 희롱한 것이었다.

　화가 난 식나라 군주는 채나라 군주에게 이를 갈았으나 힘이 없어 어찌할 바를 몰랐다. 그러다 문득 강국 초나라가 생각나서 초나라로 사람을 보내 한 가지 제안을 했다. 자기 나라인 식을 공격해 달라는 것이었다. 그러면 채나라에 구원을 요청하여, 구원하러 온 채나라를 함께 공격하겠다는 의도였다.

　초나라 문왕은 속으로 뛸 듯이 기뻤다. 호박이 제 발로 걸어 들어온 꼴이었다. 초나라는 당장 식을 공격했고, 그 후의 일은 예상대로였다. 초나라는 채나라 군주를 포로로 잡아갔다. 초나라는 식나라의 길을 빌려 채나라를 깨부수고 그 군주마저 잡아가는 큰 성과를 올렸다.

　포로로 잡힌 채나라 군주는 진상을 알고 식나라 군주에게 이를 갈았다. 생각 끝에 채나라 군주는 초나라 문왕에게 식 부인의 미모를 잔뜩 칭찬했다. 여자를 밝히는 문왕은 그 말에 혹하여 식나라 도성을 순시한다는 명목으로 식나라를 방문했다.

　문왕의 의도를 모르는 식나라는 은인이나 다름없는 초나라 문왕을 극진히 환대했다. 문왕은 술자리에서 식 부인을 찾으며 나와서 술 한잔 정도는 따라야 하는 것이 예의 아니겠냐고 능을 쳤다. 식나라 군주는 하는 수 없이 식 부인을 불렀다. 식 부인을 본 문왕은 그만 넋이 나갔다. 이튿날 문왕은 환대에 대한 답례로 술자리를 베풀어 그 자리에서 식나라 군주를 잡고는 가볍게 식나라를 멸망시켜 버렸다.

　식나라 군주는 홧김에 스스로 초나라에 길을 빌려 주고 채나라

식 부인의 수모에서 촉발된 채나라와 식나라의 갈등은 강대국 초나라가 개입하여 '가도벌괵'으로 정리되었다. 채, 식 두 나라 모두 멸망했다. 초상화는 식 부인이다.

를 멸망시켜 원한을 갚았지만 그 자신도 나라를 잃고 말았던 것이다. 식 부인은 초나라로 잡혀가 문왕의 아내가 되어 자식을 둘이나 낳았지만 평생 말을 하지 않았다고 한다. 자신의 입이 멸국이라는 화를 초래한 것에 대한 죄책감 때문이었을까?

《36계》에서 '가도벌괵'은 '혼전계'의 마지막 계책으로 편입되어 있다. 그 뜻은 갑을 발판으로 을을 소멸한 후 다시 갑마저 없애 버린다는 데 있다. 또는 길을 빌려 달라는 구실로 상대방의 견실한 힘을 소모시키기도 한다. 《36계》의 풀이에 따르면, 기세를 타고 병력을 순조롭게 침투시켜 적을 통제하고 갑자기 습격하기 위한 것인데, 곤란한 입장에 처했을 때 남의 말을 가볍게 믿어서는 안 된다는 것이 요지다. 큰 나라 틈에 끼인 작은 나라는 요행 따위를 바라고 섣불리 큰 나라를 믿어서는 안 된다. 어느 쪽도 자신을 쉽게 넘볼 수 없는 실력 정도는 갖추고 기민한 외교술로 나라를 보전할 줄 알아야 한다.

우의 임금은 이 이치를 모르고 적을 친구로 여기는 바람에 나라를 멸망으로 몰아넣은 것이다. 진 헌공이 이 모략 사상으로 두 나라를 한꺼번에 멸망시킨 것은 두고두고 후세 사람들에게 경종을 울리는 본보기로 남아 있다. 고대 군벌들이 서로를 집어삼키려는 전쟁에서는 각자 자기의 이익에서 출발하기 때문에, 진짜로 오래 연합할 생각도 없고 진짜 지원할 생각도 없으면서 일시적으로 연합하고 지원하는 일이 다반사였다. 이 모략이 흔히 사용된 것도 이 때문이었다.

《삼국지》 사례

유비는 손권에게 형주를 빌리고 나아가 손권의 누이를 아내로 맞이했다. 오나라는 형주의 반환을 위해 노숙을 유비에게 보냈다. 유비는 제갈량이 일러 준 대로 노숙 앞에서 엉엉 울었다. 당황해하는 노숙에게 제갈량은 애당초 사천을 취하고 나면 형주를 돌려주기로 했는데, 사천의 주인이 유비의 동생뻘이라 이러지도 저러지도 못해 저러는 것이니 돌아가서 말해 달라고 신신당부를 했다.

노숙은 손권에게 그대로 보고했다. 그러자 주유가 제갈량의 수를 금세 간파하고는 다시 형주로 가서 오나라가 사천 지역을 빼앗아 줄 테니 그때 형주를 돌려주면 된다고 전하게 했다. 제갈량은 주유가 '가도벌괵' 계책을 쓰려 한다는 것을 알았다. 자칫 사천 정벌을 위해 길을 빌려 줬다가는 사천은커녕 형주마저 빼앗길 것이 뻔했다.

제갈량은 일단 주유의 제안을 받아들이겠다며 노숙을 돌려보낸 뒤 주유의 군대가 오자 복병으로 기습했다. 주유는 길을 빌리기는커녕 오히려 공격을 당하고 강동으로 후퇴했다. '가도벌괵' 계책이 실패로 돌아가자 주유는 화병이 나서 그만 요절하고 말았다.

주유는 형주를 되찾고 사천까지 차지하려는 '가도벌괵' 책략을 구사했으나 제갈량의 역공으로 실패하고 요절했다. 사진은 영화 《적벽대전》의 주유다.

리쟈청의 '금선탈각' 편에서 잠깐 소개한 홍콩의 선박왕 빠오위깡은 남다른 사업적 안목으로 성공한 기업인이었다. 경제 호황기에는 선박 수송비를 낮춰 고객의 신뢰와 금융 기관의 신용도를 동시에 확보하는 독특한 경영 방식으로 주위를 놀라게 했다.

빠오위깡은 여기서 한 걸음 더 나아가 고객사들과 은행에서 장기 저리로 대출을 받아 좋은 선박을 함께 구매했다. 이렇게 하여 한결 순조롭게 화물을 전 세계 각지로 운송하게 한 것이다.

빠오위깡의 이 같은 경영 전략은 이후 불어닥친 석유위기 등 메카톤급 세계 경제위기를 무사히 잘 넘기는 든든한 기반으로 작용했다. 고객들은 공동 투자로 미리 사 둔 선박을 통해 전과 별 차이 없는 수송비로 화물을 보낼 수 있었다. 빠오위깡의 이런 경영 전략을 '가도벌괵'에 비유할 수 있다.

홍콩의 선박왕 빠오위깡은 글로벌 경영인이었다. 사진은 영국 엘리자베스 여왕과 함께 찍은 것이다.

빠오위깡은 평상시 확실하게 얻어 둔 신용을 바탕으로 은행과 금융권에서 길을 빌리는 '가도'를 통해 안정적으로 좋은 선박을 구입하는 '벌괵'을 한데 활용하여 경제위기를 극복한 것이다. 단기 이익 대신 장기적 안목으로 성공할 수 있다는 빠오위깡의 사업 전략과 믿음이 길을 빌리게 한 것이다.

'가도벌괵'은 전통적으로 군사 전략이었다. 그러나 경영에서는 그 의미가 다양하게 변용된다. 상대를 없애기 위한 '가도'가 아닌 윈윈을 위한 '가도'로 바뀌는 것이다. 또 약자에게 '가도'하는 것이 아니라 강자에게 '가도'하여 동업자나 거래처와 함께 이익을 창출하는 전략으로 바뀌고 있다. 그런가 하면 1대1의 '가도'가 아닌 '다자간 가도'로 전략적 의미를 넓혀 가고 있다. 경영자는 상황에 따라 다양한 '가도벌괵'을 구사할 수 있어야 한다.

경영 사례 2

미국의 한 부동산 판매업자가 5천 달러 정도에 집 한 채를 팔려고 신문에 광고했다. 오래지 않아 구매자들이 몰려들었다. 구매자들은 3천 달러에서 최고 4천 달러까지 가격을 제시했다.

4천 달러를 제시한 구매자와 매매를 좀 더 진행시키려는데 갑자기 4,500달러를 제시하는 구매자가 나타나 500달러의 계약금까지 내놓았다. 판매자는 기쁜 마음으로 이 구매자를 선택하는 한편 나머지 다른 구매자들을 모두 내쳤다. 이 구매자가 수표를 쓰면 거래는 완성될 판이었다.

구매 의사를 나타낸 사람들이 모두 물러나자 4,500달러를 제시한 이 구매자가 어찌 된 일인지 판매자를 더 이상 찾지 않았다. 판매자는 급한 나머지 전화를 걸었다. 구매자의 대답은 뜻밖이었다.

"내 아내가 가격이 마음에 들지 않는다며 다른 곳에 더 싼 집이 많다고 하네요. 거래를 계속하려면 값을 다시 협상해야 할 것 같습니다."

판매자는 화가 났지만 이 구매자와 거래를 억지로라도 진행해야만 했다. 지금 판매자에게는 이 사람밖에는 없었기 때문이다. 거래가 성사되지 않으면 집을 팔 마지막 기회를 날릴 판이었다. 거래는 3천 달러로 끝이 났다.

영리한 이 구매자는 먼저 높은 값을 제시하여 판매자로 하여금 다른 구매자들을 모두 물리치게 했다. 그런 다음 다시 낮은 가격으로 집을 판매하도록 압력을 넣었다. 이렇게 경쟁에서 먼저 상대(구매자들)에게 승리한 다음 다시 판매자와 싸워 승리한 이 책략은 가도벌괵의 계책을 비즈니스 담판에 활용한 전형적인 사례였다.

나의 36계 노트 **가도벌괵**

_____

_____

_____

_____

_____

병법과 경영이 만나다 —————————— **삼십
육계**

三十
六計

V

병전계

幷戰計

- 자신을 불패의 위치에 두어라 -

1. 병전계의 기조와 핵심

병전계는 방어 위주의 계책이다. 요컨대 패하지 않는 상황을 창출하라는 것이다. '투량환주(偸樑換柱)'에서 '반객위주(反客爲主)'에 이르는 여섯 개의 계책이 상대의 침투를 막고 상대에게 합병되지 않으며 자신을 튼튼히 지키기 위한 실용적 방안이라 할 수 있다.

병전계란 쌍방이 병력도 같고 장수의 역량도 비슷하여 어느 한쪽이 섣불리 움직이거나 압도할 수 없는 상태를 말한다. 어느 쪽이 되었건 속전속결할 가능성이 없을뿐더러 난전을 통해 승리를 거둘 수도 없다. 이런 정세에서 승리하려면 공수의 변화를 꾀할 수 있는 묘책이 요구된다.

따라서 병전계는 상대에게 내 의도를 들키지 않도록 철저한 보안에 주의를 기울여야 한다. 상황을 전환하기 위한 가장 기본적인 조건이다. 나의 전력과 전략이 상대에게 간파당하지 않는 것은 대단히 중요하다. 여기서 상황 전환이나 변화를 위한 변수(變數)와 변수를 상수(常數)로 확정하는 정확한 계책이 나올 수 있기 때문이다.

승리로 가는 길은 그 변화를 헤아리기 힘들다. 형세도 판단하기 어려울 때가 많다. 자칫 조심하지 않으면 작은 구덩이에서도 빠져나오기 힘든 상황에 처한다. 따라서 공격하고 취하고 나면 장차 있을지도 모르는 걱정과 화근을 미연에 방지하는 방법들을 생각해 내야 한다. 위기를 초래할 요소들을 전부 한곳에 몰아 제거하는 것이다. 그래야 문제를 줄이고 자신을 불패의 자리에 올려놓을 수 있다. 병전계의 핵심이다.

2. 병전계의 계책과 사례

병전계의 계책을 다시 한번 표로 제시하고 각 계책의 의미와 역사 사례를 살펴본다.

카테고리	36계 항목	의미
V. 병전계 幷戰計 (상황 전환을 위한 방어 전략을 위주로 한 계책)	투량환주 (偸梁換柱)	대들보를 빼서 기둥과 바꾸다.
	지상매괴 (指桑罵槐)	뽕나무를 가리키며 회나무를 욕하다.(《홍루몽》 제12회)
	가치부전 (假痴不癲)	어리석은 척하되 미친 척은 하지 마라.
	상옥추제 (上屋抽梯)	지붕에 오르게 한 뒤 사다리를 치우다.(《손자병법》〈구지편〉, 《삼국지》〈촉서·제갈량전〉)
	수상개화 (樹上開花)	나무에 꽃을 피우다.
	반객위주 (反客爲主)	주객이 바뀌다.(《당태종이위공문대唐太宗李衛公問對》)

제25계

투량환주

대들보를 빼서 기둥과 바꾸다

偸樑換柱

바꿔야 할 시기를 놓치면 집이 무너진다

대들보와 기둥은 집을 지탱하는 가장 중요한 구조물이다. 이 두 부분을 바꾼다는 것은 집의 안정도를 바꾸는 것이나 마찬가지다. 직면한 환경이 바뀌려 할 때는 그에 맞춰 '투량환주'할 수 있어야 한다.

자신의 주요한 책략을 바꿔야만 성공할 수 있는 것이다. 바꿔야 할 시기를 놓치거나 시기를 알면서도 결단을 내리지 못하면 결국 집이 무너진다.

"대들보를 빼서 기둥과 바꾼다. 수시로 진용을 바꿔서 주력을 딴 곳으로 빼돌린 다음 기회를 틈타 상대를 굴복시키는 것, 이것이 수레바퀴를 꼼짝 못 하게 묶어 두는 전술이다."

36계의 제25계이자 병전계의 첫 계인 '투량환주'에 대해 다음의 해설이 따른다.

진용(陣容)을 종횡으로 변화시켜 천형(天衡, 진의 전후부)을 대들보로 삼고 지축(地軸, 진의 중앙부)을 기둥으로 삼는다. 강력한 군대가 대들보와 기둥을 이룬다. 따라서 그 진을 보면 그 군대는 어디가 강한지 알 수 있다. 다른 적과 싸울 때는 수시로 진을 바꾸면서 몰래 그 정예병을 빼내 바꾸거나, 결국에 가서는 대들보와 기둥을 대신함으로써 진이 절로 무너지게 하여 아우르는 것이다. 이 적으로 저 적을 공격하게 하는 것이야말로 으뜸가는 책략이다.

요컨대 '투량환주'는 다른 부대와 함께 적과 싸울 때 몰래 주력을 빼내서 자기 부대로 대체시킨다는 것인데, 이는 이 적군으로 저 적군을 쳐서 아우르는 으뜸가는 책략이라는 것이다. 비슷한 표현으로 '투천환일(偸天換日, 하늘을 빼내 해와 바꾸다)', '투룡환봉(偸龍換鳳, 용을 훔쳐 봉황과 바꾸다)', '조포계(調包計, 패를 이리저리 조종하는 계책)' 등이 있다.

기원전 205년, 한신은 위왕 표(豹)를 공격하다 위나라 왕이 포판(蒲坂)에 주력부대를 포진시켰음을 알았다. 그는 곧 포판 서쪽 기슭의 임진(臨晉)에 군을 총집결하고는 임진에서 황하를 건너 포판을 공격하겠노라고 공개적으로 선포했다. 그리고 몰래 주력부대를 빼돌려 임진 북쪽의 하양에서 아가리는 작고 머리 부분이 큰 나무 용기 앵부(罌缶)를 타고 황하를 건너 위왕을 공격했다. 위왕은 미처 손쓸 겨를도 없이 생포되었다.

《36계》에서는 '투량환주'를 군사 모략으로 설명하지만, 사실 이 모략은 정치 영역에서 더 많이 운용된다. '투량환주'는 넓은 의미로 사물의 내용을 대신하거나 바꿈으로써 상대를 속이려는 목적을 달성하는 것이다. 한마디로 서로 속고 속이며 기회를 틈타 다른 사람을 굴복시키는 정치 권모술수다. 물론 외교 방면에서도 왕왕 활용된다.

진시황은 천하를 통일하자 자손만대 자신의 위업이 이어지길 바랐다. 하지만 후계자를 지정하지 않았다. 죽음을 상정하기 싫었던 것이다. 기원전 210년, 진시황은 다섯 번째 천하 순시에 나섰다가 갑자기 쓰러져 일어나지 못했다. 그는 생명이 다했음을 직감하고

한신의 용병술은 타의추종을 불허했다. 배수진(背水陣)으로 대변되는 그의 용병술에는 '투량환주' 책략도 포함되어 있다.

승상 이사를 불러 태자 부소가 장례를 치르고 자신을 이어 황제가 되라는 유서를 전달하려고 했다. 당시 옥새와 조서를 관장하는 자는 환관 조고였다. 야심만만한 조고는 이사와 작은아들 호해를 설득해서 유서를 조작하고 태자 부소와 부소의 후견인인 장군 몽염을 자결시켰다. 바로 사구(沙丘) 정변이다. 조고는 피 한 방울 흘리지 않고 '투량환주'를 이용해 무능하고 어리석은 호해를 황제로

옹립한 뒤 제국의 실권자가 되었다.

춘추 말기 진(晉)의 권력은 지(智)·한
(韓)·조(趙)·위(魏) 네 가문이 나눠 갖고
있었다. 그중 지씨 세력이 가장 강해
서 우두머리 지백(智伯)은 진나라 국군
자리를 호시탐탐 넘보고 있었다. 지
백은 진나라를 탈취하려면 먼저 나머
지 세 집안을 약하게 만들어야 한다는
것을 잘 알았다. 그래서 진나라 국군

조고는 전형적인 '투량환주' 수단
으로 힘들이지 않고 제국의 통치
자를 바꾸는 데 성공했다.

이 월나라를 정벌하러 나가는 것을 이용하여 세 집안에 군자금으로
100리씩 땅을 바치라고 했다.

세 집안이 이에 따르면 지백은 앉아서 300리 땅을 얻는 것이고,
복종하지 않으면 국군의 명령을 빌려 이들을 응징하면 되는 것이
었다. 그 결과 한과 위는 공손히 100리씩 땅을 바쳤다. 그러나 조씨
집안의 조양자(趙襄子)는 완강하게 거절했다.

지백은 한과 위의 군대를 거느리고 조양자를 공격했다. 조양자는
근거지 진양성(晉陽城)을 사수하는 길밖에 없었다. 중과부적(衆寡不敵)
인 상태에서 진양성의 함락은 시간문제였다.

이때 조양자의 책사 장맹담(張孟談)이 '투량환주' 계책을 건의하고
나섰다. 장맹담은 지백이 한과 위를 대들보나 기둥처럼 생각하고
있다면 우리 쪽도 마찬가지로 그들을 대들보나 기둥처럼 활용할
수 있다고 보았다. 조양자도 동의했다.

장맹담은 진양성을 몰래 빠져나와 비밀리에 한·위의 우두머리를

만나 이렇게 설득했다.

"한·조·위 세 나라는 입술이 없어지면 이가 시린 '순망치한(脣亡齒寒)'의 관계다. 지금 지백이 세 집안을 이끌어 우리 조를 공격하고 있다. 우리 조가 망하면 한과 위도 이내 망할 수밖에 없다. 그러니 우리 세 집안이 손을 잡고 지백을 치는 것이 어떤가?"

한과 위는 일리가 있다고 판단하여 비밀리에 지백에 맞서기로 약속했다. 조양자는 야밤을 틈타 물을 끌어들이고 제방을 터서 지백의 군영으로 흘려보냈다. 지백 군영은 순식간에 혼란에 빠졌고, 이틈에 한·위 양군이 좌우에서 공격해 들어갔다. 조양자는 중앙을 돌파하여 지백을 죽이고 지씨 집안을 멸망시켰다.

현대전에서는 소련의 아프가니스탄 침공이 대표 사례로 꼽힌다. 소련은 아프가니스탄을 점령하여 인도양으로 남하하려는 숙원을 실현하기 위해 1950년대 중반부터 여러 방면에서 아프가니스탄을 침투했다. 군사 고문을 파견해 친소 세력을 심는 것이 가장 중요한 침투였다. 소련은 전후 6천여 명에 달하는 고문과 전문가를 파견하여 아프가니스탄의 당기관과 군대를 통제해 나갔다. 이와 동시에 갖가지 수단으로 정치적 견해를 달리하는 사람들을 위협하여 친소분자로 바꿔 나갔다. 국가와 군대의 '대들보'와 '기둥'을 도둑맞은 아프가니스탄이 1979년 12월 27일, 공개적으로 침공해 온 소련군을 맞아 맥도 못 추고 무너진 것은 당연했다.

'투량환주' 계책은 종군하는 부서의 입장에서 나온 것이다. 고대 전투는 쌍방이 진을 치는 것으로 전개된다. 진을 칠 때는 동서남북 방위에 따라 부서를 정한다. 진에서 '천형(天衡)'이라는 부서는 머리와 꼬리가 서로 마주 보게 하는 큰 대들보에 해당한다. '지축(地軸)'은 진의 중앙에 위치한 기둥과 같은 부서다. 대들보와 기둥의 위치는 모두 부서의 주력부대가 위치한 곳이다. 이렇게 해야만 적군 주력의 위치를 찾아낼 수 있다.

우군끼리 연합 작전을 펼치는 경우라면 우군의 진용을 수시로 바꿔서 몰래 주력을 교체해 자기 부대로 대들보와 기둥을 대신하게 한다. 이렇게 되면 나의 우군 진지가 통제 불능 상태에 들어가고, 이때 내가 우군 부대를 접수하면 된다. 이는 적의 한 부대를 합병한 다음 다시 적의 다른 부대를 공격해 들어가는 주요한 전략이다.

'투량환주'는 봉건 사회의 군벌할거와 상호합병 같은 상황을 반영한다. 우군이란 일시적 연합 대상에 지나지 않는다. 우군을 합병하는 일은 수시로 일어났다. 지금의 전략적 협력 관계와 비슷하다고 할 수 있는데, 그 본질은 예나 지금이나 합병이 목적이다.

그러나 군사 모략의 입장에서 이 계책을 이해할 때는 역시 수시로 적군의 진용을 바꾸는 데 초점을 맞춰야 한다. 여러 차례 거짓으로 공격하는 척하여 적의 진용을 바꾸게 만들고, 그 틈에 약점을 찾아내서 공격하는 것이다. 적을 움직이게 하는 이런 모략은 아주 좋은 효과를 거둘 수 있기 때문이다.

《삼국지》 사례

장수는 가후(賈詡)를 모사로 삼고 유표(劉表)와 결탁하여 완성(宛城)에 주둔했다. 이런 기세로 조조를 상대하겠다는 의지였다. 조조는

장수는 부장 호거아의 '투량환주' 계책으로 조조 군대를 후퇴시켰다. 사진은 인천 차이나타운 《삼국지》 벽화의 완성 전투 부분이다.

15만 대군을 이끌고 직접 장수를 치러 나섰다. 조조의 기세에 놀란 장수는 바로 조조에게 항복했다. 조조는 승리의 기쁨에 들떠 술에 취해서는 장수의 숙부 장제(張濟)의 아내를 강탈했다. 장수는 속으로 원한을 품었지만 조조의 수하이자 맹장인 전위(典韋)가 두려워 어찌할 바를 몰랐다. 이때 장수의 부장 호거아(胡車兒)가 '투량환주' 계책을 제안했다. 그 제안대로 먼저 장막으로 숨어 들어가 전위의 무기인 쌍철극을 훔쳐 내고 전위에게 술을 먹여 취하게 한 다음 안팎에서 호응해 전위를 공격하여 죽였다. 전위를 잃은 조조는 하는 수 없이 군대를 후퇴시켰다.

경영 사례 1

'금선탈각'편에서 소개한 아시아 최고의 거상 리쟈청이 '투량환주' 전략으로 성공한 사례를 살펴보자. 리쟈청은 지우롱창을 인수하는 과정에서 선박왕 빠오위깡과 손을 잡았다. 리쟈청이 지우롱창에 눈독을 들인 것은 이허양행의 입지 때문이었다. 홍콩의 가장 중심지인 침사추이 번화가에 자리 잡은 지우롱창을 확보하면 다른 사업에도 유리하게 작용할 것이 확실했다. 특히 발전기에 접어든 사업 규모를 확대하고 창쟝실업(長江實業)의 변신 시점이 눈앞에 닥친 상황에서 지우롱창의 확보는 든든한 기반이 되기에 충분했다.

문제는 홍콩의 경제에 막강한 영향을 미치는 영국 자본이었다. 리쟈청은 이런 현실을 정확하게 인식하고 홍콩의 경제 상황은 물론 홍콩의 토지와 부동산 정보를 수집했다. 그리고 영국 자본이 투자된 기업의 주식을 사들이기 시작했다. 특히 부동산과 땅을 많이 가진 튼튼한 기업을 주요 대상으로 삼았다.

이렇게 해서 리쟈청은 지우롱창과 영국 자본이 설립한 홍콩 4대 양행의 하나를 인수하는 데 성공했다. 필요한 시점에 목표물을 정확하게 선택하여 기업의 주력 사업을 바꾸는 데 성공한 것이다. 그렇게 '투량환주' 전략이 제대로 적용된 사례를 남길 수 있었다.

'투량환주' 전략을 선택할 때는 대들보와 기둥의 비중을 정확하게 가늠해야 한다. 자칫 이 둘의 비중을 잘못 가늠하면 손실은 물론 기업 전체가 흔들릴 수 있기 때문이다. 따라서 이 전략을 구사할 때 작용하거나 발생할 수 있는 상수(常數)와 변수(變數)라는 두

리쟈청이 설립하여 아시아 최대 기업으로 성장한 창쟝실업(CK)의 모습이다.

요소에 대한 정확한 인식이 요구된다.

'투량환주'는 섣불리 움직일 수 없는 상황에서 상대적으로 긴 시간을 요하는 전략이다. 따라서 내부 조정과 외부 자극이 동시에 병행되어야 하고, 기업의 장래를 고민하는 시점에서 활용할 수 있는 전략임을 명심해야 한다.

경영 사례 2

중국의 한 전통시장에서 이런 일이 있었다. 보통의 붉은 대추는 값을 내려도 찾는 사람이 별로 없었다. 그런데 대추의 이름을 '아커쑤(阿克蘇) 붉은 대추'로 바꾸어 가격을 배로 올렸는데도 금세 동이 날 정도로 잘 팔리는 일이 있었다. 여러 종류의 붉은 대추가 팔리는 시장에서 한 가게의 영리한 종업원이 '투량환주'의 계책으로 자기 가게 대추에다 서역의 이름난 크고 붉은 대추를 생산하는 '아커쑤' 지역의 이름을 붙여 팔았던 것이다.

투량환주는 비즈니스에서는 주로 우리 쪽 사람을 합작사 내의 정책 결정 라인에 넣어 그 기업의 운명을 좌우하는 목적을 달성하는 데 활용된다. 생활과 정치외교에서도 이 수단을 활용할 수 있다. 미국 실리콘 밸리에서 있었던 일이다.

미국 캘리포니아 주에 위치한 실리콘밸리는 세계에서 가장 중요한 마이크로 전자공업의 중심이다. 최근 10여 년 사이 전 세계 전자 부문의 모든 신제품이 이곳에서 탄생했다. 이 때문에 실리콘밸리는 전 세계인이 주목하는 곳이 되었고, 구 소련의 정보기관인

KGB도 이곳에 손을 뻗쳤다.

KGB의 소장 네크라소프는 미국 내에 잠입해 있는 세 명의 노련한 간첩 A, B, C에게 어떤 대가를 치르고서라도 하루빨리 실리콘밸리의 전자기술에 관한 최신 정보과 설비를 빼내라는 지시를 내렸다.

간첩 B는 임무를 접한 뒤 전력을 다해 활동을 시작했다. 그러나 그는 운이 좋지 않았는지 곳곳에서 장애물에 봉착했다. 하루는 산책을 하다가 자신과 아주 닮은 사람을 발견하고는 방법을 내서 그 사람과 대화를 나누었다. 그 결과 이 사람이 다름 아닌 실리콘밸리 한 회사의 비밀 창고를 관리하는 운전기사였다.

간첩 B는 돈과 시간을 아낌없이 퍼부어 마침내 이 기사와 친한 친구가 되었다. 이 기사의 업무와 가정 상황 및 자동차의 노선까지 모두 간첩 B에 의해 낱낱이 파악되었다.

얼마 뒤 이 기사가 신기하게도 실종(?)되었다. 물론 다른 사람들은 그의 차를 간첩 B가 몰고 있다는 사실을 결코 발견할 수 없었다. 간첩 B는 자유롭게 비밀 창고를 드나들었고, 이를 알아채는 사람은 없었다. 간첩 B는 자신과 똑같이 닮았다는 점을 이용하여 자신을 그 기사로 바꾸어 금지구역에 섞여들어 가볍게 기밀자료를 얻어냈다.

나의 36계 노트 **투량환주**

_____

_____

_____

_____

_____

지상매괴

뽕나무를 가리키며 느티나무를 욕하다

指桑罵槐

느티나무가 뽕나무인 것처럼
착각하게 만들어야 한다

'지상매괴'는 측면 공격의 책략이다. 즉 표면과 실제가 다른 책략이다. 때로는 목적 실현을 위해 표면적인 것만으로는 안 된다. 자기 노력이 효과를 보려면 표면과 동시에 그 안에 또는 별도로 또 다른 것을 감추고 대응해야만 소기의 목적을 달성할 수 있다.

하나의 틀이나 수를 가지고 직면한 모든 문제를 대응하기란 불가능하다. 그래서 '원활(圓滑)'할 수 있어야 한다. 원활이란 나 하나 너 하나 식의 뻔한 타협이 아니다. 자신의 모든 생각과 패가 드러나지 않게 하는 것이다.

"뽕나무를 가리키며 느티나무를 욕한다. 강한 자가 약한 자를 통제하려면 경계의 방법으로 유도해야 한다. 《주역》의 '사(師)'괘 풀이처럼 때로는 강경한 수단으로 결단해야 상대를 복종시킬 수 있다."

《홍루몽》 제12회에서 가련(賈璉)이 외출했다 돌아와 봉저(鳳姐)에게 힘든 일이 무엇이냐 묻자 봉저가 대답한다.

"우리 집안의 모든 일을 그 할망구들이 사사건건 간섭하는데 뭐가 좋겠어? 조금만 잘못해도 '빗대어 욕하는' 잔소리란……."

제59회에도 앵아(鶯兒)가 황급히 "그것은 내가 한 일이야. 그러니 빗대어 욕하지 말란 말이야"라는 대목이 보인다. 여기서 말하는 '빗대어 욕한다'는 뜻의 '지상매괴'는 표면상 이 사람 또는 이 일을 나무라는 것 같지만, 사실은 다른 사람 또는 다른 일을 욕하는 것을 말한다.

36계의 제26계 '지상매괴'에 대한 일반적인 풀이를 보자. 강한 자가 약한 자를 굴복시키려면 경고 같은 방법으로 은근히 압력을 가해야 한다. 강경한 태도로 적절하게 부하를 관리하면 호응과 지지를 얻을 수 있다. 위기가 코앞에 닥친 상황에서 용감하고 결단력 있는 태도를 보이면 부하들은 복종하고 존경을 표한다. 이것이 주효하면 비교적 강한 상대도 그 위세에 눌린다.

이에 대한 주석을 보자. 자기에게 복종하지 않는 부대를 통솔하여 적과 싸울 때는 이동을 명령해도 잘 듣지 않고 상 따위로 매수하려 해도 도리어 괜한 의심만 사는 경우가 있다. 이런 상황에서는 고의로 잘못을 저지르게 하여 잘못을 저지른 사람에게 벌을 줌으로써 은근히 경고한다. 경고는 방향을 다른 쪽으로 유도하는 것인데, 강경하고 결단력 있는 수단으로 복종시키는 방법이자 군대를 기동시키는 방법이기도 하다. 암시의 수단으로 부하를 통솔하고 권위를 세우는 모략이다.

춘추시대 제나라의 재상 관중(管仲)은 노(魯)와 송(宋)을 굴복시키는데 이 계책을 이용했다. 우선 약하고 작은 수(遂)를 공격하여 노나라를 떨게 하니 노나라는 바로 사죄하고 화의를 요청했다. 노나라가 제나라에 굴복하는 모습을 본 송나라도 화친을 요청하는 수밖에 없었다. 관중은 '산을 두드려 호랑이를 떨게 하는' '고산진호(敲山震虎)', 즉 '지상매괴' 책략으로 큰 힘이나 대가를 들이지 않고 노와 송 두 나라를 굴복시켰다.

부대의 지휘관이라면 군법을 엄격하게 지키고 집행할 필요가 있다. 안 그러면 리더십도 군령도 엉망이 되어 전투는 꿈도 꾸지 못한다. 역대 명장들은 예외 없이 엄격한 군기에 주의하여 부대를 관리했다. 때로는 부드러운 방법을 섞어 병사들에게 관심과 사랑을 보이면서도 엄격하게 단속하여 절대 군령을 어기지 못하게 했다. '닭을 죽여 원숭이에게 경고하는' '살계경후(殺鷄儆猴)' 같은 방법으로 일부 불량한 병사들을 엄중하게 처리하고 단속함으로써 전군을 긴장시켜 군령을 목숨보다 중시하게 만들기도 했다.

춘추시대 제나라 경공(景公)은 서자 출신인 사마양저(司馬穰苴)를 장수에 임명하여 진(晉)·연(燕) 연합군을 공격하게 했다. 그리고 자신이 아끼는 장고(莊賈)를 군을 감시하는 감군(監軍)에 임명하여 사마양저를 따르게 했다. 양저와 장고는 다음 날 정오까지 군영 앞에 집합하기로 약속했다.

이튿날 양저는 일찌감치 군영에 도착하여 해시계와 물시계를 준비시켰다. 약속한 시간이 되자 양저는 군영에 군령을 선포하고 부대를 일사불란하게 정돈시켰다. 그러나 장고는 오지 않았다. 양저가 사람을 보내 몇 차례 재촉했으나 장고는 해가 질 무렵에야 어슬렁어슬렁 군영에 나타났다. 어제 하루 종일 송별회를 하며 과음한 탓이었다. 경공의 총애만 믿고 약속 시간 따위는 무시해 버린 것이다.

양저는 어두워져서야 나타난 장고에게 불같이 화를 내며 나라의 대신으로 감군이란 중책을 맡고도 친인척에 대한 사사로운 감정에 매여 국가 대사를 무시했다고 나무랐다. 장고는 전혀 뉘우치는 기색이 없었다. 양저는 전군의 장병들이 보는 앞에서 큰 소리로 법관을 불러 "이유 없이 시간을 어기는 자를 군법은 어떻게 처리하는가"라고 물었다. 법관은 "목을 벱니다"라고 대답했다. 양저는 즉각 장고를 체포하라고 했다. 장고는 깜짝 놀라서 바들바들 떨었다. 장고의 수행원들은 바람같이 경공에게 달려가 이 상황을 알렸다. 경공은 바로 사람을 보내 형 집행을 중지시켰다. 그러나 사신이 오기도 전에 양저는 장고의 목을 베어 조리돌렸다.

전군의 장병들은 막강한 대신의 목을 가차 없이 베어 군령의 엄중함을 보이며 "장수가 군영에 있을 때는 임금의 명이라도 받지 않는다"라고 당당하게 대처하는 양저에게 감탄과 존경의 마음을 금할 수 없었다. 양저는 '지상매괴' 계책으로 전군의 군기를 확실하게 잡은 것이다.

춘추시대 명장 사마양저는 군법의 지엄함을 보이기 위해 군령을 어긴 장고의 목을 베는 '지상매괴'로 군기를 잡았다. 그림은 장고를 나무라는 사마양저의 모습이다.

자신에게 복종하지 않는 부대나 부하를 상 따위로 유혹하려고 하면 도리어 역효과가 난다. 이럴 때는 '지상매괴' 방법이 효과적이다. 단, 리더는 늘 단호함과 부드러움, 사나움과 너그러움을 함께 구사할 줄 알아야 한다. 군기가 흐트러진 오합지졸로 어떻게 승리할 수 있겠는가? 물론 맞는 말이다. 하지만 오로지 엄격하고 사납고 심지어 잔인해서는 부하들의 마음을 굴복시키기 어렵다.

군령이 분명하지 않아 부하들에게 제대로 전달되지 못하는 것은 장수의 책임이라는 말은 엄중한 군령의 중요성을 강조한다. 하지만 장수는 병사를 제 몸처럼 아껴서 병사들이 기꺼이 함께 죽을 수 있다는 마음을 갖게 만들 줄도 알아야 한다.

오늘날 '지상매괴'는 어떤 의도·의견·견해를 직접 표현하는 대신 빙 돌려서 측면을 공격하거나 동쪽을 가리키면서 서쪽을 말하는 '성동격서(聲東擊西)'와 비슷하게 활용되고 있다.

이 모략의 운용은 영화나 TV는 물론 연극 또는 민간의 일상에서 수시로 볼 수 있다. 문화대혁명 때 '4인방'이 이 계책을 비열한 음모로 운용한 사례도 있다. 이들은 '비림비공(批林批孔, 임표와 공자를 비판' 때 '지상매괴' 방식으로 '비주공(批周公, 주공을 비판)'까지 확대하여, 즉 간접적으로 주은래(周恩來) 총리를 지목하여 공격했던 것이다. 이런 떳떳하지 못한 정치 수완은 사람들에게 혐오감만 줄 뿐이다.

《삼국지》 사례

조조는 스무 살 약관의 나이에 효성과 청렴으로 예비관료에 해당하는 낭(郎)에 추천되었다. 얼마 뒤에는 낙양 북부위에 임명되었다. 조조는 부임하자마자 바로 오색 곤봉 10여 개를 관아 사방의 문에 비치했다. 법을 어기는 자는 누구든 법에 따라 책임을 묻겠다는 의지의 표시였다. 중상시(中常侍, 환관 벼슬)에 있는 권세가 건석(蹇碩)의 숙부가 칼을 들고 밤길을 가다 야간 순찰조에 잡혀 곤봉으로 벌을 받았다. 막강한 권력자까지 가차 없이 법에 따라 처벌하는 것을 본

조조는 정치가이자 군사 전략가였다. 젊을 때부터 이런 재능을 잘 보여 주었다. 권세만 믿고 설치는 환관 건석의 숙부를 처벌한 '지상매괴'는 그의 정치 수완을 잘 보여 주고 있다. 사진은 하남성 안양(安陽)의 조조 무덤으로 전하는 무덤이다.

사람들은 감히 법을 어길 생각을 못 했고, 조조의 명성은 사방을 떨게 했다.

조조는 권세가로 행패를 부리던 환관 건석의 숙부를 엄벌에 처하는 '지상매괴' 방법으로 결단력 있게 본때를 보여 줌으로써 치안 확립이라는 큰일을 해낸 것이다.

경영 사례 1

미국의 작은 마을에 사는 캐서린 클락은 베이커리 영업을 시작으로 크게 성공한 기업가다. 그녀는 마을에 빵집을 내면서 자기 나름의 엄격한 경영 원칙을 세웠다.

첫째, 가격을 합리적으로 책정했다. 실제로 빵을 싸는 포장지에 원가와 이윤을 솔직하게 표기했다.

둘째, 빵의 품질을 보증하기 위해 '신선한 먹거리'를 공개적으로 발표하면서 3일이 넘으면 팔지 않겠다고 약속했다.(지금은 하루 이틀을 넘기지 않는 것이 보통이지만 당시만 해도 대단한 결단이었다.)

두 딸은 그걸 다 지키면 이익은커녕 손해가 날 것이라며 반대했다. 하지만 캐서린

먹거리와 관련된 사업은 올바른 원칙이 대단히 중요하다. 이 원칙은 같은 업종에 종사하는 기업에 강한 부담을 주면서 소비자를 우선하는 올바른 쪽으로 이동하게 만드는 원동력으로 작용한다. 사진은 베이커리에 진열된 빵이다.

은 자신의 원칙을 고수했다. 건강과 직결되는 먹거리는 의심을 사거나 신뢰에 금이 가면 치명적이라는 확고한 경영 철학을 갖고 있었던 것이다.

캐서린의 판매 전략은 '지상매괴'를 응용한 것이다. 캐서린이 표방한 '가장 신선한 먹거리'는 '지상'에 해당하는데, 그 이면에는 다른 빵집의 빵을 염두에 둔 '매괴' 전략이 내포된 것이었다.

기업 경영의 가장 큰 특징은 통일성과 협력성이다. 어느 한 부분에 문제가 발생하면 전체에 영향을 미친다는 의미다. 소비자의 건강과 관련한 먹거리 사업은 더 그렇다.

'지상매괴'는 강한 자가 약한 자를 압박할 때 사용하지만, 경영에서는 강경한 태도와 확고한 결단력이 중요하다는 점을 강조하면서 약자가 강자를 상대로 얼마든지 구사할 수 있는 전략이다. 물론 '지상'의 대상을 잘못 선택하면 경쟁자의 역공을 당하기 쉽다. 또 이 전략은 상황이 불안할 때 고의로 활용하기도 한다. 단, 그 효과에 대해 확고한 자신감이 전제되어야 하며, 자주 사용해서는 효력이 없어진다는 점도 염두에 둬야 한다.

경영 사례 2

1984년, 정기 간행물 하나가 베이징의 신문에 광고를 냈다. 간단하지만 꾸미지 않은 소개한 자신들의 간행물이 지닌 특징을 소개하는 것이었다. 그런데 이 광고에서 특별히 눈길을 끈 대목은 자신들이 과거 좋지 않은 작품 몇 편을 실었다는 고백이었다. 이 광고는 독자를 속이지 않는 독특하고 성실한 방법으로 마음을 울렸다. 이 광고가 나간 뒤 이 간행물의 발행 부수는 몇만 권으로 늘었고, 동시에 홍콩의 몇몇 신문의 관심을 끌었다. 이 신문들은 이 간행물의 광고에 대해 이런 평가를 내렸다.

"중국의 광고 품격은 남이 하니까 나도 한다는 식의 서양을 따라해서는 안 된다. 자기만의 독특한 스타일을 세워 간행물 광고의 선구가 되어야 할 뿐만 아니라 나아가서는 중국 광고의 품격 있는 주춧돌을 놓아야 할 것이다."

사실 장점을 말하고 단점도 밝히는 광고의 기법은 고대부터 운용되어 왔다. 관련하여 이런 이야기가 전한다. 한 술집이 입구에 "우리 집은 신용과 명예를 생명으로 삼습니다. 파는 술은 완전히 몇 년을 묵힌 좋은 술로 물은 단 한 방울도 타지 않습니다"라는 팻말을 내걸었다. 이 집에서 멀지 않은 다른 술집도 팻말을 내걸었는데 이 내용은 이랬다.

"저희 집은 성실함을 기본으로 삼습니다. 파는 술은 대개 10% 물을 탄 오래 묵힌 술입니다. 물 탄 술을 원치 않으시는 분은 미리 말씀해주시고, 마신 뒤 취해 쓰러져도 저희 집은 간섭하지 않습니다."

이 두 집의 영업은 과연 어땠을까? 앞의 술집은 광고가 도를 넘어 고개의 신임을 잃었고, 뒤의 술집은 물을 탔다는 사실을 스스로 인정하면서 유머 있게 물을 탈 필요성을 이야기함으로써 고객이 스스로 찾게 만들었다. 영업은 예상을 벗어나 호황을 누렸다.

　비즈니스 세계에서도 이 '지상매괴'를 충분히 활용할 수 있다. 한 기업이 막 새로운 규정을 정하고 직원들이 이에 제대로 따르지 않을 때 이 '지상매괴' 계책을 운용할 수 있다. 예를 들어 어떤 직원이 규정을 어기면 엄격하게 징계하여 다른 사람에게 보여주는 것이다. 생활에서도 이 '지상매괴'를 활용하여 자신이 친구나 이웃 등에게 모종의 암시를 보낼 수 있다.

나의 36계 노트 **지상매괴**

_____

_____

_____

_____

_____

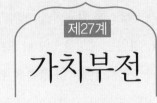

가치부전

어리석은 척하되 미친 척은 하지 마라

假痴不癲

상대의 자극에 흔들리면 안 된다

'가치부전'은 노자가 말하는 '크게 지혜로운 사람은 어리석어 보인다'는 '대지약우(大智若愚)'와 같은 뜻이다. 이는 성공한 사람들에게 흔히 나타나는 특징이다.

어떤 사람들은 엄청 총명하고 수단도 잘 활용하는 것 같지만 실제로는 큰 쓸모가 없는 잔꾀인 경우가 많다. 이런 것으로는 성공에 도움이 안 된다. 오히려 나쁜 영향을 미친다. 진짜 총명한 사람은 성공을 위해 모자란 듯 멍청한 듯 행동한다. 어느 정도 조롱을 받기는 하겠지만 시간이 지나면 누가 정말 지혜로운 사람인지 드러날 것이다.

"어리석은 척하되 미친 척은 하지 마라. 거짓으로 모르는 체 못하는 척하는 것이 낫지, 모르면서도 아는 척 경거망동해서는 안 된다. 침착하게 본색을 드러내지 않는 것이 《주역》의 '둔(屯)'괘처럼 구름이 위에서 천둥을 누르는 형상이다."

'가치부전'에서 '치(痴)'란 어리석고 멍청한 것을 말하고, '전(癲)'은 미친 것을 말한다. 거짓으로 어리석고 멍청한 체하는 것이기 때문에 미친 것은 아니다. 그 뜻은 형세가 불리한 상황에서 겉으로 멍청하고 어리석어 아무것도 못하는 것처럼 가장하여 내심 품고 있는 정치 포부를 숨김으로써 자신을 경계하는 적의 눈길을 피하려는 것이다. 이 계책은 흔히 물러섰다가 나아가고, 늦게 출발하여 상대를 제압하는 것으로 표현된다.

'가치부전'의 중점은 꾸민다는 뜻의 '가(假)' 자에 있다. 못 듣는 척, 말 못하는 척, 멍청한 척 위장한다는 것이다. 하지만 정신과 두뇌는 생생하게 깨어 있고, 또 그래야만 한다.

이 계책을 정치와 군사에서 제대로 운용한다면 고수라 할 것이다. 정치에서 운용할 경우는 자신의 진면목과 진짜 실력을 감추는 도회술(韜晦術)이라 할 수 있다. 형세가 자신에게 불리할 때 겉으로 멍청한 척 어디가 좀 모자란 듯 꾸며서 아무짝에도 쓸모없는 존재라는 인상을 주어 재능을 감추고 내심의 정치적 포부를 덮음으로써 정적의 경각심을 피하고, 나아가 은밀히 기회를 기다렸다가 자신의 포부를 실현하는 것이다.

기원전 209년, 흉노 선우의 태자 묵특(冒頓)이 집권했다. 당시는 동호(東胡) 부락의 세력이 막강했다. 동호는 묵특이 아버지를 죽이고 선우가 되었다는 이야기를 듣고는 바로 사람을 보내 "네 아버지가 타던 천리마가 갖고 싶다"라고 전했다.

묵특은 신하들을 불러 모아 상의했다. 신하들은 모두 "천리마는 흉노의 진귀한 보물이니만치 줄 수 없습니다"라고 했다. 그러자 묵특은 "이웃과 친하게 지낼 수 있다면 어찌 말 한 필을 아까워하겠는가"라며 천리마를 동호로 보냈다.

동호는 묵특이 자신을 건드릴 수 없다고 생각하여 다시 사람을 보내 미인을 요구했다. 흉노의 신하들은 동호가 자신들을 욕보이려는 것이라며 무력으로 동호를 공격하자고 아우성을 쳤다. 그러나 묵특은 이웃 나라에 미녀쯤 바치는 것이 뭐 대수냐며 자신이 가장 아끼는 미녀를 바쳤다.

동호는 더욱더 교만방자해져 흉노의 서쪽 변경을 침범해 왔다. 동호와 흉노의 접경 지대는 천 리에 이르는 황무지로 사람이 살지 않는 곳이었다. 쌍방은 국경을 사이에 두고 초소를 설치했다. 동호는 묵특에게 사람을 보내 "경계선 밖의 땅은 너희가 통제할 수 없으니 우리가 점령하려 한다"라고 통보해 왔다.

묵특은 신하들을 소집하여 대책을 논의했다. 누군가가 "그 황무지는 줘도 그만 안 줘도 그만인 땅입니다"라고 했다. 그러자 묵특은 크게 성을 내며 "땅은 나라의 근본이거늘 어찌 남에게 줄 수 있단 말인가"라며 그자의 목을 베었다. 그리고 바로 전투마에 올라 "누구든 땅을 떼어 주자는 자가 있으면 지위고하를 막론하고 목을 벨 것이다"라며 동호를 기습했다.

묵특을 안중에도 두지 않던 동호는 묵특의 갑작스러운 기습에 그대로 무너졌다. 묵특은 동호를 멸망시키고 그 땅과 사람, 그리고 가축을 모조리 차지했다. 내친김에 서쪽의 월지, 남쪽의 누번과 백양까지 합병해 버렸다. 이후 묵특은 흉노 역사상 가장 강력한 시대를 열었다.

북송시대의 명장 적청(狄青)은 반란군의 우두머리 농지고(儂智高)를 공격할 때 병사들의 사기를 올리기 위해 미신 심리를 교묘하게 이용했다. 그는 먼저 양면이 모두 같은 동전 백 매를 준비시켜 놓고 출병에 앞서 신령에게 "백 매의 동전을 땅에 던져 모두 앞면이 나오면 이번 전투는 반드시 대승할 것입니다"라고 기도를 드렸다.

장병들은 너나 할 것 없이 걱정했다. 아무리 운이 좋아도 백 매의 동전이 모두 앞면이 될 리가 없기 때문이었다. 하지만 진작에 준비를 끝낸 적청은 자신만만하게 동전을 던졌고, 동전은 모두 앞면을 향했다. 병사들은 우레 같은 환호성을 질렀고, 사기는 하늘을 찌를 듯했다. 적청은 땅에 떨어진 동전에 전부 못을 박아 고정하고, 그 위에 파란 천을 덮게 한 다음 자신이 직접 싸매면서 "승리하고 돌아와 신께 감사드리고 다시 동전을 회수하리라"라고 했다. 전투는 대승으로 끝났

적청의 '가치부전'은 미신을 이용하는 것이었다. 가능성 제로인 상황을 백 퍼센트 가능한 것으로 만들면 상황은 완전히 바뀐다. 적청은 이를 잘 알고 있었다.

고, 적청은 돌아와 천을 벗기고 동전을 회수했다.

　1805년 나폴레옹은 제4차 동맹군과 전투를 벌여 그 승세를 타고 러시아군을 추격했다. 러시아 황제 알렉산드르는 근위군과 후원 부대가 이미 진열을 정비했다고 판단하여 프랑스군과 결전을 벌이고자 했다. 그러나 전략적 안목이 깊은 쿠투조프(Kutuzov)는 현재 러시아군 전체가 전멸 위기에 직면했기 때문에 빠르게 퇴각하여 결전을 피하고, 전투를 지구전으로 끌면서 프러시아 군대를 기다렸다가 최후로 대불 전쟁에 투입할 것인지 여부를 결정해야 한다고 판단했다.

　나폴레옹은 러시아군 사령부 내부에 두 가지 의견이 제기되어 서로 갈라지고 있음을 알았다. 쿠투조프가 알렉산드르 황제를 설득할 것이 두려웠다. 그렇게 되면 전기를 상실함은 물론 불리한 장기전에 돌입할 수밖에 없기 때문이었다. 나폴레옹은 전군에게 추격을 즉시 중지하라는 명령을 내리고 깊숙이 침투시킨 전초 부대도 철수시켰다. 그리고 전투를 중지하고 강화하자며 즉시 대표를 보내 러시아와 담판을 지었다. 나폴레옹은 자신을 무능하고 결전을 꺼리는 연약한 인물로 꾸민 것이다.

　러시아 황제 알렉산드르는 이에 자신감을 굳혔다. 프랑스군은 유리한 전기를 이미 놓쳤다. 나폴레옹처럼 오만한 인물이 이러지도 저러지도 못하는 상황에 몰린 것이 아니라면 자청해서 강화를 요구할 리 만무하다. 이렇게 판단한 알렉산드르는 쿠투조프의 의견을 묵살하고 프랑스군과 결전을 치르고 말았다. 그 결과 나폴레옹이 쳐 놓은 그물에 걸려들어 '낙화유수' 꼴이 되고 말았다.

'가치(假痴)'는 적을 상대할 수 있을 뿐만 아니라 자신의 군을 다스릴 때도 활용할 수 있다. 이른바 '우병술(愚兵術)'이라는 것이다.《손자병법》의 "병사의 눈과 귀를 가려 작전 계획 등을 전혀 알 수 없도록 해야 한다"(《구지편》)라는 대목이 대표적이다.

계책과 모략은 지혜에서 나온다. 치밀하면 성공하고 자신을 노출하면 패한다. 현명한 리더는 자신의 의도를 감추기 위해 흔히 '어리석음을 가장하여' 뭇 사람들의 이목을 흐리게 한다. 아무것도 할 수 없음을 보여 주고 총명함을 멍청함으로 가장하는 것이 하지도 못하면서 할 수 있는 척 멍청하면서도 영리한 척하는 것보다는 백 번 낫다. 이 계책은 지금 움직여서는 안 되는 상황일 때 특히 주의할 것을 요구한다. 자칫 섣불리 움직였다가는 백전백패가 뻔하기 때문이다.

《삼국지》 사례

239년, 위나라 명제(明帝) 조예(曹睿)가 병으로 죽자 여덟 살짜리 조방(曹芳)이 황제 자리에 올랐다. 사마의(司馬懿)는 태부(太傅)로 승진했고, 병권은 대장군 조상(曹爽)이 장악했다. 조상은 조정을 마음대로 주물렀고, 이 때문에 사마의와 틈이 벌어졌다. 사마의는 병권을 회수하기 위해 늙고 병들었다는 핑계로 짐짓 본색을 감췄다. 조상은 그것을 진짜로 믿고 대비책을 소홀히 했다. 249년 그러니까 위 가평(嘉平) 원년 정월, 사마의는 조상이 황제를 모시고 고평릉(高平陵, 위 명제 조예의 무덤)에 제사를 지내고 돌아오는 틈을 타서 태후의 명령을

'가치부전'의 전형적인 사례는 사마의가 연출했다고 할 수 있다. 그의 연기는 완벽했고, 모두가 사마의에게 속았다.

조작하여 성문을 걸어 잠그고 사도(司徒) 고유(高柔)를 보내 조상의 군영을 점거했다. 그런 다음 황제 조방에게 조상의 죄상을 고해바쳤다. 조방은 하는 수 없이 조상을 면직시켰다. 사마의는 군대를 보내 조상의 집을 포위한 다음 반역죄를 물어 조상과 그 일당을 모조리 죽였다. 이로써 조정의 실권은 사마의가 장악했다.

경영 사례 1

1993년, 중국 국영 TV인 CCTV에 놀라운 뉴스가 방송되었다. 8개국 시장에서 판매되는 하이네켄 맥주에서 유리 조각이 나왔고, 이 때문에 하이네켄이 병맥주를 전량 회수하기로 했다는 것이었다. 더욱더 놀라운 사실은 하이네켄이 소비자들에게 당분간 하이네켄 맥주를 사지 말라고 경고했다는 점이다.

하이네켄의 조치는 얼핏 보면 대단히 어리석다. 그에 따른 엄청난 손실을 생각할 때 회수 정도로도 충분했다. 하지만 하이네켄은 그렇게 하지 않았다. 소비자들에게 하이네켄 구매를 중지해 달라고 요청한 것이다.

상당한 시간이 걸렸지만 하이네켄은 병맥주를 다 회수했고, 심기일전 새로운 맥주를 시판했다. 애주가들은 새로운 하이네켄 맥주에 열광적으로 호응했다. 하이네켄은 치열한 경쟁이 벌어지는 기업 경영에서 브랜드를 지키는 일이 브랜드를 만들어내는 일보다 힘들다는 점을 정확하게 인식했고, 그래서 그처럼 과감한 조치가 가능할 수 있었다.

세계적인 맥주 기업 하이네켄이 보여 준 '가치부전' 전략은 충분히 본받을 만하다. 사진은 진열해 놓은 하이네켄 맥주다.

하이네켄은 '가치부전' 전략을 정확하게 구사했다. '가치부전'은 누가 뭐라 해도 형세가 불리한 상황에서 구사할 수 있는 전략이기 때문이다. 내심과 포부를 확실하게 숨기되, 그저 숨기는 것이 아니라 진정성을 분명하게 드러내야 한다. 상대의 경계를 피하되, 상대가 경계와 견제를 제대로 취하기 전에 몇 단계 빠르게 구사해야 한다. 그래야 제대로 효력을 발휘할 수 있다. 일정 기간 사람들의 비웃음과 손가락질을 받을 수 있겠지만 시간이 지나면 누가 진정 지혜로운지 판명 날 것이다.

경영 사례 2

담판 테이블에서 쌍방의 강약이 크게 차이가 날 수 있다. 1차 세계대전 이후 스위스 로잔에서 열린 회담에서 있었던 사례다. 이 회담은 터키 독립전쟁의 종결을 위해 열린 것인데, 터키(튀르키예)를 비롯하여 프랑스, 영국, 그리스 왕국, 이탈리아 왕국, 루마니아 왕국, 유고슬라비아 왕국, 일본 등이 참석했다. 영국 외상은 당당한 풍채와 쩌렁쩌렁한 목소리로 다른 나라 대표들을 압도했다. 프랑스, 이탈리아, 그리스 등도 영국 편을 들어 기세등등 터키를 몰아붙였다. 반면 터키 대표 이스마엘은 몸집도 왜소하고 귀도 어두운 이름도 거의 알려지지 않은 인물이었다.

1차 세계대전이 끝난 뒤 터키는 영국의 꼭두각시나 다름없었던 그리스를 공격하여 패배시켰다. 영국은 강국들을 모아 로잔에서 터키와 담판을 지어 터키에 대해 불평등 조약에 사인하라고 협박했다. 그러나 이스마엘은 급할 것 없다는 듯 조용하고 차분하게 대등했다. 터키에 유리한 발언이 나오면 귀를 쫑긋 하나도 놓치지 않고 들었지만 불리한 말에는 마치 하나도 듣지 못했다는 듯 시치미를 뗐다. 그는 웃으면서 수시로 "우리 터키의 조건을 이야기할 수 있게 해주시겠습니까? 좋습니까?"라는 말을 반복했다.

영국 외상은 사납게 눈을 부라리며 큰 소리로 이스마엘을 위협했고, 다른 열강 대표들도 영국을 거들고 나서며 연신 소리를 질러 댔다.

이런 '초강도' 자극에 맞서 이스마엘은 귀가 안 들리는 듯한 표정으로 의자에 몸을 기댄 채 천천히 연신 도무지 이해할 수 없다는 표정을 지어 보였다.

영국 대표를 비롯한 열강들의 기세는 더욱 더 기승을 부렸고, 일부는 흐르는 땀을 연신 닦아가며 기를 썼다. 결국은 모두 지쳐서 고함지를 힘도 없었다. 이스마엘은 급할 것 없다는 듯 오른 손바닥으로 귀를 감싸고 몸 전체를 일으켜 영국 대표에게 기울인 다음 부드러운 목소리로 이렇게 말했다.

"장관님, 무슨 말씀을 하셨는지 제가 제대로 듣질 못했어요. 미안하지만 한 번 더 말씀해주실 수 있겠습니까?"

그리고는 두 손을 모아 사과하듯이 "정말 유감스럽게도 제 귀가 잘 안 들려 귀찮게 해드리는군요"라며 능청을 떨었다. 영국 외무상은 눈이 뒤집힐 것 같았지만 이제는 말할 기력도 남아 있지 않아 그냥 의자에 털썩 주저앉았다.

사실 이스마엘의 입장은 분명했고 또 잘 알고 있었다. 영국을 비롯한 열강의 일시적 분노는 이것저것 생각해보지 않은 일시적인 것으로 결코 되풀이할 수 없는 것이었다. 그는 '귀머거리를 가장한 대책'으로 영국 대표를 비롯한 열강 대표들의 감정을 확실하게 통제했다.

로잔 회담의 담판 테이블에서 이스마엘은 터키의 이익을 지키기 위해 단 한 걸음도 양보하지 않았다. 심지어 전쟁의 위협에도 꿈쩍하지 않았다. 그로부터 3개월 뒤 터키는 담판에서 승리했다.

나의 36계 노트 **가치부전**

_____

_____

_____

_____

상옥추제

지붕에 오르게 한 뒤 사다리를 치우다

上屋抽梯

그 사다리가 내 사다리가 아닌지
확실하게 점검하라

'상옥추제'는 상대의 퇴로를 끊는 것과 같다. 기업 경영에서도 많이 동원되는 계책이다. 상대에게 틈을 주어 그것을 이용하게 유인한 다음 자신이 정교하게 만들어 놓은 틀로 끌어들이는 것이다. 상대가 이 틀에 빠지면 과감하게 상대가 타고 올라온 사다리를 치워 빠져나갈 길을 끊음으로써 상대가 몸을 숨기지 못하게 하고, 나아가 상대를 소멸시키는 것이다.

이 계책은 상당한 지력과 설계를 요구한다. 이 계책이 성공하면 상대를 물리치는 것은 물론 성공으로 가는 길목의 장애물까지 제거할 수 있다.

"지붕에 오르게 한 뒤 사다리를 치운다. 일부러 편하게 만들어 앞으로 나가도록 사주한 다음 응원군을 끊어 사지에 몰아넣는 것이다. 이런 독수에 걸리면 제자리를 지키지 못한다."

36계의 제28계 '상옥추제'는 '상루추제(上樓抽梯)'라고도 한다.《손자병법》〈구지편〉에 "장수가 병사들과 더불어 전투를 하는 것은 사람을 높은 곳에 오르게 한 뒤 사다리를 치우는 것과 같다"라는 대목이 나온다.

'상옥추제'는 사람을 높은 곳으로 유인하고 사다리를 치워 오도 가도 못 하는 상황에서 상대를 꼼짝 못 하게 만드는 것이다. 이 계략은 고의로 약점을 드러내서 적에게 유리한 조건을 제공하여 적을 우리 쪽 깊숙이 끌어들인 다음, 적의 전후방 응원군을 차단하고 미리 준비한 '자루' 속으로 끌어들이는 것이다.《주역》〈서합괘(噬嗑卦)〉에서 "딱딱한 고기를 깨물면 이가 상한다"라고 말한 것처럼 적이 얻어서는 안 될 이익을 탐내서 화를 자초하게 만드는 것이다.

'상옥추제'를 잘 활용하려면 먼저 적을 유인할 수 있는 '사다리 설치'가 필요하다. '사다리 설치'로 적을 유인하는 것은 전기를 마련하는 과정이며 상당한 인내심을 요구한다.

전국시대, 이웃 나라 임금이 초나라 왕에게 미녀를 선물했다. 초나라 왕은 이내 그녀에게 빠져들었다. 초나라 왕의 애첩들 가운데 정수(鄭袖)라는 여자가 있었는데, 새로 온 미녀에게 특별한 관심을 가지고 옷·장식품·가구·이불 등을 아낌없이 주었다. 그 관심의 정도가 초나라 왕보다 더하면 더했지 결코 뒤지지 않았다. 그녀의 이런 행동은 초나라 왕을 감동시켰다.

"여자는 미모로 남자를 휘어잡으려 하고 시기심과 질투심이 강한 법인데, 정수는 내가 그녀에게 잘 대해 준다는 사실을 알면서도 나보다 더 그녀를 보살피는구나. 효자가 부모를 공경하듯, 충신이 임금을 섬기듯 사사로운 욕심을 버리고 나를 위해 그렇게 해 주다니 좋은 여자로고!"

초나라 왕이 정수를 칭찬할 때, 정수는 조용히 그 미녀를 찾아가 이런 말을 하고 있었다.

"왕께서 너를 무척이나 아끼지만 오직 한 가지, 네 코가 다소 마음에 들지 않으신 모양이다. 그러니 다음부터는 천으로 가리고 왕을 뵙는 게 좋을 것이야."

미녀는 정수의 충고에 감격하며 왕을 만날 때면 늘 천으로 코를 가렸다.

초나라 왕은 의아해하다가 어느 날 정수에게 그 까닭을 물었다.

"어째서 나를 볼 때면 천으로 코를 가리는지 그 이유를 아는가?"

"저는 잘 모릅니다. 다만……."

"괜찮으니 말해 보라."

"대왕의 몸에서 나는 냄새를 싫어하는 것 같습니다……."

"뭐야! 이런 발칙한 것 같으니!"

초나라 왕은 즉시 그 미녀의 코를 베어 버리라고 명령했다.

정수는 라이벌로 떠오른 미인을 제거하기 위해 우선 미인에게 갖은 호의를 베풀어 그 미인은 물론 왕의 환심까지 샀다. '상옥추제'

의 첫 단계이자 관건이 상대를 제대로 유인해 내는 데 있고, 그것을 발판으로 사다리를 치워 버림으로써 상대를 확실히 제거하는 목적을 달성하는 일임을 정수는 너무나 잘 보여 주었다.

춘추시대 초기 기원전 660년, 진(晉)의 헌공이 고대 섬서성 임강(臨江) 일대의 여융(驪戎)을 무찌르자 여융에서는 미녀 여희(驪姫)를 진 헌공에게 바쳤다. 여희는 젊고 아름다운 데다 애교가 넘쳐 헌공은 곧 부인으로 삼았고, 얼마 되지 않아 아들 해제(奚齊)를 낳았다. 그러자 여희는 교묘한 음모를 꾸며 태자 신생(申生)이 윤리·도덕에 어긋나게 자신을 희롱하려 한다고 헌공에게 고해바쳤다. 그리고 신생의 생모가 꿈에 나타났다고 거짓말을 하며, 신생에게 지금의 산서성 문희현(聞喜縣) 동쪽인 곡옥(曲沃)에서 생모를 위해 제사를 지내게 하여 제사 때 사용한 고기를 헌공에게 올리도록 했다. 여희는 그 고기에다 몰래 독을 넣어 태자가 헌공을 해치려 한다고 모함

여희는 '상옥추제' 책략으로 태자 신생을 끝까지 몰아붙였다. 사진은 여희의 난을 묘사한 조형물이다.

하여 태자를 자살로 몰았다. 헌공이 죽자 여희의 어린 아들 해제가 그 뒤를 이었고, 진나라는 쇠약해져 버렸다.

여희는 태자 신생을 끝까지 몰고 가서 결국은 자살하게 만들었는데, '상옥추제'의 전형적인 사례라 할 것이다. 여희는 태자의 희롱을 '사다리' 삼아 헌공의 질투심과 분노를 끌어냈다. 이렇게 해서 부자지간의 신뢰를 무너뜨린 다음 고기에 독약을 타는 수법으로 퇴로를 완전히 끊어 놓고 태자와 헌공을 막다른 골목까지 밀어붙였다. 결과는 헌공도 신생도 모두 여희의 '상옥추제' 계책에 당하는 꼴이 되었다.

초한쟁패 와중에서 명장 한신이 구사한 배수진도 '상옥추제'의 전형적인 사례라 할 수 있다. 기원전 204년, 한신이 항우에게 투항한 조왕 헐(歇)을 공격하기 시작했다. 한신은 우선 기병 2천에 명하여 붉은 깃발을 가지고 오솔길을 따라 산등성이 은밀한 곳에 숨어 있다가, 조나라 군대가 공격하고 아군이 후퇴할 때를 기다려 쏜살같이 조나라 성벽으로 질주해 조나라의 하얀 깃발을 모조리 뽑고 아군의 붉은 깃발을 꽂으라고 명령했다. 그러고 나서 병사들에게 "우선은 간단하게 요기하고 한나절 만에 조나라를 깨부순 다음 모여서 다 같이 밥 먹자"라고 말했다. 한나절 만에 조나라를 깨부순다니, 병사들은 속으로 터무니없는 소리라고 콧방귀를 뀌었다.

한신은 우선 병사 1만 명을 파견해 정형도를 거쳐 토문관을 통과하고 이어서 앞을 가로막은 강물마저 건넌 뒤 동쪽 편에 배수진을 치라고 명했다. 병법에서 금기 조항이 바로 배수진이므로 조나라 병사들은 한신의 군대가 진을 치는 모습을 보자 한신을 비웃었다.

조나라 장수 진여는 당장 출격하면 한신이 후퇴할까 봐 한신이 나타날 때까지 선두 부대를 공격하지 않았다. 진여는 야심만만하여 한신의 군대를 일망타진해 버릴 생각이었던 것이다. 동이 트기 시작하자 한신의 대장군 깃발이 우렁찬 군악 소리와 함께 정형구를 빠져나와 강물을 건너 동쪽 편으로 집결했다. 진여는 한신을 사로잡을 기회가 왔다고 판단하

한신의 배수진은 '상옥추제'의 전형이다. 사진은 《삼국지》에서 강유의 배수진을 나타낸 그림이다.

자 전군에 총공격을 명했다. 한동안 치열한 접전이 이어진 끝에 이윽고 한신의 군대가 패배하여 부대 깃발과 무기, 갑옷 등을 버리고 후퇴해서 강물에 대기 중인 선박으로 달아났다. 한신의 병사들은 진여 군대의 추격을 힘겹게 방어하면서 한 치도 물러서지 않았다.

산등성이에 매복한 2천 기병은 조나라 병사들이 진지를 모두 빠져나온 것을 확인하고는 조나라 진지로 쏜살처럼 질주해 하얀 깃발을 모두 뽑고 그 자리에 붉은 깃발을 꽂았다. 그리고 뛰쳐나와 조나라 군대의 배후를 맹렬하게 공격했다. 진여는 애당초 한신을 가볍게 생포할 것으로 생각했으나 한나절이 지나도 전황이 불투명하자 일단 진지로 돌아가 휴식을 취한 뒤 다시 작전을 짜려고 했다. 그런

데 고개를 돌려 진지를 바라보니 온통 붉은 깃발이 나부끼는 게 아닌가. 진여가 한신의 계략에 말려들었다고 판단한 순간 조나라 병사들은 이미 전의를 상실하고 사방으로 도망치기 시작했다. 진여도 남쪽으로 몇 십 리 밖의 지수(泜水)까지 도주했으나 한신의 병사에게 추격당해 살해되었다. 조왕 헐은 한신에게 생포되었다.

이것이 기원전 204년 10월, 지금의 하북성 석가장 서북방 녹천시 서쪽에서 일어난 '정형의 전투'다.

한신은 물을 등지고 진을 치는 '배수진' 전술로 대승을 거뒀는데, 지붕에 오르게 한 뒤 사다리를 치우는 '상옥추제'의 판박이다. 여기서 중요한 것은 한신이 배수진으로 상대를 방심하게 만들고, 그 틈에 적의 성을 공략하여 적의 깃발을 자기 쪽 깃발로 바꿈으로써 조나라 병사들의 심리적 동요까지 끌어냈다는 데 있다. '상옥추제'의 관건은 상대를 지붕까지 오르게 하는 데 있기 때문이다. 이때 또 하나의 관건은 상대가 의심하지 않게 만드는 것이다. 그러려면 지붕에 승리를 위한 무엇인가가 있다는 확신을 심어 줘야 한다. 한신이 배수진으로 상대를 완전히 방심시킨 것은 바로 이 점을 정확하게 간파했기 때문이다. '옥상추제'가 심리전이 될 수 있는 것도 이 때문이다.

《삼국지》 사례

유표(劉表)는 막내아들 종(琮)을 아끼고 큰아들 기(琦)는 별로 좋아하지 않았다. 유기를 질시하고 냉대하는 것은 유종의 후모가 더 그

랬다. 유기는 신변에 위험을 느끼지 않을 수 없었다. 제갈량에게 자신을 보전할 수 있는 방법을 가르쳐 달라고 졸랐으나 제갈량은 이런 핑계 저런 핑계를 대며 가르쳐 주지 않았다.

그러던 어느 날, 유기는 제갈량을 뒤뜰로 초청해 놀다가 함께 높은 누각으로 올라갔다. 그리고 사람을 시켜 누각으로 오르내리는 사다리를 치워 버린 뒤 "이제 올라가지도 내려가지도 못합니다. 무슨 말씀이든 제 귀로만 들어가고 새나가지 못합니다. 사양하지 마십시오"라며 자신의 장래를 물었다.

제갈량은 춘추시대 진(晉) 헌공의 왕비 여희가 태자 신생과 중이(重耳)를 음모로 해친 사건을 들며 "신생은 궁중 안에 있다가 화를 당했지만, 중이는 밖에 있었기 때문에 안전했지요"라고 말했다. 유기는 정신이 번쩍 들어 즉시 아버지 유표에게 자신을 강하(江夏)로 보내 줄 것을 요청했다. 유기는 지배 계층 내부의 권력 투쟁에서 화를 면할 수 있었다.

경영 사례 1

전 세계인의 사랑을 받은 브리태니커 백과사전은 150년 가까이 최고의 백과사전으로 군림했다. 그에 따른 명성은 물론 엄청난 부를 축적했다. 그야말로 넘기 어렵고 공략할 수 없는 난공불락의 철옹성과 같았다.

1988년, 마이크로소프트는 당시 기술의 총아라 할 수 있는 CD-ROM에 대량의 정보를 담는 최신 백과사전 형태에 눈을 돌렸다. 그리고 1993년, 《Funj&Wagnalls Standard Dictionary》를 이용하여 검색 기능, 다량의 도면, 동영상, 연표, 지도 등 책으로 구현할 수 없는 새로운 개념의 백과사전 《엔카르타(Encarta)》를 출시했다.

브리태니커는 마이크로소프트의 시도에 그다지 신경 쓰지 않았다. 그러나 상황은 순식간에 변했다. 구매자들은 너나 할 것 없이 새로운 개념의 백과사전으로 몰렸다. 브리태니커는 그야말로 '상옥추제'하지 않으면 안 되는 상황으로 몰렸다. 이 엄중한 요구와 도전에 브리태니커도 CD-ROM 백과사전을 만들었다. 그러나 가격 책정에 실패하는 등 마이크로소프트가 선점한 시장을 뚫지 못하고 주저앉았다.(브리태니커의 명성과 자존심을 앞세워 지나치게 높은 가격을 책정한 것이 결정적 패인이라는 지적을 받고 있다.)

마이크로소프트의 《엔카르타》 역시 인터넷을 통한 지식 검색의 보편화와 위키피디아나 구글의 등장으로 시장에서 퇴출당했지만, 브리태니커와의 경쟁에서는 완승을 거뒀다. 결과를 놓고 볼 때 브리태니커는 자신의 의사와 상관없이 '상옥추제'에 몰렸지만, 이왕 그렇게 된 이상 확실하게 사다리를 걷어차고 새로운 기술에 제대로 적응하며 시장 상황을 냉철하게 파악했어야 한다. 하지만 과거 환경과 명성에 집착한 채 어정쩡한 낙관론에 홀려 실패를 자초했다.

마이크로소프트의 전자 백과사전 《엔카르타》의 화면.

경영 사례 2

중국에 있었던 사례다. 술을 만드는 제조업체 하나가 막 창업하여 술을 담는 병을 유리 공장에 주문을 넣었다. 그런데 요구는 까다롭고 제시한 가격을 수지에 맞지 않을 정도로 낮았다. 게다가 협상의 여지도 주지 않았다. 유리 공장은 경기가 좋지 않던 터에 제법 큰 고객을 만났기 때문에 고민이 컸다. 수지타산을 맞추어 보아도 받아들이기가 어려운 조건이었다.

영리한 공장장은 자세히 분석한 결과 이 거래에 충분한 승산이 있다고 판단하여 그 조건을 흔쾌히 받아들였다. 계약 기간은 1년이었다.

계약 기간이 끝나고 술 제조업체는 유리 공장이 계약 연장을 위해 자신들을 찾을 것으로 보고 기다렸다. 그러나 아무리 기다려도 오지 않았다. 당장 필요한 유리병도 있고 해서 술 제조업체가 유리 공장을 찾았다. 유리 공장에서는 당연히 극진히 접대했다. 그러면서 유리 공장은 재료 가격의 상승 등을 들며 부드럽게 계약 조건의 변경을 요구했다. 병 값을 올리지 않으면 거래를 계속하기 어렵다고 했다.

술 제조업체의 대표는 매우 기분이 언짢아 조건에 대한 가부를 밝히지 않고 돌아왔다. 그러나 며칠 뒤 술 제조업체의 대표는 유리 공장을 다시 찾아와 유리 공장이 제시한 조건을 대부분 받아들였다.

대체 어찌 된 일일까? 당시 두 회사가 거래를 시작할 때 유리 공장의 공장장은 앞으로 술 제조업체가 자기 공장의 유리병을 계속 사용하지 않을 수 없을 것으로 예상했다. 술을 담는 상자의 디자인을 고려할 때 아무런 장식이 없는 병을 사용할 수는 없기 때문에 병에 문양과 색을 넣을 수 있는 특별한 기술을 가진 자기 공장을 자기 공장을 찾을 것이라는 자신이 있었다.

술 제조업체의 대표는 첫 담판에서 돌아온 다음 이런 기술을 가진 다른 유리 공장을 찾았으나 성 전체에서도 그 기업이 유일했다.

유리 공장은 직업윤리를 어기지 않는 전제하에서 멀리 내다보고 '상옥추제'의 계책을 교묘하게 활용하여 자기 기업의 이익을 지켜냈다.

나의 36계 노트 **상옥추제**

_____

_____

_____

_____

_____

수상개화

나무에 꽃을 피우다

樹上開花

꽃은 화려할수록 좋다

'수상개화'는 '허장성세(虛張聲勢)' 수단이다. 나무에는 처음부터 꽃이 없었다. 가짜 꽃으로 자신의 세를 부풀리는 것이다. 이 수단은 흔히 자신의 실력이 모자라는 상황에서 활용된다. 이런 상황에서는 '수상개화' 수단을 활용하여 자신의 역량을 과장해서 실력이 대단하다는 가상을 만들어 내는 것이다.

상대가 보고 듣는 것을 마구 뒤섞음으로써 나의 진짜 실력을 판단할 수 없게 만들어 상대가 함부로 손쓰지 못하게 하는 방법이다. 비즈니스에서는 상품을 판매할 때 많이 활용한다. 자신의 상품이 갖는 영향력을 과장해서 이 상품이 진짜로 잘 팔리는 상품이라는 인상을 갖고 물건을 사게 하는 것이다. 과장 광고도 이 책략의 일종인데 지나치면 다른 상품까지 영향을 미쳐 크게 낭패할 수 있다.

"나무에 꽃을 피운다. 국면을 잘 이용하여 세력을 포진하면 힘은 작더라도 기세는 대단해 보일 수 있다. 《주역》의 '점(漸)'괘처럼 큰 산 위를 날아다니는 물새는 그 날갯짓이 더욱 화려해 보이고 그 기상은 대범해 보인다."

36계의 제29계(병전계의 제5계)는 '수상개화'다. '나무에 꽃을 피운다'는 뜻을 가진 이 계책은 전쟁에서 여러 국면을 이용해 유리한 진지에 포진하면, 병력이 약소하더라도 진용은 강대해 보일 수 있다는 의미를 내포한다. 이렇게 하면 적은 진짜와 가짜를 구분하기 어려워지고, 이로써 적을 압도하는 것이다. 불리한 형세에서 전기를 기다리거나 창조하기 위해 흔히 이 모략으로 적을 흔들어 놓곤 한다.

전국시대 중기 저명한 군사가 악의가 이끄는 연나라 대군이 제나라를 공격했다. 악의는 단숨에 70여 개 성을 함락했다. 제나라는 거(莒, 지금의 산동성 거현)와 즉묵(卽墨) 두 성만 남았다. 악의는 승기를 몰아 두 성을 포위했다. 제나라는 결사 저항에 나섰고, 두 성은 좀처럼 함락되지 않았다.

이때 누군가 연나라 왕(혜왕)에게 "악의는 연나라 사람이 아니니 당연히 연나라를 위하지 않을 것입니다. 그렇지 않고서야 어째서 저 두 성만 공략하지 못하는 것입니까? 아마 자신이 제나라 왕이 될 생각인 모양입니다"라고 했다.

악의를 모셔온 연나라 소왕은 악의를 결코 의심하지 않았다. 그러나 소왕이 갑자기 죽고 뒤를 이어 즉위한 그 아들 혜왕은 악의에 대한 신뢰가 아버지 같지 않았다. 그는 측근인 기겁에게 악의의 자리를 대신하게 했다. 신변에 위험을 느낀 악의는 조나라로 달아나는 수밖에 없었다.

이 무렵 제나라의 장수는 전단이 맡고 있었다. 그는 기겁이 근본적으로 재목이 못 된다는 것을 잘 알았다. 지금 연나라의 기세가 대단하긴 하지만 계책을 잘 쓴다면 충분히 물리칠 수 있다고 확신했다.

전단은 우선 두 나라 병사들의 미신 심리를 이용하기로 했다. 전단은 제나라 군민들에게 매일 밥을 먹기 전에 먹을 것을 땅에 놓고 조상에게 제사를 드리라고 했다. 그러자 하늘에서 온갖 새들이 날아와 먹을 것을 다퉜다. 성 밖 연나라 군대가 높은 곳에서 이 모습을 보고는 제나라는 신이 돕는다더니 진짜 매일 일정한 시간에 새들이 날아와 절을 하고 간다며 숙덕거렸다.

전단의 다음 수는 연나라 대장 기겁을 겨냥했다. 그는 사람을 몰래 보내 유언비어를 퍼뜨렸다.

"악의는 너무 인자해서 아무도 그를 두려워하지 않았다. 지금 우리가 가장 두려워하는 일은 연나라 군사들이 포로들의 코를 베어 그들 공격 부대의 전면에 배치하는 것이다. 그렇게 되면 즉묵을 지키는 사람들은 적이 겁나서 제대로 싸우지도 못할 것이다."

연군이 이 말을 듣고는 포로들의 코를 모조리 베어 버렸다. 즉묵성 사람들은 적이 자기편 포로들의 코를 베어 버린 것을 보고는 분노에 치를 떨었고, 즉묵성을 사수해야겠다는 결심을 굳혔다.

전단은 또 간첩을 이용해 연나라 군영에 소문을 퍼뜨렸다.

"우리가 가장 두려워하는 일은 연나라 군사들이 즉묵성 밖의 무덤을 파헤치는 것이다. 그렇게 되면 제나라 군민은 상심해서 전의를 잃고 말 것이다."

이 소문을 들은 연나라 군사들은 소문대로 제나라 사람들의 조상이 묻힌 무덤을 모조리 파헤쳐 제나라 군민들에게 시위하듯 해골을 보여 주었다. 즉묵성에서 이런 광경을 지켜보는 제나라 군민들은 타오르는 분노를 눈물로 억누르며, 전단에게 속히 결전을 벌여 원한을 씻게 해 달라고 아우성쳤다.

전단의 다음 수는 역시 사람을 보내 기겁의 군사적 재능을 크게 칭찬하며 투항하겠다는 의사를 표시하는 것이었다. 전단은 연나라 군사의 전의와 사기를 마비시키기 위해 거짓으로 항복하는 척 사신을 보내고, 즉묵의 부자들에게는 연나라 장수들에게 돈을 갖다 바치며 신변 보장을 요청하게 했다.

마지막으로 성안의 천 마리가 넘는 소를 모아 오색 용을 그린 천을 몸에 두르고 뿔에 날카로운 칼을 묶은 다음 꼬리에 기름을 잔뜩 묻힌 짚을 묶고 불을 붙여 연나라 군영을 향해 달리게 했다. 꼬리에 불이 붙은 소들은 놀라서 연나라 군영을 마구 휘저었고, 연나라 군영은 순식간에 혼란에 빠졌다. 이 틈에 전단은 군대를 몰아 연나라 군영을 기습하여 장수 기겁을 죽이는 등 대승을 거뒀다. 내친김에 잃어버린 제나라 70여 개 성을 수복하고 거성에 도피한 양왕을 수도 임치로 맞아들였다.

전단은 전투 상황에서 벌어지는 각종 요소를 잘 운용하여 자신의 위세를 불리는 계책을 성공시킨 전형적인 사례를 창출해 냈다.

전국시대 초나라 고열왕(考烈王)은 아들이 없었다. 식객 3천으로 유명한 재상 춘신군(春申君)은 이 점이 몹시 걱정되어 사방팔방으로 뛰어다니며 미녀들을 구해 바쳤으나 끝내 자식을 보지 못했다. 조나라 출신의 문객 이원(李園)에게 아주 아름다운 누이동생이 있었다. 이원은 누이동생을 왕에게 바칠 생각이었으나 왕이 아이를 못 낳는다는 이야기를 듣고는 포기했다. 대신 누이동생을 춘신군에게 바치려고 했다. 춘신군에게 보내 임신하면 그때 왕에게 바치겠다는 참으로 기막힌 발상이었다. 그렇게만 된다면 누이동생의 몸값은 그 무엇으로도 따질 수 없을 터였다.

이원은 춘신군에게 휴가를 요청하고는 일부러 날짜를 넘겨 늦게 돌아왔다. 춘신군이 사연을 묻자 이원은 "제나라에서 사신을 보내 제 누이동생을 초빙했습니다. 그래서 사신과 술자리를 갖다 보니 늦었습니다"라며 거짓말을 했다. 춘신군은 이원의 누이동생이 여간한 미인이 아니라는 이야기를 들은 터라 호기심을 보이며 "예물을 보냈는가"라고 물었다. 이원은 아직 보내지 않았다며 능을 쳤고, 춘신군은 눈을 반짝이며 "내가 한번 볼 수 있겠는가"라고 말했다. 이원이 놓은 덫에 제대로 걸려든 것이다.

이원은 누이동생을 잘 단장시켜 춘신군의 집으로 보냈다. 그리고 춘신군의 침소에 머물며 그를 보살피게 했다. 얼마 뒤 동생의 임신 사실을 알아챈 이원은 자신의 계획을 일러 주었고, 누이동생은 춘신군에게 오라비의 생각을 전했다.

"초왕께서 군을 몹시 중하게 생각하며 총애하십니다. 그 정도가 왕의 형제보다 더하지요. 군께서 초국의 재상을 맡은 지 20년이 넘었습니다. 그런데 초왕께서는 아직 자식을 보지 못했습니다. 초왕께서 후계자 없이 세상을 뜨시면 형제들이 그 뒤를 이을 것입니다. 그렇게 되면 군께서 누리시던 총애는 더 이상 불가능할 것입니다. 군께서 오랫동안 높은 지위에 계시면서 혹 국군의 형제들에게 실례를 범한 점은 없는지요? 모르긴 해도 틀림없이 있을 것입니다. 왕의 형제가 왕위를 잇는 날에는 그 화가 군께 미칠 것이 뻔합니다. 재상 자리는 물론 강동의 봉지도 보전하기 어렵지 않겠습니까? 지금 제가 임신했는데 이 사실을 아는 사람은 없습니다. 제가 군께 총애를 받은 기간이 길지 않으니 군의 지위를 이용하여 저를 초왕께 바치면 초왕은 분명 저를 예뻐하실 것입니다. 만에 하나 하늘이 보살펴 아들을 낳는다면, 장차 군의 아들이 왕위에 오르는 것입니다. 초나라가 전부 군의 것이지요. 언제 닥칠지 모르는 재난에 비한다면 이 방법이 훨씬 낫지 않겠습니까?"

춘신군은 이 말에 전적으로 동의했다. 그녀를 관사에 들여서 잘 보살피게 한 다음 초왕에게 이원의 아리따운 누이동생 이야기를 꺼냈다. 상을 보니 아들을 낳을 수 있다는 말까지 덧붙였다. 초왕은 몹시 기뻐하며 바로 불러들였다. 예상대로 왕은 그녀를 몹시 아끼고 사랑했다. 달이 차고 그녀는 아이를 낳았다. 아들이었고 태자로 책봉되었다. 이원의 누이동생은 왕후가 되었고, 이원도 이를 배경으로 막강한 권력을 누리게 되었다.

하지만 이원은 간사한 소인배였다. 그는 춘신군이 이 비밀을 누설하면 어쩌나 걱정되어 몰래 제거하려고 했다. 죽여서 입을 봉하자는 속셈이었다. 하지만 경성의 주영(朱英)이란 자가 이 일을 어렴

풋이나마 알게 되었다. 그러던 중 고열왕이 병이 났고, 주영은 춘신군에게 만약을 대비해서 이원을 죽이라고 권유했다. 하지만 춘신군은 이원이 연약하고 무능한 사람이고 자신과의 관계에 아무 문제 없다며 권유를 무시했다.

고열왕이 세상을 떠나자 이원은 무사들을 동원하여 춘신군을 암살했다. 집안 식구들까지 모조리 몰살했다. 이원의 누이동생과 춘신군 사이에서 태어난 초왕의 아들은 왕위를 계승하여 유왕(幽王)이 되었다.

사마천은 춘신군을 다음과 같이 평가했다.

"애당초 그가 진 소왕을 설득하여 죽음을 무릅쓰고 태자를 귀국시킨 일은 얼마나 뛰어난 지혜의 결과였던가? 그런데도 이원에게 당한 것은 늙었기 때문이리라. 속담에 '결단을 내려야 할 때 내리지 못하면 도리어 화를 입는다'고 했는데, 춘신군이 주영의 충고를 받아들이지 않은 것을 두고 한 말이다."

가짜 꽃으로 진짜 꽃처럼 꾸며서 진짜를 어지럽히는 효과는 누차 언급했다. 전장의 상황은 복잡하고 수시로 변하기 때문에 리더는 가상에 미혹되기 쉽다. 따라서 거짓 정황을 배치하고 세력을 과장할 줄 알면 적을 떨게 하

춘신군은 이원의 '수상개화'를 제대로 보지 못해 비참하게 죽었다.

거나 심지어 적을 패퇴시킬 수 있다.

'수상개화'는 대단히 창의적인 계책이다. 심지어 자기 군대를 동맹군 진지 옆에 배치하여 강력한 세력인 것처럼 꾸며서 적을 떨게 만들 수 있어야 한다. 다른 나무에 꽃을 피워 적의 눈을 가리고 사전에 굴복시키는 기가 막힌 계책이다. 그러나 전쟁사에서 이 방면의 뛰어난 사례를 찾아보기 힘든 것도 사실이다.

《삼국지》사례

조조의 군대가 남하하여 곧장 완성으로 진격하고 있었다. 당황한 유비는 형주 군민들을 수습하여 강릉(江陵)으로 물러나 수비에 들어가기로 했다. 조조의 병사들이 당양(當陽)에 이르렀을 때 유비의 아내와 아들이 혼란한 와중에 그만 일행과 떨어지고 말았다. 낭패스

장비는 장판파에서 혼자 조조의 추격을 멈추게 하고, '수상개화' 계책을 구사했다. 사진은 장비와 장판파 유지의 모습이다.

러운 처지가 된 유비는 하는 수 없이 장비에게 장판파(長板坡)의 다리를 끊어 조조의 추격을 막게 했다.

장비는 겨우 30여 기병만으로 조조의 추격병에 맞섰다. 그러나 장비는 조금도 당황하거나 겁먹지 않고 계책을 세웠다. 우선 부하들에게 숲속으로 들어가서 나뭇가지를 잘라 말 뒤에 매달고 숲속을 마구 달리게 했다. 그리고 자신이 탄 검은 말에 긴 창 두 자루를 가로로 장착하고는 기세당당하게 장판파 다리에 버티고 섰다.

조조의 추격병들은 장비 혼자 긴 창 두 자루를 장착한 채 다리에 버티고 서 있는 모습과 함께 다리 동쪽 숲속에서 끊임없이 먼지가 공중으로 피어오르는 모습을 보았다. 그 기세에 놀란 조조의 추격병들은 전진을 멈췄고, 그사이 유비는 형주 군민들을 이끌어 멀찌감치 추격권을 벗어날 수 있었다.

경영 사례 1

1871년, 미국의 자본가 굴드는 연방정부가 보유한 금을 제외하고 가장 많은 금을 보유한 사람으로 군림했다. 굴드는 자신이 보유한 금의 가격이 지금 상태를 유지하거나 올라야 이익이 나기 때문에 무엇보다 연방정부의 금을 묶어 둬야 했다.

굴드는 그랜트 대통령의 매제를 찾아가 금에 투자할 돈을 빌려주었다. 금 가격의 상승분만큼 이익을 나눠 주고, 떨어지면 그만큼 배상하기로 계약했다. 그러자 대통령의 매제는 어떻게든 연방정부의 금을 묶어 두려고 했다.

그는 먼저 아내를 설득했고, 아내를 통해 대통령에게 압력을 넣었다. 굴드의 전략은 성공했다. 금이 부족하여 연방정부의 금을 내다 팔아야 할 때도 그 시기를 늦춰서 손해를 보지 않았다.

굴드가 구사한 전략은 '수상개화'와 일치한다. 그는 대통령의 여동생과 여동생의 남편이라는 나무에 황금 꽃을 피운 셈이다. 물론 기업 경영에서 이런 사사로운 인맥을 이용해 이익을 챙기는 것은 부도덕하고 불법적인 행동이라 그대로 활용해서는 안 되겠지만, 참고하거나 응용할 가치는 충분하다.

'수상개화'는 대단히 창의적인 전략이다. 단, 전략을 구사하는 사람은 나무에 집착할 것이 아니라 꽃을 피우는 일에 방점을 찍어야 한다. 또 나의 나무가 아니라 상대의 나무에도 꽃을 피우는 윈윈을 추구할 수도 있어야 한다. 그러나 '수상개화'는 성공 확률이 낮은 전략이기 때문에 사전 계획이 치밀해야 한다.

경영 사례 2

'수상개화'의 활용법을 좀 더 깊게 알아본다. 생활 속에서 우리는 대개 주어진 일을 잘 처리할 수 있도록 도울 수 있는 배경(후견, 뒷배, 조력자 등)을 찾는다. 인간관계와 교류는 자신도 모르는 뚜렷한 공리적 목적을 띤다. 정치영역에도, 나라와 나라 사이의 수교에서도 늘이 공리적 목적이 작동하거나 응용되기 마련이다. 이런 점을 염두에 두고 '수상개화'라는 이 계책의 활용 과정에서 함께 적용하면 효과적인 몇 개의 계책을 소개한다.

먼저, 자신의 역량이 아주 약할 때 다른 사람의 도움을 빌려 자신에게 유리할 수 있는 국면이나 형세를 만드는 과정이다. 국면을 빌리고 형세를 만드는 것이다. 다음으로 이 국면이나 형세를 상대가 믿도록 환상을 만들어 자신의 약세를 감추는 과정이다. 이를 대개 '실속은 없으면서 허세를 부린다'는 뜻의 '허장성세(虛張聲勢)'라 한다. 이 과정의 핵심은 자신의 약세를 잘 감추는 데 있다. 마지막으로 이렇게 형성된 객관적 상황을 단단히 움켜쥐고, 이미 형성된 조건을 충분히 이용하여 그 기세를 타고 자신에게 유리한 쪽으로 이끌어 일을 성공시킨다. 36계의 모든 계책이 그렇듯 하나의 계책만을 활용해서 성공하기보다는 복수의 계책을 상황과 조건에 맞게 섞어서 구사하는 것이 훨씬 효과적이다.

나의 36계 노트 **수상개화**

_____

_____

_____

_____

_____

반객위주

주객이 바뀌다

反客爲主

주객이 바뀌는 일은 다반사다

성공하려면 적극적이고 진취적인 행동이 필요하다. 자신의 실력이 약하고 상대가 강할 때 또는 상황이 불투명할 때는 '도광양회(韜光養晦)' 책략을 취하여 차분히 변화를 관찰할 줄 알아야 한다. 그러나 상황에 변화가 생겨 자신에게 유리한 국면이 전개되면 적시에 '반객위주'해야 한다.

이 계책에서 관건은 적시에 자신의 태도를 조정하는 데 있다. 그래야만 기회가 왔을 때 수동을 능동으로 전환하고 과감하게 나서서 성공을 맞아들일 수 있다.

"주객이 바뀐다. 틈을 타서 발을 들이민 다음 그 주도권을 틀어쥐고 전진해 나간다."

'반객위주'의 본래 뜻은 주인이 손님 대접을 잘못하여 오히려 손님에게 대접을 받는다는 뜻이다. 군사에서는 적진 깊숙이 들어가 작전하는 것을 '객', 본국에서 방어하는 것을 '주'라고 한다.

다음은 《당태종이위공문대》에 나오는 대목이다.

"신이 주객(主客)의 일을 비교·검토한 결과, 객을 주로 주를 객으로 바꾸는 방법이 있음을 알았습니다."

당나라의 두목은 공격과 방어에 대한 손자의 주장을 해석하며 "아군이 주인이고 적이 손님일 때는 적의 양식을 끊고 퇴로를 지킨다. 입장이 뒤바뀐 경우라면 그 군주를 공격한다"라고 했다. 주객의 전환이란 점에서 분석해 보면 수동을 능동으로 변화시켜 전쟁의 주도권을 쟁취하는 모략 사상이 내포되어 있다.

《36계》에서 '반객위주'는 동맹군을 원조하는 틈을 타서 입지를 단단히 굳힌 다음 한 걸음 한 걸음 군영을 설치하여 동맹군을 아우르거나 통제하라는 의미다.

당나라 때 복고회은(僕固懷恩)이란 자가 반란을 일으켰다. 그는

시인 두목은 병법에도 조예가 깊어서 '반객위주'에 대해 해석했다.

토번과 회흘을 선동하고 연합하여 중원을 공격해 왔다. 30만 반군은 연전연승하며 경양성을 압박했다. 경양성을 지키는 장수는 명장 곽자의(郭子儀, 697~781년)였다. 곽자의는 1만여 명의 정예병으로 반군을 토벌하라는 명령을 받았다. 산과 들을 가득 채운 적병을 마주한 곽자의는 형세가 대단히 심각하다는 것을 알았다.

그런데 복고회은이 병으로 죽는 돌발 상황이 벌어졌다. 토번과 회흘은 중간에서 협조 관계를 매개할 사람을 잃자 서로 지휘권을 쥐기 위해 싸웠고, 갈등은 갈수록 격화되었다. 토번은 동문 밖에, 회흘은 서문 밖에 진을 치고는 서로 연락도 하지 않았다.

곽자의는 이 틈에 두 군대를 갈라놓지 않으면 안 된다고 생각했다. 그는 안사의 난 때 회흘의 장수들과 함께 안녹산을 상대한 경험이 있었다. 이런 관계를 이용할 수 있지 않을까? 그는 몰래 회흘 군영으로 사람을 보내 과거 함께 작전했던 관계와 좋았던 감정을 거론하며 자신의 생각을 전달했다.

회흘의 도독 약갈라(葯葛羅)도 감정을 중시하는 사람이었다. 곽자의가 경양에 있다는 이야기를 듣자 몹시 기뻐했다. 그러나 곽자의를 직접 눈으로 봐야 믿겠다고 했다. 보고를 받은 곽자의는 몸소 회흘 군영으로 가서 약갈라를 만나 지난날의 우정에 호소하여 토번과의 연합을 막기로 결정했다.

장병들은 회흘의 속임수일 수도 있다며 반대했다. 곽자의는 "나는 진작부터 나라를 위해 생사는 신경 쓰지 않기로 했다. 내가 회흘에게 가서 담판을 성사시킨다면 이번 싸움을 피하고 천하는 다시 태평을 찾을 것이니 이 어찌 좋은 일이 아니겠는가"라며 뜻을 굽히지 않았다. 그러고는 호위병도 없이 소수의 수행원만 거느리고 회흘 군영으로 갔다.

약갈라는 진짜 곽자의가 찾아오자 말할 수 없이 기뻤다. 바로 술자리를 준비하고 곽자의를 맞아들였다. 두 사람은 오랜만에 정감 어린 대화를 나눴다. 술이 익자 곽자의는 "대당과 회흘의 관계는 아주 좋아 안사의 난을 평정하는 데 큰 공을 세웠다. 대당도 너

당나라 명장 곽자의는 개인적 친분 관계를 잘 이용하여 '반객위주' 계책을 성공시켰다.

희를 섭섭하게 대하지 않았다. 그런데 지금 어째서 토번과 손을 잡고 대당을 침범하려 하는가? 토번은 너희를 우리 대당과 싸우게 만들어 어부지리를 취하겠다는 것이다"라고 상황을 분석해 주었다.

약갈라는 굳은 표정으로 "공의 말씀이 일리가 있소. 우리가 저들에게 속았소이다! 우리는 이참에 대당과 함께 토번을 공격하길 바라오"라며 바로 맹세를 했다.

이런 상황을 보고받은 토번은 형세가 급변했음을 알고 그날 밤으로 군대를 철수시켰다. 곽자의와 회흘은 함께 토번을 추격하여 10만 대군의 토번을 패퇴시켰다. 대패한 토번은 오랫동안 변경을 넘보지 못했다.

곽자의는 형세 변화의 틈새를 놓치지 않고 '반객위주' 책략을 구사하여 위기를 넘긴 것은 물론 토번을 크게 물리치는 전과를 올렸다.

《36계》는 '반객위주'에 대해서 "남에게 부림을 당하는 자는 노예이며, 떠받듦을 받는 자는 주인이다. 발을 내리지 못하면 일시적인 손님이 되지만, 발을 제대로 내리면 오랜 손님이 된다. 손님 역할을 오래 하고도 일을 주도할 수 없는 자는 천박한 손님이다. '반객위주'의 국면은 첫 단계가 손님 자리를 차지하는 것이고, 둘째 단계는 틈을 타는 것이고, 셋째 단계는 발을 들이미는 것이며, 넷째 단계는 요점을 장악하는 것이요, 마지막 단계는 주인이 되는 것이다"라는 비교적 상세한 해석을 하고 있다.

'반객위주'에 대한 역대 해석은 '점진지음모(漸進之陰謀)', 즉 '차츰 나아가는 음모'라는 것이다. '음모'이기 때문에 '차츰 나아가야만' 효과를 거둘 수 있다. 당 고조 이연(李淵)은 천하를 탈취하기에 앞서 이밀(李密)에게 아주 공손한 편지를 보내 달랜 다음 그를 소멸시켰다. 항우에 비해 병력이 절대 열세였던 유방은 홍문연에서 항우에게 무릎을 꿇고 목숨을 부지했다. 그리고 항우의 세력을 서서히 잠식해 가며 역량을 키운 끝에 해하에서 항우를 완전히 꺾어 놓았다.

'반객위주'는 주객의 전환이 그 핵심이다. '객'에서 '주'로 변하려면 힘이라는 측면에서 어떤 과정을 거칠 수밖에 없다. 그 과정에서 나타나는 형세와 형세의 변화를 제대로 통찰하지 않으면 안 되는 것이다. 역량이 모자라고 형세가 불리할 때는 '손님 자리'에서 실력을 키우며 형세가 바뀌기를 기다려야 한다. 형세를 서서히 바꾸면서 때가 되면 '주인 자리'를 차지하는 것이다. 이때는 틈을 타서 기회가 오면 갑자기 맹렬하게 전진하고 공격해야지, 점차 나아가서는 안 된다.

《삼국지》 사례

원소와 한복은 과거 동맹 관계였다. 당시 이들은 힘을 합쳐 동탁을 토벌하기도 했다. 그 뒤 원소의 세력이 점점 강해져 끊임없이 세를 확장해 나갔다. 그런데 하내(河內)에 주둔하면서 식량이 부족하여 몹시 걱정하고 있었다. 이런 상황을 알게 된 원소의 오랜 친구 한복은 직접 식량을 보내 원소의 고민과 어려움을 해결해 주었다.

원소는 남에게 식량을 공급받는 것으로는 문제를 근본적으로 해결할 수 없다는 것을 알았다. 그는 모사 봉기의 권유를 받아들여 식량 창고와 같은 기주를 빼앗기로 했다. 그런데 기주의 책임자가 다름 아닌 한복이었다. 그러나 원소는 별다른 고민 없이 봉기의 계책을 수용하기로 했다.

원소는 먼저 공손찬에게 편지를 보내 함께 기주를 공격하자고 권했다. 진작부터 기주를 차지하고 싶었던 공손찬은 원소의 건의를 받자 바로 군사를 동원하라는 명령을 내렸다.

원소는 다시 한복에게 사람을 보내 자신이 공손찬과 함께 공격하면 기주는 버티기 힘들 것이라고 했다. 그러고는 식량까지 보내 주는 오랜 친구로서 차라리 자신과 힘을 합쳐 공손찬을 공격하는 것이 나은 터, 자신의 군대가 가서 기주를 지키겠다고 제안했다.

한복은 원소의 제안을 받아들였다. 이렇게 해서 들어온 손님 원소는 겉으로 한복을 존중했지만 실제로는 자기 부하를 하나둘 기주의 중요한 곳에 배치했다. 그제야 한복은 주객이 바뀌었음을 깨달았다. 그러나 목숨을 지키려면 기주에서 도망치는 수밖에 없었다.

경영 사례 1

얼마 전 중국 허베이성에서 열린 흥미로운 행사는 '반객위주' 전략이 어디까지 활용될 수 있는가를 잘 보여 주었다. 흔한 취업 행사인데, 그 이름이 기이하게도 '반취업' 행사였다. 기업과 취업준비생의 입장을 바꿔서 진행한 취업 박람회였던 것이다.

서류 전형 – 필기 시험 – 면접이라는 기존의 소모적 취업 방식을 바꿔 보자는 취지에서 마련된 이 행사는 큰 반응을 불러일으켰다. 기업이 인재를 선택하는 것이 아니라 인재가 기업을 선택하는 참신한 행사였기 때문이다. 서로의 입장을 바꿔 보자는 열린 마인드가 돋보였다.

'반객위주' 전략이 통하려면 위 사례처럼 입장을 서로 바꿔 보자는 열린 마인드가 선결 조건이 돼야 한다. 입장을 바꾸면 서로를 이해하는 데 도움이 되고, 참신한 인재를 모시는 좋은 기회를 창출할 수 있기 때문이다. 이런 점에서 '반객위주'는 대단히 지혜로운 전략이 아닐 수 없다.

'반객위주'의 핵심은 주객의 전환이다. 전환의 과정이 반드시 따른다는 점도 염두에 둬야 한다. 따라서 형세와 그 변화에 유의하지 않으면 안 된다. 형세가 불리하면 움직이지 말고 기다려야 한다. 실력을 키우면서 기다려야 한다.

수만 명의 취업준비생이 몰린 베이징의 취업 박람회 광경이다.

경영 사례 2

앞에서 소개한 베이징에서 열린 '반취업' 행사 이야기를 좀 더 해 본다. 이 행사는 어느 해 3월 31일에 열렸고, 주최는 허베이대학 신문방송학과였다. 대학은 이 과를 졸업한 그해 졸업생 전체를 대 상으로 삼았다. 그리고 이 행사에 참가한 기업들로는 미국 기업인 Bestformulations를 비롯하여 스자좡(石家莊)의 션웨이약업(神威藥業), 바오띵(保定)의 진펑판(金風帆) 그룹 약 40개에 이르렀다.

행사는 인재 정보발표회와 '반취업' 좌담회 두 부분으로 나뉘어 진행되었다. 오전의 정보발표회에서는 30여 명의 졸업생이 기업들 을 대상으로 자신들의 실습 작품을 전시하면서 자신의 특기와 장 점을 소개하는 한편, 기업들에게 취업 의향과 조건을 제시했다. 오 후의 좌담회에서 기업들은 학생에게 자기 기업의 상황과 인재가 필요로 하는 정보를 소개했다. 쌍방은 자유롭고 부드러운 분위기 에서 상당히 긴 시간 동안의 교류와 담판을 진행한 끝에 약 10명의 학생과 기업이 취업을 성사시켰다.

이 행사를 기획한 사람들 중 한 사람인 학과 대표 왕훙위(王宏宇) 는 이 기획의 목적에 대해 이렇게 밝혔다.

"이전에 이런 행사에 여러 번 참가했지만 그 형식이 모두 같았습 니다. 기업이 지방에 있으면 교통비도 만만치 않았죠. 때로는 자신 을 알릴 기회는 물론 이력서 한 장도 제대로 전달하기 어려웠습니 다. 이런 기존의 방식으로는 효율이 떨어질 뿐만 아니라 일방적 선택이지 진정한 의미의 쌍방향 선택이 아니었죠."

　미국의 Bestformulations 중국 지사 총책임자인 두(杜) 선생도 기존의 방식에 대해 같은 생각을 갖고 있었다. 그는 매년 새로운 인재를 모시는 데 엄청난 힘이 들고 또 간단한 이력만으로 많은 인재를 도태시킨다고 말하면서, 이 때문에 진정한 인재들이 묻히는 일을 피할 수 없다고 덧붙였다.

　이 '반취업' 행사는 기업과 대학생 쌍방이 더 많이 서로를 이해하고 교류할 수 있는 기회를 주었다. 교류형식이 보다 직접적이고 편리했으며, 효과도 당연히 높았다. 두 선생은 이런 '반취업' 행사가 더 많이 열리길 바란다고 했다. 허베이대학 학생처장은 이 행사는 인재교류 방식의 새로운 창조로서, 형식이란 면에서 인재를 사는 쪽에서 인재를 파는 쪽으로 인재시장을 전환시키는 대담한 시도라고 했다.

나의 36계 노트 **반객위주**

병법과 경영이 만나다 ——————————— 삼십
육계

十計
三六

VI

패전계

敗戰計

- 패배를 승리로 바꾸는 길 -

1. 패전계의 기조와 핵심

패전계는 전황이 자신에게 극히 불리한 상황에서 가만히 앉아 죽기만 기다릴 수 없을 때 구사하는 계책으로 이루어져 있다. '미인계(美人計)'부터 '주위상계(走爲上計)'까지 패전계는 패전에서 벗어나기 위한 지극히 임기응 변적이고 실용적인 계책으로 구성되어 있다.

경쟁을 하다 보면 상대가 수적으로 많고 내가 적은 일이 흔히 발생한다. 아무리 애써도 수동적이고 열세를 면할 수 없는 상황도 있다. 여기에 미지수들이 겹치고 심지어 도저히 만회할 수 없는 국면이 조성되기도 한다. 이런 상황에서는 진짜와 가짜를 혼동케 하고, 때로는 성을 비우는 극 단적 방법도 구사해 보고, 이것도 저것도 안 되면 줄행랑을 쳐서 자신을 보전한 다음 다시 기회를 엿보는 수밖에 없다.

패전계는 모두 위기에서 벗어나 안전으로 바꾸고, 나아가 패배를 승리로 전환할 수 있는 조건을 창출하는 데 초점을 맞추고 있다. 이를 위해서는 유리한 시기를 파악하고 그에 맞춰 전략 전술을 정확하게 구사할 수 있어야 한다. 이래야만 불필요한 희생을 줄이거나 피할 수 있다. 그러면서 모든 상황이 여의치 않을 때는 '달아나는 것이 상책'이라고 말한다.

경쟁의 길에는 승리도 패배도 있다. 아직 성공하지 못할 때 극단적으로 불리한 국면을 맞이할 가능성은 언제든지 있다. 이런 상황에서는 무엇보다 기가 죽거나 실망해서는 안 된다. 승패는 '병가지상사(兵家之常事)'라는 말을 꼭 기억하기 바란다. 일시적 패배가 영원한 실패는 결코 아니다. 실패를 두려워해서는 안 된다. 실패도 경험이다. 실패에서 교훈을 잘 찾아

종합하고 분석할 줄 아는 사람만 패배를 승리로 바꿔서 최후의 승리자가
될 수 있다.

2. 패전계의 계책과 사례

패전계의 계책을 다시 한번 표로 제시하고 각 계책의 의미와 역사 사례
를 살펴본다.

카테고리	36계 항목	의미
VI. 패전계 敗戰計 (극히 불리한 상황을 반전시키는 계책)	미인계 (美人計)	미인을 이용하다.(《육도》〈문벌〉)
	공성계 (空城計)	성을 비워 적을 물러가게 하다.(《삼국지》〈촉서·제갈량전〉)
	반간계 (反間計)	적의 간첩을 역이용하다.(《손자병법》〈용간편〉)
	고육계 (苦肉計)	제 살을 도려내다.(《삼국지연의》)
	연환계 (連環計)	여러 개의 계책을 연계해서 구사하다.(《삼국지연의》 제47회)
	주위상계 (走爲上計)	줄행랑이 상책이다.(《남사》〈단도제전〉)

제31계

미인계

미인을 이용하다

美人計

유혹은 매력이 관건이다

흔히들 '영웅은 미인의 관문을 넘기 어렵다'고 한다. 제아무리 대단한 영웅이라도 미인의 관문을 넘기란 쉽지 않다. 하물며 보통 사람이야 오죽하겠는가? 성인이 아닌 이상 누구든 이런저런 약점을 갖기 마련이다.

비즈니스 세계에서도 하등 다를 바 없다. 그 약점에 맞춰서 적절한 계책을 구사한다면 자신이 원하는 판으로 상대를 끌어들일 수 있다. 예를 들어 아부성 발언은 거의 모든 사람이 좋아하는 약점이다. 경영자에게도 이런 약점은 수두룩하다. 상대의 약점을 공략하는 것도 성공의 한 수단이자 방법이다.

"미인을 이용하는 계략이다. 병력이 강력한 적은 그 장수를 공격하고, 지혜로운 적은 그 정서를 공략해야 한다. 장수가 약하면 병사의 사기가 떨어지고 그 기세 또한 위축된다. '남이 둘 사이를 이간질하지 못하도록 화목하게 지내며 서로 보호한다'는 점괘를 역으로 활용하는 것이다."

'미인계'의 가장 오랜 사례는 주(周)의 여상(呂尚, 강태공)이 지었다고 하는 《육도》에 나온다.

"나라를 어지럽히는 신하를 길러서 (군주를) 홀리고, 미녀와 음탕한 소리를 바쳐 유혹하며……."

이 이야기는 〈문벌(文伐)〉에 나오는데, '문벌'이란 무력을 쓰지 않고 적을 공격하는, 즉 모략으로 작전을 전개하는 것을 말한다.

《36계》에서 제시하는 '미인계'의 내용을 좀 더 풀이해 보자. 병력이 강대한 적은 그 장수를 제거하거나 굴복시켜 전투 의지를 꺾어놓는다. 장수의 투지가 약하고 병졸의 사기가 가라앉으면 그 부대는 이미 전투력을 잃은 상태다. 적의 약점을 이용해 상대를 통제하고 와해하는 공작을 진행하면 대세에 따라 실력을 보존할 수 있다.

미인계가 정치·군사 투쟁에 활용되어 성(性)으로 적장이나 지휘관을 유혹한 사례는 역사상 적지 않았다. 약자 쪽은 물론 강자 쪽에서도 널리 이용했다. 여자를 남자의 부속물처럼 취급하던 시대에는 여성이 '물건'처럼 이용되었다. 지금은 여자뿐 아니라 남자도 '미인계'의 도구로 이용될 수 있다. '미인'이 어떻게 도구가 되는가에 대해 전면적으로 거론하자면, 역사·사회·심리 등 각 방면에서 살펴볼 수 있는데, 먼저 역사 사례 몇 가지를 소개한다.

청나라 때 주봉갑(朱逢甲)의 《간서(間書)》는 1855년(咸豊 5년)에 쓰였는데, 하나라(기원전 21세기~기원전 16세기) 소강(少康) 시대에 '여애(女艾)'를 시켜 요(澆)를 엿보게 했다는 기록이 있다. 시기를 계산해 보면 적어도 4천 년 전의 일이다.

춘추시대 초기 기원전 660년, 진(晉)의 헌공이 고대 섬서성 임강 일대의 여융을 무찌르자 여융에서는 미녀 여희를 진 헌공에게 바쳤다. 여희는 젊고 아름다운 데다 애교가 넘쳐 헌공은 곧 부인으로 삼았고, 얼마 되지 않아 아들 해제를 낳았다. 그러자 여희는 교묘한 음모를 꾸며 태자 신생이 윤리·도덕에 어긋나게 자신을 희롱하려 한다고 헌공에게 고해바쳤다. 그리고 신생의 생모가 꿈에 나타났다고 거짓말을 하며, 신생에게 지금의 산서성 문희현 동쪽인 곡옥에서 생모를 위해 제사를 지내게 하여 제사 때 사용한 고기를 헌공에게 올리도록 했다. 여희는 그 고기에다 몰래 독을 넣어 태자가 헌공을 해치려 한다고 모함하여 태자를 자살로 몰았다. 헌공이 죽자 여희의 어린 아들 해제가 그 뒤를 이었고, 진나라는 쇠약해져 버렸다.

《한비자》의 기록을 보자. 공자는 노나라 애공(哀公)을 도와 나라를 다스렸는데, 백성이 풍족하게 살고 도가 제대로 시행되었다. 이에 라이벌인 제나라 경공이 공자를 제거하고자 했다. 제나라 대신 여차(黎且)가 꾀를 내어 제나라 경공에게 말했다.

"중니(공자의 이름)를 제거하려면 쉽게는 안 됩니다. 음악과 가무에 능한 미녀를 노나라 애공에게 바쳐 애공의 교만하고 허영을 좋아하는 심리를 부추기면 주색에 빠져 분명 정사를 게을리할 것입니다. 중니는 애공에게 충고할 테고 애공은 그 말을 듣기 싫어할 것입니다. 그러면 중니는 두말 않고 노나라를 떠날 것입니다."

제나라 경공은 여차를 시켜 노래 잘하는 미녀 열여섯 명을 애공에게 바쳤다. 아니나 다를까, 애공은 정사를 게을리했다. 중니가 여러 차례 충고했으나 듣지 않았고, 중니는 노나라를 떠나 초나라로 가 버렸다.

기원전 491년, 구천은 오나라에서 치욕적인 3년을 보내고 조국 월나라로 돌아왔다. 그는 전국에서 미녀 수천 명을 선발하고 그중에서 가장 예쁜 서시(西施)와 정단(鄭旦)을 뽑아 가무를 가르쳤다. 3년 후 미모와 재능을 완벽하게 겸비한 두 미녀를 오나라 왕 부차에게 보냈다. 부차는 아주 기뻐했다. 허구한 날 두 미녀를 옆에 끼고 희희낙락하며 정사를 돌보지 않았다. 오나라 대신 오자서(伍子胥)는 월왕 구천의 의도를 간파하고 여러 차례 충고했다. 그러나 부차는 미색에 홀려 오자서의 충고를 들으려 하지 않았다. 구천은 오나라 왕이 북쪽 정벌에 나서고 국내에 큰 가뭄이 들어 힘의 공백이 생긴 틈을 이용해 일거에 오나라를 멸망시키고 부차를 자살하게 했다.

1917년 7월, 손중산(孫中山, 손문)은 '호법(護法)'의 기치를 내걸고 8월 '비상 국회'를 소집하여 군정부를 세우고 북벌에 나섰다. 광둥성의 우두머리 주경란(朱慶瀾)은 직위를 이용하여 단기서(段祺瑞)를 간첩으로 보내는 등 눈엣가시 같은 존재로 부상하고 있었다. 손중산은 그를 파면하려 했으나 적절한 구실을 찾지 못해 고심했다. 적당한 대책이 없어 전전긍긍하는 차에 주경란이 여자를 심하게 밝힌다는 정보를 입수했다.

그는 몰래 사람을 넣어 기생 소금령(小金鈴)을 주경란에게 접근시켰다. 주경란은 여학교에서 강연했는데, 예쁜 여학생만 보면 온갖 방법으로 유혹했다. 소금령은 명령에 따라 그 여학교에서 공부하기 시작했고, 두 사람은 이내 눈이 맞았다. 며칠 뒤 연인 사이가 된 두 사람이 주강(珠江)의 서호(西濠) 주점에서 밀회를 나누다 기자들에게 현장을 들켜 버렸다. 주경란은 명예를 지키기 위해 아낌없이 돈을 뿌리며 기자들의 입을 막으려 하는 한편 광둥성 의회에서 탄핵당하는 것이 두려워 즉각 사퇴서를 내고 광주를 떠났다.

1978년, 소련의 KGB는 그리스 선박 여왕 크리스티나의 10억 달러에 달하는 재산과 5백만 톤짜리 유조선, 그리고 중요한 군사적 가치를 지닌 지중해 북단의 스콜피오스섬을 가로채려는 계획을 세

민국시대 손중산은 새로운 정권을 위협하는 반동 세력을 제거하기 위해 '미인계'를 활용하기도 했다.

웠다. 우선 코제프라는 인물을 밀파하여 주도면밀한 작전 아래 크리스티나에게 접근하도록 했다. 1978년 8월 1일, 두 사람은 마침내 결혼식을 올렸다. 그러나 두 사람의 관계는 결혼 2년 만에 금이 갔다. 코제프의 정체가 드러나면서 크리스티나는 냉혹한 현실에 직면하여 '사랑'이란 달콤한 꿈에서 깨어났다. 1980년 5월,

두 사람은 이혼했고 KGB의 음모는 수포로 돌아갔다.

예부터 '미인계'가 모략으로 활용된 예는 적지 않았다. 다만 방식이 끊임없이 바뀌고 운용의 영역도 더욱 넓어졌으며 수단도 아주 교묘해졌다.

《병경백자》에서는 '미인계'를 열여섯 가지 간첩 활용법의 하나로 간주한다. 미녀를 이용해 적의 정세를 염탐하는 것으로 '여간(女間)', 즉 여간첩이다. '미인계'와 '여간'은 비슷하지만 차이가 있다. '미인계'는 여자의 미색으로 적을 마비시키거나 투지를 꺾는 데 중점을 둔다. 예를 들자면 월왕 구천이 서시에게 빠진 경우다. 한편 '여간'은 미녀를 이용해서 정보를 얻는 데 중점을 둔다.

정치·경제·군사·외교 무대에서 '미인계'는 두 기능을 함께 활용한다. 코제프의 사례에서 보다시피 여성이 아닌 남성을 이용하는 미인계도 얼마든지 활용되고 있다.

《삼국지》 사례

189년, 한나라 영제(靈帝)가 병으로 죽었다. 이 틈에 동탁(董卓)이 조정에서 난리를 일으켰다. 사도(司徒) 왕윤(王允)은 동탁을 제거하고자 했다. 여포(呂布)는 동탁의 양아들이었다. 동탁을 제거하려면 먼저 두 사람의 관계를 갈라놓아야 했다.

왕윤은 관찰과 정보를 통해 두 사람 다 호색가임을 발견했다. 마침 왕윤의 집에 초선(貂蟬)이라는 용모가 출중한 시녀가 있었다. 왕윤은 초선을 자기 딸이라 속여 여포에게 주기로 해 놓고는 동탁에

《삼국지연의》에서 가장 유명한 장면인 초선을 이용한 '미인계'를 그린 인천 차이나타운의 《삼국지》 벽화다.

게 보냈다.

하루는 여포가 동탁의 집에 갔다가 초선을 발견했다. 그런데 초선이 손짓 몸짓으로 자기 마음은 여포 당신에게 있다고 하는 게 아닌가. 일이 공교롭게 되려고 했는지 이 장면을 동탁에게 들키고 말았다. 동탁은 여포가 자신의 애첩을 희롱한다고 여겨 벼락같이 화를 내면서 들고 있던 창을 여포에게 던졌다. 여포는 한걸음에 도망쳐 나왔다. 그리고 길에서 왕윤을 만났는데, 왕윤은 불에 기름을 붓는 격으로 여포를 자극했다.

왕윤은 때가 무르익었다고 판단하여 동탁 살해 계획을 여포에게 털어놓고 그의 협조를 약속받았다. 마침내 왕윤은 여포의 손을 빌려 동탁을 제거하는 데 성공했다.(왕윤은 초선을 이용해 동탁과 여포를 동시에 속였는데, 형식상 미인계였지만 그 실행은 전형적인 '연환계'였다.)

기업 경영에서 '미인계'는 광고에서 구현된다. 아름다운 모델이나 배우를 광고에 등장시켜 기업 홍보나 상품 광고의 효과를 높이는 것이다. 이 전략의 선두주자로 맥도날드를 꼽을 수 있다.

맥도날드는 1965년부터 TV 광고에 캐릭터를 등장시켰다. 로널드 맥도날드를 시작으로 주변에서 흔히 볼 수 있는 친근한 인물들을 캐릭터로 활용했다. 이 전략은 엄청난 성공을 거뒀고, 로널드 맥도날드는 산타클로스 다음으로 유명해졌다. 나아가 아동 패스트푸드 시장의 40퍼센트 이상을 차지하는 기염을 토해 냈다. 모르긴 해도 '미인계' 전략으로 가장 큰 성공을 거둔 사례가 아닐까 한다.

소비자의 기호에 맞춘 다양한 스토리텔링과 그에 어울리는 캐릭터 창출은 기업 광고의 가장 중요한 전략으로 자리 잡았다. 여전히 여성과 남성의 외모에만 집착하는 광고의 구태의연함은 이제 서서히 그 위력을 잃어 가고 있음을 직시해야 할 것이다.

'미인계'는 전통적으로 약자가 강자에게 활용한 전략이고, 여성의 외모를 도구로 삼은 반인륜적 행태이기도 하다. 기업 경영에도 이처럼 봉건적이고 퇴행적인 요소가 잔존하는 것이 현실이다.

'미인계'에 포함된 독소들을 제대로 인식했다면 이제 '미인계'는 반면교사로 남겨

로널드 맥도날드 캐릭터의 변천사를 보여 주는 사진이다.

두고 좀 더 독창적이며 의미 있는 캐릭터를 개발하거나, 메시지에 충실한 광고나 홍보를 위한 전략 창출로 눈을 돌려야 할 것이다. 맥도날드의 사례는 그런 점에서 충분히 참고할 만하다.

경영 사례 2

역사상 미인계의 사례로 가장 전형적이고 유명한 사례는 포사(褒姒)일 것이다. 포사 이야기는 주나라 유왕(幽王)이 잘 웃지 않는 포사를 웃기려고 갖은 방법을 동원한 끝에 적이 쳐들어올 때나 피우는 봉화를 올려 포사를 웃게 했다는 줄거리다. 유왕은 포사를 웃게 하려고 거액의 현상금까지 내걸었다. 이 때문에 '천금으로 웃음을 샀다'는 '천금매소(千今買笑)', '한 번 웃음에 천금'이라는 '일소천금(一笑千金)' 등과 같은 수천 년 사람들 입에 오르내리는 천하의 사자성어들이 파생되었다.

그런데 이 고사의 내막을 파고들면 '미인계'와 만날 수 있다. 사실 포사가 유왕의 후궁이 된 데에는 이런 사연이 있었다. 포(褒) 부락 출신의 대부 포상(褒珦)은 못난 유왕에게 바른말을 올리다가 노여움을 사서 옥에 갇혔다. 포상의 가족과 포 지역 사람들은 포상을 빼내기 위해 갖은 방법을 동원했지만 소용이 없었다. 고민 끝에 포상의 아들은 아름다운 미모의 누이 포사를 생각해냈다. 여자를 밝히는 유왕에게는 '미인계'만한 것이 없다고 판단했기 때문이다.

이렇게 포사는 자기 부락 사람을 지키고 아버지를 빼내기 위한 희생양이 되어 궁으로 보내졌고, 예상대로 유왕은 포사에게 흠뻑 빠졌다. 아버지 포상은 풀려났다. 그러나 유왕에 대한 포 집안과 포 부락 사람들의 원한은 생각보다 깊었다. 포사는 유왕을 방탕과 사치 향락으로 이끌었다. 그러면서도 좀체 웃지 않는 처신으로 유왕의 애를 끓게 했다. 포사는 어쩌다 한 번 웃어 줌으로써 유왕의 애간장을 완전히 녹이기까지 했다. 유왕의 반응은 '포사가 한 번 웃으니 눈썹이 다 살아나는구나'라고 할 정도였다. 유왕은 툭하면 봉화를 올렸고, 제후들은 이 놀이에 신물이 났다.

포 부락의 '미인계'로 유왕은 포사의 웃음은 샀지만, 외족이 쳐들어와 봉화를 올렸지만 아무도 구하러 오지 않아 나라가 망했다.

나의 36계 노트 **미인계**

_____

_____

_____

_____

_____

제32계

공성계

성을 비워 적을 물러가게 하다

空城計

의심하게 만들 수 있어야 성공한다

성공의 본질은 꼭 따라야 할 고정된 틀이 없다는 것이다. 성공은 그때그때 상황에 따라 수시로 임기응변할 것을 요구한다. 그래야만 어떤 경우라도 패할 수 없는 입지를 구축할 수 있다.

'공성계'는 '든든하면 빈 것처럼 하고(실즉허지實則虛之)' '비이 있으면 튼튼한 것처럼 하라(허즉실지虛則實之)'와 같은 책략이다. 내 실력이 강할 때는 상대를 깊숙이 끌어들이기 위해 일부러 실력을 감춘 채 약한 병사들로 상대를 마비시키고 최후에 내가 그 기세를 타라는 뜻이다. 그 반대일 경우는 일부러 강한 척하여 상대가 놀라 물러나게 함으로써 숨 돌릴 시간을 벌라는 것이다.

"빈 성을 이용하거나 고의로 성을 비워서 활용하는 계책이다. 허점을 있는 그대로 허점으로 드러내면 의심 속에 또 의심이 생긴다. 강함과 부드러움의 틈 사이에 그 기묘함과 오묘함이 숨어 있다."

'공성계'는 심리 전술이다. 실력으로 적을 제압하는 것이 아니라 적장의 심리 상태를 연구하여 꾀로 승리를 거두는 것이다. 병력에 허점이 있을 때는 일부러 방어하지 않는 것처럼 하여 적이 그 의도를 헤아리기 힘들게 만든다. 이 용병법은 적의 숫자가 우세한 상황에서 그 묘미를 발휘한다. 그러나 '공성계'는 특수한 상황에서 아주 위급할 때 사용하는 '완병계(緩兵計. 적의 공격을 늦추고 숨 돌릴 시간을 벌자는 계략)'에 지나지 않는다. 《36계》에서 '패전계'의 두 번째로 거론한 이유다. 최종적으로 승리를 거두려면 실력에 의존해야 하고 실력을 활용해야만 하는 것이다.

논리적으로 보면 '공성계'는 성공 확률이 아주 낮은 계책이지만, 이것으로 적을 물리친 사례가 적지 않다. 적의 심리를 제대로 공략하기만 하면 성공 확률이 그만큼 높기 때문이다.

기원전 666년, 초나라 영윤(令尹)인 자원(子元)은 병사와 전차 백 승을 이끌고 정나라 정벌에 나서 곧장 정나라 수도(지금의 하남성 신정新鄭)로 진격했다. 정나라는 풍전등화의 위기에 몰렸다. 이때 신하 숙첨(叔詹)이 문공에게 대책을 내놓았다. 우선 군대를 성안에 매복시켜 놓고 한 사람도 보이지 않게 했다. 그리고 성문을 활짝 열어 놓은 것은 물론 성안의 '현문(懸門)'도 내려놓았다. 단, 거리의 백성들은 평상시처럼 왕래하는 등 도성의 질서는 평시와 다를 것이 없었다. 초군은 분명 속임수가 있을 것이라 판단하고 입성 후 정나라의 함정에 빠질까 봐 성 아래에서 진군을 멈췄다. 초군의 사령관도 만에 하나 잘못되면 그 질책을 어떻게 감당할 것이며, 또 안팎으로 협공을 받지나 않을까 두려워 곧 철수를 명령하고 말았다.(《좌전》 기원전 673년 장공 21년조) 일찍이 누군가 이 사건에 대해 "이것이 정나라의 '공성계'였다"라고 평했다. '공성계'에 관한 가장 오랜 기록이라 할 수 있다.

남북조시대인 430년, 유송(劉宋)의 제남(濟南) 태수 초승지(肖承之)는 수백 명의 병사로 제남을 지키고 있었다. 북위군은 군대를 대거 결집하여 제남을 공격하려 했다. 초승지는 부하들에게 "지금 사태는 이미 위급하다. 나약한 모습을 보였다간 개죽음을 당할 것이 뻔하니, 강경하게 맞선다는 모습을 보여 주는 길만이 살길이다"라며 병사들은 몸을 숨기고 성문을 열어 두라고 명령했다. 북위군은 제남의 허실을 제대로 파악하지 못한 채 복병이 있지는 않을까 의심이 들어 물러가고 말았다.(《남제서》〈고제기〉 상)

당나라 정관(貞觀) 연간(627~649년), 당 태종의 이복동생인 곽왕(霍王) 이원궤(李元軌)는 정주(定州, 지금의 하북성 정현定縣) 자사에 임명되었다. 그런데 돌궐이 정주를 공격하는 바람에 급박한 상황에 몰리고 말았다. 여기서 이원궤는 성문을 활짝 열고 깃발을 내리게 했다. 돌궐군은 의심이 들어 감히 침입하지 못하고 밤이 되자 사라지고 말았다.(《신당서》〈고조제자열전·곽왕원궤〉) 이는 지금까지 거의 알려지지 않은 '공성계'의 성공적인 본보기다.

당나라 고종 인덕(麟德) 연간(664~665년), 최지온(崔知溫)이 난주(蘭州) 자사로 있을 때의 일이다. 당항(黨項)의 3만여 명이 난주성을 침략해 왔는데, 성안에 군사가 적어 모두 겁을 집어먹고 어찌할 바를 몰라 했다. 그러나 최지온은 성문을 활짝 열어 도적들을 맞이하라고 명령했다. 도적들은 혹 매복이 있지는 않을까 의심이 들어 함부로 들어오지 못했다. 이윽고 장군 숙선재(叔善才)의 구원병이 당도해 당항의 무리를 대파했다.(《구당서》〈최지온전〉) 이 역시 잘 알려지지 않은 '공성계'의 본보기다.

537년, 북제(北齊) 범양(范陽) 사람 조정(祖珽)은 북서주(北徐州, 지금의 안휘성 봉양鳳陽 동쪽) 자사로 부임한 지 얼마 되지 않아 남진(南陳) 군대의 갑작스런 공격을 받고 급박한 상황에 몰렸다. 이 위기 상황에서 조정은 전혀 당황하지 않고 성문을 활짝 열어 군대를 성 밑 길바닥에 조용히 앉아 쉬게 했다. 성 전체가 순식간에 침묵으로 뒤덮였다. 적군은 이 상황에서 순간적으로 의심이 들어 진군의 발걸음을 멈추지 않을 수 없었다. 바로 이때 조정이 병사들에게 일제히 고함을 지르게 했다. 천지를 뒤흔드는 함성에 남진의 군대는 싸우지도 않고 자중지란이 일어나 뿔뿔이 흩어졌다.

북송 진종(眞宗) 시기(998~1022년), 마지절(馬知節)이 연주(延州, 지금의 섬서성 연안延安)의 지주(知州)로 있을 때, 변방 도적떼의 대대적인 공격을 받았다. 마지절은 자신의 병력으로는 이들을 상대할 수 없음을 잘 알고 있었다. 마침 정월 대보름이어서 마지절은 등불을 환히 켜고 대문을 열어 놓은 채 밤늦게 잔치를 베풀며 실컷 놀라는 명령을 내렸다. 도적들은 그 의도를 헤아리지 못해 곧 물러갔다.(《송사》〈마지의전)에 딸린 '마지절전') 이 역시 지금까지 주목받지 못한 '공성계'다.

남송시대인 1140년, 장수 유기(劉錡)는 순창(順昌, 지금의 안휘성 부양阜陽) 방어전을 승리로 이끌었다. 전투 초기에 유기는 모든 문을 활짝 열어 놓음으로써 금의 군대가 의심을 품어 감히 진입하지 못하게 만들었다.(《송사》 〈유기전〉) 유기는 병력이 열세여서 싸우지 않은 것이 아니라, 미처 전투 준비를 갖추지 못한 상태라 손실을 피하기 위해 '공성계'를 사용한 것이다.

원나라 때인 1287년, 원의 장수 철가(鐵哥)는 원 세조를 따라 내안(乃顔) 정벌에 나섰다. 군대가 살이도(撒爾都)에 이르렀을 때, 적의 수령 탑불대(塔不臺)의 대군이 갑자기 기습해 오는 바람에 상황이 다급해졌다. 철가는 중과부적인 상황이라 유리할 것이 없으니 적을 의심하게 만들어 물리쳐야 한다고 판단했다. 원 세조는 철가의 판단을 받아들여 연주하는 음악을 들으며 철가와 유유자적하게 술을 마셨다. 탑불대가 병사를 시켜 살피고는 매복이 있지 않을까 의심하여 곧 철수하고 말았다.(《원사》 〈철가전〉)

가정(嘉靖) 연간(1522~1566년), 왕의(王儀)는 산서에서 몽고 기병을 방어하기 위해 청원(清源, 지금의 산서성 청서현清徐縣)에 주둔하고 있었다. 몽고군이 청원성에 이르자 왕의는 성문을 열어 놓았다. 몽고군은 의심이 들어 물러갔다.(《명사》 〈왕의전〉)

역시 가정 때의 일이다. 마방(馬芳)은 산서 서북부에서 몽고병을 맞이해 싸우고 있었다. 한번은 마방이 마련보(馬蓮堡)에 도착하자 10만 적군이 마련보를 향해 진군해 왔다. 마련보의 담은 이미 무너진 상태여서 성을 지키기란 상당히 곤란했다. 마방은 사방의 문을 다

열어 놓고 깃발을 내려서 아무도 없는 것처럼 꾸몄다. 저녁이 되자 들불을 환히 피워 놓고 왁자지껄 떠들며 아침까지 놀았다. 마방은 해가 중천에 뜰 때까지 자리에서 일어나지 않았다. 적병이 잇달아 염탐했지만 어찌할 바를 몰랐다. 결국 감히 입성하지 못하고 물러가 버렸다. 마방은 적이 철수할 때를 기다렸다가 날랜 군사로 뒤를 쫓아 공격하여 대승을 거뒀다.《명사》〈마방전〉

이상은 '공성계'로 성공한 전례다. 외국의 전사에도 '공성계'가 보인다.

16세기 일본, 에도 막부시대의 장군 도쿠가와 이에야스(德川家康)와 또 다른 군벌인 다케다 신겐(武田信玄)이 서로 충돌했다. 1591년, 다케다가 먼저 도쿠가와를 공격했다. 양군은 도오토우미(遠江)에서 전투를 벌였고, 도쿠가와의 군대는 낙화유수처럼 패배하여 하마마츠성(浜松城)으로 피신했다. 다케다는 계속 추격해서 일거에 하마마츠성을 점령할 채비를 갖췄다.

다케다의 군대가 하마마츠성에 이르자 어찌된 일인지 성문은 모두 활짝 열려 있고, 성안에서는 불빛만 타고 있을 뿐 성 전체가 적막에 휩싸여 있었다. 다케다는 이름난 군사 이론가로 《손자병법》에 통달했을 뿐만 아니라 전쟁터에서도 《손자병법》을 손에서 놓지 않았다고 한다. 그는 단번에 도쿠가와가 공성계를 구사한다는 것을 간파하고는 즉시 성으로 진입하려 했다. 그러다 불현듯 도쿠가와 정도면 자신이 '공성계'를 쉽게 간파하리라는 사실을 잘 알 텐데 어찌 이렇게 대담한 전략을 구사할 수 있을까 하는 의심이 들었다. 분명 다른 안배가 있을 것으로 판단했다. 그래서 섣불리 성안으로 들어가지 못하고 일단 성 밖에 병사를 주둔시켰다. 이때 3천 명에 달하는 도쿠가와의 후방 수비대가 하마마츠성을 향하고 있었다. 그들을 복병이라고 생각한 다케다는 더욱 성으로 진입할 수 없었다. 얼마 후 다케다는 들에서 노숙하다 폐병을 얻어 죽고 말았다.

도쿠가와가 구사한 것은 분명 '공성계'였다. 사실 그는 어쩔 수 없는 처지였다. 성을 지킬 힘이 없으니 나가 싸워 봐야 패할 것은 뻔했다. 그리고 다케다가 병서에 능통하여 지혜가 뛰어나지만 과단성이 부족하고 지나치게 신중하다는 것을 잘 알고 있었다. 다케다가 하마마츠성 때문에 지금까지의 승리를 쉽게 버리지는 않을 것이라는 판단을 내린 도쿠가와는 다케다가 승리를 굳혀 이름을 떨치려는 포부를 잘 알았고, 그래서 과감하게 '공성계'를 구사한 것이다.

《손자병법》〈허실편〉에서는 "따라서 한 번 사용하여 승리를 거둔 방법은 다시 사용하지 않으며, 정세 변화에 따라 무궁무진한 전술로 대처해야 한다"라고 했다. 역사상 적지 않은 장수들이 '공성계'로 승리를 거두었지만, 그저 무턱대고 상투적으로 이 수법을 따라 한 것은 결코 아니다. 거기에는 새로움과 변화가 가미되었다. '공성계'는 부득이한 상황에서 활용하는 모략으로 그 자체가 곧 모험이다. 현대전에서는 정찰 기술이나 장거리 화기가 크게 발전했기 때문에 고대의 '공성계'는 더 이상 사용할 수 없다. 그러나 하나의 모략으로서 공성계가 반영하고 있는 모략 사상은 영원한 귀감으로 작용할 것이다.

《삼국지》 사례

《삼국지》〈촉서·제갈량전〉에 기록된 '공성계' 이야기다. 촉의 승상이자 군사(軍師) 제갈량은 양평(陽平)에 주둔하면서 위연 등을 보내 위군을 공격했다. 그러다 보니 늙고 나약한 잔병들만 남아 성을 지켜야 했다. 이 정보를 재빨리 입수한 위군의 대도독 사마의는 대군을 이끌고 기세등등하게 쳐들어왔다. 성을 지키던 군사들은 이 소식에 모두 겁을 집어먹고 어찌할 줄 몰랐다. 그러나 제갈량은 조금도 당황하지 않은 채 성문을 활짝 열어 길을 깨끗하게 청소해 놓고 사마의의 입성을 맞아들였다. 제갈량 자신은 성루에 올라가서 단정히 앉아 거문고를 뜯었다. 그 자태가 너무도 차분했고, 거문고 소리는 전혀 흐트러짐이 없었다. 성 바로 앞까지 쳐들어온 사마의는 제갈량의 모습을 보고는 의심을 품었다.

'지금까지 제갈량이 일하는 모습을 보면 신중하기 짝이 없어 좀

'공성계' 하면 제갈량을 떠올린다. 빈틈없는 사마의조차 속아 넘어갔다.

처럼 모험을 하지 않는데, 오늘은 어째서 저렇단 말인가? 성안에 복병을 배치해 놓고 나를 유인하는 것 아닌가? 그래! 내가 그 수에 걸려들 수는 없지!'

결국 사마의는 군대를 철수시켜 돌아갔다.

훗날 사람들은 제갈량의 계책을 두고 '공성계'라 불렀다. 그러나 역사학계에서는 당시 제갈량이 사마의와 양평 지구에서 교전한 적이 없다고 한다. 《삼국지》에 훌륭한 주를 단 배송지(裴松之)도 같은 얘기를 하는 것으로 보아 제갈량이 양평에서 '공성계'를 구사한 적이 없음은 사실인 것 같다.

경영 사례 1

중국에서 갑이란 기업이 을이란 기업에 거금을 빌려 주고 받지 못했나. 여러 사례 독촉해도 을은 막무가내로 비텄다. 법적 해결을 바라지 않은 갑은 내내 속앓이를 하다가 다음의 전략을 실행했다.

갑이 을에게 자기 회사 총무가 국가의 상급 지도자들과 함께 을의 공장을 방문하겠다고 통보했다. 을의 공장에 도착한 갑의 총무는 을의 재무 담당자에게 을 공장의 제품을 아프리카로 수출할 생각이 있다고 밝혔다. 그리고 모두 한자리에 모여 회의까지 열었다.

회의가 끝나고 회사로 돌아온 갑의 총무는 대표에게 상황을 보고했고, 갑의 대표는 을의 재무 담당자에게 넌지시 대출금 반환 여부를 타진했다. 갑의 총무와 함께 온 국가 지도자들과 아프리카 수출에 고무된 을은 당장 부채를 갚았다.

며칠 뒤 을이 갑에게 연락해서 아프리카 건을 물었으나 갑은 묵묵부답이었다. 을이 항의했지만 갑은 전혀 반응이 없었다. 알고 봤더니 국가 지도자란 사람들은 갑과 친분이 두터운 인사들로 갑과 사전에 짜고 공장을 방문했던 것이다. 요컨대 갑은 '공성계'로 을에게 빌려 준 돈을 되찾은 것이다.

'공성계'는 대단히 위험한 전략이다. 부득이한 상황에서만 구사해야 한다. 특히 상대의 심리 파악에 자신이 없으면 더더욱 안 된다. 내 진짜 실력으로 상대를 제압하는 전략이 아니라는 점을 분명히 인식해야 한다.

경영 사례 2

'공성계'의 관건은 두 가지다. 하나는 성공시키기 위해 상대에게 간파당하지 않도록 극도로 조심해야 하고, 이와 함께 상대를 속일 수 있는 절묘한 장치다. 둘은 역으로 '공성계'를 간파할 수 있는 통찰력이다.

'공성계'는 투자에서 말하는 '하이리스크(High-risk), 하이리턴(High-return)'이다. 위험부담이 높은 만큼 성공하면 그 보상이 크다는 것이다. 따라서 치밀해야 하고 대담해야 한다. 먼저 상대 장수의 심리적 상황과 성격상의 특징을 정확하게 이해하고 파악해야 한다. 이것이 전제되어야만 핵심을 움켜쥐고 이 계책을 제대로 운용할 수 있다. 신중하고 의심이 많은 성격을 이용하여 잠시 국면을 늦추고 시간을 버는 것이다.

반대로 이 계책이 '공성계'인지 여부를 알아내려면 방법을 강구하여 상대의 실력을 탐색하고, 상대의 상황과 요해(要害)가 어딘지를 파악해야 한다. 그런 다음 '타초경사'와 '포전인옥' 등과 같은 계책을 함께 운용하여 보다 정확하게 상황을 이해해야 한다.

_____

_____

_____

_____

반간계

적의 간첩을 역이용하다

反間計

핵심은 정보의 질이다

같은 업종에 종사하는 경영자들은 경쟁에서 승리하기 위해 상대방의 정보를 탐색한다. 지금은 경영의 핵심 요소가 되었다. 상대의 상황을 파악하면 그에 맞춰 상대를 제압하는 책략을 마련할 수 있기 때문이다.

상대방의 정보를 얻기 위해서는 유리한 요소를 다 이용할 수 있다. 심지어 상대가 기밀을 캐내라고 보낸 사람조차 내가 '반간계'에 이용할 수 있다.

"적의 간첩을 역이용한다. 적의 의심 속에 또 하나의 의심을 만들어 내는 것이다. 《주역》의 '비(比)'괘처럼 안으로 서로 친밀하여 자신을 잃지 않는다."

36계의 제33계인 '반간계'는 패전계 세 번째 계책이다. 적을 이중삼중으로 의심하게 만들어 적의 간첩이 내 쪽으로 귀순하게 함으로써 나를 보전하는 계략이다.

《손자병법》〈용간편〉에는 "반간이란 적의 간첩을 활용하는 것이다"라고 되어 있다. 두목은 이에 대해 "적의 간첩이 우리의 적정을 살피러 오는 것을 우리 쪽에서 먼저 알아채고 뇌물로 유혹하여 우리를 위해 활용한다. 또는 눈치 채지 못한 척하면서 거짓 정보를 흘리는 것도 적의 간첩을 우리 쪽을 위해 활용하는 것이나 마찬가지다"라는 설명을 덧붙였다.

'반간계' 역시 적의 간첩이 간첩 활동을 하게 하는 것이다. 하지만 적을 속이는 수단에다 또 한 겹의 '미로' 내지는 '연막'을 쳐서 적진 내부의 간첩을 우리 일을 돕는 쪽으로 이용하면, 자신을 효과적으로 보전하고 승리를 쟁취할 수 있다고 보았다.

'반간계'의 수단은 가짜와 진짜를 혼란스럽게 하는 것이다. 이 계책은 크게 두 가지 방면을 포함한다.

첫째, 적의 간첩을 발견하거나 체포한 뒤 공개적으로 심문하지 않고 은밀하게 재물 등으로 매수하여 우리 쪽 통제를 받으며 적에게 거짓 정보를 제공하는 이중간첩으로 변화시킨다.

둘째, 적의 간첩을 발견하여 침투한 의도를 알아낸다. 이 같은 사실을 모르는 척하면서 거짓 정보를 흘려 소기의 목적을 달성한다.

《후한서》〈반초전(班超傳)〉에 실린 사례를 보자. 반초(32~102년)가 우전(于闐, 지금의 신강성 화전현和田縣) 지역 등지의 병력 2만을 동원해서 다시 사차(莎車)를 공격할 당시의 상황이다. 구자국(龜玆國)의 왕은 5만 군사를 구원병으로 보냈다. 반초는 각군의 군관들을 모아 놓고 말했다.

"지금 전력으로는 적을 이길 수 없으니 계략에 따라 각자 흩어진다. 우전의 군대가 동쪽으로 철수하면 장사(長史)가 이끄는 군은 서쪽으로 철수하는데, 야간에 북을 울리며 행군한다."

그리고 슬그머니 구자국 포로들을 풀어 주었다. 포로들은 반초의 이러한 결정을 자기 왕에게 보고했다. 구자국 왕은 뛸 듯이 기뻐하며, 몸소 기병 1만을 거느리고 서쪽 경계 지점에서 반초를 막아 공격하고, 온숙국(溫宿國)의 기병 8천도 동쪽 경계 지점에서 우전의 군대를 막아 공격하게 했다.

한편 상대의 이러한 동정을 일찌감치 탐지한 반초는 부장들에게 즉시 사차로 진군하라는 명령을 내렸다. 각 부대는 닭이 울 무렵 사차 군영에 이르렀고, 적진은 순식간에 혼란에 빠져 사방으로 흩어졌다. 그 결과 반초는 대승을 거두고 사차는 항복했다. 구자국 등의 군대는 각자 철수할 수밖에 없었다. 이때부터 반초는 서역에 명성을 떨치기 시작했다.

《송사》〈이윤칙전(李允則傳)〉에 실린 '반간계'를 보자. 간첩을 붙잡은 이윤칙은 그의 포박을 풀어 주고 잘 대접해 주었다. 간첩은 연경(燕京)의 대왕이 파견했다고 자백하면서, 자신이 지금까지 수집한 송나라 변방군의 식량 사정, 병마의 양과 수 등을 털어놓았다. 그러자 이윤칙은 "네가 조사한 수치에 잘못이 있다"면서 담당 군관을 불러 실제 수치를 알려 주었다. 간첩은 이윤칙의 도장을 찍어 그 정보를 보증해 달라고 했다. 이윤칙은 그렇게 하고 적지 않은 재물까지 줘서 그 간첩을 돌려보냈다.

그리고 얼마 되지 않아 이 간첩이 다시 돌아왔다. 이윤칙이 도장까지 찍어 준 정보는 뜯지도 않고 되돌려 주었을 뿐만 아니라 거란군의 병마·경비·재정·지리에 관한 상세한 정보까지 가져온 것이다.

《송사》〈악비전(岳飛傳)〉에 실린 사례도 보자. 악비는 명을 받고 조성(曹成)을 정벌하려 나섰다. 하주(賀州, 지금의 광서성 장족자치구 동부) 경내에 진입하여 조성이 파견한 간첩을 잡았다. 간첩은 꽁꽁 묶인 채 악비의 막사 앞까지 끌려 왔다. 악비는 막사에서 나오며 참모에게 군량미 상황을 물었다. 그러자 군량을 맡은 참모가 "군량이 이미 바닥났는데, 이 일을 어쩌면 좋겠습니까"라고 말했다. 악비는 그 간첩이 들을 수 있게 큰 소리로 "잠시 다릉(茶陵)으로 철수하자"라고 거짓말을 했다. 말을 마치면서 막 잡혀 온 간첩을 그제야 발견한 듯 당혹스러운 표정을 지었다. 군기를 누설했으니 후회막급이라는 듯 황급히 막사 안으로 몸을 감췄다.

그리고 은밀히 사람을 시켜 간첩을 도망가게 했다. 간첩은 탈출하여 자신이 들은 정보를 조성에게 전하며 악비가 철수할 것 같다고 말했다. 조성은 크게 기뻐하며 다음 날 악비의 군대를 추격하기로 결정했다. 이때 악비군은 이미 서서히 길을 돌아 조성의 군대가 주둔한 태평장(太平場)으로 진격해서 요새를 격파했다.

송나라의 충신 악비 장군은 적의 간첩을 역이용하는 '반간계'로 적의 요새를 격파했다. 그림은
악비를 존경하는 백성들을 나타낸 벽화다.

　'반간'의 활용에 대해 말하자면 '이중간첩'으로 간첩을 매수하는
것은 물론 적의 계략에 따라 계략을 취하는 것이나, 간첩을 간첩으
로 활용하는 것 모두 교묘한 '편법'에 지나지 않는다. '편법'은 완전
히 거짓을 만들어 내는 것이 아니라 실제 상황을 바꾸거나 중점을
바꾸는 데 능숙해야 한다. '편법'은 적의 의심을 사지 않기 위해 실
제 상황을 흘려야 할 때도 있다.

　혹자는 반간이란 '편법'을 활용하려면 그 힘을 정보가 가져다줄
효과에 집중해야지 그 자체의 내용에 너무 치중해서는 안 된다는
견해를 제기하기도 한다. 그러려면 적의 정책 결정자가 어떤 정보
에 근거하여 어떻게 어떤 결정을 내리는가를 파악할 수 있어야 한
다. 적의 정책 결정자가 어떤 정보를 장악하고 있는가를 안다면,
그 판단력에 영향력을 행사할 수 있다. 어떤 인물이 정보에 대해
어떤 관점을 갖는지 알아내면 행동하는 데 유리하다. 적이 가져간
정보의 내용이나 중점을 바꾸면 적의 행동을 우리 쪽에 유리한 쪽

으로 유도할 수 있고, 나아가서는 전체 정책 결정을 감독하여 필요
에 따라 전략을 바꾸기도 한다.

《삼국지》 사례

《삼국지》에서 '반간계'를 활용한 사례는 뭐니 뭐니 해도 적벽대전
에 앞서 주유가 장간을 '반간'으로 역이용하여 조조의 수군 담당 채
모와 장윤을 죽이게 한 것이 가장 유명하다.(이 계책은 조조의 손을 빌려 두려
운 상대를 제거한 36계 승전계의 제3계인 '차도살인'의 사례로도 유명하다.) 이에 대해서
는 '차도살인' 계책에서 이미 얘기했으니 그 이전 상황을 소개한다.

관도 전투를 승리로 이끈 조조는 북방을 통일했다. 그는 승기를

주유가 쳐 놓은 '반간계'에 걸려 편지를 훔쳐
가는 장간의 모습을 그린 그림.

몰아 남하하여 동오와 자웅
을 겨루고자 했다. 하지만 자
신의 군대가 수전 경험이 없
다는 점이 걱정되어 간첩술
을 활용하기로 했다. 주유 역
시 전력이 약한 상황에서는
간첩을 활용하는 것이 효과
적이라고 생각한 참이었다.

조조는 채중(蔡中)과 채화(蔡
和)를 동오로 보내 거짓으로
투항하게 했다. 주유는 두 사
람이 조조의 세작(細作)이라는

것을 금세 알아채고는 조조의 계책을 역이용하는 장계취계(將計就計) 계책을 활용하기로 했다.

주유는 그들을 자기 진영에 남겨 놓고 자리까지 주었다. 이때 황개가 고육책(苦肉策)을 자청하고 나섰다. 주유는 황개에게 곤장을 쳤고, 분을 못 이긴 황개는 조조 군영으로 가서 투항했다. 사실 주유는 다른 사람들이 다 보는 앞에서 논쟁을 벌인 다음 화를 참지 못하고 황개에게 곤장을 때리는 연기를 연출했던 것이다. 동오 진영의 장병들조차 이 연기에 깜박 속아 넘어갔다.

조조에게 투항하기 전에 황개는 조조에게 사람을 보내 투항 의사를 밝혔다. 조조는 믿지 않았는데, 채중과 채화가 편지를 보내서 황개가 벌 받은 사실을 알리자 믿지 않을 수 없었다. 조조가 보낸 채중과 채화가 주유에게 역이용당함으로써 조조는 주유의 반간계에 넘어가고 말았다.

경영 사례 1

미국 남북전쟁(1861~1865) 중 웨스턴 유니온 텔레그래프 코퍼레이션(Western Union Telegraph Corp.) 대표 밴더빌트는 독단적 경영으로 이름난 인물이었다. 굴드는 밴더빌트 시니어 사망 후 주니어가 경영 책임자로 취임할 무렵 태평양–대서양전보공사를 창립했다. 굴드는 빠른 시간에 밴더빌트 주니어의 경쟁 상대로 떠올랐다.

밴더빌트 주니어는 위협을 느끼고 담판 협상으로 태평양–대서양전보공사를 인수하려고 했다. 이를 위해 굴드의 총설계사 액트까지 스카웃하는 의욕을 보였다. 그런데 이 무렵 에디슨의 발명으로 전보 기술이 크게 진보하는 변화가 생겼다. 밴더빌트는 액트를 에디슨에게 보내 기술 협상을 맡겼다.

사진은 웨스턴 유니온에서 발행한 어음이다.

밴더빌트는 큰 대가를 치르고 에디슨의 기술 독점권을 사들였다. 그런 다음 의기양양하게 굴드와 합병 협상에 나섰다. 결과는 놀라운 반전이었다. 오히려 굴드가 경영권을 차지한 것이다.

내막은 이랬다. 굴드는 밴더빌트가 자신의 기업을 인수하려는 야욕을 눈치챘다. 그래서 총설계사 액트를 간첩으로 이용하여 밴더빌트에게 보낸 것이다. 액트는 밴더빌트가 아닌 굴드를 위해 에디슨의 기술을 인수했고, 결과는 밴더빌트의 참패로 끝났다.

'반간계'는 정보의 내용도 중요하지만 그 정보가 가져다줄 효과에 집중해야 한다. 내용에 너무 집중했다가는 무리한 결정을 할 수 있기 때문이다. 정보에 맞춰 전략과 전술, 행동을 조정하되 만에 하나 실패할 경우 희생과 손실을 최소화할 수 있어야 한다. 아울러 상대의 수준과 심리 상태를 정확히 판단해야 한다. 그만큼 위험 부담이 큰 전략이다.

경영 사례 2

'반간계' 역시 치밀해야 한다. 적의 간첩을 역이용하려는 의도가 상대에게 간파 당할 경우 내가 역공을 당하기 때문이다. 따라서 여러 다른 계책을 함께 섞어 구사하여 상대를 혼란스럽게 만들 수 있어야 한다.

우선 거짓으로 진짜를 어지럽히는 '이가난진(以假亂眞)'을 적절하게 운용하여 간첩과 적장을 함께 혼란스럽게 한다. 또 상대의 계책에 맞추어 내 계책을 적시에 조정하는 '장계취계(將計就計)'로 상대를 안심시키고 나아가 나에 대한 믿음을 강화한다.

상대가 '반간계'에 걸려들었다고 판단되면 더 이상 상대를 몰아붙이지 말고 '물을 따라 노를 저어 배를 밀고 나가는' '순수추주(順水推舟)'의 계책으로 사태를 차분히 지켜보아야 한다. 끝으로 상대가 확실히 '반간계'에 농락당해 자기편을 제거하거나 무리하게 공격을 가해오면 상대의 방법과 장단에 맞추어 주면 알아서 함정에 빠지게 된다.

이 일련의 과정에서 주의할 점은 상대의 동향을 정확하게 보고할 수 있을 정도로 적의 간첩을 확실하게 붙잡아야 한다. 조금의 틈이라도 보여서는 모든 일이 물거품이 될 수 있다.

나의 36계 노트 **반간계**

_____

_____

_____

_____

_____

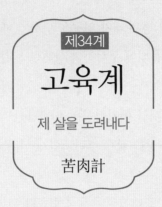

제34계

고육계

제 살을 도려내다

苦肉計

내 살이 아니면 효과가 떨어진다

사람은 자신에게 불리한 일을 하지 않는다. 그러나 상황에 따라 다시 생각해 볼 일이다. 자신에게 대단히 유리한 결과를 낸다면 '고육계'로 자신에게 불리한 상황도 연출할 수 있어야 한다. 스스로 감당해야 하는 고통이 적지 않지만, 그로 인해 얻는 대가가 더 크기 때문에 얼마든지 참아 낼 수 있는 것이다.

"제 살을 도려내는 계책이다. 사람은 누구나 육체적 고통을 원치 않는다. 따라서 상해를 입는다는 것은 심각하고 진지한 상황이다. 진실을 가장하여 적이 의심하지 않게 한 다음 간첩을 활용하여 목적을 실현한다."

이어서 "어린아이의 몽매함이 길하다는 것은 유순함을 따라야 한다는 말이다"라는 《주역》의 '몽괘(蒙卦)'를 인용한다. 이 괘에 대한 해석은 여러 가지가 있지만, 군사에 활용할 때는 적의 의도에 따라 간첩 활동을 펼쳐서 적이 의심하지 않도록 만드는 것이다.

《36계》는 다음의 설명을 덧붙이고 있다.

"고육계는 거짓으로 간첩을 써서 사람을 이간질하는 것이다. 자기와 틈이 있는 자를 보내 적을 유인하여 서로 협력할 것을 약속하는 것 등이 '고육계'에 속한다."

고육계는 삼척동자도 아는 《삼국지연의》에 나오는 계책이다. 동오의 대장 황개가 조조의 위나라 군대를 격파하기 위해 대도독 주유에게 '고육계'를 건의하여, 자신의 육체적인 고통을 감수하고 거짓으로 항복함으로써 조조의 함대를 불태우는 '적벽대전'을 승리로 이끄는 데 큰 공을 세웠다.

'고육계'는 제 몸을 다치는 계략인데, 그 목적은 적의 신임을 얻는 데 있다. 고육계는 흔히 '간첩'을 활용한다. 적의 이목이 이미 자신을 주목한다는 사실을 알았으면 '풀을 들쑤셔 뱀을 놀라게 하는' '타초경사(打草驚蛇)' 같은 경솔한 행동을 삼가고, 대세의 흐름에 따라 거짓 정보 따위를 흘려 적의 간첩이 그것을 활용하게 한다. 주유가 군영의 여러 사람이 보는 앞에서 황개를 때린 것도 조조가 파견한 간첩이 주위에 잠복해 있다는 사실을 알았기 때문이다. 그 간첩이란 거짓으로 항복해온 채중과 채화였다. 요컨대 주유의 목적은 그들을 통해 황개 사건을 조조에게 알리는 데 있었다.

《오월춘추(吳越春秋)》〈합려내전(闔閭內傳)〉에는 이런 이야기도 있다. 춘추 말기, 검객 요리(要離)는 일찍이 오자서의 추천으로 오나라 왕에게 발탁되어 위나라 공자 경기(慶忌)를 살해하는 임무를 맡았다. 요리는 경기의 신임을 얻기 위해 결행에 앞서 오왕에게 자신의 오른손을 자르고 처자를 죽여 달라고 요청한 뒤 오나라 왕에게 죄를 지은 것처럼 하고 도망쳤다. 오왕은 그의 부탁대로 요리의 처자를 잡아 죽인 뒤 저잣거리에서 많은 사람이 보는 가운데 시신을 불태웠다. 요리는 경기를 찾아가 오왕을 크게 욕하며 오나라를 칠 계략까지 일러 주었다. 두 사람은 곧 의기투합했다. 그 뒤 함께 배를 타고 강을 건너는 중에 요리가 돌연 검을 뽑아 경기를 찔러 죽였다.

'고육계'로 경기의 마음을 산 다음 경기를 암살하는 요리의 모습을 그린 한나라 때 벽돌 그림이다.

《한비자》〈세난(說難)〉에는 정나라 무공(武公)이 호(胡)를 멸망시키기 위해 먼저 공주를 호왕에게 시집보낸 뒤 호를 공격하자는 대부 관기사(關其思)를 죽여 호를 안심시켰다는 이야기가 나오는데, 이 역시 '고육계'를 활용한 것이다.

초한쟁패 때 고조 유방은 역이기를 보내 제나라 왕의 항복을 권유했다. 제나라 왕은 아무런 방비 없이 한나라 군대의 입성을 허락했다. 한신은 이 기회를 틈타 과감하게 제나라를 공격하여 점령해 버렸다. 역이기의 말만 믿고 무방비로 당한 제나라 왕은 화가 나서 역이기를 삶아 죽였다.

제2차 세계대전 때 영국 해군정보국에 소속된 이중간첩 중 노르웨이 국적을 가진 무트와 제프는 원래 독일 간첩이었다. 그런데 영국에 체포된 뒤 매수되어 독일에 가짜 정보를 제공하는 역할을 맡았다. 독일이 이 두 사람에게 맡긴 주요 임무는 파괴 활동을 통해 공포 분위기를 조성하는 것이었다. 영국 해군정보국은 두 사람이 독일 정보국의 신임을 계속 이어 가도록 주목할 만한 대형 폭발 사건을 두 차례나 연출해야 했다. 독일은 대단히 만족했고, 두 사람은 많은 거짓 정보를 독일에 제공했다.

'고육계'는 패전계다. 패배를 벗어나기 위해 구사하는 책략이다. '일상의 도리를 거스르는' 자기 희생이 있어야만 적을 속인다는 목적을 달성할 수 있는 것이다. 그만큼 상당한 대가를 치러야 한다는 말이다.

'고육계'는 간첩을 활용함으로써 그 성공 확률을 높일 수 있다. 간첩은 대단히 변화다단하고 복잡하다. 적을 서로 의심하게 만들고, 반간계로 원래 잠재한 적 내부의 모순을 이용함으로써 더욱더 서로를 의심하게 해야 한다. 여기에 고육계로 자기 사람을 간첩으로 활용하면 효과는 배가되는 것이다. 내 쪽 사람을 보내 활용하든,

적의 내부인을 호응하게 만들든, 합동 작전을 전개하든 모두 고육 계에 속한다.

《삼국지》 사례

주유와 황개가 연출한 고육계는 워낙 유명한 사례라 좀 더 상세 히 살펴볼 필요가 있다.

동한 말, 조조와 동오는 각기 북과 남을 차지한 채 장강을 사이에 두고 일촉즉발의 대치 상황을 이어 갔다. 그런데 동오의 대도독 주 유는 전투에 앞서 냉철하게 양측의 전력을 비교했다. 우선 수적으 로 동오는 조조의 상대가 되지 못했다. 한편 조조는 수적 우세에도 불구하고 자신의 군대가 수전에 큰 결점이 있다는 것을 직시했다. 두 사람은 약속이나 한 듯 특별한 계책이 필요하다고 직감했다.

조조는 채중과 채화가 불만을 품고 강동으로 온 것처럼 하여 주 유에게 항복하도록 꾸몄다. 주유는 이들을 자기 군영에 머무르게 했다. 두 사람이 조조가 파견한 세작이라는 것을 쉽게 알아채고 조 조의 계책을 역이용하는 '장계취계(將計就計)' 계책으로 이 둘을 활용 할 생각이었다.

이때 황개가 주유를 찾아와 조조의 군대를 화공으로 공략하자는 방안을 건의했다. 주유 역시 조조 군영의 상황을 정탐할 사람이 필 요한 차였다. 주유의 생각을 들은 황개는 '고육계'에 자원하겠다고 나섰다.

다음 날 주유는 수하 장수들을 소집하여 조조와의 일전을 준비하라고 명령했다. 주유는 지구전으로 조조를 상대하겠다고 선언했다. 그러자 황개가 나서서 수적으로 절대 열세인 상황에서 지구전은 오나라 군대의 전멸이나 마찬가지니 차라리 투항하자고 주장했다. 주유는 크게 화를 내며 양군이 대치하는 상황에서 '우리 군의 마음과 사기를 기만하고 꺾는' 말을 한다고 황개를 강하게 나무란 뒤 즉각 목을 베라고 명령했다.

다른 장수들이 황급히 무릎을 꿇고는 "황개가 죽을죄를 짓긴 했지만 전투를 앞두고 우리 쪽 장수를 죽이는 일은 대단히 불리합니다. 일단 황개의 죄상을 기록으로 남기고 전투가 끝난 다음 다시 처벌해도 늦지 않습니다"라고 건의했다.

주유는 화를 가라앉히고 모두가 보는 앞에서 황개의 처형을 잠

주유가 연출하고 황개가 주연을 맡은 '고육계'는 가장 빛나는 성공 사례로 남아 있다. 그림은 인천 차이나타운 《삼국지》 벽화의 한 부분이다.

시 유보한다며 대신 황개에게 곤장 백 대를 쳐서 그 잘못을 바로잡겠다고 했다. 장수들이 다시 용서를 구했지만 주유는 탁자를 엎으면서 즉시 형을 집행하라고 고함을 질렀다. 상의가 벗겨진 채 끌려 나온 황개는 땅바닥에 무릎을 꿇고 살점이 떨어져 나가고 피가 줄줄 흐르는 곤장형을 받았다. 황개는 몇 번이나 혼절했고, 주위의 모든 사람이 눈물을 흘렸다.

살점이 떨어져 나가고 피가 줄줄 흐르는 곤장형을 받은 황개는 조조 진영으로 사람을 보내 늙은이가 별 이유 없이 형벌을 받고 보니 자존심이 크게 상해 더 이상 주유 밑에 있을 마음이 없다면서 조조에게 투항하여 설욕하고 싶다는 생각을 전했다.

조조는 주유의 고육계를 의심했다. 그러나 주위에서 설득하는 데다 채중과 채화가 황개의 일을 편지로 보내오자 황개의 투항 의사를 믿지 않을 수 없었다. 주유와 황개가 합심하여 연출한 고육계는 적벽대전을 승리로 이끄는 데 큰 역할을 해냈다.

경영 사례 1

2200여 년 전 지금의 쓰촨성 청두(成都) 지역에 탁왕손(卓王孫)이라는 거부가 있었다. 그에게는 일찍 남편을 잃고 청상과부가 된 외동딸 탁문군(卓文君)이 있었다. 그런데 이 딸이 사마상여(司馬相如)라는 직업도 없는 가난뱅이 글쟁이와 눈이 맞아 야반도주를 해 버렸다. 탁왕손은 딸을 버린 자식 취급하며 전혀 도와주지 않았다.

빈털터리 남편과 살아야 하는 탁문군으로서는 생계가 막막했다.

고심 끝에 집에서 가지고 나온 패물 따위를 팔아 술장사를 시작했다. 남편 사마상여도 소매를 걷어붙이고 아내를 도왔다. 두 사람은 멋진 신혼을 보냈고, 훗날 아버지 탁왕손도 마음이 풀려 딸 부부를 힘껏 도왔다.

이 이야기는 전형적인 경영 사례는 아니다. 하지만 막막한 상황에서 자포자기하지 않고 적극적으로 방법을 찾아낸 점은 충분히 고려할 만하다. 사실 탁문군은 사업가 아버지의 피를 물려받았기에 '고육계'를 생각해 냈을 것이다.

'고육계'는 상식을 뒤엎어야 더욱 효과적이다. 탁문군이 아버지의 도움만 바라고 손을 놓았거나 편한 일을 도모했다면 성공할 수 없었을 것이다. 남들이 천시하는 술장사를 선택함으로써 주위의 이목을 끌었고, 남편과 한마음으로 열심히 노력해서 성공할 수 있었다.

경영 사례 2

'고육계'는 주로 첩보 활동에 응용된다. 고의로 내 안에 '적'을 만들어 상대에게 투항하게 만드는 것이다. 이 '적'은 내가 보낸 간첩이다. 제갈량은 "고육계를 운용하지 않고 어찌 조조를 속일 수 있겠는가"라고 했다.

최근 경제경영에서 '고육계'는 경쟁상대의 고급기술 등을 빼내기 위해 운용된다. 또 이를 위해 '고육계'를 넘어 상대 진영의 고급기술이나 정보를 다루는 인재를 빼내 오기 위해 그 인재가 속해 있는 팀 전체를 혼란에 빠뜨리는 '혼수모어' 계책을 함께 구사하기도 한다. 이것이 주효할 경우 내 사람을 고의로 '적'을 만들 필요 없이 상대의 인재가 자진해서 자기 진영을 원망하며 내 쪽으로 넘어온다. 고급기술이나 핵심정보와 함께.

때로는 '고육계'로 내 사람을 적 진영으로 보내 적의 상황을 파악한 다음 적 진영을 혼란에 빠뜨리는 '혼수모어' 계책을 구사하여 적 진영의 인재와 정보를 함께 빼내 그 인재와 함께 내 진영으로 돌아오게 하는 이중 플레이를 전개할 수도 있다.

나의 36계 노트 **고육계**

_____

_____

_____

_____

_____

제35계

연환계

여러 개의 계책을 연계해서 구사하다

連環計

어디다 무엇을 묶었는지 제대로 파악해야 한다

일을 하다 보면 한 번에 목표를 명중하거나 한 번으로 성공을 거두는 경우는 거의 없다. 일할 때 가장 유념할 점은 자신감이 지나치면 문제를 쉽게 벗어난다는 사실이다.

가장 안전한 방법은 '연환계'를 사용하여 여러 가지 예방 조치가 단단히 맞물려 돌아가게 함으로써 위험 요소를 줄이는 것이다. 하나의 예방 조치가 뒤이어 오는 위험을 예방하고, 그다음 예방 조치가 또 다른 위험을 예방하는 식이다. 이렇게 하면 하나가 실패해도 그 상황에 맞는 또 다른 방법이 어렵지 않게 마련되어 전체적으로 실패하는 것을 방지한다.

"여러 개의 계책을 연계해서 구사한다. 다시 말하면 적을 사슬로 줄줄이 묶는 계책이다. 적이 강하고 수가 많을 때는 맞서 싸우는 대신 적이 자신을 속박하여 그 기세가 꺾이게 해야 한다. '군사를 통솔하되 중도를 취하여 길하니 마치 하늘의 은총을 입은 것 같다'는 《주역》의 '사(師)'괘와 같은 의미다."

패전계의 다섯 번째 계책이자 제35계인 '연환계'의 요점은 적이 부담을 털어 버리게 하거나, 고의로 부담을 줘서 자신을 묶어 행동의 자유를 잃게 하는 것이다. 이 모략을 운용할 때는 적을 지치게 하는 모략과 적을 공격하는 모략을 함께 사용한다.

'연환계'의 용법은 매우 많은데, 목적은 전쟁의 승부를 결정하는 여러 요소 중에서 적의 관건이 되는 약점을 파악한 다음 모략으로 적의 행동을 부자유스럽게 하고 좋은 전기를 창조해 내는 데 있다. 또한 '연환계'는 두 가지 이상의 모략을 연속적으로 사용하는 것을 가리키는데, 모략의 내용과 과정이 긴밀하게 연계되어야 성공 확률이 높다.

189년, 한나라 영제가 병으로 죽었다. 이 틈에 동탁이 조정에서 난리를 일으켰다. 사도 왕윤은 동탁을 제거하고자 했다. 여포는 동탁의 양아들이었다. 동탁을 제거하려면 먼저 두 사람의 관계를 갈라놓아야 했다.

왕윤은 관찰과 정보를 통해 두 사람 다 호색가임을 발견했다. 마침 왕윤의 집에 초선이라는 용모가 출중한 시녀가 있었다. 왕윤은 초선을 자기 딸이라 속여 여포에게 주기로 해 놓고는 동탁에게 보냈다.

하루는 여포가 동탁의 집에 갔다가 초선을 발견했다. 그런데 초선이 손짓몸짓으로 자기 마음은 여포 당신에게 있다고 하는 게 아닌가. 일이 공교롭게 되려고 했는지 이 장면을 동탁에게 들키고 말았다. 동탁은 여포가 자신의 애첩을 희롱한다고 여겨 벼락같이 화를 내면서 들고 있던 창을 여포에게 던졌다. 여포는 한걸음에 도망쳐 나왔다. 그리고 길에서 왕윤을 만났는데, 왕윤은 불에 기름을 붓는 격으로 여포를 자극했다.

왕윤은 때가 무르익었다고 판단하여 동탁 살해 계획을 여포에게 털어놓고 그의 협조를 약속받았다. 마침내 왕윤은 여포의 손을 빌려 동탁을 제거하는 데 성공했다. 왕윤은 초선을 이용해 동탁과 여포를 동시에 속였는데, 형식상 미인계였지만 그 실행은 전형적인 '연환계'였다.

송나라 명장 필재우는 연환계를 운용하여 대단히 멋진 전례를 남겼다. 필재우는 금나라 군대가 대단히 사납고 용맹하다는 것을 잘 알았다. 정면으로 맞섰다간 큰 손상을 입을 것이 뻔했다. 그래서 적의 가장 큰 약점을 파악하여 계책으로 적을 단단히 눌러 놓은 다음 전기의 좋은 기회를 창출하자고 주장했다.

처음으로 금나라 군대와 부딪칠 상황에서 그는 부대를 향해 정면으로 맞서지 말고 유격전을 취하라고 명령했다. 적이 전진해 오면 대오를 뒤로 물리고, 적이 안정되려고 하면 유격전으로 적을 기습했다. 적이 다시 전력을 다해 반격해 오면 그는 다시 그림자도 남기지 않고 어디론가 숨어 버렸다. 이런 식으로 물러나고 다가가기를 반복하여 금나라 군대를 피곤하게 만들었다. 금나라 군대는 싸우고 싶어도 싸울 수 없었고, 그만두고 싶어도 그만둘 수 없는 상황으로 몰렸다.

밤이 되자 금나라 군대는 병사는 병사대로 말은 말대로 지칠 대로 지쳤다. 그들은 군영으로 돌아가 쉴 준비를 했다. 필재우는 향료를 넣고 볶은 검은콩을 잔뜩 준비해서 몰래 진지에 뿌려 놓았다. 그리고 금군을 기습했다. 금군은 어쩔 수 없이 전력을 다해 반격했다. 필재우는 금군과 막 접전하려는 순간 다시 후퇴를 명령했다. 약이 오를 대로 오른 금군은 사나운 기세로 송군을 뒤쫓았다.

누가 알았으랴? 금군의 전투마들은 하루 종일 이리 뛰고 저리 뛰느라 굶주림과 목마름에 지쳐 있었다. 그런데 땅바닥에 향기로운 검은콩이 굴러다니니 그냥 보고 넘어갈 리 있겠는가? 전투마들은 정신없이 콩을 주워 먹기 시작했다. 금군의 기병들이 무섭게 채찍질을 해도 소용없었다. 깜깜한 밤에 전투마가 움직이지 않으니 금군은 그야말로 혼란에 빠졌다. 필재우는 이때를 놓치지 않고 전군을 몰아쳐 사방에서 금군을 공격했다. 전투마들은 입에 콩을 잔뜩 넣은 채 마구 울부짖었고, 시체가 사방에 널리기 시작했다.

필재우는 유격술로 적의 혼을 빼놓은 다음 전투마를 유혹하는 기가 막힌 전술을 연계해 구사하여 대승을 거뒀다. 연환계의 좋은 본보기가 아닐 수 없다.

전투 상황과 형세는 매우 복잡하고 다단하다. 적에 대해 작전을 구사할 때 사용하는 계책은 결국 지휘관의 실력과 직결된다. 양쪽 지휘관 모두 경험이 풍부한 노련한 장수라면 단순히 하나의 계책만 구사해서는 금세 의도를 간파당한다. 하나의 계책에 이어 또 하나의 계책이 연계되고, 이를 다시 하나로 묶어서 입체적 계책으로 바꾸고, 다시 다른 계책을 연결하여 상대가 전혀 의도를 눈치 채지 못하게 만든 다음 일거에 적을 섬멸해야 한다.

연환계 성공의 첫 번째 관건은 적을 스스로 묶게 하는 데 있다. 자기 자신을 해치게 하고 맹목적 행동을 취하게 할 수 있어야 한다. 적을 섬멸하기 위한 창조적 조건은 여기에서 결정난다.

《삼국지》 사례

'고육계' '반간계'와 함께 구사된 '연환계'의 전형적인 사례는 《삼국지연의》 제47회에 나온다. 주유는 적벽대전에 앞서 반간계로 조조의 수군장인 채모와 장윤을 죽이는 데 성공했다. 이어 방통이 조조의 군함들을 쇠사슬로 엮게 만들고, 고육계로 황개가 조조에게 투항하도록 만들었다. 방통의 계책은 물에 익숙하지 못한 위나라 군사를 돕는 것 같아 보이지만, 사실은 배들이 빠져나가지 못하게 함으로써 주유의 '화공' 작전을 위한 조건을 창조해 낸 것이다. 주유는 이 세 계책을 하나로 연계하여 적벽대전을 대승으로 이끌었다. 전형적인 '연환'였다. 이 과정을 좀 더 자세히 살펴보자.

주유의 반간계에 넘어가 채모와 장간을 죽인 조조는 후회막급이었다. 조조 진영에 더는 수전에 익숙한 장수가 없기 때문이었다. 그러던 차에 황개가 투항 의사를 전해 왔다. 조조는 믿지 않다가 채중과 채화의 편지를 받고는 황개의 투항을 믿어 버렸다. 하지만 아직 의심이 남아서 사람을 보내 황개의 상황을 살폈다. 황개는 다친 상처를 치료하고 있었다.

조조는 상황을 좀 더 확실하게 파악하려고 다시 장간을 보냈다. 장간을 접견한 주유는 과거 책을 훔쳐 달아난 죄를 추궁하며 또 무슨 꿍꿍이가 있어 동오에 왔느냐고 나무랐다. 그러면서 서산에 머물게 할 테니 조조의 군대를 대파한 다음 다시 이야기하자고 했다. 그리고 장간을 연금시켰다. 사실 주유는 지나치게 총명한 이 멍청이를 다시 한번 이용할 심산이었다. 말이 연금이지 사실은 그를 유인하여 미끼를 물게 하자는 속셈이었다.

하루는 장간이 산속을 거니는데 초가집에서 책을 읽는 낭랑한 목소리가 들려왔다. 가만히 들여다보니 은자가 병법서를 읽고 있었다. 들어가 대화를 나누다 그가 바로 명사 방통임을 알았다. 방통은 주유가 젊고 자신감이 너무 지나쳐 사람을 제대로 포용하지 못해 이 산속에서 은거한다고 했다.

자신이 누구보다 총명하다고 생각하는 장간은 방통에게 투항을 권했다. 그러면서 조조가 얼마나 인재를 중시하는지 장황하게 늘어놓았다. 방통은 장간의 권유를 받아들여 몰래 조용한 강변으로 데려가 작은 배를 타고는 함께 조조 군영으로 갔다.

장간은 자신이 주유의 계책에 걸려들었다는 것은 꿈에도 몰랐다. 방통과 주유는 진작에 미리 짜고 일부러 이런 일을 연출한 것이었다. 방통은 조조의 배를 하나로 연결하여 화공으로 끝내는 계책을 올렸고, 이를 성사시키기 위해 장간을 유인한 것이다.

방통을 얻은 조조는 기쁘기 짝이 없었다. 당대 최고의 인재로 평가받는 방통을 얻었으니 천군만마를 얻은 것이나 다름없었다. 조조는 방통을 데리고 군영을 돌면서 고견을 구했다. 방통은 "북방의 군사들은 수전에 익숙하지 않아 풍랑에 배가 흔들리면 견딜 수 없을 것입니다. 이래서야 어떻게 주유와 결전하겠습니까"라고 했다. 조조가 대책을 묻자 방통은 "위나라 군대는 전함도 동오의 몇 배가 되니 패배를 걱정할 필요는 없습니다. 북방 병사의 약점을 극복하기 위해 배들을 쇠사슬로 단단히 묶어 안정시키면 육지에서 싸우는 것과 같은 효과를 볼 것입니다"라고 했다. 조조는 방통의 말에 따랐다.

　한편 황개는 쾌속선에다 기름, 장작, 인화 물질 등을 잔뜩 싣고 조조 군영으로 출발했다. 물론 배는 단단히 가려서 무엇을 실었는지 모르게 했다. 황개는 이에 앞서 조조에게 파란색 깃발을 꽂고 재빨리 달려가서 항복하겠다고 기별을 넣었다. 이날 동남풍이 세게 불었고, 이는 주유의 화공을 위한 절호의 기회였다.

　황개의 배를 확인한 조조 군영은 전혀 방비하지 않았다. 그 순간

적벽대전은 사실 구사할 수 있는 거의 모든 계책이 다 동원되다시피 했다. 그림은 방통의 '연환계'를 나타낸 것이다.

황개의 배에서 불길이 사납게 치솟았다. 배는 조조의 군영을 향해 곧장 돌진해 왔다. 바람이 불의 기세를 도왔고, 불은 바람을 타고 더욱 위세를 더했다. 이어 미리 준비해 둔 쾌선에 오른 주유의 군사들이 조조 군영으로 들이닥쳤다. 조조는 황망히 도망쳐 간신히 목숨을 부지했다.

경영 사례 1

중국의 모 연구소가 사무실 건축을 계획하고 국가 2급 자격을 가진 A 건축 회사에 공사를 맡기기로 했다. 협상과 계약은 순조롭게 진행되었지만 가장 중요한 건축 비용에서 이견이 생겨 합의가 부진을 면치 못했다. A 건축 회사가 자신의 기술과 실력을 과신한 나머지 지나치게 높은 가격을 제시하면서 돌연 고압적인 협상 태도를 보이기 시작한 것이다. 이에 연구소는 '연환계'를 꺼내 들었다.

연구소는 A 건축 회사와의 협상장에 지방의 B 건축 설계사를 특별히 초청했다. 협상을 지켜보고 관련 자료를 검토한 B 설계사는 A보다 훨씬 낮은 공사 비용을 제시했다. 그러자 거래가 성사되지 못할 것을 염려한 A는 건축비를 낮춰서 제시했다. 이에 연구소는 C 건축 회사에 견적을 요청했다. 그러자 A는 다시 가격을 낮춰서 제시했다.

이걸로 끝이 아니었다. 연구소는 여러 전문 회사에 부문별로 견적을 의뢰하여 다시 견적을 받았다. 그러자 A는 완전히 꼬리를 내리고 다시 낮춘 가격으로 협상에 성실히 임하기 시작했다.

'연환계'는 복합 전략이다. 하나의 전략으로 끝나는 것이 아니라 여러 개의 전략이 서로 연결되어 있다. 따라서 전략이 따로 끊어져서는 안 되고 서로 아귀가 맞아야 한다. 또한 전략 하나하나가 상대 쪽에서 확실하게 부담을 덜었다고 여기게 만들어야 한다. 그렇게 해서 상대가 지치면 이 전략은 더욱 효과적이다. 상대가 스스로를 묶게 된다. 이를 위해서는 심리전에 능해야 하고, 상대 리더의 수준을 정확하게 파악해야 한다.

경영 사례 2

시장경쟁에서 기업을 경영하는 사람이라면 '연환계'를 운용하여 경쟁상대와 시장을 다툴 때 전면적으로 시장 상황과 상대의 움직임을 조사하고 파악해야 한다. 그런 다음 치밀하게 팀을 꾸려서 한마음으로 물샐 틈 없이 대응해야 한다. '연환계'와 관련하여 무측천의 사례를 통해 통찰력을 얻어 보자.

무측천이 황제 보좌에 앉자 조정의 많은 대신과 지방관들이 반대에 나섰다. 황제 자리를 지키고 자신에 반대하는 사람을 제거하기 위해 무측천은 하나의 방법을 생각해냈다. 그는 다음과 같은 조서를 발표했다.

"누구를 막론하고 도성으로 와서 황제의 얼굴을 직접 보고 대역무도한 탐관오리를 고발할 수 있다. 고발이 사실로 드러나면 벼슬을 줄 것이고, 사실이 아니더라도 추궁하지 않겠다."

조서가 내려가자 밀고자들이 벌떼 같이 몰려들었다. 법을 어기고 뇌물 등을 챙기며 백성들을 기만한 자들 중에는 당연히 무측천에 반대하는 자들도 많았다. 무측천은 이런 사건을 잔인하게 처리하는 혹리들을 기용하여 자신에 반대하는 자들을 제거했다. 무측천은 이런 방법으로 자신에 반대하는 자들을 제거했다.

무측천은 표면적으로는 탐관오리를 제거하겠다고 표방했지만 실은 자신을 반대하는 세력을 제거하는 두 가지 계책을 함께 사용했다. '겉으로는 잔도를 수리하는 척하면서 몰래 진창으로 들이닥친다'는 '명수잔도(明修棧道), 암도진창(暗渡陳倉)'의 계책이자 '연환계'였다. 여기에 자신은 나서지 않으면 혹리들을 기용하여 사건을 처리하는 '차도살인(借刀殺人)'의 계책도 함께 동원되었다.

나의 36계 노트 **연환계**

_____

_____

_____

_____

_____

주위상계

줄행랑이 상책이다

走爲上計

달아날 때 뒤돌아보면 힘이 더 빠진다

때로는 물러서는 것이 현명한 책략이 될 수 있다. 자신의 힘이 부족한데 억지로 그 일을 하려는 것은 달걀로 바위를 치는 셈이다. 필패는 뻔하다. 이런 노력은 아무짝에도 쓸모가 없고 아무런 의미도 없다. 물러서서 남아 있는 자신의 힘을 보존하는 것이 현명한 선택이다.

영원한 강자도 없고 영원한 약자도 없다. 불리한 상황이 영원히 계속되지도 않고, 유리한 상황이 영원히 지속되지도 않는다. 상황이 바뀌면 그때 다시 노력해서 성공하면 된다. 그런데 상황이 바뀌었는데 남은 힘이 없다면 기회를 이용할 수 없다. 좌절과 실패는 두렵지 않지만 계속 노력하는 용기를 잃는 것은 두렵다. 그러려면 물러서서 힘을 남겨 놓아야 한다.

"줄행랑이 상책이다. 전군이 퇴각하여 강한 적을 피하는 것이다. '군사가 잠시 왼쪽으로 물러나 포진하는 것은 허물이 아니고 병법의 이치를 잃는 것도 아니다'라는 《주역》의 '사(師)'괘와 같은 이치다."

전황이 정 불리할 때는 물러나야 한다. 그런 다음 다시 기회를 엿봐야 한다. 이는 정상적인 용병 원칙이지 결코 비겁하거나 잘못된 계책이 아니다.

《남사》〈단도제전〉에 다음과 같은 사실이 기록되어 있다. 유송의 정남대장군 단도제가 북위(北魏) 정벌에 나섰다. 먼 길을 행군하느라 병사들이 지친 데다 식량도 제때 보급되지 않아 상당한 곤경을 치르고 있었다. 역성에 이르자 마침내 식량이 바닥을 드러냈다. 여기서 단도제는 병사들이 모래를 가마니에 담아 식량처럼 쌓으면서 '큰 소리로 양식 가마니 수를 세는' '창주양사(唱籌量沙)' 모략을 이용해 적을 속이고 무사히 귀환했다. 단도제의 모략적 재능을 잘 보여주는 본보기였다.

모략가들은 상황이 여의치 않을 때 후퇴하거나 도망가는 것을 부끄러워하지 않는다. 36계 중에서도 줄행랑이 상책이라는 말이 그냥 나온 것이 아니다. 그만큼 결단을 내리기 어렵기 때문이다. 단도제는 줄행랑을 위해 또 다른 모략을 적절하게 구사한 지장이었다.

역시 《남사》〈왕경칙전〉에 실린 이야기다. 남조의 송나라가 망한 후 소도성이 스스로 황제라 칭하니 그가 바로 제나라 고조이고, 이로써 남제라는 왕조가 시작되었다. 왕경칙은 소도성 밑에서 보국

장군 자리에 있었다. 글은 몰랐지만 위인이 교활하고 야심이 컸다. 명제 소란 때 왕경칙은 드디어 반란을 일으켰다. 당시 명제가 중병을 앓아서 금세 위기 상황이 닥쳤다. 명제의 아들 소보권은 도망갈 준비를 했다. 이 소식을 들은 왕경칙은 득의만만한 표정으로 비꼬았다.

"그들 부자는 자신들이 지금 취하려는 짓이 무슨 방법인지도 모를 것이다. 단공의 36계 중 '줄행랑이 상책이다'라는 계책이지. 암! 일찌감치 달아나는 것이 좋을 게야."

춘추시대 초와 진(晉)의 성복(城濮) 전투가 있기 전 초나라는 끊임없이 주변의 작은 나라들을 합병하여 그 세력을 키워 갔다. 장왕은 세력 확장을 위해 용(庸)을 공략했다. 뜻밖에도 용이 완강하게 버티는 바람에 초나라는 쉽게 승리를 거둘 수가 없었다. 용의 군대는 첫 전투에서 초나라 장수 양창(楊窗)을 포로로 잡는 등 제법 큰 전과를 올렸다. 그러나 양창은 감시가 소홀한 틈을 타서 사흘 만에 초나라로 돌아왔다.

양창은 용나라 군대 상황을 보고했다.

"지금 용나라 사람들은 너나 할 것 없이 전투에 나서려고 합니다. 주력 대군을 소집하지 않으면 승리하기 힘들 것입니다."

장군 숙건(叔建)은 거짓으로 후퇴하여 용의 군대를 교만하게 만들자는 계책을 건의했다. 이에 따라 사숙(師叔)이 나서 용의 군대를 공격했고, 전투가 시작된 지 얼마 지나지 않아 초나라 군대는 거짓으로 패한 척 후퇴하기 시작했다. 이렇게 하길 몇 차례, 용의 군대는 승리에 도취해 교만해지기 시작했다. 초나라 군대를 눈 아래로 얕

보았다. 투지는 점점 느슨해지고 경계는 흩어졌다.

이때 장왕이 이끄는 부대가 합류했다. 사숙은 일곱 번 맞붙어 모두 패한 척 도망침으로써 적이 한껏 교만에 빠지게 했다는 상황을 보고했고, 장왕은 지금이야말로 총공격을 할 때라고 판단했다. 초나라 군대의 갑작스러운 반격에 용나라 군대는 제대로 맞서지도 못한 채 대패했고, 이로써 용나라는 망했다.

장왕이 구사한 계책이 전형적인 '주위상계'는 아니다. 하지만 적을 유인하기 위해 적절한 전기를 연출하려면 고의로 달아나는 계책도 분명 필요하다. 이런 점에서 '주위상계'의 하나로 참고할 만하다.

'주위상계'는 불리한 형세에서 적과의 결전을 피하기 위한 방법으로 투항·강화·퇴각을 들고 있다. 세 가지를 서로 비교해 보면 투항은 철저한 실패이며, 강화는 절반쯤 실패한 것이라 할 수 있고, 퇴각은 실패를 성공으로 바꿀 수 있는 여지를 남겨 놓은 방법이다. 그래서 이런 상황에서는 '도망'이 상책이라고 말하는 것이다. 단, '도망'이 각종 모략 중에서 상책이라는 뜻은 결코 아니다.

단도제의 안전한 퇴각이나, 필재우가 '양을 거꾸로 매달아 북을 치게 하는' '현양격고(懸羊擊鼓)' 모략으로 안전하게 군대를 퇴각시킨 것 등은 적이 절대 우세를 차지하여 도저히 이길 수 없는 상황에서 나온 상책이다.

'싸워 이길 것 같으면 싸우고, 그렇지 못하면 달아나라'는 말도 결국은 같은 말이다. 무엇을 위해, 어떻게 달아나느냐 하는 데는 반드시 임기응변이 필요하다. 현대전은 군대의 기동력, 반응력, 정보 수집력이 놀라울 정도로 발전했기 때문에 제대로 도망갈 수 있느냐 하는 것이 대단히 중요한 문제로 부각되고 있다.

'주위상계'는 36계의 마지막 계책이다. '36계'는 계책이 많다는 뜻이지, 계책이 모두 합쳐 36가지라는 뜻이 아니다. 오랜 세월에 걸쳐 완성된 《36계》는 군사 모략이 36개라는 것이 아니라 음양학설 중 태음(太陰)에 해당하는 수인 6×6=36이란 뜻으로 이루 다 헤아릴 수 없는 모략을 비유했을 뿐이다.

'하늘을 속이고 바다를 건넌다'는 '만천과해(瞞天過海)', '제3자가 나의 라이벌을 치게 한다'는 '차도살인(借刀殺人)', '매미가 허물을 벗듯 후퇴한다'는 '금선탈각(金蟬脫殼)', '잡으려면 일단 놓아주라'는 '욕금고종(欲擒故縱)', '호랑이를 산에서 떠나게 유인하라'는 '조호리산(調虎離山)' 등은 지금까지 살펴본 36계 중에서도 대표적인 계책이다. 그중에서 '주위상계'는 패전계의 마지막 계책이자 36계 전체의 대미를 장식하는 마지막 계책이기도 하다.

'주위상계'에서 주의할 점은 언제 달아날 것이며, 어떻게 달아날 것인가에 대한 정확한 파악과 결단이다. 이때 필요한 것은 임기응변인데, 상당한 공력과 실력을 요구하는 대목이다. 이런 점에서 필재우가 '현양격고' 계책으로 금나라 군대를 미혹시킨 뒤 조용히 철수한 고사는 '주위상계'의 가장 대표 사례로 꼽힌다.

《삼국지》 사례

적벽대전에서 제갈량이 동남풍을 빌려 바람의 방향을 바꾸고 결국 주유의 화공을 성공시킨 고사는 남녀노소 할 것 없이 누구나 아

'만천과해'로 시작하여 '주위상계'로 끝나는 《삼국지》에서 36계의 대미는 적벽대전이 장식했다. 화공으로 불타는 조조의 위나라 배들과 주유를 그린 인천 차이나타운의 《삼국지》 벽화다.

는 이야기다. 그러나 주유는 제갈량의 신이한 재능을 시기하여 그를 죽이라고 명령했다. 하지만 제갈량은 진작 배를 타고 동오를 떠난 뒤였다. 주유가 보낸 두 명의 장수가 주유가 당신을 초청한다며 돌아오라고 고함을 질렀다. 제갈량은 웃으면서 작전이 원하는 대로 잘되었으니 잠시 쉬었다가 훗날 다시 만나자고 대답했다. 그러면서 주유의 의도를 진작에 간파하여 미리 조자룡에게 자신을 데리러 오라고 했으니 뒤쫓지 말라고 덧붙였다.

두 장수는 그래도 제갈량을 뒤쫓았다. 그러자 조자룡이 활을 당기며 "내가 상산 조자룡이다. 명을 받고 군사(軍師, 제갈량)를 모시러 왔으니 괜히 내 화살에 맞아 죽어 두 나라의 화합을 깨지 않도록 하라"라고 경고했다. 이어서 화살 하나를 날리니 화살은 상대 배의 장막을 받치는 기둥을 부러뜨렸다. 배는 강 한쪽으로 기울었고, 조자룡은 무사히 제갈량을 데리고 돌아갔다.

경영 사례 1

1960년대 경제 불황이 세계를 덮쳤다. 사업 확장을 꾀하던 히타치는 이를 전격 중단하고 향후 시장 상황을 점검하여 다른 분야로 관심을 돌리는 한편 자금을 축적해 나갔다.

1962년부터는 미츠비시, 도시바 등도 잇따라 침체기를 맞이했다. 1960년대 후반 들어 경기는 회복세를 탔고, 히타치는 축적된 자금으로 재투자를 시작하여 전보다 더 크게 발전했다. 히타치는 '주위상계'를 정확히 구사했다.

베이징의 한 의류 공장 사례다. 잘나가던 이 공장은 경제 침체로 판매가 부진을 면치 못했고, 자금 회전에 심각한 문제가 생겼다. 이 공장은 시장 분석을 통해 업종 전환이 최선임을 확인했다. 이에 공장 시설과 여건에 근거하여 대기업이 기피하는 수공으로 위스키 초콜릿을 생산하기 시작했다. 과감하게 업종을 바꾼 것이다. 이렇게 '주위상계'로 기사회생할 수 있었다.

'주위상계'는 그냥 도망치는 것이 아니다. 자존심 때문에 이 전략을 꺼려하는 경우도 적지 않다. 경영인은 위기에 봉착했을 때 훗날을 기약하려면 무엇이 최선인가를 고민해야 한다. 진짜 위기라고 판단되면 자존심은 버려야 한다.

'주위상계'를 구사할 때는 임기응변이 변수다. 달아나면서도 주위 상황에 관심을 기울이고 파악하는 일을 게을리해서는 안 된다. 그

히타치의 주력 상품은 전동차다.

래야만 임기응변할 수 있고, 나아가 재기의 발판을 마련할 수 있기 때문이다. 현대는 기동력, 반응력, 정보 수집의 수준이 대단히 높기 때문에 달아나더라도 제대로 달아나는 것이 중요하다는 지적이다.

경영 사례 2

예로부터 승리와 패배는 병가에서 늘 있는 일이다. 그러나 승리하면 대승해야 하고, 패배하면 대패해서는 안 된다. 싸워 이길 수 없으면 달아나야지 전군을 모두 희생시켜서는 결코 안 된다.

그렇다면 이 '주위상' 계책을 어떻게 펼칠 것인가? 다음과 같은 조건이 충족될 때 '주위상'해야 한다. 먼저, 물러나는 것이 유리할 때다. 확실히 물러난 다음의 형세가 자신에게 유리하거나 최소한 해로움이 없을 때는 철수할 수 있다. 물러날 힘이 없을 때는 물러나는 것도 헛된 것이 될 수 있다. 따라서 물러날 힘조차 없는 지경에까지 이르러서는 결코 안 된다. 다음, 물러날 방법을 강구해야 한다. 어떻게 물러날 것이며 어떤 길로 후퇴할 것인가 등등을 세심하게 헤아리고 저울질해야 한다. 끝으로 물러난 다음에 어떻게 할 것인가를 염두에 두어야 한다. 물러나기는 했는데 다음 수가 없어 앉아서 죽음을 기다리는 것은 물러나지 않느니만 못하다. 여러 방법을 강구하여 완벽하게 몸을 숨기거나 반격할 방법을 찾아내야 한다. 도망도 잘 쳐야 한다.

나의 36계 노트 **주위상계**

_____

_____

_____

_____

_____

1. 《36계》의 주요 사상

2. 《36계》의 특징

3. 《36계》의 명언명구

4. 《36계》와 그 핵심 일람표

5. 《36계》 중 비즈니스에서 가장 많이 활용된 열 가지 전략표

6. 《36계》가 사용된 전략과 사례

7. 《36계》 종합 분석표

＊부록 1~3은 조정헌(趙定憲), 《三十六計鑑賞辭典》(2014년, 上海書辭出版社) 236~249쪽
〈36계의 문화 작용과 감상 의의〉 부분을 정리한 것이다.

부록

1. 《36계》의 주요 사상

《36계》의 사상, 특히 군사학과 관련한 사상은 대단히 풍부하다. 그 사상을 전반적으로 검토해 보면 여덟 가지 정도로 요약된다.

1. 수(數)와 리(理)

수와 리는 총설 부분에 잘 드러난다. 이 둘의 관계는 군대를 통솔하는 치병(治兵)과 나라를 다스리는 치국(治國)의 관계와 비슷하다. 즉 치병은 치국에 복종해야 하듯이 수가 리에 복속해야 한다. 리가 주도적 위치에 있다는 뜻이다. 하지만 병법이란 영역에서는 수가 리보다 그 의미나 의의가 더 중요하다. 수가 계산해 낸 범주는 대단히 많지만, 상대적으로 리가 차지하는 비중은 그중 하나일 뿐이다. 손무는 수가 제대로 계산을 거치면 승산(勝算)이 그만큼 높아진다고 보았다. 리는 이왕의 경험을 종합한 것으로 현재 승부를 결정짓는 유일한 행위의 표준이 될 수 없다. 참고할 뿐이지 지침이 아니라는 말이다.

2. 음(陰)과 양(陽)

음과 양은 《36계》의 가장 중요한 철학 사상이다. 총설에서 "음양이 서로 바뀌고 돕는 이치이니 시기가 그 안에 있다"라고 한 대목이 대표적이다. 전쟁에서 틈과 계기는 음양의 부조화에서 온다. 반대로 전쟁의 중지는 음양의 화합을 전제로 한다. 음양은 역의 기본 사상이다. 음과 양의 자연스러운 변화, 상호 의존, 상호 전환, 상징적인 작용과 영향력은 자연계와 사회부터 구체적인 개개인까지 미친다. 물론 전쟁도 그 안에 포함된다. 역(易)은 괘를 통해 음과 양의 의존과 전환을 나타내고, 《36계》는 역으로 군사 사상을 풀어낸다. 따라서 역의 문화를 이해하면 《36계》의 이론적 근거와 그 심오한 전쟁관을 제대로 이해할 수 있다.

3. 유(柔)와 강(剛)

유와 강은 상호 보완하고 서로를 완성시켜 주는 사회 현상이다. 군사에서 강과 약의 힘겨루기가 이루어질 때 각각 두 가지 다른 수단이 된다. 《36계》는 강보다는 유의 활용을 훨씬 많이 거론한다. 사물이란 것이 늘 작은 것에서 큰 것으로, 약함에서 강함으로 바뀌고, 사물이 극에 이르면 반대로 방향을 바꾸기 때문에 《36계》가 총체적으로 유를 거론하고 해석하는 것이 하나도 이상할 게 없다. 그러나 《36계》의 모든 계책은 조건적이지 일괄적으로 논할 수 없다. '진화타겁(趁火打劫)'의 경우 《36계》에서는 "적의 피해가 클 때 그 기세를 이용하여 이익을 취하라. 강한 양의 기운이 부드러운 음의 기운을 압도한다"라고 설명한다. 이때 유를 거론하는 것은 적절하지 않다.

4. 손(損)과 익(益)

손과 익은 각각 《주역》의 두 괘이기도 하다. 어려움을 물리치고 분규를 해결하는 것에 대한 각성과 경계의 의미를 담고 있다. '손'괘는 줄이고 덜어내는 것을 말한다. 어려움을 물리치고 분규를 해결하려면 손해를 볼 수밖에 없다는 뜻이다. '익'괘는 늘고 더하는 것을 말한다. 줄이고 덜어내면 반드시 늘고 더해진다는 의미다. 이 두 괘의 영향력은 성쇠(盛衰)의 실마리를 예시하는 데 있다. 공자는 '손'괘를 해설하면서 "군자는 손괘의 상을 본받아 분노를 그치고 사사로운 욕망을 막는다"라고 했다. 또 '익'괘에 대해서는 "군자는 좋은 것을 보면 따라 하고 잘못이 있으면 고친다"라고 했다. 《36계》는 '손'괘와 '익'괘에 대한 의미와 분석을 가지고 전쟁의 추세를 풀어내는데, 《주역》은 '손'괘의 운용이 많다. 《36계》는 이를 통해 용병에서 어려움을 물리치고 분규를 해결하려면 반드시 분노를 그치고 사사로운 욕망을 막아야 한다는 이념을 주장하는 것이다.

5. 차(借)와 세(勢)

《36계》는 빌린다는 뜻의 차를 수단으로 하는 전략 전술이 꽤 많은 비중을 차지한다. '차도살인(借刀殺人)' '차시환혼(借屍還魂)' '가도벌괵(假道伐虢)' '가치부전(假痴不癲)' 등이 모두 이에 해당하는 계책이다. 상황이나 사람을 빌려 세를 얻는 것은 《36계》 용병 사상의 비결 가운데 하나다. 세란 사물의 처음과 끝을 관찰하는 것으로 용병의 승패가 바로 이 세에서 비롯된다는 것이다.

6. 승(乘)과 형(形)

먼저 형에 대해 살펴본다. 《36계》는 '시형(示形)'에 대해 독특하고 다소 편향된 호감을 보여 준다. 《36계》 곳곳에서 '시형'에 대해 언급하며 이를 강구하라고 말한다. '만천과해(瞞天過海)'에서는 시가은진(示

假隱眞, 가짜를 보여 줘서 진짜를 숨긴다)을 말한다. '무중생유(無中生有)'에서는 변가위진(變假爲眞, 가짜를 진짜로 바꾼다)을 언급하고 있다. 또 '공성계(空城計)'는 시가난진(示假亂眞, 가짜를 보여 줘서 진짜를 어지럽힌다)을 말한다. '시형'의 묘미는 '상대의 모습은 드러내고 나의 형체는 없는 것처럼' 하여 내게 유리한 전쟁 국면을 만들어 내는 데 있다.

승은 틈과 혼란, 상대의 실패 등에 편승하는 것을 말하는데, 모두 어떤 모습에 따라 편승하는 것이다. 이 역시《36계》곳곳에서 언급되고 있다. 형(모습, 모습을 만들어 내는 것)이 없으면 전쟁의 우세도 없다. 승(형에 따라 편승하는 것)이 없으면 전쟁의 주도권이 없다.

7. 기(奇)와 정(正)

병가에서 말하는 기정(奇正)은《36계》에서 '암도진창(暗渡陳倉)' 계책을 소개할 때 나온다.《36계》가 말하는 기정의 특징은 먼저 정면으로 군대를 움직인 다음 기습 등 변칙으로 승리를 거두는 데 있다. "기는 정에서 나온다. 정이 없으면 기를 낼 수 없다"라는 대목이다. 이 대목을 좀 더 쉽게 풀이하자면 '변칙은 원칙에서 나온다. 원칙이 없으면 변칙이 나올 수 없다' 정도가 될 것이다. 유격전 같은 기습의 작용을 과장하지는 않지만 동시에 유격전의 작용을 대단히 중시한다.《36계》는 기정의 변환에 대해 상당히 정성을 들여 이야기한다. '위위구조(圍魏救趙)' '이대도강(李代桃僵)' '포전인옥(抛磚引玉)' '혼수모어(混水摸魚)' 등이 모두 변칙으로 승리할 수 있는 묘책이다. 원칙에서 변칙이 나온다는 전략 전술은《36계》전체를 관통하는 핵심이다.

8. 단(短)과 장(長)

《36계》를 끝까지 정독하면 어떤 상황에 처하든 절대적인 우세(성공)도 절대적인 열세(실패)도 없다는 결론을 얻을 수 있다. '한 자가 짧을 수도 있고, 한 치가 길 수도 있다'는 척단촌장(尺短寸長)이 이를 가리키는 사자성어다. 예컨대 '성동격서(聲東擊西)'는 그를 통해 이익을 취할 수도 있지만 패배를 초래할 수도 있다. 이 점에 대해《36계》는 "나와 적의 정황은 각자 길 수도(우세할 수도) 짧을 수도(열세할 수도) 있다. 전쟁에서 완벽하고 완전한 승리를 거두기는 어렵다. 승부는 길고 짧은 것의 비교로 결정되는데, 그 안에 '짧은 것으로 긴 것을 이기는' 비결이 있다"라고 말한다. 바로 이것이《36계》의 구체적인 매력이자《36계》가 우리에게 말하고자 하는 전부다.

2. 《36계》의 특징

《36계》의 특징에 대해 여러 가지 이야기를 했는데, 여기서는 그 문장이 나타내는 특징에 대해 집중적으로 이야기해 보려고 한다.

1. 논리의 입지가 정교하고 합당하다

《36계》의 논리적 입지는 대단히 정교하고 타당하다는 평가가 많다. 오랫동안 가장 많이 언급된 '36계 중 줄행랑이 상책이다'가 《36계》 전체의 논리적 입지다. '주위상계(走爲上計)'는 《36계》의 대미를 장식하는 계책으로 귀납(歸納)의 의미를 띤 다분히 계시적인 계책이라 할 수 있다. '주위상계'의 사상과 그 경지는 '손강익유(損剛益柔, 덜어내서 강해지고 더해서 약해진다)'나 '이단승장(以短勝長, 짧은 것으로 긴 것을 이긴다)'과도 일맥상통한다.

편한 예를 들어 보자. '위위구조'는 상대의 예봉을 피하라고 말하며, '원교근공'은 피해를 멀리하라고 권한다. '주위상계'는 아예 적을 피하라고 한다. '주위상계'야말로 이 모든 계책의 주된 요지가 아니겠는가? '주위상계'는 좁은 의미로는 제36계지만 넓은 의미로는 《36계》의 논리적 입지이자 강목(綱目)이다.

2. 논리가 주도면밀하다

《36계》는 모든 계책이 순서가 있고 일목요연하다. 읽는 사람을 끌어들이는 매력을 갖춘 고수나 낼 수 있는 패가 분명하다. 앞뒤가

문란하지 않아 생각의 길을 바로 여는 데 도움을 준다. 《36계》는 설득력, 정확한 개념, 적당한 판단력, 힘 있는 추리력, 폭포수 같은 기세가 넘친다. 이런 매력 때문에 병법 애호가는 물론 수많은 영역의 독자를 빨아들이는 것이다. 비교적 자유자재로 구사하는 변증법적 논리는 군사·정치·사상·경제·문화 영역에서도 서로 연계되어 운용되는 계책으로 거듭나고 있다. 《36계》는 어디 내놓아도 따를 자가 없는 보편적인 매력으로 전 세계 사람들의 주목을 끌고 있는 것이다.

3. 배치가 엄격하고 정돈되어 있다

먼저 6×6=36이라는 여섯 개의 큰 범주와 그에 딸린 여섯 개, 총 36계의 배치는 군대의 진과 같다는 평을 듣는다. 예부터 출병하면 반드시 군영과 진을 쳐야 한다는 것과 같은 이치다. 여섯 개의 큰 범주는 각각 다른 작전 상황에 대응하는 서로 다른 병단의 진영을 방불케 한다. 다음으로 큰 범주에 딸린 36개의 구체적인 계책의 배치도 지극히 모범적이다. 군을 다스리는 구체적인 방법들과 같아 여간 의미심장하지 않다. 군대의 기본은 군기 등 규정이 먼저다. 그래야만 병사들이 혼란에 빠지지 않고, 병사들이 일사불란해야 법 집행이 투명해진다. 36계의 이름들은 한결같이 좌우명(座右銘)을 방불케 한다. 이를 《주역》으로 풀이하고, 다시 그 의미를 상세히 설명한다. 간결한 언어와 폭넓은 사례 그리고 용의 눈에 점을 찍는 핵심 정리 등이 한시도 눈을 떼지 못하게 한다. 정말이지 일사불란한 정예병이라 할 것이다.

4. 치켜세우고 깎아내리는 경계가 모호하다

《36계》의 계 이름은 특별히 감칠맛이 난다. 공자가 제나라에서 소(韶)라는 음악 연주를 듣고는 석 달 동안 고기 맛을 몰랐다고 한 것처럼, 36계의 이름들을 감상하다 보면 이런 느낌이 절로 든다. 36계의 이름들은 얼핏 보기에는 편하고 쉽게 그리고 한가하게 감상할 수 있는 것들이지만, 사실은 그 논의 하나하나가 모두 엄숙한 문제들이다. 다만 유머 감각을 갖춘 《36계》의 작자가 계책 이름 하나하나에 정성을 다해 엄숙하지 않은 말투로 엄숙한 문제를 쉽게 설명했을 뿐이다.

예컨대 힘을 빌리는 것을 '차도살인(借刀殺人)'이라 표현하고, 기회를 빼앗는 것을 '진화타겁(趁火打劫)'이라 말한다. 또 허와 실을 말하면서 '무중생유(無中生有)'로 하고, 겉으로 드러나는 부드러움을 '소리장도(笑裏藏刀)'란 표현으로 구사한다. 또 길을 빌리는 것을 '차시환혼(借屍還魂)'이라 하고, 통제를 말하기 위해서는 '투량환주(偸樑換柱)' 네 글자를 빌린다. 치켜세우고 깎아내리는 포폄(褒貶)의 경계가 모호한 '시가난진(示假亂眞)' 수사법으로 야릇한 미소를 절로 자아내는 것이다. 그러나 이렇듯 진짜 모호한 경지에서도 우리는 자기도 모르게 태산의 정상에 올라 천하를 내려다볼 것이다.

3. 《36계》의 명언명구

1. 음양변리(陰陽變理), 기재기중(機在其中)

"음양 변화의 이치 중에 낌새가 있다."

《36계》총설에 보이는 명구다. 풀이를 하자면 이렇다. 자연의 음양(인간 사회에서는 대체로 부드러움과 단단함, 약함과 강함 등으로 나타난다) 조화의 이치는 틈과 낌새를 만들어 내는 기본 원인이다. 전쟁에서 틈과 낌새는 음양의 부조화로 일어나고, 전쟁의 취소는 음양의 조화를 전제로 한다.

2. 중수부중리(重數不重理)

"수가 리보다 중요하다."

역시 총설의 한 구절이다. 여기서 수(數)란 계산을 말하고 리(理)란 의리, 이치를 말한다. 병법에서는 이 '수'의 의의가 '리'의 의의보다 중요하기 때문에 먼저 '수'를 중시해야 한다는 것이다. '리'를 먼저 중시할 수는 없다. '수'가 계산해 내는 범주는 대단히 많고 '리'는 그중 하나다. '수'는 승산이 어느 정도인지 계산해 낼 수 있지만, '리'는 지난 경험의 총결로 현재 직면한 승부를 결정하는 유일한 지침이 아니다.

3. 비주즉의태(備周則意怠), 상견즉불의(常見則不疑)

"방비가 지나치게 주도면밀하면 왕왕 투지가 느슨해지고 전투력이 약해질 수 있다. 늘 보는 것은 의심하지 않는다."

36계의 첫 계인 '만천과해'에 보이는 대목이다. 방비가 지나치게 주도면밀하면 왕왕 경계심을 늦추는 경우가 있다. 방비는 보이는 것이고 경계는 보이지 않는 것이다. 말하자면 명과 암의 관계다. 명암이 어그러지는 것이 음양의 부조화이고, 이 때문에 틈과 낌새가 발생한다. 늘 보이는 것은 의심하지 않는다. 늘 보이는 것은 가짜로 보일 수 있고, 의심하지 않지만 진짜로 오인할 수 있다. 진짜와 가짜의 모순도 음양 부조화이며 이 때문에 틈과 낌새가 생긴다. 틈과 낌새는 전쟁의 선결 조건이다.

4. 치병여치수(治兵如治水)

"군을 다스리는 것은 물을 다스리는 것과 같다."

'위위구조' 계책에 나오는 말이다. 물은 높은 곳에서 낮은 곳으로 운동한다. 지형이 그 흐름의 방향을 결정하기 때문이다. 군사 운동도 물의 운동과 같다. 대상이 다르고 형태가 다르기 때문이다. 치수의 방법이 지형에 따라 나오듯이 군을 다스리는 치병은 일에 따라 대책이 수립된다. 따라서 이 둘의 원리는 서로 참고가 된다.

5. 비항도허(批亢擣虛), 형격세금(形格勢禁)

'위위구조'에 나오는 이 구절은 손빈의 말을 인용한 것이다. '위위구조'에 앞서 손빈은 전기(田忌)에게 "이리저리 얽혀 있는 실타래는 주먹으로 쳐서는 풀 수 없습니다. 싸우는 사람을 말리려면 말로 잘 타일러야지, 그 사이에 끼어들어 함께 주먹을 휘둘러서는 안 됩니다. 강한 부분은 피하고 약한 부분을 공격하여 적의 형세를 불리하게 만들면 저절로 풀립니다"라고 말했다. 분쟁의 해결은 손을 빼야지 주먹이 개입해서는 안 된다. 조나라의 포위를 푸는 것도 같은 이치여서 비어 있는 위나라의 수도를 공격하면 자연스럽게 풀릴 것이라는 말이다.

6. 인우살적(引友殺敵), 부자출력(不自出力)

"친구를 끌어들여 적을 죽이면 내 힘을 쓰지 않아도 된다."
'차도살인' 계책에 나오는 말이다. 우방의 힘을 빌려 적을 치는 것으로 이렇게 해서 내 전력의 소모를 피하는 것이다.(혹자는 남에게 손해를 끼쳐 자신을 이롭게 하는 행위로 보기도 한다.) 군사에서 '인우살적'은 주어진 조건이나 상황을 빌려 세를 얻는 것이다.

7. 이간치번(以簡馳繁), 이불변응변(以不變應變), 이소변응대변(以小變應大變), 이부동응동(以不動應動), 이소동응대동(以小動應大動)

'이일대로' 계책에 대한 설명으로 뜻을 이해하기 어렵지 않다.
"간소함으로 번거로움을 몰고, 불변으로 변화에 대응하고, 작은 변화로 큰 변화에 대응하고, 움직이지 않음으로 움직임에 대응하고, 작은 움직임으로 큰 움직임에 대응한다."
적과 나 사이의 성쇠 전환, 강약의 위치 변동은 이 같은 대처 방법을 통해 주도권을 쥠으로써 실현할 수 있다.

8. 적지해대(敵之害大), 취세취리(就勢取利)

"적의 피해가 크면 그 기세를 이용하여 이익을 취하라."

'진화타겁'의 계책이다. 하늘이 주는 우연한 기회를 놓치지 말라는 의미다. 전쟁 중에 시기를 잘 쟁취할 것을 강조하고 있다.

9. 성동격서지책(聲東擊西之策), 수시적지난부위정(須視敵志亂否爲定)

"성동격서 계책은 적의 의지가 혼란한지 여부를 살펴서 결정한다."

상대방 장수의 사상과 의지가 흐트러져 있는지 여부를 잘 살펴서 '성동격서' 계책의 실행을 결정하라는 것이다. 대상이 다를 때는 계책의 실행 여부에 신중을 기해야 한다.

10. 무불가이종무(無不可以終無), 무중생유(無中生有)

"무로 끝까지 갈 수는 없다. 무에서 유를 만들어 낸다."

'무중생유'에 대한 설명이다. 무와 유의 관계는 허와 실의 관계와 같다. 특히 기만과 진실의 관계를 가리킨다. 처음부터 끝까지 기만으로 적을 이길 수는 없다. 가짜를 진짜로 바꾸는 기만을 효과적으로 이용해야만 상대를 이길 수 있다.

11. 기출우정(奇出于正), 부정즉불능출기(不正則不能出奇)

"변칙은 원칙에서 나온다. 원칙이 없으면 변칙이 나올 수 없다."

'암도진창' 계책의 해설이다. 원문의 기(奇)와 정(正)의 관계는 유형과 무형, 명과 암의 관계를 가리킨다. 형(形, 명)으로 형을 상대하는 것은 정(正)이고, 무형(無形, 암)으로 형(形, 명)을 상대하는 것은 기(奇)다.

기는 정에 기대어 정의 도움을 받아야만 주어진 조건에서 승리를 움켜쥘 수 있다.

12. 음이대역(陰以待逆)

"차분히 변화를 기다린다."

'격안관화' 계책을 설명하는 말이다. 차분하다고 해서 움직이지 않는 것이 아니다. 몰래 움직이고 준비하는 것으로 내 쪽을 가리킨다. 변화란 상대방의 혼란을 가리킨다. 군사 대립에서 상대 내부의 혼란은 곧 틈이자 낌새다. 나는 은밀히 준비하면서 시기를 기다린다.

13. 예순이동(豫順以動)

"충분히 예비하고 움직여라."

'격안관화' 계책이다. 《주역》의 '예'괘로 해설하고 있다. 충분한 사전 준비는 순조로운 행동을 위한 전제라는 뜻이다.

14. 적인지교언영색(敵人之巧言令色), 개살기지외로야(皆殺機之外露也)

"적의 달콤한 말과 웃는 얼굴은 모두 살기가 밖으로 드러나는 것이다."

'소리장도' 계책이다. 적과 대치하는 상황에서는 가짜와 거짓을 내보이고 진짜는 숨긴다. 병법은 속임수를 마다하지 않는다. 달콤한 말과 웃는 얼굴은 뭔가 맞지 않는다. 그래서 살기가 밖으로 드러난다고 말한 것이다.

15. 손음이익양(損陰以益陽)

"음을 덜어 양을 보탠다."

'이대도강' 계책이다. 《주역》의 괘를 차용한 것으로 음은 부분적이고 일시적인 희생을 가리키며, 양은 전반적이고 장기적인 발전을 가리킨다. '이대도강'의 의의가 바로 여기에 있다.

16. 이단승장(以短勝長)

"짧은 것으로 긴 것을 이긴다."

'이대도강' 계책이다. 나의 하등 말로 적의 상등 말을 상대하고, 나의 상등 말로 적의 중등 말을 상대하고, 나의 중등 말로 적의 하등 말을 상대하여 2승1패하는, 손빈이 제안한 '삼사법(三駟法)'의 귀납이다. 장단을 면밀히 비교하여 부분적으로는 긴 것이 짧은 것을 이기게 하지만 전체적으로 짧은 것이 긴 것을 제압한다는 말이다.

17. 미극재소필승(微隙在所必乘), 미리재소필득(微利在所必得)

"미세한 틈이라도 있으면 반드시 올라타고, 미미한 이득이라도 있으면 반드시 얻어 내라."

'순수견양' 계책이다. 나와 적이 대치할 때 이익을 얻고 틈에 올라타는 것은 상호보완적이다. 작지만 틈과 이익을 이용하고 얻어 낼 수 있다면 상황을 좀 더 순조롭게 이끌 수 있다.

18. 의이고실(疑以叩實), 찰이후동(察而後動)

"의심스러우면 실제로 두드려 보고 살핀 뒤에 움직인다."

'타초경사' 계책에 대한 설명이다. 군사 행동에서 신중함은 아무리 강조해도 지나침이 없다. 경거망동은 가장 주의해야 한다.

19. 차불능용자이용지(借不能用者而用之)

"활용할 수 없는 것을 빌려서 활용한다."

'차시환혼' 계책에 대한 설명이다. 여기서 활용할 수 없는 것이란 자주성이 없다는 뜻이다. 심지어 자주성도 없는, 활용할 수 없는 것조차 활용할 수 있어야 한다는 지적이다. 때로는 '인의(仁義)' 같은 추상적 개념도 가져다 쓸 수 있어야 한다는 말이다.

20. 대천이곤지(待天以困之), 용인이유지(用人以誘之)

"천시를 기다려 적을 곤란하게 하고, 사람을 활용하여 적을 유인한다."

자연 조건 등이 갖춰진 뒤에 적을 포위하거나 곤란하게 만들고, 인위적인 가상 따위를 통해 상대를 유혹하라는 뜻이다. '조호리산' 계책에 대한 설명이다. 전쟁에서 공격은 주관적 객관적 조건의 배합을 필요로 한다. 주관적 조건은 동적이고, 객관적 조건은 정적이다. 두 가지가 배합되어야만 살아 움직인다.

21. 종자(縱者), 비방지야(非放之也), 수지이초송지이(隨之而稍松之耳)

"놓아주는 것이 그냥 놓아주는 것이 아니다. 뒤를 따르면서 다소 늦춘 것일 뿐이다."

'조호리산' 계책을 설명하는 말이다. 공방 과정에서 강약이 뚜렷하게 드러날 때 상대방을 없애려면 적시에 고의로 상대방을 놓아줄 필요가 있다. 단, 아무 대책 없이 그냥 놓아주는 것이 아니라 뒤를 따르면서 놓아주는 것으로 다소 늦추는 것일 뿐이다. 이는 전술상 필요해서 상대방의 정신을 흩어 놓고 의지를 피로하게 하는 것이다.

22. 유이유지(類以誘之), 격몽야(擊蒙也)

"비슷한 것으로 상대를 유혹하여 공격한다."

'포전인옥' 계책에 따른 해설이다. '계발(啓發)'의 뜻을 가진 《주역》의 '몽'괘를 끌어다 해설하고 있다. 《전국책》에 나오는 죽은 말 뼈다귀를 천금을 주고 사서 명마를 구했다는 고사를 인용해 비슷한 것으로 유혹하는 전형적인 사례로 들 수 있다.

23. 전승이불최견금왕(全勝而不摧堅擒王), 시종호귀산야(是縱虎歸山也)

"완전히 승리하고도 적의 왕을 잡지 못하는 것은 호랑이를 산으로 돌아가게 놓아주는 것이다."

'금적금왕' 계책에 대한 보충 설명이다. 산은 전쟁에서 우세한 조건 같은 것을 말한다. 따라서 완벽한 승리의 기회가 왔는데도 그것을 놓치는 것은 호랑이를 산으로 돌려보내는 것이나 마찬가지라는 지적이다.

24. 부적기력이소기세(不敵其力而消其勢)

"그 힘을 맞상대할 수 없으면 그 기세를 소모시킨다."

'부저추신' 책략에 대한 설명이다. 혼전 상황에서 전투력이 상대보다 열세일 때는 수동적으로 맞붙어 싸우지 말고 주동적으로 출격하여 그 기세를 소모시키라는 지적이다. 기세를 소모시킨다는 것은 병법에서는 주로 식량 보급로 따위를 공격하여 기세의 원천을 끊는다는 말이다.

25. 탈기지법즉재공심(奪氣之法則在攻心)

"기를 빼앗는 방법은 심리를 공격하는 데 있다."
'부저추신' 계책에 대한 해석이다. 기란 사기를 말한다. 사기는 전투력에 직접 영향을 준다. 사기가 튼튼하면 싸우고 사기를 잃으면 도망간다. 정신적인 측면에서 사기는 군심과 민심 그리고 장수의 심리 세 방면과 관련이 있다. 삼자의 관계에서 민심은 간접적으로 군심에 영향을 주고, 장수의 심리는 군심에 직접 영향을 준다. 그래서 병법에서는 삼군의 기를 고갈시키고 장수의 마음을 빼앗으라고 주장한다.

26. 동탕지제(動蕩之際), 수력충당(數力冲撞), 약자의위무주(弱者依違無主), 산폐이불찰(散蔽而不察), 아수이취지(我隨而取之)

"혼전 상황에서 역량이 부딪쳐 의지할 곳이 없고 방향을 잃어 겨를이 없는 약자에 대해서는 차분히 이를 따르면서 실력을 감춘 채 어부지리를 얻는다."
'혼수모어' 계책에 대한 설명이다.

27. 존기형(存其形), 완기세(完其勢), 우불의(友不疑), 적부동(敵不動)

"그 모습을 보존하고 그 기세를 온전하게 하면 우방은 의심하지 않고 적도 움직이지 않는다."

'금선탈각'에 대한 설명으로 혼전 중에는 분신(分身)이 필요하다는 점을 강조한다. 혼전 중에는 이런 분신의 방식으로 따로 도모할 필요가 있다.

28. 소적필곤지(小敵必困之), 불능(不能), 즉방지가야(則放之可也)

"약한 적은 반드시 포위하여 섬멸하되 그것이 안 되면 놓아주는 것도 괜찮다."

'관문착적'에 대한 해설이다. 혼전 중에 약한 적을 만나면 반드시 포위해서 적을 곤경에 빠뜨린 다음 섬멸하라는 말이다. 포위하여 섬멸하는 것이 불가능하면, 일정한 우세를 유지하면서 자기 전력의 소모를 피한다는 전제 아래 잠시 적을 놓아준 뒤 따로 전기를 마련해야 한다.

29. 이종근취(利從近取), 해이원격(害以遠隔)

"이익은 가까운 곳에서 취하고, 피해는 멀리한다."

'원교근공'에 대한 해석이다. 이 계책은 외교의 힘을 빌리고 군사력을 든든한 배경으로 삼으라는 정치적 주장에 가깝다. 해가 없는 먼 나라와의 외교로 가까운 나라에서 이익을 취하는 것이다. 그렇게 되면 한 치의 땅도 내 땅이 된다. 자신의 우세한 전력을 가지고 조금씩 조금씩 세력을 확장해 나가되 확장된 땅을 단단히 지키라는 말이다.

30. 원불가공(遠不可攻), 이가이이상결(而可以利相結), 근자교지(近者交之), 반사변생부액(反使變生腑腋)

"먼 곳은 공격하기 어려우니 이익으로 서로 관계를 맺고, 가까운 곳과는 사귀어 혹 생길지도 모르는 변고를 피한다."

'근교원교'에 대한 설명이다. 혼전 중인 국면에서는 각자의 이익을 위해 가장 만족할 만한 생존 방식과 자기 발전을 위한 선택을 할 수밖에 없다. 그래서 멀리 있는 자와는 싸우지 않고 이익으로 결합하여 큰일을 피하고, 가까이 있는 자는 공격하지 않고 외교로 풀어 혹 가까운 곳에서 발생할지도 모르는 변고를 사전에 예방하라는 것이다.

31. 양대지간(兩大之間), 적협이종(敵脇以從), 아가이세(我假以勢), 곤(困), 유언불신(有言不信)

"큰 나라들 틈에 끼어 있는 작은 나라는 상대가 협박하여 복종하라고 하면 큰 나라의 원조를 받아 우세한 상황을 조성해야 한다. 곤경에 처했을 땐 큰 나라의 말만 믿어서는 안 된다."

'가도벌괵'의 기본 사상이다. 소국의 입장에서는 대국의 힘을 빌려서 자신의 우세한 상황을 조성하되 실질적인 도움이 있어야지 말로만 하는 도움은 믿을 수 없다.

32. 가지용병(假地用兵)

"땅을 빌려 군대를 동원한다."

'가도벌괵' 계책에 대한 요점이다. 목적은 싸우지 않고 약자를 합병하는 것이다. 빌리려면 미리 투자해야 한다. 이 투자는 나의 안주머니에 있는 물건을 외투 바깥 주머니에 넣는 것에 비유할 수 있는데, 용병에 필요한 모략의 일종이다.

33. 양주이정병위지(梁柱以精兵爲之), 고관기진(故觀其陣), 즉지정병지소재(則知精兵之所在)

"기둥과 대들보는 정예병의 근간인 진용과 같다. 그 진용을 보면 정예병의 소재를 알 수 있는 법이다."

'투량환주'에 대한 해설이다. 군대의 진용은 종횡으로 나뉜다. 횡은 무게를 받치는 대들보와 같고, 종 역시 이를 지탱하는 기둥과 같다. 기둥과 대들보의 위치는 정예병의 소재인 셈이다. 진용의 형세와 그 변화를 잘 살피면 정예병의 위치와 상태를 파악할 수 있다.

34. 고위자오(故爲自誤), 책타인지실(責他人之失), 이암경지(以暗警之). 경지자(警之者), 반유지야(反誘之也)

"일부러 나 자신이 잘못한 것처럼 꾸며 타인의 실수를 나무람으로써 은근히 경고한다. 은근한 경고는 역으로 이끄는 것이다."

'지상매괴' 계책에 대한 해석이다. 내부를 단속하기 위한 방법이기도 하다. 자신을 따르지 않는 사람들에게 경고하여 그들을 자기 쪽으로 끌어들이는 방법이다.

35. 영위작부지불위(寧爲作不知不爲), 불위작가지망위(不爲作假知妄爲)

"모르는 것처럼 못하는 것처럼 하는 것이 낫지, 할 수 있는 것처럼 거짓으로 아는 것처럼 경거망동하지 마라."

'가치부전'에 대한 설명이다. 서로 어울려 싸우는 상황에서는 위장을 잘하는 것이 필수적이다. 위장은 모르는 것처럼 해야지, 아는 것처럼 위장하면 끝내는 패배한다.

36. 정불로기(靜不露機)

"차분하게 낌새를 드러내지 않는다."

'가치부전' 계책의 요지다. '가치부전'에서 인용한 《주역》의 '둔(屯)' 괘는 힘들고 위험한 상황을 강조한다. 이런 상황에서는 자신을 숨기고 드러내지 않으면서 신중을 기하라는 모략이다. 복잡한 군사 상황에서 '정불로기'는 숨기고 드러내지 않으며 신중하게 살피라는 뜻이다.

37. 가지이편(假之以便), 사지사전(唆之使前), 단기완응(斷其緩應), 함지사야(陷之死地)

"일부러 편의를 제공하여 깊숙이 끌어들이고, 기회를 틈타서 후방의 지원과 응원을 끊어 사지로 몰아넣는다."

'상옥추제'에 대한 해석이다. 이 계책은 내부적으로는 병사들을 격려하기 위해 사용할 수 있고, 외부적으로는 적을 섬멸하기 위해 사용할 수 있다.

38. 추제지국(抽梯之局), 수선치제(須先置梯), 혹시지이제(或示之以梯)

"사다리를 치워야 할 국면이라면 먼저 사다리를 갖춰 놓거나 사다리를 확실히 보여 준다."

'상옥추제'를 설명하는 말이다. 사다리를 갖춰 놓으라는 말은 상대에게 편의를 제공하여 깊숙이 사지(死地)로 유인하라는 말이다. 이렇게 되면 상대와의 싸움 여부는 내가 조종할 수 있다. 상대에게 방편을 제공하지 않으면 상대는 움직이지 않는다. 이 경우 사다리를 치우는 것 자체가 곧 사지가 된다.

39. 차국포세(借局布勢), 역소세대(力小勢大)

"국면을 빌려 세를 조성하고, 약소한 것을 강하게 보이도록 할 수 있다."

'수상개화' 계책에 대한 해석이다. '반객위주'처럼 점(漸)괘를 끌어다 쓰고 있는데 모종의 상태와 국면, 즉 환경과 조건을 잘 이용하여 자신에게 유리한 형세를 만들면 약한 것도 강하게 보일 수 있다는 말이다.

40. 승극삽족(乘隙揷足), 액기주기(扼其主機)

"틈을 타서 발을 담그고 그 주도권과 요해를 꽉 움켜쥔다."

'반객위주' 계책에 대한 해석이다. 복잡한 경쟁 과정에서 나눴다 합하는 것은 필연적인 모략이다. '반객위주'는 《주역》의 점(漸)괘를 끌어다 쓰고 있는데 점진적으로 낌새를 움켜쥐라는 것이다.

41. 위인구사자위노(爲人驅使者爲奴), 위인존처자위객(爲人尊處者爲客), 불능입족자위잠객(不能立足者爲暫客), 능입족자위구객(能立足者爲久客), 객구이불능주사자위천객(客久而不能主事者爲賤客), 능주사즉가점악기요(能主事則可漸握機要), 이위주의(而爲主矣)

"남에게 부림을 당하는 자는 노비가 되고, 남에게 존중받는 자리에 있으면 객이 된다. 그 자리를 차지하지 못하면 일시적인 객이고, 자리를 차지할 수 있으면 오랜 객이 될 수 있다. 오랜 객이 되고자 일을 주도하지 못하면 천한 객이 되고, 일을 주도할 수 있으면 점점 낌새와 요해를 파악하여 주인이 될 수 있다."

'반객위주'의 상세한 해설이다. 조건과 상황에 따라 주객은 얼마든지 바뀔 수 있다. 하지만 자신의 주동적인 의지가 얼마나 개입되느냐가 더욱 중요하다.

42. 강병자(强兵者), 공기장(攻其將), 장지자(將智者), 벌기정(伐其情)

"상대의 병력이 강하면 장수를 공격하고, 장수가 지혜로우면 심리를 공략한다."

'미인계'의 해설이다. 경쟁에서 패하여 땅을 떼어 주거나 돈을 지불하는 따위의 방식으로 국면을 유지해서는 영원히 재기할 수 없다. 오히려 상대의 기세와 부를 불려서 더욱 차이가 벌어지게 할 뿐이다. 이것은 하책이다. '미인계' 등으로 상대의 의지를 공략하여 해이하게 만들고 육신을 허약하게 만들면 최소한의 대가로 상대의 전력을 크게 약화시킬 수 있다. 이것이 상책이다.

43. 허자허지(虛者虛之), 의중생의(疑中生疑)

"비어 있는 것으로 비어 있는 것을 보여 주면 의심 속에서 의심이
또 생긴다."

'공성계'에 대한 해설이다. 일종의 심리전으로 다음 두 가지 상황에
서 사용할 수 있다. 첫째, 전력이 내가 상대보다 약하거나, 둘째 심
리적인 면에서 내가 상대보다 강할 때다. 첫 번째 상황이 아니라면
공성계를 사용할 필요가 없고, 두 번째 상황이 아니라면 공성계를
사용할 수 없다. 많은 상황에서 공성계는 상대의 공격을 늦추는 계
책에 지나지 않기 때문에 가볍게 사용해서는 안 된다.

44. 인적지간이간지(因敵之間而間之)

"적의 간첩을 이용하여 역으로 적을 이간한다."

'반간계'에 대한 구체적인 해석이다. 상대방의 간첩 활동을 이용하
여 오히려 상대가 간첩 행위를 하게 한다는 것이다. 간첩을 이용하
는 '용간'은 병가의 중점이고, 반간은 용간의 중점이다.

45. 자간이간인(自間以間人)

"자신을 간첩으로 삼아 상대를 이간시킨다."

'고육계'에 대한 구체적인 해석의 일부다. 자신의 몸을 해치는 등 '진
짜' 행위로 간첩을 활용하는 수단이다. 이를 통해 간첩 활동을 획책
하는 것이다. 이 밖에 자기와 대립하는 자를 이용하여 적을 유혹하
는 수단과 방법도 고육계에 속한다. 고육계는 간첩을 활용하는 용간
술(用間術)의 일종이다. '진짜'로 간첩을 사는 것이 고육계의 특징이다.

46. 사기자루(使其自累), 이살기세(以殺其勢)

"자신을 묶게 만들어 그 기세를 죽인다."

'연환계'에 대한 설명이다. 상대의 장수가 뛰어나고 병사가 많아서 힘으로 정면 승부를 할 수 없을 때는 계책을 이용해 상대 스스로 자신을 견제하도록 하고, 그것을 빌려 그 위세를 꺾는 것이다.

47. 일계누적(一計累敵), 일계공적(一計攻敵), 양계구용(兩計扣用), 이최강세야(以摧强勢也)

"하나의 계책으로 적을 견제하고, 하나의 계책으로 적을 공격함으로써 두 개의 계책을 배합하여 구사하면 강세를 꺾을 수 있다."

'연환계'의 계책으로 적어도 두 개 이상의 계책을 배합하여 구사하는 것이다. 연환계의 중점은 우선 적을 견제하는 것이다. 여기에 다른 계책의 배합이 적절하면 상대의 강력한 기세를 꺾거나 좌절시킬 수 있다.

48. 전사피적(全師避敵)

"강력한 적을 만나면 피하라."

마지막 계책인 '주위상계'에 대한 해설이다. 《주역》의 '사(師)'괘를 인용하고 있다. 이 괘는 군대가 무력을 동원할 때는 군기로 원칙을 바로잡아야 한다고 말한다. 군대는 무력 동원에 신중해야 하고, 정상적인 상태를 유지해야 한다. 강적을 만나면 일단 적을 피하는 것이 좋다.

49. 적세전승(敵勢全勝), 아불능전(我不能戰), 즉필항(則必降)·필화(必和)·필주(必走), 항즉전패(降則全敗), 화즉반패(和則反敗), 주즉미패(走則未敗), 미패자(未敗者), 승지전기야(勝之轉機也)

"적이 절대 우위에 있어 싸울 수 없으면 항복이나 강화나 달아나는 것밖에 없다. 항복하면 완전히 패하는 것이요, 강화하면 절반의 패배요, 달아나면 패하지 않은 것으로 승리의 전기가 될 수 있다."

마지막 '주위상계'에 대한 해설이다. 《36계》에서 이 부분은 '주위상계'의 기본 사상이자 군사 이론이다.

50. 강국(强國), 연병(練兵), 선장(善將), 택적(擇敵)

《36계》 발문의 일부다.

"강한 나라는 군의 훈련을 중시하고, 장수를 선택할 때는 적을 무시할 수 없다."

편안할 때 위기를 생각하라는 '거안사위(居安思危)'의 자세로 늘 군사들을 수시로 훈련시켜 만일의 상황에 대비해야 한다. 또 장수의 선발은 상대가 어떤 상대인가를 고려해서 결정해야 한다. 이것이 제대로 이루어지면 적은 병력으로도 많은 수의 상대를 이길 수 있다.

4. 《36계》와 그 핵심 일람표

	이름	뜻	해설	핵심 요소
1	만천과해 瞞天過海	하늘을 속이고 바다를 건너다.	완벽히 대비했다는 인식은 느슨한 경계로 이어진다. 익숙한 광경은 느슨한 의심으로 이어진다.	상대가 경계한다. 당신은 정상으로 보이는 행동 (일상 행동)을 한다. 상대는 이 정상적인 외양에 주의를 돌리고 진정한 공격이나 의도를 보지 못한다. 상대를 물리친다.
2	위위구조 圍魏救趙	위나라를 포위하여 조나라를 구하다.	적이 모였을 때보다 흩어졌을 때 공격하는 것이 더 현명하다. 먼저 치는 자는 실패하고, 나중에 치는 자는 성공한다.	상대와 직접 충돌한다. 당신의 우군이 상대를 공격함으로써 당신을 지켜 준다. 상대가 자신을 방어하기 위해 당신과의 충돌을 그만둔다. 상대는 이제 두 전선에서 싸워야 한다. 이로써 당신의 성공 확률은 배가된다.
3	차도살인 借刀殺人	남의 칼을 빌려 상대를 제거하다.	적이 명확하지만 우군이 불명확할 때, 우군이 적을 공격하게 유도하여 힘을 비축하라. 다른 사람의 손실이 곧 나의 이익이다.	제3자가 적을 공격하도록 유도한다. 직접적인 행동은 하지 않는다. 제3자를 통해 상대에게 영향을 미친다.
4	이일대로 以逸待勞	편안하게 상대가 지치기를 기다리다.	힘을 보존하면서 적이 지치고 혼란에 빠졌을 때 공격하라.	전장의 이동을 예측한다. 새 전장에서 수비 진영을 구축한다. 상대를 기다린다. 상대가 도착하면 우월한 입지를 활용하여 물리친다.
5	진화타겁 趁火打劫	불난 틈을 타서 공격하고 빼앗다.	적이 심각한 위기에 빠지면 그 역경을 활용하여 정면으로 공격하라.	상대에게 역경이 찾아온다. 상대가 주춤하거나 물러선다. 상대의 무능이나 후퇴를 활용하여 힘을 구축한다.

6	성동격서 聲東擊西	동쪽에서 소리 지르고 서쪽을 공격하다.	지휘부가 혼란에 빠지면 적은 예상치 못한 사태에 대비할 수 없다. 적이 통제력을 잃으면 기회를 잡아서 물리쳐라.	공격하는 것처럼 위장한다. 상대는 이 가짜 공격에 대응한다. 가짜 공격에 대응하느라 진정한 공격에 노출된다. 진정한 공격을 펼쳐 상대를 물리친다.
7	무중생유 無中生有	무에서 유를 만들어 내다.	적을 방심하게 만들기 위해 가짜 겉모습을 고안하라. 이 계책이 통하면 겉모습이 진짜처럼 변하여 적을 이중의 혼란에 빠뜨린다.	당신의 직접적인 공격(기존 선수를 활용한 공격)이 효과가 없다. 당신은 새로운 선수 혹은 대상을 만든다. 이 선수 혹은 대상은 상대의 허를 찌른다.
8	암도진창 暗渡陳倉	몰래 진창을 건너다.	적을 속박하려면 행동의 일부를 의도적으로 드러내 다른 곳에서 기습 공격을 할 수 있도록 하라.	상대가 정통적인 직접 공격에 집중한다. 목표 지점으로 가는 다른 경계를 넘어 비정통적인 공격을 감행한다. 예상하지 못한 경계를 넘어선 이 비정통적인 행동은 상대를 놀라게 한다. 우위를 확보한다.
9	격안관화 隔岸觀火	강 건너편에서 불구경을 하다.	적에게 갈등이 발생하면 혼란이 심해질 때까지 조용히 기다려라.	상대가 내부 갈등 혹은 동맹과의 갈등에 빠져 있다. 당신의 공격이 상대(그리고 우군)를 단결시킬 수 있다. 행동을 자제한다. 당신이 방관하는 동안 내부 갈등이 상대를 약화시킨다.
10	소리장도 笑裏藏刀	웃음 속에 칼을 감추다.	적이 당신을 믿게 만들어서 경계를 늦춰라. 그리고 은밀히 계책을 세워서 미래에 취할 행동을 준비하라.	직접적인 공격은 상대의 저항을 초래한다. 당신은 우호적이거나 그렇게 보이는 접근법을 선택한다. 상대는 경계를 풀고 이 접근법을 환영한다. 당신은 방해받지 않고 나아간다.

11	이대도강 李代桃僵	복숭아나무 대신 자두나무를 희생하다.	패배가 불가피할 때는 대를 위해 소를 희생하라.	모든 전선에서 이길 수는 없다. 상대가 한 전선에서 이기도록 허용한다. 당신은 다른 전선에서 전력을 유지하거나 강화한다. 유지한 전력을 통해 상대를 물리친다.
12	순수견양 順手牽羊	슬그머니 양을 끌고 가다.	적의 모든 사소한 잘못을 활용하여 유리함을 얻어라. 적의 모든 과실을 이익으로 바꿔야 한다.	상대가 신경을 다른 곳에 쏟는 등의 이유로 행동하지 못한다. 이때를 이용하여 행동에 나선다. 상대가 실수를 깨달았을 때, 당신은 이미 이득을 취했다.
13	타초경사 打草驚蛇	풀을 들쑤셔 뱀을 놀라게 하다.	의심이 가는 적의 상황은 모두 조사해야 한다. 행동을 취하기 전에 적의 상황을 확실하게 파악하라.	당신은 적의 강점이나 전략을 확실히 모른다. 당신이 상대에게 소규모 공격 혹은 간접적인 공격을 한다. 상대는 당신의 '거짓' 공격에 대응하면서 감정이나 전략을 드러낸다. 당신은 이 새로운 정보를 기반으로 '진정한' 공격을 계획한다.
14	차시환혼 借尸還魂	시체를 빌려 영혼을 되살리다.	더 절실한 입장에 있는 약자를 활용하고 조종하라. 현대적 해석: 죽거나 잊힌 것을 활용하라	잊히거나 버려진 아이디어나 기술을 채택한다. 상대방이 버렸기 때문에 그것을 활용한다. 고유성을 힘으로 전환한다.
15	조호리산 調虎離山	호랑이를 유인하여 산에서 내려오게 하다.	불리한 자연 조건을 활용하여 적을 어려운 지경에 몰아넣어라. 기만을 통해 유인하라. 큰 위험이 따르는 공격에서는 적이 달려들도록 유도하라.	상대가 본거지에 있다. 당신의 본거지를 고수하면서 상대의 본거지를 피한다. 이는 상대를 밖으로 유인하거나 당신을 공격하지 못하게 한다. 당신은 개활지에서 적을 공격하거나 적의 본거지를 공격한다.

16	욕금고종 欲擒故縱	잡고 싶으면 일부러 놓아 줘라.	적을 너무 심하게 몰아붙이면 격렬하게 반격할 것이다. 가까이 추격하되 너무 심하게 몰아붙이지 마라.	적을 사로잡는다. 적을 죽일 수 있어도 죽이지 않는다.
17	포전인옥 抛磚引玉	벽돌을 버려서 옥을 가져오다.	미끼를 사용하여 적을 유인하고 포위하라.	상대에게 당신이 상대적으로 작은 가치를 부여하는 것을 준다. 그 대가로 상대는 당신에게 훨씬 더 가치 있는 것을 준다.
18	금적금왕 擒賊擒王	도적을 잡으려면 우두머리를 잡아라.	수장을 잡으면 적은 무너질 것이다.	끈질긴 상대와 직면한다. 상대의 리더를 파악한다. 리더의 이해관계와 조직의 이해관계가 어긋나는 지점을 찾는다. 리더에게 직접 영향을 미친다. 리더가 조직을 당신에게 순종하도록 만든다.
19	부저추신 釜低抽薪	가마솥 밑에서 장작을 빼내다.	강력한 적을 상대할 때는 정면으로 싸우지 말고 몰락의 단초가 될 약점을 찾아라.	상대와 정면으로 격돌하지 않고 힘의 근원을 공격한다. 그러면 상대를 약화시키거나 공격력을 저해할 수 있다. 그 후 약해진 상대를 물리친다.
20	혼수모어 混水摸魚	물을 흐려 물고기를 잡다.	적이 내부의 혼란에 빠지면 열세와 방향 상실을 활용하여 유리하게 전세를 이끌어라.	상대의 주위에 혼란을 일으킨다. 상대의 눈을 가려서 당신의 의도를 이해하거나 당신의 접근을 파악하는 능력을 저해한다.
21	금선탈각 金蟬脫殼	매미가 허물을 벗다.	위치를 고수하고 있는 것처럼 보이게 하라. 그리고 주력부대를 은밀히 후퇴시켜라.	외양을 꾸민다. 상대는 외양을 실제 행동으로 혼동하여 거기에 집중한다. 다른 곳에서 실제 행동에 나선다.

22	관문착적 關門捉賊	문을 잠그고 도적을 잡다.	작고 약한 적을 상대할 때는 포위하여 섬멸하라. 도망치게 하면 추적하느라 불리해진다.	상대가 약하거나 분열되거나 흩어졌을 때 교전한다. 적을 포위하여 탈출을 막되 직접적인 공격을 피함으로써 이 기회를 활용한다.
23	원교근공 遠交近攻	먼 나라와 연합하고 가까운 나라를 공격하다.	지리적인 이유로 먼 적보다 가까운 적을 정복하는 것이 더 유리하다.	먼 적과 연합한다. 가까운 적을 공격한다.
24	가도벌괵 假道伐虢	길을 빌려 괵을 정벌하다.	대국들 사이에 있는 소국이 위협받으면 즉시 지원군을 보내 영향력을 확대해야 한다.	상대와 목표 내지 적을 공유한다. 이 목표를 달성하기 위한 연합을 결성한다. 뒤이어 우군을 취한다.
25	투량환주 偸樑換柱	대들보를 빼서 기둥과 바꾸다.	적이 전투 대형을 자주 바꾸게 하고 주력 부대를 멀리 보내게 하라. 그들이 자멸할 때를 기다려 승기를 잡아라.	상대의 우위는 핵심 지지 구조에 기반을 둔다. 이 구조를 공격한다. 핵심 지지 구조를 파괴함으로써 단결력이 흔들릴 때 상대를 물리친다.
26	지상매괴 指桑罵槐	뽕나무를 가리키며 화나무를 욕하다.	강자가 약자를 다스리려고 하면 경고를 보낸다. 흔히 강경한 태도는 충성을. 단호한 태도는 존중을 얻어 낸다.	당신은 상대의 행동에 영향을 미치고 싶어 한다. 상대를 직접 공격하기보다 다른 표적에 주의를 집중한다. 이 행동은 상대에게 힘을 드러내고 의도를 전달하는 은밀한 메시지를 보낸다. 상대가 의도를 파악하여 행동을 바꾼다.
27	가치부전 假痴不癲	어리석은 척 하되 미친 척은 하지 마라.	때로는 정신 나간 척하면서 허풍을 떨고 무모하게 행동하는 편이 낫다.	상대가 강력하거나 당신이 약하다. 당신은 위협으로 인식되지 않도록 정신이 나가거나 무능한 것처럼 꾸민다. 상대가 경계를 풀면 공격한다.

28	상옥추제 上屋抽梯	지붕에 오르게 한 뒤 사다리를 치우다.	약점을 드러내어 적이 방어선 안으로 들어오게 유인한 다음 퇴로를 막아서 포위하라.	상대가 당신이 통제하는 영역으로 들어오도록 유도한다. 상대의 탈출로를 차단한다.
29	수상개화 樹上開花	나무에 꽃을 피우다	기만적인 겉모습을 활용하여 진형이 실제보다 더 강력하게 보이도록 만들어라.	당신은 혼자 상대를 공격하기에 너무 약하다. 당신은 조직 혹은 환경 내의 개별 요소들을 조율한다. 이렇게 조율된 요소들은 더 강력한 일체가 된다. 이제 당신은 상대를 물리치기에 충분할 만큼 강하다.
30	반객위주 反客爲主	주객이 바뀌다.	기회가 되는 대로 우군의 의사 결정 기구에 들어가 점차 영향력을 확대하고, 종국에는 통제권 아래 두어라.	상대가 당신을 위협적으로 보지 않는다. 당신은 점차 힘을 쌓는다. 통제력을 쥔다.
31	미인계 美人計	미인을 이용하다.	강력한 적과 맞설 때는 리더를 공략하라. 유능하고 지략이 있는 지휘관을 상대할 때는 색정을 활용하여 투지를 꺾어라.	상대에게 약점이나 필요한 것이 있다. 이 약점이나 필요한 것을 이용하여 상대를 유인한다. 상대가 이득이 되지 않는 방향으로 행동을 조장한다. 상대의 실수를 이용한다.
32	공성계 空城計	성을 비워 적을 물러가게 하다.	아군이 열세인 상황에서 의도적으로 방어선을 무방비로 만들어 적을 혼란시켜라.	상대가 공격하거나 공격을 준비하고 있다. 당신의 강점이나 약점을 드러낸다. 상대가 당신의 강점을 두려워하거나 더 이상 당신을 위협으로 간주하지 않기 때문에 공격을 중단한다.

33	반간계 反間計	적의 간첩을 역이용하다.	적의 간첩을 이로운 방향으로 역이용하면 아무런 손실 없이 이길 수 있다.	상대의 대리인이 당신에게 도움이 되는 방향으로 일하도록 유도한다. 이 대리인을 이용하여 상대가 의존하는 중요한 관계를 무너뜨린다.
34	고육계 苦肉計	제 살을 도려내다.	사람이 자신을 해치는 경우는 드물다. 자신이 다쳤다고 상대방이 믿게 하라. 그다음 적의 약점을 이용하라.	상대의 의심이 당신의 성공을 방해한다. 상대의 신뢰를 얻거나 위협적으로 보이지 않도록 제 몸에 상처를 낸다. 상대는 당신을 받아들이거나 방어 태세를 푼다. 이 여지를 활용하여 공격한다.
35	연환계 連環計	여러 개의 계책을 연계해서 구사하다.	적이 우월한 힘을 가졌을 때는 무모하게 공격하지 마라. 대신 적 스스로 어려운 지경에 빠지게 만드는 계책을 통해 약화시켜라.	하나의 전략이 아닌 많은 전략을 동시에 혹은 연속적으로 실행한다. 한 전략이 효과가 없어도 다음 전략이 효과를 발휘한다. 그 전략이 효과가 없어도 그다음 전략이 효과를 발휘한다. 결국 상대가 제압되거나 난국에 빠져서 무너진다.
36	주위상계 走爲上計	줄행랑이 상책이다.	강력한 적과 싸우는 것을 피하려면 전군이 후퇴하여 다시 나아갈 적기를 기다려라.	강력한 상대와 직면한다. 후퇴한다. 다른 곳에서 혹은 다른 시간에 보존한 힘을 발휘한다.

5. 《36계》 중 비즈니스에서 가장 많이 활용된 열 가지 전략표

전략	전략명	빈도
원교근공(遠交近攻, 23, 4-5)	먼 나라와 연합하고 가까운 나라를 공격하다.	21%
이일대로(以逸待勞, 4, 1-4)	편안하게 상대가 지치기를 기다리다.	21%
부저추신(釜底抽薪, 19, 4-1)	가마솥 밑에서 장작을 빼내다.	17%
위위구조(圍魏救趙, 2, 1-2)	위나라를 포위하여 조나라를 구하다.	16%
무중생유(無中生有, 7, 2-1)	무에서 유를 만들어 내다.	13%
수상개화(樹上開花, 29, 5-5)	나무에 꽃을 피우다.	13%
가도벌괵(假道伐虢, 24, 4-6)	길을 빌려 괵을 정벌하다.	12%
진화타겁(趁火打劫, 5, 1-5)	불난 틈을 타서 공격하고 빼앗다.	10%
주위상계(走爲上計, 36, 6-6)	줄행랑이 상책이다.	10%
소리장도(笑裏藏刀, 10, 2-4)	웃음 속에 칼을 감추다.	10%

6. 《36계》가 사용된 전략과 사례

전략	기획	설명
1. 만천과해 瞞天過海	일코아	생산 용량 확장 정책
	크루프	회쉬 인수
2. 위위구조 圍魏救趙	악티비다데스 건설	전반적인 성장 전략
	바비	고가 라인을 지키기 위한 저가 라인 출시
	캐논	새로운 부문에 진출하기 위한 관전가 공학 역량 활용
	코카콜라	위상 구축 전략
	폭스	복수 플랫폼 전략
	질레트	빅BIC 출시
	혼다	신규 사업에 진출하기 위한 모터 역량 활용
	마이크로소프트	인터넷 익스플로러 출시 신제품 출시를 위한 운영 체제 플랫폼 활용
	몬산토	가격 전략
	농심	해태에 맞선 성장 전략
	세이코	펄사 인수
	샤프	신제품 출시를 위한 광전자 공학 역량 활용
	스타벅스	지리적 확장 전략
	스와치	고가 라인을 지키기 위한 저가 라인 활용
	테바제약	이카팜 및 주요 미국 제약사에 맞선 경쟁 전략
	티에토이네이터	글로벌 IT 컨설팅 기업에 맞선 성장 전략
	톨 홀딩스	아시아 및 글로벌 물류 기업에 맞선 성장 전략
	미국 자동차 제조사	1960년대의 저가 부문 방어 실패
3. 차도살인 借刀殺人	칼 아이칸	인수전에서 '백기사' 역할
	코카콜라	홈 스위트너 활용
	유럽 통신 기업	지역 업체를 보호하기 위한 정보 정책 활용
	포드	포드 포커스, 마케팅 전략
	남미 코코아 재배 업체	아프리카 공급량을 구축하기 위한 미국과 유럽의 전략
	제약 산업	방어 수단으로서의 식약청 활용

	암젠	선도하는 생명공학 부문에 대한 조기 연구
	아사히	기린에 대한 승리로 이어진 식료품 매장 체인에 집중
	ATI 테크놀로지	3D 카드 성장 전략
	비저 홈즈	성장 시장에서의 최초 구매자에 대한 집중
	코스타 커피	스타벅스보다 이른 인도 및 중동 시장 진출
	디즈니	비핵심 사업 유지
	포리스트 시티 엔터프	지역 성장 전략
	라이즈	이중 격벽 유조선 수요 초과에 대한 예측
	프런트라인	고성장 건설 부문에 대한 조기 집중
	GS 건설	마이애미 돌핀스 인수
4. 이일대로 以逸待勞	H 웨인 휘젠거	전자 제조 아웃소싱에 대한 조기 투자
	혼하이 정밀	다임러 크라이슬러
	혼다	팜 오일 부문에서의 성장
	IOI	작은 제철소 혁신에 편승하기 위한 자리매김
	입스코	전반적인 성장 전략
	MDC 홀딩스	핵심 시장에서의 집중적 성장
	메리티지 홈즈	
	마이크로소프트	소프트웨어 자리매김
	퍼시먼	목표 시장에서의 예측
	신세계	월마트 및 다른 유통업체와의 경쟁 전략
	유니버셜 헬스 서비스	성장 및 인수 전략
	보르나도 리얼티 트러스트	목표 시장에서의 예측
	월마트	농촌에서의 조기 성장에 대한 집중
5. 진화타겁 趁火打劫	방글라데시 직물 산업	말레이시아 직물 산업 위기 동안의 성장
	카를로스 슬림	MCI 투자
	캐터필러	코마츠에 맞선 전략
	코카콜라	멕시코와 폴란드 및 다른 지역의 불경기 활용
	컴팩	알타 비스타의 역경 활용
	딜로이트 부쉬	프라이스 워터하우스 쿠퍼스가 합병되는 동안의 확장
	포리스트 랩스	전반적인 성장 전략

5. 진화타겁 趁火打劫	마쉐린	국제 고무 위기 동안의 우위 확보
	니덱	전반적인 성장 전략
	타타	AT&T 광섬유망 매수
	소어 인더스트리	부실 기업 인수를 통한 성장
	버진	일본 진출 타이밍
6. 성동격서 聲東擊西	플릭 브라더스	펠트뮐레 노벨에 대한 적대적 인수 활동
	힌두스탄-레버	인도 농촌 지역을 겨냥한 브랜딩 및 유통 전략
	홈 히팅	진정한 목표 시장으로부터 경쟁자를 제거하기 위한 가짜 진출
	마이크로소프트	OS/2 및 윈도우 출시
	펩시	12온스 병 출시
7. 무중생유 無中生有	블록버스터	영화 제작사 설립
	보잉	유나이티드 항공 설립
	CJ	삼성으로부터의 분사
	코카콜라	독립 병입 자회사 설립
	드비어스	약혼반지 전통 창출
	익스피다이터스 인터내셔널	글로벌 확장 전략
	포드	허츠 렌터가 보유
	갈렌시아	후방 통합
	밀러	라이트 맥주 부문 창출
	펩시	식품 사슬 사업 진출
	릴라이언스	화학 및 석유 사업으로의 후방 통합
	시보드	신사업 확장
	버지니	브랜드화된 벤처 투자 전략
8. 암도진창 暗渡陳倉	에이본	고유한 유통 모델 채택
	바디샵	프랜차이즈 전략
	캐논	중소기업 유통 전략
	델	직접 판매 전략 채택
	퍼스트 다이렉트	온라인 은행 모델 채택
	하인즈	전반적인 유통 전략
	하먼 인터내셔널	자동차 채널을 통한 성장으로의 집중
	일본 자동차 제조사	적재용 트럭 부문 진입

8. **암도진창** **暗渡陳倉**	펜 내셔널 게이밍	장외 경마 서비스 출범
	폴라로이드	인화(코닥)에 대한 대안
	타타	서비스 인력을 통한 부품 제공
	미국 항공사	비가격 경쟁 도입
9. **격안관화** **隔岸觀火**	버거킹	선택적인 확장 전략
	크라이슬러	포드 대 GM의 경쟁 회피
	대우	영국 시장 전략
	닥터 페퍼	콜라 시장 진출
	앱손	레이저 프린터 사업 진출
	갤로	유통 전략
	이케아	가구 소매 사업 진출
	인텔	비경쟁 정책 채택
	제프리스	전통적인 은행과의 상대적인 자리매김
	주류 항공사	저가 항공사와 싸우지 않는다는 조기 결정
	포르쉐	럭셔리 및 슈퍼럭셔리 부문에서의 경쟁 회피
	퓨마	나이키 및 리복과의 직접적인 경쟁 회피
	롤스로이스	미국 진입 전략
	스필-실리콘웨어 프리시즌	외주 고객 겨냥
	스위스 우체국	사무용품 시장에 진출한다는 결정
	티파니	에이븐으로부터의 재인수 후 대규모 소매 사업 포기
	버진	전반적인 아시아 성장 전략
10. **소리장도** **笑裏藏刀**	크라이슬러	가격 보장 제공
	GE	가격 협상력을 위한 협력 업체로서의 매력 활용
	IBM	기업 시장 진입을 위한 대여 정책 활용
	인텔	브랜딩 전략 시행
	일본 자동차 제조사	'바이 아메리칸' 캠페인에 대한 대응
	유통업체	가격 보호 계획 활용
11. **이대도강** **李代桃僵**	브리티시항공	장거리 운항에 집중
	다소항공	제 살 깎기와 혁신 그리고 군사 시장에의 집중
	드비어스	공급 제한 전략
	푸그로	두 개의 시장에 서비스를 제공하는 전략

11. **이대도강** **李代桃僵**	IBM	RISC 칩 출시
	인텔	복수 제품 출시
	IOI	다각적 성장 전략
	모건 스탠리	대규모 거래에 집중한다는 전략
	닌텐도	16비트 게임 사업에의 집중
	퀄컴	하드웨어 사업 포기
	소니	제 살 깎기 전략
	TWA	시트를 제거한다는 결정
	UK 식료품 유통 기업	발 빠른 온라인 판매 서비스 출범
12. **순수견양** **順手牽羊**	애플	아이팟 출시를 위한 MP3 플레이어 시장에서 우위 확보
	AT&T	신용카드 사업 진출
	코카콜라	경쟁자로서 물 소비를 공격하는 전략
	홈 디포	수리 업체 공격
	인튜이트	연필과 종이(수기 수표)
	마이크로소프트	복수 제품 출시 전략
	세이지 그룹	인튜이트 및 다른 회계 소프트웨어 기업에 맞선 전략
	소니	RCA와 GE가 행동하지 않는 동안의 트랜지스터 라디오 개발 디지털 사진을 통한 코닥 공격
13. **타초경사** **打草驚蛇**	7-11	고객 정보에 대한 빠른 대응
	아우디	벤츠 및 다른 럭셔리 브랜드에 맞선 성장 전략
	브리스톰-아이어스	아세트아미노펜 시장 진입
	H&M	지역 고객의 필요성에 초점을 맞춘 글로벌 성장 전략
	마이크로소프트	서버 소프트웨어 사업 진출 SQL 서버 사업 진출 호스트 서비스 진출 전략
	시만텍	마이크로소프트와 맥아피에 맞선 전략
	야마하	런던 청음 연구소 설립
14. **차시환혼** **借尸還魂**	암 앤 해머	일상품(베이킹소다)의 새로운 용도 창출
	중국 제조업	기계 대신 인력 활용
	디즈니	백설공주 재출시

14. 차시환혼 借尸還魂	굿이어	새로운 제품 개발 전략
	구글	순수 연구에 대한 초기 집중
	헥사고드	성장을 위한 역사적 브랜드 인수
	누코르	고철 재활용(소제철소)에 대한 집중
	페리에	마케팅 전략
	림/블랙베리	한물간 텍스트 데이터 네트워크 활용
	사우스웨스트 항공	폐기된 지점 간 운항 모델 채택
	팀버랜드	자연스런 모습과 느낌 그리고 가치로의 회귀
	미국 소비자 제품 제조 업체	저가 공급 업체와 경쟁하기 위한 주문 생산 방식 도입
15. 조호리산 調虎離山	벤 엔 제리	제품 전략과 하겐다즈의 대응
	카맥스	새로운 형식의 전략과 오토네이션의 대응
	아이오와 비프 패커즈	공급 사슬을 변화시키기 위한 전략
	윌리엄스―소노마	복수 채널 전략(카탈로그)의 채택
16. 욕금고종 欲擒故縱	반스 앤 노블	2위 경쟁자인 보더스에 맞선 전략
		아마존닷컴과 일반 온라인 유통업체에 대한 대응
	베텔스만	CD나우 인수
	코카콜라	펩시와의 100년에 걸친 경쟁
	델	전통적인 PC 기업들을 공격하기 위한 전략
	에스티 로더	글로스닷컴 인수
	페덱스	최초의 익일 배달 서비스 출범
	갤로	와인 쿨러에 대한 대응
	IBM	선발주자를 바짝 뒤따르는 전반적인 혁신 접근법
	코닥	소니에 맞선 경쟁 전략
	마쓰시타	VHS 출시
	마이크로소프트	워드 이용자로의 워드퍼펙트 고객 전환
	프록터―사일렉스	PL 제품 출시
	롬 앤 하스	아세틸렌 산업에 대한 공격 전략
	세이코	경쟁자들을 바짝 추격하기 위한 전반적인 전략
	세븐업	세븐업에 대한 코카콜라와 펩시의 대응
	티보	티보 혁신에 대한 케이블 회사들의 대응
	보네이지	보네이지 혁신에 대한 케이블 회사들의 대응

	어도비	무료 소프트웨어를 제공하기로 한 결정
	아마존닷컴	고객 서명의 활용
	아메리칸항공	최초의 마일리지 프로그램 출범
	AOL	소프트웨어 시디 무료 제공을 통한 고객 획득 전략
	카메라 제조사	공통 표준을 세우기 위한 전략
	클럽메드	평균 이하의 임금을 지불하는 능력
	코카콜라	로스 리더로서의 식료품섬 채닐 활용
		로스 리더로서의 기계 판매 매장 지정
	소비자 가전 기업	파이낸싱 사업을 통한 이익 창출
	엘리베이터 산업	파이낸싱 사업을 통한 이익 창출
	주유소	로스 리더로서의 유연 휘발유 제공
17. 포전인옥 抛磚引玉	GE	파이낸싱 사업(그리고 다른 부분에서의 더 낮은 마진)을 통한 이익 창출
	질레트	제품 가격 전략. 저마진 면도날과 고마진 면도날
	GM	신용카드 사업 진출 결정
	호브내니언	저가 대량 판매 전략
	매크로미디어	무료 소프트웨어 배포
	마이크로소프트	표준 운영 체제를 만들기 위한 전반적인 전략
	NVR	고객 획득 및 유지 전략
	펩시	로스 리더로서의 기계 판매 매장 지정
	로스 스토어	대폭 할인 상품 제공
	스카이프	무료 소프트웨어를 배포하기로 한 결정
	게임 그룹	고객 충성도 프로그램 중심의 사업 모델
	버진	평등한 협력 관계를 위한 브랜드 가치 활용
	무선 서비스 제공 업체	전반적인 가격 전략, 고마진 약정 계약을 위한 대폭 할인 전화기 제공
18. 금적금왕 擒賊擒王	디즈니	터치스톤 픽처스 출범
	구찌	LVMH와 PPR 사이의 인수전
	존 말론/리버티 미디어	루버트 머독/뉴스 코프와의 디렉TV 쟁탈전
	필립스 전자	B2B 마케팅 전략
	미국 알루미늄 산업	철제 캔에서 알루미늄 캔으로의 전환

	알코아	전력 공급 사업 독점 시도
	AMR 테코놀로지	전략적 원자재에 대한 집중
	바 파머슈티컬	복제약 출시를 위한 취약 특허 공략
	코카콜라	고과당 옥수수 시럽 공급
	임팔라 플래티넘 홀딩스	다국적 광산 기업에 맞선 성장
	키르히	콘텐츠 공급 전략
19.	르 사또	다국적 유통업체에 맞선 성장 전략
부저추신	맥도날드	부지 공급에 대한 지배력 구축
釜低抽薪	MCI	AT&T에 맞선 지역 전략
	미네통카	펌프 공급 선점을 통한 소프트 솝 출시
	포스토봉	히핀토 인수
	P&G	경쟁 도구로서의 슈퍼마켓 진열 중시
	소니	콘텐츠 보유를 위한 콜롬비아 및 CBS 인수
	티파니	1990년대 후반의 전반적인 호전
	제록스	경쟁 기술을 차단하기 위한 특허 활용
	항공사	가격 전략에서의 통합과 분리 활용
	블록버스터	상품화 전략
	코카콜라	제품 통합
20.	금융업	상품 개발 전략(통합과 분리)
혼수모어	젠라이트 그룹	고객과의 밀접한 관계 유지에 대한 초점
混水模魚	호텔	룸 번들링
	마이크로소프트	제품 번들링
	스타벅스	제품이 아닌 경험에 초점을 맞춘 가치 제안
	통신사	가격 전략(통합과 분리)
21.	킴벌리–클라크	소비자 제품으로 확장
금선탈각	톰슨 트래블 그룹	전세 항공 사업과 여행 사업 연계
金蟬脫殼	버진	탈중심화된 기업 구조
	보더스	상향 판매 전술
22.	캐피타 그룹	전반적인 성장 전략
관문착적	갤로	재배 업체 및 유통업체에 대한 지배력 구축
關門捉賊	IBM	기존 고개 대상 상향 판매를 위한 초기 유통 전략
	마쓰시타	소니 라인선싱 전략

22. 관문착적 關門捉賊	마이크로소프트	선 마이크로 시스템즈에 맞선 성장 전략
	영화사	비디오 사업의 전략적 활용
	극장	매점 사업의 전략적 목적
	닌텐도	소프트웨어 개발 업체를 확보하려는 시도
	피터 팬	여행 사업에 진출하려는 시도
	유 홀	이사용품 사업 출범
23. 원교근공 遠交近攻	3DO	협력 업체와의 인센티브 정렬
	안호이저-부시	인수 시너지의 가치에 대한 과대 평가
	아크틱 캣	스즈키와의 연합을 위한 논거
	아우토스트라다	독립 인프라 기업 합병
	아브네드 앤 애로우	NO. 3 경쟁자 공동 매입
	센추리 21	최초의 부동산 중개소 연합 결성
	코닝	전반적인 합자 정책
	히어로 혼다	혼다와 자전거 회사 사이의 협력
	인텔	델 및 컴펙과의 이해관계 정렬
	켈로그	포스트에 맞선 제품 구성 전략
	링컨 하이웨이	GM, 굿이어, 프레스트 올라이트에 의한 창립
	로직	IT 서비스 기업의 합병을 통한 성장
	럼버야드	구매 그룹 설립
	맨 그룹	협력 관계를 통한 성장 추구
	노키아	협력적 성장에 대한 전반적인 접근법(예: 공통 표준 추구)
	CM 그룹	특수 화학 제품 시장에서의 성장 전략
	오시코시 트럭	트럭 및 군용 차량 제조업에서의 성장을 위한 협력 관계 활용
	플렉서스	적극적인 연합 추구를 통한 성장
	퀘이커 오츠	스내플 인수를 위한 논거
	시어스	시너지 가치에 대한 과대 평가
	스카이웨스트	델타 및 컨티넨털 항공과의 연합
	AES	공공 기업을 끌어들이기 위한 전략
	토요타	공공 업체 연합을 개발하기 위한 전략적 초점
	발루렉	해외 확장 전략

24. 가도벌괵 假道伐虢	코카콜라	제2차 세계대전 동안 미군을 따라가기로 한 결정
	DHL	중국 진출을 위한 시노트랜스 연합
	허쉬	확장 전략
	힌두스탄–레버	인도 진출을 위한 유니레버와의 연합
	인터트러스트	AOL과의 연합
	일본 정부	제2차 세계대전 이후 해외 연합 촉진
	킹스팬 그룹	인수를 통한 성장 전략
	코마츠	지식 확보를 위한 미국 기업과의 연합 컴퓨터 유통과 운영 관행을 배우기 위한 HP와의 연합
	레노보	OEM 공급 업체에서 소매 기업으로의 변모
	로지텍 인터내셔널	전방 통합
	미쉐린	컴캐스트와의 연합
	마이크로소프트	지리적 확장 전략
	버진	아시아 기업들과의 연합
	월마트	글로벌 확장 전략
25. 투량환주 偸樑換柱	블룸버그	전반적인 마케팅 및 판매 전략
	디즈니	스타 의존도 축소를 위한 만화 캐릭터 활용
	인포시스 테크놀로지	고가의 미국 및 유럽 소프트웨어 기업을 공격하 기 위한 외주 활용
	코닥	1시간 인화를 통한 폴라로이드 공격
	세일즈포스닷컴	전통적인 소프트웨어 기업에 맞선 유통 전략
	소니	닌텐도 게임 개발 업체 유인
	웨더스푼	대안적 입지에 집중하는 전략
	와이프로	고가의 미국 및 유럽 소프트웨어 기업을 공격하 기 위한 외주 활용
26. 지상매괴 指桑罵槐	크레이지 에디	가격 보장 제공
	드림웍스 SKG	'아메리칸 뷰티' 마케팅 전략
	케이마트	'블루 라이트(blue light)' 브랜드 활용
	마이크로소프트	'베이퍼웨어(vaporware)' 발표 노벨에 대한 투자
	뉴욕포스트	데일리 뉴스(Daily News)를 통한 경쟁 탈피
	폴라로이드	잠재적 위협을 막기 위한 강력한 방어 전략

26. 지상매괴 指桑罵槐	소프트웨어 개발 업체	이른 신제품 발표
	소니	콜롬비아 레코드 인수
	버진	미 의회 로비 활동
27. 가치부전 假痴不癲	아폴로 그룹	비정통적 전술을 활용한 전통적인 대학 공격
	존스 소다	전통적인 탄산음료 기업들의 허를 찌른 비정통적인 전술 채택
	텔레콤 이탈리아	올리베티에 대한 적대적 인수
	버진	항공 산업에 진출한다는 결정 미국 휴대전화 시장에 진출한다는 결정
	호울 푸즈	전통적인 식료품 유통 기업들의 허를 찌른 비정통적인 전술 채택
28. 상옥추제 上屋抽梯	ABB	기업 구조를 수용하고 관리자들을 시장에 노출시킨 결정
	마리오 가벨리	경영진을 시장에 노출시키기 위한 보상 제도 활용
	메르세데스 벤츠	미국 주식 시장에 상장하기 위한 논거
	마이크로소프트	브리태니커에 맞선 엔카르타 출시
	모건 신덜	다른 건설 회사들에 맞선 전반적인 성장 전략
	펩시	코카콜라와의 경쟁을 이용한 경영진 동기 부여
	P&G	시장 성과와 경영 인센티브의 연동
	서모 엘렉트론	기업 구조의 수용과 기업가 정신을 촉진하는 문화
29. 수상개화 樹上開花	ABB	탈중심화된 기업 구조
	에이서	연합 네트워크 구축
	알트란 테크놀로지	전반적인 성장 전략
	베네통	공급 업체 및 유통업체 네트워크 구축
	블로거닷컴	커뮤니티 콘텐츠 활용
	코카콜라	병입 업체 네트워크 구축
	CSL	인수에 이은 연합을 통한 성장
	플릭커	커뮤니티 콘텐츠 활용
	포드, 크라이슬러	공급 업체 네트워크 구축
	리버티 얼라이언스	마이크로소프트와 싸우기 위한 연합 형성
	마이스페이스	커뮤니티 콘텐츠 활용
	ODFJELL ASA	소기업 구성
	오픈 소스 소프트웨어	대기업과 경쟁하기 위한 개별 프로그래머들의 협력

29. 수상개화 樹上開花	라일랜드 그룹	동일 산업에 속한 다른 사업으로부터의 복수 수익 흐름 확보
	사이펨	2000년의 전략 재설정
	심비안	마이크로소프트와 싸우기 위한 연합 형성
	USG 피플	유럽 인력 파견 기업 조율
	벤처	고유한 조직 모델
	버진	탈중심화된 기업 구조
	위키피디아	거대 백과사전과 경쟁하기 위한 개별 전문가들의 협력
30. 반객위주 反客爲主	7-11 재팬	미국 특허 획득
	에어 프로덕츠 앤 케미컬스	산업용 가스 저장 서비스에 대한 전략적 집중
	에이메스	제이어(Zayre) 인수
	콜롬비아 커피 산업	글로벌 브랜딩 전략 시행
	더글러스 나이트	고객과의 통합을 위한 소프트웨어 출시
	파세트	보고서 제공에서 데이터베이스 서비스로의 전환
	인텔	IBM과의 조기 공급 계약
	LS 케이블	미츠비시와 삼성
	럼버야드	가격 협상력 구축을 위한 구매 그룹 창설
	마이크로 소프트	IBM과 조기 공급 계약
	닌텐도	제품 공급 제한 전략
	오랄 비	고객 결정 과정을 가속하는 교환 시기 표시기 도입
	월마트	제조 업체에 대한 구매력 구축 전략
	월드콤	MCI 인수
31. 미인계 美人計	시스코	아이폰 사용에 대한 애플 고소
	에스프리 홀딩스	'세상을 바꾸기 위해 무엇을 하시겠습니까' 캠페인 출범
	휴고 보스	프리미엄 가격 판매를 위한 '패션' 어필
	맥코	벨사우스에 대한 공격
	마이크로소프트	베스트 바이와 라디오 쉑에 대한 투자
	퀄컴	이동전화 서비스 제공 업체에 대한 투자
32. 공성계 空城計	굿이어	생산 용량과 전략을 드러낸다는 결정
	인터내셔널 게임 테크놀로지	경쟁자의 방어를 차단하기 위한 연구 계획 발표
	키위	경쟁자의 대응을 차단하기 위한 제한적 목표 공개

32. 공성계 空城計	레노보	투명한 회계 보고
	마이크로소프트	디지털 홈 전략 공개
33. 반간계 反間計	암웨이	일본에서의 유통 모델 활용
	아브네드	마셜 인더스트리 인수
	에이본	중국에서의 유통 모델 활용
	코카콜라	펩시의 베네수엘라 병입 업체 포섭
	코카콜라	불경기 동안의 남미 매장주 지원
	엔론	로비 활동의 활용
	KFC	중국에서 맥도날드를 상대로 성공
34. 고육계 苦肉計	아메리칸 항공	지나치게 강해지지 않기 위한 경계
	애플	직접적인 대응을 피하기 위한 좁은 시장에 대한 진출
	익스프레스 스크립트	제약 회사와 합병한 보험 약제 관리 기관에 맞선 전략
	인텔	IBM과의 공급 계약을 지키기 위한 전술
	마쓰시타	VHS 표준으로 협력 업체들을 끌어들이기 위한 전략
	마이크로소프트	지나치게 강해지지 않기 위한 경계
	필킹턴	유리 시장으로 확장
	소니	저가 라디오 시장 진입
	버진	미국 콜라 시장 진입
	월마트	지나치게 강해지지 않기 위한 경계
35. 연환계 連環計	애플	복수 전략의 동시 시행
	코카콜라	복수 전략의 동시 시행
	마이크로소프트	복수 전략의 동시 시행
36. 주위상계 走爲上計	아모레퍼시픽	글로벌 뷰티 산업에 대한 재집중
	애플	스티브 잡스의 프로젝트 및 제품 축소
	갤로	저가 와인 시장 포기
	GE	NO. 1, NO. 2가 아니면 포기하는 전략
	제너럴 다이내믹스	F16 프로그램
	인텔	메모리 칩 사업 포기
	소니	베타맥스 사업 포기
	TJX	호황기 때 가격 인상 사업 포기
	버진	사업 확장 자금 마련을 위한 주식 매각

7.《36계》종합 분석표

	이름	원문	해석	질문	사례
1 ― 1	만천과해 瞞天過海 (승전계)	하늘을 속이고 바다를 건넌다. 완벽하게 대비했다는 인식은 경계를 늦추게 한다. 익숙한 광경은 의심을 풀어 준다. 따라서 음모는 어둠 속보다 밝은 곳에 더 잘 숨겨지며 극단적인 공적 노출은 종종 극단적인 비밀을 품는다.	밝은 곳에 숨어라. 다른 사람들이 새로운 것의 도래를 보지 못하도록 행동을 정상적으로 (일상적으로) 보이게 하라.	행동을 숨길 수 있는 일상 활동은 무엇인가?	디즈니의 디즈니랜드 부지 구매 **관련 계책** 암도진창
2 ― 2	위위구조 圍魏救趙 (승전계)	위나라를 포위하여 조나라를 구한다. 적의 병력이 집중되었을 때보다 분산되었을 때 공격하라. 먼저 공격하는 쪽은 실패하고 나중에 공격하는 쪽은 성공한다.	양면전을 전개하라. 우군과 힘을 합쳐서 양면전 혹은 다면전을 강제하라.	누구와 양면전을 전개할 수 있는가?	버진 애틀랜틱 대 브리티시 항공
3 ― 3	차도살인 借刀殺人 (승전계)	남의 칼을 빌려 상대를 제거한다. 적의 상황은 명확하지만 우군의 입장은 불명확하다. 이 경우 우군을 끌어들여 적을 침으로써 힘을 비축하라. 변증법적 관점에서 다른 사람의 손실은 당신에게 이익이 된다.	제3자의 영향력을 빌려라. 누가 당신의 적에게 영향을 줄 수 있는지 찾아서 유리하게 활용하라.	어떤 제3자가 경쟁자에게 영향을 미칠 수 있는가?	코카콜라와 홈 스위트너 컴퍼니 (Home Swwtener Company)

4 – 4	이일대로 以逸待勞 (승전계)	편안하게 상대가 지치기를 기다린다. 적을 약화시키기 위해 반드시 정면으로 공격할 필요는 없다. 적극적 방어를 통해 적을 지치게 하라. 그 과정에서 적의 전력이 약화되고 당신 편이 우세를 차지할 것이다.	다음 전장으로 일찍 이동하라. 다음 전장을 파악하고 수비 태세를 구축한 후 경쟁자들을 기다려라. 그들이 도착하면 유리한 입지를 이용하여 승리하라.	다음 전장은 어디인가?	언어 소프트웨어 시장의 로제사스톤 관련 계책 욕금고종
5 – 5	진화타겁 趁火打劫 (승전계)	불난 틈을 타서 공격하고 빼앗는다. 적이 심각한 위기에 빠지면 그 곤경을 이용하여 정면에서 공격하라. 이는 강자가 약자를 이기는 방식이다.	문제에서 기회를 포착하라. 문제가 생기면 남들이 꼼짝하지 못하거나 물러날 수 있다. 정면 공격으로 이 기회를 살려라.	어디에 문제가 있는가? 남들이 물러날 때 전진하면 어떻게 될까?	워런 버핏과 카를로스 슬림의 투자 전략
6 – 6	성동격서 聲東擊西 (승전계)	동쪽에서 소리 지르고 서쪽을 공격한다. 적의 지휘부가 혼란에 빠지면 우발적 사태에 대응하지 못한다. 이런 상황은 언제 둑을 무너뜨릴지 모르는 홍수와 같다. 적이 내부 통제력을 상실할 때를 노려서 파괴하라.	동쪽에서 소리 지르고 서쪽을 공격하라. 어디로 접근할지 속임으로써 적이 그것을 수비하느라 목표를 다른(진짜) 공격에 노출시키게 하라. 왼쪽으로 움직일 것처럼 하면서 오른쪽으로 움직여라.	어떤 가짜 공격을 할 수 있는가? 이를 통해 적이 다른 공격에 노출될 것인가?	플릭 그룹의 펠트뮐레 노벨 인수 관련 계책 지상매괴
7 = 1	무중생유 無中生有 (적전계)	무에서 유를 만들어낸다. 적을 방심하게 할 가짜 전면을 설계하라. 속임수가 통할 때 전면을 실질적인 것으로 변화시키면 적이 이중으로 혼란에 빠질 것이다. 한마디로 기만적인 외양은 종종 임박한 위험을 숨긴다.	무에서 유를 창조하라. 기존 참가자를 이용하는 직접적인 접근법이 효과가 없다면 새로운 참가자나 대상을 만들어서 유리한 방향으로 역할을 바꿔라.	어떤 대상이 게임에 참여하기를 원하는가?	일본과 한국의 화이트데이

8 Ⅱ 2	암도진창 暗渡陳倉 (적전계)	몰래 진창을 건넌다. 적을 제압하려면 다른 곳에서 기습 공격을 감행할 수 있도록 일부러 행동을 일부 드러내라.	비정통적인 경로를 취하라. 다른 사람들이 직접적이고 정통적인 경로에 집중할 때 간접적이고 비정통적인 경로로 그들을 기습하라.	명백한 경로는 무엇인가? 비정통적인 경로를 취하면 어떤 일이 생길까?	델의 직접 판매 관련 계책 만천과해
9 Ⅱ 3	격안관화 隔岸觀火 (적전계)	강 건너편에서 불구경을 한다. 적 연합 내부에서 심각한 갈등이 발생하면 혼란이 심화되도록 조용히 기다려라. 내부 갈등이 격화되면 연합이 저절로 무너질 것이다. 잘 관찰하면서 그 이점을 모두 누릴 준비를 하라.	싸우게 놔둬라. 적들이 싸울 때는 나서지 마라. 나섰다가 오히려 적을 단결시킬 수 있다. 뒤로 물러서서 싸우게 놔두고 나중에 진격하라.	밀어붙이지 않으면 어떤 일이 생길까?	하드웨어 시장에 진입하지 않은 인텔
10 Ⅱ 4	소리장도 笑裏藏刀 (적전계)	웃음 속에 칼을 감춘다. 어떤 식으로든 적이 당신을 믿게 해서 경계를 늦춰라. 다른 한편으로 성공을 보장하는 미래의 행동을 준비하면서 음모를 꾸며라.	선한 기업이 돼라. 위협은 저항을 초래하기 때문에 우호적인 혹은 그렇게 보이는 접근법을 택하라. 그러면 저항을 수용으로 바꿀 수 있다.	어떻게 도움이 되거나 도움이 되는 것처럼 보일 수 있을까?	구글 대 야후와 알라비스타
11 Ⅱ 5	이대도강 李代桃僵 (적전계)	복숭아나무 대신 자두나무를 희생한다. 손실을 피할 수 없을 때는 전체를 위해 부분을 희생시켜라.	한 전선에서 이기기 위해 다른 전선을 희생시켜라. 한 전선에서 경쟁력을 유지하거나 강화하기 위해 적이 다른 전선에서 이기게 하라.	무엇을 희생시킬 수 있는가?	퀄컴은 하드웨어와 인프라에서 손을 뗐다. 관련 계책 투량환주 고육계

12 Ⅱ 6	순수견양 順手牽羊 (적전계)	슬그머니 양을 끌고 간다. 적의 작은 허점과 당신의 모든 이점을 활용하라. 적의 모든 부주의를 유리하게 활용해야 한다.	전조등 불빛에 놀란 사슴처럼 적이 꼼짝 못 하는 순간을 포착하라. 적이 상충하는 이슈에 의해 멈추거나 주의가 산만해지는 때를 찾아서 휴지기에 전진하라.	경쟁자가 무엇을 하지 않거나 방어할 것인가?	아이팟 대 워크맨 **관련 계책** 가도벌괵
13 Ⅲ 1	타초경사 打草驚蛇 (공전계)	풀을 들쑤셔 뱀을 놀라게 한다. 적의 환경에 대해 의심스러운 점은 모두 조사해야 한다. 군사 행동에 나서기 전에 적의 상황을 명확하게 파악하라. 반복적인 정찰은 숨겨진 적을 찾는 효과적인 방법이다.	풀을 들쑤셔 뱀을 놀라게 하라. '가짜' 진군 혹은 소규모 진군을 통해 적이 본격적인 진군에 어떻게 대응할지 파악하라.	경쟁자에 대한 정보를 모으기 위해 어떤 소규모 습격을 할 수 있을까?	마이크로소프트의 서버 시장 진입
14 Ⅲ 2	차시환혼 借尸還魂 (공전계)	시체를 빌려 영혼을 되살린다. 강자는 이용할 수 없지만 약자는 도움을 필요로 한다. 당신에게 도움을 청하는 약자를 이용하고 조종하라.	다른 사람들이 버린 것을 활용하라. 잊히거나 버려진 모델, 아이디어, 기술을 활용하여 당신을 차별화하고 힘을 구축하라.	무엇이 버려졌는가?	블랙베리는 버려진 호출기 네트워크를 활용했다. **관련 계책** 금선탈각
15 Ⅲ 3	조호리산 調虎離山 (공전계)	호랑이를 유인하여 산에서 내려오게 한다. 불리한 자연 조건을 이용해서 적을 궁지에 몰아넣어라. 기만을 통해 적을 끌어내라. 큰 위험이 따르는 공격을 할 때는 적이 나오게 하라.	적의 본거지에서 떨어져라. 의도적으로 적의 본거지로 들어가는 것을 피하라. 그러면 저항을 피하고 적이 본거지에서 나올 경우 우위를 얻을 수 있다.	경쟁자의 본거지는 어디이며, 거기서 나온다는 것은 무엇을 의미할까?	카맥스 대 오토네이션 **관련 계책** 욕금고종 이일대로

16 Ⅲ 4	욕금고종 欲擒故縱 (공전계)	잡고 싶으면 일부러 놓아줘라. 적을 너무 몰아붙이면 거세게 반발한다. 그냥 놓아주면 사기가 저하될 것이다. 바짝 추격하되 너무 몰아붙이지 마라. 적을 지치게 하고 사기를 저하시켜라. 그러면 피를 흘리지 않고 붙잡을 수 있다. 한마디로 공격을 신중하게 늦추는 것이 승리에 도움이 된다.	잡고 싶으면 일부러 놓아줘라. 공격하지 마라. 대신 놓아주고 바짝 추격하라.	경쟁자를 놓아준다면 어떻게 될까?	케이블 기업 대 티보 관련 계책 이일대로 조호리산
17 Ⅲ 5	포전인옥 抛磚引玉 (공전계)	벽돌을 버려서 옥을 가져온다. 미끼로 적을 끌어들인 뒤에 공격하라.	'벽돌'을 버려서 '옥'을 가져오라. 상대적으로 가치가 적은 것을 내주고 훨씬 가치가 있는 것을 얻어라.	어떤 '벽돌'을 내줄 것인가?	HP는 프린터가 아니라 잉크 카트리지를 통해 수익을 올린다. 관련 계책 이대도강
18 Ⅲ 6	금적금왕 擒賊擒王 (공전계)	도적을 잡으려면 우두머리를 잡아라. 우두머리를 잡으면 적은 무너질 것이다. 그의 상황은 바다의 용이 육지에서 싸우는 것처럼 절망적일 것이다.	리더에게 영향력을 집중하라. 전체 조직보다 리더를 파악하고 혜택을 제공하라. 이는 머리를 이끌어서 말을 조종하는 것과 같다.	적의 리더는 어떤 특별한 필요를 가졌는가?	디렉TV에 대한 루퍼트 머독 대 존 말론의 싸움
19 Ⅳ 1	부저추신 釜低抽薪 (혼전계)	가마솥 밑에서 장작을 빼낸다. 강력한 적과 마주치면 정면 대결을 하지 말고 약점을 찾아서 힘을 약화시켜라. 그래야 약자가 강자를 이길 수 있다.	자원을 봉쇄하라. 정면 대결을 벌이지 말고 적에게 힘을 제공하는 것을 찾아서 공급을 차단하라.	어떤 자원을 통제할 수 있는가?	애플은 1세대 아이팟을 위해 하드드라이브를 미리 확보했다. 관련 계책 관문착적

20 IV 2	혼수모어 混水摸魚 (혼전계)	물을 흐려 물고기를 잡는다. 적이 내부 혼란에 빠지면 입지 약화와 방향 상실을 유리하게 활용하라. 밤이면 잠자리에 드는 일만큼 자연스러운 일이다.	합치거나 나눠라. 어떤 것을 묶거나 나눠서 당신에 대한 그들의 인식을 바꾸고 직접적인 비교 대상에서 벗어나라.	경쟁자를 혼란스럽게 하기 위해 무엇을 합치거나 나눌 수 있는가?	금융 상품의 통합과 분해, 마이크로소프트 오피스
21 IV 3	금선탈각 金蟬脫殼 (혼전계)	매미가 허물을 벗듯 위기를 모면한다. 전진부대가 여전히 위치를 지키는 것처럼 꾸미며 연합군이 의도를 의심하지 못하게 하고, 적군이 성급하게 공격하지 못하게 하라. 그다음 주력부대를 은밀하게 후퇴시켜라.	위장막을 만든 다음 행동에 나서라. 진짜처럼 보이는 위장막을 만든 다음 다른 곳에서 행동에 나서라.	현재 활동이 텅 빈 껍질과 같다면 어디서 행동에 나설 것인가?	베스티 바이는 전자제품 판매가 아니라 서비스에서 수익을 올린다. 관련 계책 차시환혼
22 IV 4	관문착적 關門捉賊 (혼전계)	문을 잠그고 도적을 잡는다. 작고 약한 적을 상대할 때는 포위하여 물리쳐라. 도망치게 두면 쫓아가는 동안 불리한 입장에 놓인다.	탈출구를 닫아라. 영향력을 행사할 때는 충분히 우위를 활용하고 오래 지속시켜라.	힘을 발휘할 순간들을 어떻게 활용할 수 있는가?	반스 앤 노블의 대형 서점 관련 계책 부저추신
23 IV 5	원교근공 遠交近攻 (혼전계)	먼 나라와 연합하고 가까운 나라를 공격한다. 지리적 이유로 먼 적보다 가까운 적을 물리치는 것이 더 이득이다. 그러니 정치적 차이가 있더라도 일시적으로 먼 적과 연합을 맺어라.	예상치 못한 대상과 연합하라. '내가 이기면 누가 혜택을 볼까'라고 자문하여 연합할 수 있는 '경쟁자'나 현재 고려하지 않은 다른 대상을 찾아라.	당신이 이기면 누가 혜택을 볼까?	히어로 혼다 (혼다와 자전거 회사의 협력 기업)

24 IV 6	가도벌괵 假道伐虢 (혼전계)	길을 빌려 괵을 정벌한다. 두 대국 사이에 낀 소국이 적국의 위협을 받을 때는 즉시 부대를 파병하여 구해줌으로써 영향력을 키워라. 말만으로는 신뢰를 얻지 못한다.	길을 빌려라. 당신의 목표에 더 잘 접근할 수 있는 대상을 찾아라. 그들과 연합하여 접근로를 확보하라.	누구의 길을 빌릴 수 있는가? 누가 당신의 길을 빌리는가?	레전드(현재 레노버Lenovo) 대 HP, 구글 대 모토롤라
25 V 1	투량환주 偸樑換柱 (병전계)	대들보를 빼서 기둥과 바꾼다. 적의 연합군이 전투 대형을 자주 바꾸게 함으로써 주력이 흩어지게 하라. 그들이 스스로 무너질 때 물리쳐라. 이는 마차의 바퀴를 뒤로 물려서 방향을 조절하는 것과 같다.	주요 기반을 제거하라. 저항 세력을 정면으로 치지 말고 그들의 주요 전력 기반을 노려라.	저항 세력의 '구조적 들보'는 무엇이고 어떻게 공격할 수 있는가?	영국의 웨더 스푼 대 대형 펍(pub) 기업 관련 계책 이대도강 고육계
26 V 2	지상매과 指桑罵槐 (병전계)	뽕나무를 가리키며 회나무를 욕한다. 강자가 약자를 제압하고 싶을 때는 경고를 보낸다. 강경한 태도는 종종 충성심을 얻고 확고한 행동은 존경심을 얻는다.	은밀한 메시지를 보내라. 직접 공격하지 말고 다른 목표에 노력을 집중하라. 이는 진짜 목표에 은밀한 메시지를 보내서 행동을 바꿀 수 있다.	어떤 '은밀한 메시지'를 보낼 것인가?	가격 보증 관련 계책 성동격서
27 V 3	가치부전 假痴不癲 (병전계)	어리석은 척하되 미친 척은 하지 마라. 때로 허풍을 부리면서 무모하게 행동하는 것보다 멍청한 척하면서 아무 일도 하지 않는 것이 낫다. 제때 나타나기 위해 겨울에는 모습을 숨기는 천둥구름처럼 침착하고 은밀하게 작전을 세워라.	제정신이 아닌 것처럼 보여라. 위협적인 존재로 보이지 않도록 비현실적 계획을 따르거나 계획을 실행할 수 없는 것처럼 보여라.	어떻게 하면 제정신이 아닌 것처럼 보일까?	리처드 브랜슨의 버진 관련 계책 반객위주

28 V 4	상옥추제 上屋抽梯 (병전계)	지붕에 오르게 한 뒤 사다리를 치운다. 의도적으로 약점을 노출시켜서 적이 침입하게 한 다음 출구를 봉쇄하고 포위하라.	적을 당신의 지붕으로 유인한 다음 사다리를 치워라. 적이 당신의 영역으로 들어오게 유인한 다음 탈출구를 없애라. 그러면 당신의 영역에서 경쟁할 수 있다.	어떻게 경쟁자를 당신의 영역으로 끌어들인 다음 탈출 수단을 제거할 것인가?	마이크로소프트의 엔카르타 대 브리태니커
29 V 5	수상개화 樹上開花 (병전계)	나무에 꽃을 피운다. 기만적 외양을 이용해서 진용이 실제보다 더 강해 보이게 하라. 거위들이 높이 날면 넓게 펼쳐진 날개로 인해 무리의 장대함이 크게 강화된다.	조정되지 않은 것을 조정하라. 당신의 환경에 속한 요소들을 통합하고 조정하여 더 큰 힘을 발휘하라.	누구를 조정할 것인가?	위키피디아
30 V 6	반객위주 反客爲主 (병전계)	주객이 바뀐다. 기회가 있을 때마다 우군의 의사 결정 기구에 들어가 단계별로 영향력을 확장한다. 마침내 통제권을 확보한다.	주객을 전도시켜라. 위협적이지 않은 척하며, 점진적으로 신뢰와 영향력을 쌓아라.	고객 혹은 적의 의사 결정 사슬을 어떻게 거슬러 올라갈 수 있는가?	셰어포인트 (SharePonit) 의 무료 버전 **관련 계책** 가치부전
31 VI 1	미인계 美人計 (패전계)	미인을 이용한다. 강력한 적과 직면했을 때 리더를 약화시켜라. 유능하고 재주 많은 지휘관을 상대할 때는 감각적 쾌락에 빠지게 하여 전투 의지를 약화시켜라. 지휘관이 무능해지면 군사들이 사기를 잃고 전투력은 크게 떨어진다. 이는 자신을 보호하기 위해 적의 약점을 이용하는 전략이다.	주요 약점이나 욕구에 호소하라. 우선적인 필요나 약점을 파악하여 거기에 호소함으로써 저항 세력을 제거하라.	활용할 수 있는 적의 강한 필요나 욕구는 무엇인가?	마이크로소프트는 1990년대 유통업체에 투자하여 MSN을 뒷받침했다. **관련 계책** 반간계

32 VI 2	공성계 空城計 (패전계)	성을 비워 적을 물러가게 한다. 약한 전력에도 불구하고 의도적으로 방어선을 무력하게 해서 적을 혼란시켜라. 적이 많고 당신의 군사가 적을 때 이 전술이 효과적일 수 있다.	전략을 노출시켜라. 당신의 강점과 약점 혹은 전략을 드러내서 적이 당신의 힘을 두려워하거나 더 이상 위협적으로 여기지 않고 공격을 보류하게 하라.	당신의 전력을 노출시키면 어떤 일이 생길까?	베이퍼웨어 : 아이패드 대 HP와 마이크로소프트 태블릿
33 VI 3	반간계 反間計 (패전계)	적의 간첩을 역이용한다. 적의 간첩이 당신을 위해 일하게 하면 아무런 손실 없이 이길 수 있다.	저항하는 관계를 지원하는 관계로 대체하라. 저항 세력이 의존하는 중요한 관계를 파악하고 그것을 유리한 방향으로 활용하라.	어떤 중요한 의존 관계를 제거할 수 있는가?	베네수엘라 시장에서 코카콜라 대 펩시콜라 관련 계책 미인계
34 VI 4	고육계 苦肉計 (패전계)	제 살을 도려낸다. 자기 몸에 해를 입히는 사람은 드물다. 그래서 다치면 대개 진짜로 보인다. 이 순진한 시각을 이용하여 적이 당신의 말을 믿게 하라. 그러면 적 내부에 분란을 일으킬 수 있다. 이 경우 적의 약점을 이용하여 적을 순진한 아이처럼 속일 수 있다.	자신을 희생하라. 신뢰를 얻거나 위협적으로 보이지 않도록 자신을 희생하라.	당신이 자신을 희생하면 경쟁자가 어떻게 반응할까?	첫 PC와 관련된 인텔 대 IBM의 싸움 관련 계책 이대도강 투량환수

35 VI 5	연환계 連環計 (패전계)	여러 개의 계책을 연계해서 구사하라. 적이 우월한 힘을 지녔을 때는 무모하게 공격하지 마라. 대신 스스로 어려운 입장에 놓이도록 계략을 꾸며서 약화시켜라. 전쟁에서 이기는 데는 뛰어난 리더십이 핵심 역할을 한다. 현명한 지휘관은 하늘의 도움을 받는다.	전략들을 연계시켜라. 하나의 전략을 실행하기보다 복수의 전략을 동시에 혹은 연이어 실행하라. 하나의 전략이 효과적이지 않다면 다음 전략이 효과를 발휘할 것이다. 다음 전략이 효과적이지 않다면 그다음 전략이 효과를 발휘할 것이다.	어떤 전략들을 통합할 수 있는가?	애플의 아이팟 전략
36 VI 6	주위상계 走爲上計 (패전계)	줄행랑이 상책이다. 강력한 적과의 전투를 피하려면 전군이 후퇴하여 다시 전진할 적기를 기다려야 한다. 이는 정상적인 군사 원칙에 어긋나지 않는다.	나중에 혹은 다른 곳에서 전진하기 위해 후퇴하라. 현재의 전투를 고집하지 말고 후퇴하여 힘을 비축한 다음 다른 때와 장소에서 활용하라.	나중에 이기기 위해 어디서부터 후퇴할 수 있을까?	스티브 잡스는 애플의 연구 개발 프로젝트를 300개에서 7개로 줄였다.

사마천 다이어리북 366

김영수 지음 | 고급양장 | 전면원색 | 672쪽 | 값 30,000원

《사마천 다이어리북 366》은
영구적으로 사용할 수 있는 만년 달력!

– 이 다이어리북은 '만세력(萬歲曆)'이자
'사마천 경전(經典)'이다!

백전백승 경쟁전략 백전기략

백전백승 경쟁전략
백전기략

병법과 경영이 만나다

유기劉基 지음
한국사마천학회 김영수 편저

百戰奇略

치열한 경쟁 사회, 《백전기략》으로
이기는 게임을 하라!
1700년 동안 벌어진 숱한 전투와 전쟁,
경쟁 사례를 한 권으로 총정리하다!

군사전략가와
최고경영자의 필독서!

유기 지음 | 김영수 편역 | 2도 인쇄 | 576쪽 | 값 28,000원

《백전기략》은

《손자병법》으로 대표되는 고전 군사 사상을 계승한
기초 위에서 역대 전쟁 실천 경험을 통해 확인된
풍부한 군사 원칙을 종합한 책이다!

− 《백전기략》의 정수를 경쟁과 경영 전략에 접목해
실용적 경험을 함께 누리길 희망한다.

　현대 전쟁의 규율과 작전 원칙을 분석하고 연구하는 데
도 참고할 가치가 충분하다.
　1700년 동안 벌어진 숱한 전투와 전쟁, 즉 경쟁 사례를
종합 정리하여 100자로 압축한 《백전기략》을 경쟁 사회와
경제 경영에 접목해 보는 작업은 무의미하지 않을 것이다.
　아무쪼록 독자들이 1700년에 걸친 중국 역사의 기본 정
보를 전쟁과 전투 사례를 통해 공부하는 지적 탐구와, 이를
간결하게 정리하고 요약한 《백전기략》의 정수를 경쟁과 경
영 전략에 접목해 보는 실용적 경험을 함께 누리길 희망해
본다.

− 〈엮은이 서문〉 중에서

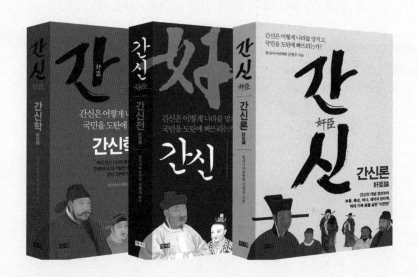

〈간신론〉

간신의 개념 정의부터 부류·특성·역사·해악과
방비책·역대 기록 등을 살핀
'이론편'

〈간신전〉

역대 가장 악랄했던 간신 18명의 행적을 상세히 다룬
'인물편'

〈간신학〉

역대 간신 100여 명의 엽기 변태적인 간행(奸行)과
기발한 수법을 다룬
'수법편'

간신은 어떻게 나라를 망치고,
국민을 도탄에 빠뜨리는가?

간신이 없는 곳은 없다.
간신은 하나의 심각한 역사현상이다.
간신을 막고 제거하지 못하면 그 조직은 물론 나라가 망한다.

새우와 고래가 함께 숨 쉬는 바다

삼십육계三十六計 (개정증보판)

－병법과 경영이 만나다

편저자 | 김영수
펴낸이 | 황인원
펴낸곳 | 도서출판 창해

신고번호 | 제2019－000317호

초판 발행 | 2022년 05월 31일
개정증보판 1쇄 인쇄 | 2024년 03월 15일
개정증보판 1쇄 발행 | 2024년 03월 22일

우편번호 | 04037
주소 | 서울특별시 마포구 양화로 59, 601호(서교동)
전화 | (02)322－3333(代)
팩스 | (02)333－5678
E-mail | dachawon@daum.net

ISBN 979－11－7174－002－4 (03390)

값 · 28,000원

Publishing Club Dachawon(多次元)
창해·다차원북스·나마스테